U0269512

岩土工程丛书 13

岩土工程试验、检测和监测（上）

——岩土工程实录及疑难问题答疑笔记整理之四

Test, Inspection and Detection on Geotechnical Engineering

高大钊　李　韬　岳建勇　著

人民交通出版社股份有限公司
China Communications Press Co.,Ltd.

内 容 提 要

本书是作者为中国工程勘察信息网"高大钊教授专栏"的读者进行答疑的笔记整理之四,主要收集了岩土工程试验、检测和监测方面 236 个疑难问题的解答。本书共分 7 章,包括土工试验、原位测试、现场试验、原型观测、施工监测控制与处理、工程事故原因分析与治理、土的工程性质与工程利用;同时还收集了作者的 16 篇有关土工试验、工程检测和原型观测方面的咨询研究报告。这些内容具有代表性,集中反映了世纪之交工程建设中的一些岩土工程问题及其解决方案。本书可供岩土工程师和从事相关专业工作的土木工程师参考,也可作为岩土工程专业师生的参考读物。

图书在版编目(CIP)数据

岩土工程试验、检测和监测:岩土工程实录及疑难
问题答疑笔记整理之四/高大钊,李韬,岳建勇著. —
北京:人民交通出版社股份有限公司,2018.12
　　ISBN 978-7-114-14644-2

　　Ⅰ.①岩… Ⅱ.①高… ②李… ③岳… Ⅲ.①岩土工
程-工程试验-高等学校-教材②岩土工程-检测-高等
学校-教材③岩土工程-监测-高等学校-教材 Ⅳ.
①TU4

中国版本图书馆 CIP 数据核字(2018)第 074192 号

岩土工程丛书
-13-

书　　　名:岩土工程试验、检测和监测(上)
　　　　　——岩土工程实录及疑难问题答疑笔记整理之四
著 作 者:高大钊　李　韬　岳建勇
责 任 编 辑:李　坤　李学会
责 任 校 对:刘　芹
责 任 印 刷:张　凯
出 版 发 行:人民交通出版社股份有限公司
地　　　址:(100011)北京市朝阳区安定门外外馆斜街 3 号
网　　　址:http://www.ccpress.com.cn
销 售 电 话:(010)59757973
总 经 销:人民交通出版社股份有限公司发行部
经　　　销:各地新华书店
印　　　刷:北京鑫正大印刷有限公司
开　　　本:720×960　1/16
印　　　张:60.75
字　　　数:1055 千
版　　　次:2018 年 12 月　第 1 版
印　　　次:2018 年 12 月　第 1 次印刷
书　　　号:ISBN 978-7-114-14644-2
定　　　价:155.00 元(上下两册)
(有印刷、装订质量问题的图书由本公司负责调换)

谨以此书献给我的老师俞调梅教授

俞调梅教授诞生于 1911 年,早年留学英国,师从 K. Terzaghi,是我国岩土工程教育事业的开拓者和奠基人。他考虑到岩土工程人才的知识面要宽广的这种需求,在 20 世纪 70 年代末到 80 年代初,就主张从各个有关专业本科毕业生中选拔、培养岩土工程人才,包括培养硕士生和博士生、通过进修班和在职培养等多种方法造就岩土工程师。1958 年~1966 年,他试办了九届地基基础专业五年制本科班;在 20 世纪 70 年代,他试办了地基基础研究生班;在 20 世纪 80 年代,他又举办了十届岩土工程师脱产进修班和很多的短期培训班。在这几十年中,他培养了许多土力学专业的进修教师和研究生。在造就专业人才的同时,大量的教育实践也丰富了他以多种教学方式培养岩土工程人才的教育思想。

《岩土工程丛书》编审出版委员会

名誉主任委员	许溶烈	孙 钧	刘建航	沈珠江 郑颖人
主 任 委 员	史佩栋			
副 主 任 委 员	高大钊(常务)	朱合华	张建民	陈云敏
	韩 敏	岳中琦(港)		

委　　　员　(按姓氏汉语拼音为序)

包承纲	白 云	陈云敏	陈正汉
崔玉军	冯夏庭	傅德明	高大钊
龚晓南	顾宝和	桂业琨	郭蔚东(澳)
韩 杰(美)	韩 敏	何满潮	李广信
李建中(台)	李永盛	李焯芬(港)	廖红建
凌天清	刘建航	刘金砺	刘松玉
莫若楫(台)	秦中天(台)	沈珠江	史佩栋
施建勇	孙 钧	王钟琦	谢永利
许溶烈	杨林德	殷建华(港)	岳中琦(港)
杨志法	宰金珉	张建民	张苏民
赵锡宏	郑 刚	郑颖人	周申一
朱合华	吴世明	何毅良(港)	

秘　　　书　曲乐　艾智勇　丁源萍

总　序

2002年3月23日,对于《岩土工程丛书》(以下简称《丛书》)而言,是一个值得纪念的日子,因为在那一天,我们萌生了组织出版这套《丛书》的构想。

经过两岸三地部分专家学者数度聚首商讨,又以函电形式广泛征求各方意见,反响热烈,令人鼓舞。大家的观点几近一致,都认为面对我国岩土工程的空前大发展,认真总结半个多世纪,特别是近20余年以来弥足珍贵的工程经验、科研成果和事故教训,实属当务之急。这不仅对于指导当前持续高速发展的工程建设,以确保设计施工质量和工程安全大有裨益,而且对于培养专业人才、提升行业素质、促进学科进步,乃至加强对外交流,都极具重大意义。这也是出版此《丛书》的宗旨和指导思想。

根据各方推举,本《丛书》的编委会承蒙深孚众望的国内20余所高等院校、科研院所和10余家有关企事业单位(含出版社)的41位专家组成,其中含内地36位,香港3位,台湾2位,其名单列于卷首*。在各位编委和同行专家的热情关怀和出版社领导的大力支持下,《丛书》即将陆续问世,我们的内心怎能不激动?

由于岩土工程源远流长,而又与时俱进,日新月异,本《丛书》的素材将取之不尽,因此它将是开放性、系列性的,成熟一本,出版一本。其稿源将包括编委本人报送的,编委推荐的,以及编委会特约或组织撰写的各类作品。同时,我们热忱欢迎海内外各地同仁多赐佳作,共襄此举。

本《丛书》将分为**专题著述、工程案例和手册指南**三大类,其选题将围绕岩土工程发展中的热点难点技术问题、理论问题和重大工程的进展研究确定。著述内容力求精炼浓缩、深入浅出,实用性与学术性相结合,文字可读性强;工程案例将侧重于有影响和代表性的项目,可一例一书,也可同类工程数例并写于一书;要使之从实践中来,提到理论的高度进行分析与总结,以期能为日后的工程所用;手册指南将不重复已有的出版物而推陈出新。

本《丛书》稿件的审查,一般可由作者在征求编委会的意见后,自行约请专家审查并提出评语,必要时也可商请编委会指定专家负责。书稿经审定后,将由作者

---

* 现已增至47位。

1

与出版社直接签订合同,履行各自的权利与义务。文责由作者自负。

本《丛书》的读者对象主要是从事岩土工程勘察、设计、施工、检测、监理等方面的专业人士,也可供高等院校、科研院所相关专业的教师、研究人员、研究生和大学高年级学生等参考。

衷心希望本《丛书》能成为岩土工程界广大同仁的良师益友!

史佩栋　高大钊　朱合华

2003 年 7 月

序

　　本书主要内容为岩土工程试验、检测与监测,包括网络答疑和工程实录(研究报告)两种形式。高大钊教授主持工程勘察信息网答疑,从2004年8月开始,已经经历了十几年的时间,直接面对岩土工程第一线的科技工作者,解答他们遇到的种种疑惑,解决工程中各式各样的难题。答疑之后,高教授又将这些资料归纳整理,先后出版了三部著作:第一部是2008年出版的《土力学与岩土工程师》,第二部是2010年出版的《岩土工程勘察与设计》,第三部是2014年出版的《实用土力学》。即将出版的这本《岩土工程试验、检测和监测》,则是第四部。每一部都是具体细致,深入浅出,将深奥的理论用通俗的语言表述,且各有特色。本书必将继续对岩土工程师素质的提高产生深远的影响。

　　工程实录(研究报告)是本书的重要内容,也是本书的特点。这些报告都很精湛、生动,各有特色。这些都是样板工程,值得读者好好学习。以润扬长江公路大桥北锚碇工程为例,为了检验常规土工试验参数的可靠性,确保工程设计的安全,做了大量非常规试验,如静止侧压力系数测定、等向固结不排水试验、K_0固结不排水试验、侧向卸荷不排水试验等。用这些试验成果与常规试验成果比较分析,评估常规试验参数的可靠性。还用土样直径为100mm的薄壁取土器进行取样,与常规直径75mm的土样进行比较,分析土样扰动对试验成果的影响。不仅结论使人信服,而且有助于读者学习土工试验深层次的理论和方法。再比如京郊别墅堆山对基桩影响的足尺试验,堆土试验高度4.5m,试验桩长24m,共50根,观测分析了地面沉降、分层沉降、孔隙水压力、建筑物沉降特征、基桩负摩擦力特征、承台与桩分担特征、建筑物水平变形特征、对周边环境的影响,进行了堆山造景的风险评估,对堆山高度和桩基设计提出了明确的结论和建议。试验规模之巨大、测试项目之齐全、科学分析之透彻,结论判据之可靠,令人折服。高教授从事工程咨询几十年,将自己的学问贡献给社会,将学术研究与工程实践密切结合。土力学是一门应用科学,土体在野外,所以高教授不仅在试验室里做学问,还到工地去,把学问做到现场,集教学、科研、工程于一身。对岩土工程,只有以工程为依托的研究成果才能既高深,又实用;只有结合研究做的工程才能精准,才能创新。学校里的老师不要终身关在象牙塔里搞研究,工地上的工程师不要知其然而不知其所以然,要以高教授为榜样,努力做到既有高深的学问,又有处理工程中各种复杂问题的能力,横看成岭侧成峰。

岩土工程技术决策需要的信息,都来自试验、检测和监测。试验、检测和监测的重要性,人人都明白。如果将工程建设比作打仗,那么负责决策的岩土工程团队就是司令部,试验、检测和监测单位就是情报部门,负责实施的施工单位就是作战部门。现代化战争打的是信息战,信息的可靠性和及时性至关重要。岩土工程对信息也是高度依赖,没有准确的参数,哪来优秀的设计?没有可靠的信息,哪有准确的判断?信息对岩土工程的优劣和成败,具有举足轻重的影响。但现在,由于勘察市场无序,试验、检测和监测的总体状况实在令人忧虑。工作粗糙、数据不实现象屡见不鲜,成了岩土工程的软肋,必须严加整治。从科技发展角度看,当今世界发展最快的领域是信息技术,信息产业的崛起深刻影响着产业、社会和生活的方方面面,相比之下,岩土工程实在太落后了,必须奋起直追。传感器、计算机、互联网是信息技术的基础,支持岩土工程信息的快速获取、快速处理、快速传输、大容量存储、大规模集成、大范围共享,为岩土工程信息技术的大发展提供了条件。我们应当搭上这班快车,使岩土工程信息技术迅速跟上时代的步伐。岩土工程试验、检测和监测与现代信息技术结合,创新空间非常大。创新是立业之本,创新是强国之本,创新才能进步,创新才能发展,创新才能超越。希望新生代朋友们加倍努力,在岩土工程试验、检测、监测和信息技术方面取得突破,将岩土工程技术推上新台阶。

顾宝和

2018 年 5 月

前　言

　　本书主要介绍岩土工程的试验、检测和监测技术，分为网络答疑和工程实录（研究报告）两类内容。其中一类内容是我从 69 岁到现在这十多年中，通过网络答疑积累的有关"岩土工程试验、检测和监测"的答疑笔记的梳理和总结，而另一类则是我在 68 岁退休以前的十多年时间里所从事的有关岩土工程试验、检测和监测的咨询工作的案例实录。按照这套书的出版次序，应该是网络答疑笔记整理之四了。虽然，专业活动的方式不同，但这些内容是相通的，写在同一本书里，有互相补充、互相验证的作用。对于读者来说，通过答疑和实例的阅读，便于对岩土工程的试验、检测和监测技术融会贯通，理论联系实际，学以致用。

　　岩土工程咨询是我参与工程建设的主要形式，在咨询工作中学习，在咨询工作中奉献，咨询工作伴随我走过了漫长的几十年。在年过八旬的时候，回顾我的咨询生涯，想起年轻时，随先师俞调梅教授到建设工地参加各种工程咨询活动，耳濡目染，深受教益。先生在工程界享有盛誉的原因就在于他总是从工程实际出发考虑问题，在广征博引、谈笑风生中四两拨千斤，指出问题症结的所在，提出解决问题的办法。先生重视原型观测和试验研究，重视实测数据的分析预测，在工程实践中不断地修正原来的估计，先生一贯倡导的技术路线就是"观察法"。先生对建设工程问题，倾注了大量的心血，带领教研室的同仁，参与许多重大工程建设项目的咨询工作。及至我能独立承担咨询任务时，每逢疑难问题，也总向先生请教，得到先生的悉心指点。早期的咨询工作，留下的文字资料很少，最近二十多年，由于信息技术的发展，留下了许多宝贵的电子文档，为整理历史资料提供了方便。为了将这些来自社会的技术资料回归社会，为大家所利用，遂萌生整理出版之念。也可以说是作为学生，实践我的老师终身倡导的重视原型观察和工程监测的学术思想的一种继承和发扬，并希望在更广泛的工程实践中发挥其作用。

　　收录在本书中的工程咨询项目，内容涉及岩土工程试验、检测和监测等方面。参与工作的大多是我退休前带的博士生或硕士生，有的项目是他们读学位时做的，有的项目则是他们毕业以后做的。另外还有两位是 20 世纪 60 年代初从同济大学毕业的校友。当我们因为一些工程项目合作的时候，他们都是以合作单位总工程师的身份参加了那些工作。他们很客气地说是我的学生,其实,他们的年纪也没有小我几岁,我仅是比他们早毕业了几年。还有几位是我的朋友,他们也都是协作单位的负责人。这些参与者都将在有关资料的出处中加以写明。因此,这本书实际上是我最近30年来的工作团队的集体创作。这些内容大多没有如此完整地发表过,这次发表这些资料有这么一些考虑:首先,我认为这些资料不仅对当年的工程建设有用,对今后类似的工程或类似的研究工作也有很好的参考价值,如果不发表,资料就会散失,就不可能发挥作用。其次,参加过这些项目的学生,毕业以后也都已经有了10~20年的工作经历,这些资料的公开发表,也有利于他们今后开展有关工作。还有,我在网络答疑中对有些问题的答复,很多来源于在这些工程实践中所得到的数据和认识。现在,我将这些第一手的资料公开发表,作为网络答疑的一种延伸,希望能更多地发挥这些资料的作用,为更多的同行所利用。

在这本书里,还编入了俞调梅教授的一篇没有发表过的文章。2014年,魏道垛教授在整理资料时发现了俞调梅教授的这一份手稿,内容是关于上海软土的变形性质指标的研究和工程应用,是一篇很完整的综述性文献。从所引用参考文献的年代来看,估计是先生80多岁高龄时完成的,无论是图还是文字,也都是先生的手迹,这是一份非常宝贵的历史文献。因此,在和魏道垛教授商量以后,决定将先生的这份手稿收录在本书中,以便让广大读者能够看到这篇文章,使其得到保存和流传。

这本书实际上是集体创作的成果,既有我的老师的遗作,也有我的许多学生参与了当年的咨询工作和近年的网络答疑工作,特别是李韬和岳建勇。李韬参与了我后期的许多咨询工作,执笔了不少的咨询报告;岳建勇参与了我网络答疑的答复工作。岩土工程界的许多同行非常关心网络答疑并积极参与,这里,特别要感谢Aiguosun版主,他出面回答的问题并不比我少。

在这套网络答疑笔记的出版工作即将结束的时候,再次感谢网络的读者和这套书的读者对中国工程勘察信息网的支持,对我的这个专栏十多年来的关心与支持,对我写的这四本书的关爱。也要感谢中国工程勘察信息网的领导和网站工作同志这么多年始终一贯地对我的答疑工作给以支持和帮助;特别要感谢顾宝和大师,他为写书过程中一些疑难问题的解决提供帮助,为每一本书都写了序,对丛书的编写和出版工作给以很多鼓励以及大力支持。在网络上,我们之间的交流与讨论是短暂的,但我们之间的友谊将是永恒的。

感谢人民交通出版社股份有限公司的支持,没有他们的帮助,这十多年的网络答疑成果也不可能依靠纸质媒介得以更加广泛地流传。

在本书即将出版之际，特别要感谢长江水利委员会综合勘测局、长江勘测技术研究所和大华(集团)有限公司对我们学校教学工作的支持，为我的许多博士生和硕士生的课题研究提供了工程研究的条件和经费方面的支持。大家可以从这些资料中看出学校和工程单位的合作，对于学生的培养是多么的重要。

　　在写完这套丛书最后一本书的时候，我特别深切地怀念史佩栋先生，他长我八岁，如果在一个学校里，他完全可以做我的老师。我与史总的关系应该是亦师亦友。回忆几十年的交往，特别是在我离开行政岗位以后的20多年里，我们两人的合作机会还是比较多的：曾经一起举办过一些学术会议；他曾经主编过一本杂志，编得非常精致，在这本杂志里为我开辟了一个关于规范问题讨论的专栏；我们还一起组织了岩土工程丛书的组稿和出版工作，虽然非常困难，但也已经出版了12本书，积少成多，聚沙成塔，只要坚持，总有成效；在他的指导下，我参与了《桩基工程手册》前后两个版本的编写，并协助他做一些工作，但他总是怕我太忙，什么事都亲力亲为。他对我的网络答疑及前后三本书的出版都给以极大的支持和帮助，对书名和写法都提过许多非常宝贵的建议。遗憾的是在我的第三本书《实用土力学》出版时，当我拿到了书，还来不及寄出，得知先生病倒了。关于这第三本书的名称，我也征求过史总的意见，他非常赞成采用这个当年俞调梅先生曾经希望组织编写的图书的书名。

　　史总是一位非常坚强的老人，在他病倒前不久，也就是2014年的下半年，他刚完成了体量为245万字的《桩基工程手册》(第二版)的主编工作，在那本书中，他亲自执笔的内容就占了七分之一。他还独具匠心，花了很大的精力收集了大量的资料，对我国桩基工程的发展进行了深入的历史和现实的研究，在第一章"桩在中国的起源、应用与发展"中补充了大量宝贵的历史资料，还增加了第二章"桩在我国成为世界第二大经济体中的担当"。这两章是史总对我国桩基发展历史的深刻总结，为后人留下了极为珍贵的文献。然而，当出版社即将完成编辑工作，但还没有来得及给他看样书的时候，先生就已经倒下了。

　　出版社给我寄来了样书，我看着那本厚厚的书，回忆起与这位值得敬仰的老人合作交往的历史，不禁感慨万分。

高大钊

2018 年 4 月于同济园

目　　录

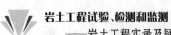

上海地区黏性土的压缩性参数
——学习笔记❶

提　要

本文讨论了从液限推算压缩性指数值的经验公式、快速固结试验法的应用,以及地基沉降(特别是桩基础、深基础沉降)计算中存在的问题。为了便于说明问题,也是为了便利读者,本文附有较详细的符号表,以及几个专题作为附录。

前　言

本文讨论了上海软黏土地基沉降计算中存在的几个问题,主要是为了说明在设计计算中曾出现的几种误解,以及规范、手册、教科书中不明确和不合理之处。

本文作者未能详细查阅有关资料,难免会有记忆错误之处。因此本文仅是为了供个别同志参考,并请指正,不准备发表。文中所用单位为沿用已久的 kgf/cm² 等,未改用 SI 制,请读者谅之。

一、从液限推算压缩指数的经验公式

1.Skempton 等的试验研究

Skempton 等[1*,2]曾随意地选用来自世界不同地区的黏性土,测得重塑土的压缩指数(C'_c)与液限(w_L,%)的关系式为:

$$C'_c = 0.007(w_L - 10) \qquad\qquad (1)$$

误差不超过±30%;对于普通的黏性土(即灵敏度不高的黏性土),可假定原状

---

❶　编者注:2014 年,魏道垛教授在整理资料时发现了俞调梅教授的这份手稿,内容是关于上海软土的变形性质指标的研究和工程应用,是一篇很完整的综述性文献。从所引用参考文献的年代来看,估计是先生 80 多岁高龄时完成的。无论是图还是文字,也都是先生的手迹,这是一份非常宝贵的历史文献。在和魏道垛教授商量以后,决定将先生的这份手稿收录在本书中,以便让广大读者能够看到这篇文章,使其得到保存和流传。

为真实反映遗作原貌,本文中的图片采用手稿原图,文章格式体例保持不变。

土的压缩指数(C_c)为：

$$C_c \approx 1.3C'_c = 0.009(w_L - 10) \tag{2}$$

本文作者认为以上公式（1）及（2）应改写为：

$$C'_c = 0.007\ 7(w_L - 10) \tag{3}$$

及

$$C_c \approx 1.3C'_c = 0.010\ 2(w_L - 10) \tag{4}$$

如图1a）所示，并且认为更合理的通用公式应为：

$$C'_c = a(w_L - b) \tag{5}$$

$$C_c \approx cC'_c = c \cdot a(w_L - b) \tag{6}$$

式中，a、b、c 分别为与所考虑黏性土的种类与地区有关的参数。因为还没有足够的参考资料和数据，所以在公式（6）中取 $c = 1.3$，由此得：

$$C_c \approx 1.3C'_c = 1.3a(w_L - b) \tag{7}$$

2.上海地区的黏性土压缩指数（C_c）与液限（w_L）关系的经验公式

童翊湘等[3]报道了如下的公式：

$$C_c = 0.022(w_L - 24) \tag{8}$$

由此可写出：

$$C'_c = \frac{C_c}{1.3} = 0.017(w_L - 24) \tag{9}$$

示于图1b）。图2为童翊湘等报道的上海地区代表土层及指标。

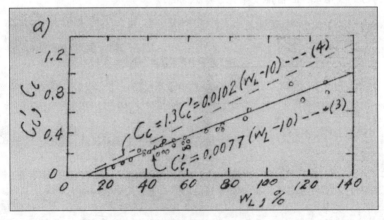

图 1

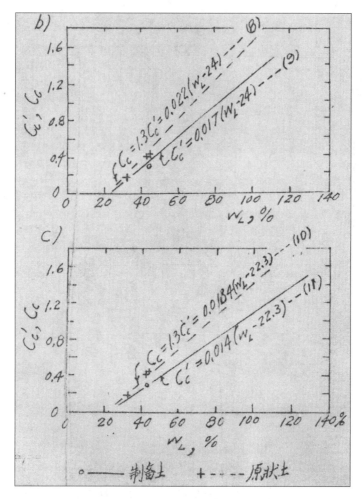

图 1 C_c , C_c-w_L 关系

a)Skempton[1*,2];b)童[3];c)高[4]

高大钊等[4]报道了如下的公式：

$$C_c = 0.018\ 4(w_L - 22.3) \tag{10}$$

示于图 1c)。

图 1b)及 c)中的圆形点（"。"）及十字形点（"+"）分别表示制备土与原状土的试验数据；说明见表 1 及表 2。从现有的很少试验数据来看，以上列举的压缩指数（C'_c , C_c）的经验公式：式（8）、式（9）和式（10）是可以试用的。

3

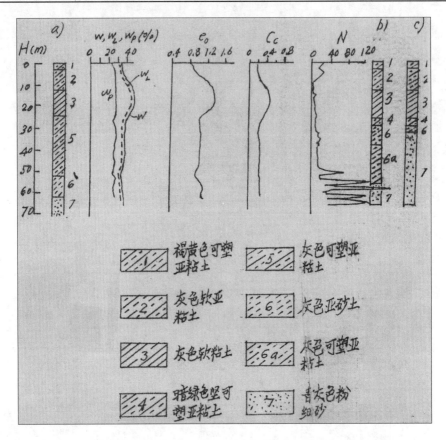

图2 上海地区土的代表性剖面[a)、b)、c)]及土的性质[3]

w-天然含水率;w_L-液限;w_P-塑限;e_0-天然孔隙比;C_c-压缩指数;N-标准贯入击数

上海地区淤泥质黏土的液限(w_L)与压缩指数(C_c)[①]　　　　表1

原状土或扰动土	液限(w_L)[②]	压缩指数(C_c)[③]
原状土	44.10%	0.421

注:①根据文献【4】。

　　②根据文献【4】的表3;取7组数字(一组含9~33个试样,共130个试样)的平均值,即:

$$w_L = \frac{45.7\% + 43.9\% + 43.8\% + 44.1\% + 45.9\% + 44.9\% + 40.1\%}{7} = 44.1\%;$$表中第8组数字给出

$w_L = 1.36\%$,这显然是错误,故略去。

　　③根据文献【4】的表4给出的平均值,即:$C_c = \dfrac{0.434 + 0.482 + 0.397 + 0.372}{2} = 0.421$。

上海地区黏性土的液限(w_L)与压缩系数(C'_c，C_c)① 表2

土的种类及液限(w_L)值	组别	原状土或制备土	试验(以及校准)方法②	先期固结压力③ P_c(kgf/cm²)	压缩指数 C_c	压缩指数 C'_c④	$C_α/C_c$④
灰色黏土 w_L=44.4%	A	制备土	慢固结	2.08		0.281	
		制备土	快固结	2.23		0.281	
		原状土或制备土	快固结 $C_α$ 修正	2.08		0.280	平均值 0.284
		制备土	快固结综合固结度修正	2.18		0.293	
灰色淤泥质黏土 w_L=44.4% 取土深度 15m	B	原状土	慢固结	1.10	0.442		
			快固结	1.24	0.445	平均值 0.446	
			快固结 $C_α$ 修正	1.10	0.443	—	0.034
			快固结综合固结度修正	1.24	0.455		
暗绿色亚黏土、黏土 w_L=32.8% 取土深度 25m	C	原状土	慢固结	3.20	0.187		
			快固结	4.20	0.189	平均值 0.189	
			快固结 $C_α$ 修正	3.30	0.189	—	0.021
			快固结综合固结度修正	4.00	0.192		

①根据钱炳生等[5]的表1、表2;绘制在本文图1b)及c)中的数字如下:

w_L=44.4%，C'_c=0.284

w_L=44.4%，C'_c=0.446

w_L=32.8%，C'_c=0.189

②快固结——根据快固结的 e-p 曲线(不作校正)。

快固结 $C_α$ 修正——曲线延伸校正法的(e-$\lg τ$)校正法;见第15、16页。

快固结综合固结度修正,见第9、10页。

③先期固结压力,见图10。

④C组的 $C_α/C_c$ 比值较小,这可能与先期固结压力(p_c)有关。

5

3.从压缩指数(C_c)换算压缩模量(E_s)值

以上说明,对于上海地区黏性土,可用式(8)和式(10),即:

$$C_c = 0.022(w_L - 24)$$

$$C_c = 0.018\ 4(w_L - 22.3)$$

从液限(w_L)求算压缩指数(C_c)值的可能性是存在的,见图1b)及c)。目前应当充分利用已有的土工试验资料来验证和改进上述公式(8)及公式(10);认为上海的地面沉降资料、"224"工程等能够提供压缩指数(C_c)的。

另外,要求从压缩指数(C_c)换算通常使用的压缩模量(E_s)的公式。从固结试验的压缩曲线[即 e-p 曲线,图3a)]求算压缩模量(E_s)的公式为:

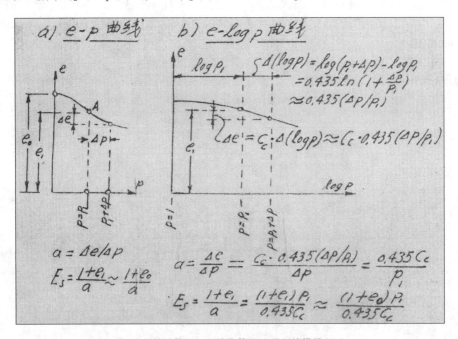

图3 压缩系数(a)、压缩指数(C_c)及压缩模量(E_s)

$$E_s = \frac{1+e_1}{a} = \frac{1+e_1}{\Delta e / \Delta p} \tag{11}$$

式中,$a = \Delta e / \Delta p$ 为压缩指数,有时写作:

$$E_s = \frac{1+e_0}{a} \tag{11a}$$

式中,$a=a_{1-3}$ 或 $a=a_{1-2}$ 为相应于压力从 $1\mathrm{kgf/cm^2}$ 增加到 $3\mathrm{kgf/cm^2}$ 或 $2\mathrm{kgf/cm^2}$ 时的压缩系数。同样,如图 3b) 所示,从压缩指数 (C_c) 求算压缩模量 (E_s) 的公式为:

$$E_s = \frac{(1+e_1)p_1}{0.435C_c} \tag{12}$$

或

$$E_s = \frac{(1+e_0)p_1}{0.435C_c} \tag{12a}$$

在公式 11a) 及公式 12a) 中,用"天然孔隙比"(e_0) 代替公式(11) 及公式(12) 中的孔隙比(e_1),这是因为 e_0 与 e_1 相差不大,$e_0 - e_1$ 表示土样卸载的回弹,也是因为勘探试验报告中有时只提 e_0 值,而没有给出 $e\text{-}p$ 曲线(因此不知道 e_1 值等于多少)。

童翊湘等[3]提出了如下公式(对原文的符号作了一些修改):

$$E_s = \frac{(1+e_1)(p_1+0.5)}{0.435C_c} \tag{12b}$$

这与前面的公式(12) 稍有不同:公式(12) 给出图 3a) 的 $e\text{-}p$ 曲线上 A 点 (p_1, e_1) 的切线模量;公式(12b) 给出 $e\text{-}p$ 曲线上相应于 $(p_1+0.5)\mathrm{kgf/cm^2}$ 的一点的切线模量。这里的差异并不重要。

4. 求压缩指数 (C_c) 的经验公式

这里可以讨论两个途径:一是从触探指标出发;二是从物理指标出发。

从静力触探阻力推算压缩模量 (E_s) 的经验公式,已经积累了不少[7,8*,9*],但求得的是 E_{1-3}(压力增加到 $3\mathrm{kgf/cm^2}$ 时的压缩模量),而不是压缩指数。图 4 为上海宝山地区的勘探报告摘录,由此可以设想,图中的压缩指数 (C_c) 值是从标准贯入击数 N 值用某种经验关系求得的。已经证明,用图 4 中 C_c 值计算某重型桩基础因沉降的结果很不满意[6]。

可以设想,从静力触探贯入阻力推算黏性土的 (C_c) 值是可能的,从标准贯入击数 N 推算砂性土的 C_c 值也是可能的。但是要求积累和分析勘探资料,不应当套用外地的或外国的经验公式。

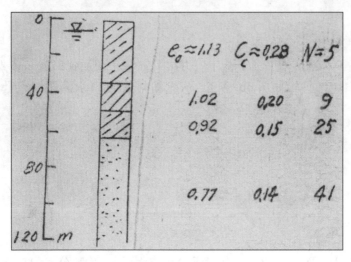

图 4　上海宝山地区的勘探报道[6]

从黏性土的物理指标(主要是天然含水率 w ,天然孔隙比 e_0)推算压缩指数(C_c)的经验公式举例列在表 3 中。但认为这些公式不如 w_L-C_c 关系式,因为 w_L 是比较稳定的指标。

求算 C_c 值的公式(上海黏性土)[4]　　　　　　表 3

土　层	经验公式	备　注
淤泥质黏土及亚黏土	$C_c = 0.550(e_0 - 0.529)$	w_0 以小数值代入
	$C_c = 1.584(w_0 - 0.185)$	
褐黄色表层土	$C_c = 0.879(e_0 - 0.732)$	w_0 以小数值代入
	$C_c = 1.909(w_0 - 0.225)$	
灰色黏土和亚黏土	$C_c = 0.482(e_0 - 0.467)$	w_0 以小数值代入
	$C_c = 1.495(w_0 - 0.168)$	
轻亚黏土夹薄层粉砂	$C_c = 0.324(e_0 - 0.154)$	w_0 以小数值代入
	$C_c = 0.990(w_0 - 0.055)$	

注:e_0-天然孔隙比;w_0-天然含水率

二、快速固结试验法的应用

下文讨论快速固结试验,首先介绍快速固结试验方法及压缩曲线(e-p 曲线)的校正,见第 1~4 部分;再谈前期固结压力的确定,见第 5 部分;最后在第 6 部分简单说明对于快速固结试验的几点认识。这样的讨论,在一定程度上反映了上海的土力学工作者对于快速固结试验的认识过程。

1.三种简易校正法(直线校正法、综合固结度校正法、分段固结度法)

本文作者在一篇文稿[10]中介绍了几种国内外文献[11*,12*等]的方法,并根据胡正方提供的试验结果作出了解释和分析。上述试验是制备 2cm 厚的土样,在 $0.5 \mathrm{kgf/cm^2}$,$1 \mathrm{kgf/cm^2}$,$2 \mathrm{kgf/cm^2}$,$3 \mathrm{kgf/cm^2}$,$4 \mathrm{kgf/cm^2}$ 下,各压缩 t($t = 2h$);再在 $4 \mathrm{kgf/cm^2}$ 下压缩 T($T = 24h$),假定试样的变形已达到稳定❶。试验结果由孔隙比与时间关系曲线($e\text{-}t$ 曲线)及孔隙比与压力关系曲线($e\text{-}p$ 曲线)表示,见图5。

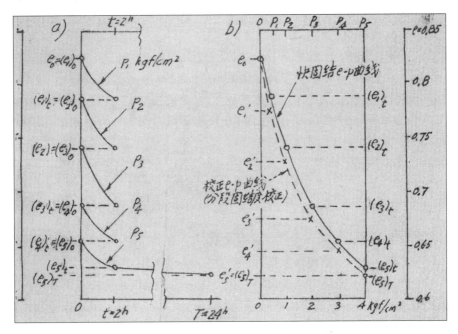

图 5　快速固结试验
a)$e\text{-}t$ 曲线;b)$e\text{-}p$ 曲线

图5a)表示:在压力 $p_1 = 0.5 \mathrm{kgf/cm^2}$ 下,初始孔隙比为 $e_0 = (e_1)_0$,最后为 $(e_1)_t$;在压力 $p_2 = 1 \mathrm{kgf/cm^2}$ 作用下,孔隙比从 $(e_1)_t = (e_2)_0$ 减小到 $(e_2)_t$;…;在 p_i 作用下,

---

❶　荷重等级有时规定为 1/8,1/4,1/2,1,2,4,8,16,32(共 9 级,单位是 $\mathrm{kgf/cm^2}$);快速固结时间有时取 $t = 1h$(对于厚度为 2cm 的土样);对于某些高塑性的土样,当土样厚度为 2cm 时,规定 1h 内的压缩变形不大于 0.005mm 时作为稳定标准。见文献【13】。

孔隙比从$(e_{i-1})_t=(e_i)_0$减小到$(e_i)_t$；…；在最后一级$p_n=p_5=4\text{kgf}/\text{cm}^2$作用下，孔隙比从$(e_{n-1})_t=(e_n)_0=(e_5)_0$减小到$(e_n)_t=(e_5)_t$，再减小到$(e_n)_T=(e_5)_T$。

图5b)表示快速固结的$e\text{-}p$曲线（连续线）及校正后的$e\text{-}p$曲线（虚线）。

三种简易校正法的计算公式如下：

①直线校正法[11*]：

$$e'_i=(e_i)_t-\frac{p_i}{p_n}[(e_n)_t-(e_n)_T] \tag{13}$$

②综合固结度校正法[11*]：

$$\begin{cases} e'_i=e_0-\dfrac{e_0-(e_i)_t}{Q'} \\[2mm] Q'=\dfrac{e_0-(e_i)_t}{e_0-(e_n)_T} \end{cases} \tag{14}$$

③分段固结度校正法为本文作者的建议[10]。此法假定：在任何一个压力阶段内（如在压力从p_{i-1}增加到p_i的阶段内）在快速固结时间t时所达到的固结度（以Q''表示）为常量，计算公式如下：

$$\begin{cases} e'_i=(e_{i-1})_t-\dfrac{(e_{i-1})_t-(e_i)_t}{Q''} \\[2mm] Q''=\dfrac{(e_{n-1})_t-(e_n)_t}{(e_{n-1})_t-(e_n)_T} \end{cases} \tag{15}$$

上述三种快速固结曲线（$e\text{-}p$曲线）校正法，举例说明，见表4。

从图5b)可以看到快固结$e\text{-}p$曲线，以及按分段固结度法的校正曲线。按直线校正法、综合固结度校正法得出的孔隙比（e'_1,e'_2,e'_3,e'_4）值表示。这些数值都位于快固结$e\text{-}p$曲线与分段固结度校正曲线之间，且接近于前者。

水利部门的土工试验规程中规定快速固结试验方法仅适用于"稠度较低"（意思是液限w_L较低）的土，且当沉降计算要求不高时。在1956年的规程[13]中，根据初步试验结果，认为以上三种简易校正法中，分段固结度法最好，直线校正法最差。但在后来的规程[14,15]中，建议用综合固结度校正法。最新的规程[16*,17*]尚未找到。另见附录Ⅰ。

上海市的最新地基基础规范[18]也推荐用综合固结度校正法。见附录二。

值得注意的是，郑大同[19]曾较早地指出，分段固结度法看来并不合理。

快速固结试验 $e\text{-}p$ 曲线的校正举例 表4

压力 p（kgf/cm^2）	孔 隙 比 e			
	快速固结	直线校正法	综合固结度校正法	分段固结度校正法
$p=0$	$e_0=0.824$	$e_0=0.824$	$e_0=0.824$	$e_0=0.824$
$p_1=0.5$	$(e_1)_t=0.786$	$e'_1=0.785$	$e'_1=0.785$	$e'_1=0.778$
$p_2=1.0$	$(e_2)_t=0.740$	$e'_2=0.739$	$e'_2=0.738$	$e'_2=0.730$
$p_3=2.0$	$(e_3)_t=0.688$	$e'_3=0.686$	$e'_3=0.685$	$e'_3=0.677$
$p_4=3.0$	$(e_4)_t=0.653$	$e'_4=0.649$	$e'_4=0.645$	$e'_4=0.646$
$p_5=4.0$	$(e_5)_t=0.629$ $(e_5)_T=0.624$	$e'_5=0.624$	$e'_5=0.624$	$e'_5=0.624$

注:快速固结时间 $t=24h$;最后一级压力固结时间 $T=24h$。

①直线校正法,用公式(13):

$$(e_n)_t-(e_n)_T=0.629-0.624=0.005$$

$$e'_k=(e_1)_t-(p_1/p_5)\times0.005=0.786-(0.5/4)\times0.005=0.785$$

$$\cdots$$

②综合固结度校正法,用公式(14):

$$Q'=\frac{e_0-(e_n)_t}{e_0-(e_n)_T}=\frac{0.824-0.629}{0.824-0.624}=0.975$$

$$e'_1=e_0-[e_0-(e_1)_t]/Q'=0.824-(0.824-0.786)/0.975=0.784$$

$$e'_2=0.824-(0.824-0.740)/0.975=0.738$$

$$\cdots$$

③分段固结度校正法,用公式(15):

$$Q''=\frac{(e_{n-1})_t-(e_n)_t}{(e_{n-1})_t-(e_n)_T}=\frac{(e_4)_t-(e_5)_t}{(e_4)_t-(e_5)_T}=\frac{0.653-0.629}{0.652-0.624}=0.828$$

$$e'_4=(e_3)_t-[(e_3)_0-(e_4)_t]/Q''=0.688-(0.688-0.653)/0.828=0.646$$

$$e'_3=(e_2)_t-[(e_2)_t-(e_3)_t]/Q''=0.740-(0.740-0.688/0.828)=0.677$$

$$\cdots$$

2.从渗透固结理论考虑的校正法

本文作者[10]曾参考固结度(U)与时间因数(T)的关系曲线(图6,参照 Taylor[20]),提出一个可应用于快速固结压缩曲线的校正方法(图7)。

图6表示上、下面排水的饱和土样厚度为 $2H$,当起始孔隙水压为矩形分布时,

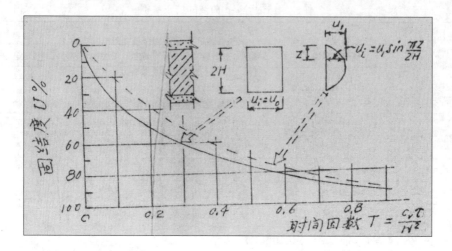

图6 双面排水的黏性土样(厚度=2H)当起始超孔隙水压力(u)为矩形、正弦形分布时的固结度(U)
与时间因数(T)的关系

固结度(U)与时间因数(T)关系的曲线,即图中的连续线。图中也表示起始超孔隙水为正弦形分布时的U-T关系曲线,即图中的虚线。固结度是超孔隙水压力消散的程度,亦即超孔隙水压力转变为有效应力的程度。时间因数(T)的公式如下:

$$\begin{cases} T = \dfrac{c_v \tau}{H^2} \\ c_v = \dfrac{k(1+e)}{\alpha \gamma_w H^2} \end{cases} \tag{16}$$

式中: c_v——固结系数;

τ——时间;

k——渗透系数;

e——孔隙比;

$\alpha = \dfrac{de}{dp} \approx \dfrac{\Delta e}{\Delta p}$——压缩指数;

γ_w——水的重力密度(也称"重度")。

图7a)表示,在第一级荷载(p_1)作用下,在快速固结时间(t)时的剩余超孔隙水压力面积为A';固结度为:

$$U = \frac{A_1 - A'_1}{A_1}$$

12

因此,可以从图 6 的 $U\text{-}T$ 曲线(连续线)估算 A' 值。图 7b)表示在第二级荷载(p_2)作用下的起始超孔隙水压力面积为 $A_2 = 2H(p_2-p_1)$ 与 A' 之和。

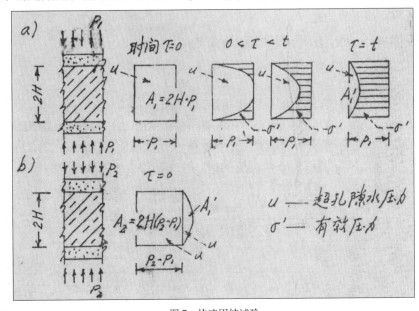

图 7　快速固结试验

a)在第一级荷载(p_1)作用下;b)在第二级荷载(p_2)作用下

这样就提出了如下的概念:可以从图 6 及图 7 用试算法来估算各级荷载(p_1,p_2,$\cdots$,p_i,$\cdots$,p_n)下的固结度,并由此对快速固结的压缩曲线($e\text{-}p$ 曲线)作出校正。

此法曾由本文作者提出[6],郑大同进行了理论研究,并提出了计算公式[19]。但此法没有被应用,可能是因为此法仅考虑到了"主固结"而没有考虑到"次固结",而且应用不够简便。

郑大同[19]建议,在快速固结试验中,每一级荷载(p_i)下到达 90%固结度❶时,即施加下一级荷载(p_{i+1}),但在最后一级荷载(p_n)下,要达到"完全稳定"(以 1h 压缩量小于 0.005mm 为准)。这样,就可以按他提出的理论公式,计算求得只包括"主固结"的 $e\text{-}p$ 曲线,并得出在最后一级荷载(p_n)下的"次固结"。对于上述只包括"主固结"的 $e\text{-}p$ 曲线,他建议作"一次校正法",即把 p_n 下的"次固结"变形用于各级荷载(p_i)。他还指出了关于如何得出"主固结"与"次固结"的分界点,已有理论研究成果可供参考[21*],但对于"次固结"的理论研究还不够。

---

❶ 可用变形量与作图法;例如,见参考文献【20】,第 239 页。

3.对数曲线校正法❶

此法假定任意一级荷载(p_i)作用下的孔隙比校正值(Δe_i)与p_i的关系为对数曲线,可导得如下的公式:

$$\begin{cases} \Delta e_i = \alpha_i \cdot \Delta e_n \\ \alpha_i = 3.32 \lg\left(1 + \dfrac{p_i}{p_n}\right) \end{cases} \quad (17)$$

式中:Δe_i——压力p_i作用下的孔隙比校正值;

Δe_n——最后一级压力p_n作用下的快速固结孔隙比$(e_n)_t$与稳定孔隙比$(e_n)_T$之差,当荷载分5级施加时($p_i = 0.5\text{kg/cm}^2$, 1kg/cm^2, 2kg/cm^2, 3kg/cm^2; $p_n = 4\text{kg/cm}^2$),以及分两级施加时($p_i = 1\text{kg/cm}^2$, $p_n = 2\text{kg/cm}^2$)的α_i值,见表5。

系 数 α_i 表5

荷载分5级施加时				
$p_i(\text{kg/cm}^2)$	$p_1 = \dfrac{1}{2}$	$p_2 = 1$	$p_3 = 2$	$p_4 = 3$	$p_n = p_5 = 4$
α_i	$\alpha_1 = 0.170$	$\alpha_2 = 0.322$	$\alpha_3 = 0.585$	$\alpha_4 = 0.807$	$\alpha_n = \alpha_5 = 1$

荷载分2级施加时❷		
$p_i(\text{kg/cm}^2)$	$p_1 = 1$	$p_n = p_2 = 2$
α_i	$\alpha_1 = 0.585$	$\alpha_n = \alpha_2 = 1$

把公式(17)应用于前面的例题❸,得如下的结果:

$\Delta e_n = 0.629 - 0.624 = 0.005$

$\Delta e_1 = 0.170 \times 0.005 = 0.0008$, $e'_1 = (e_1)_t - \Delta e_1 = 0.786 - 0.0008 = 0.785$

$\Delta e_2 = 0.322 \times 0.005 = 0.0016$, $e'_2 = (e_2)_t - \Delta e_2 = 0.740 - 0.0016 = 0.738$

$\Delta e_3 = 0.585 \times 0.005 = 0.0029$, $e'_3 = (e_3)_t - \Delta e_3 = 0.688 - 0.0029 = 0.685$

$\Delta e_4 = 0.807 \times 0.005 = 0.004$, $e'_4 = (e_4)_t - \Delta e_4 = 0.653 - 0.004 = 0.649$

$e'_5 = (e_5)_T = 0.624$

---

❶ 此法为王引生建议,应用上很方便,常为教学及勘察单位所用。但本文作者未能找到有关资料,下面所述可能有误。

❷ 这样的简化,是为了只要求得出压力从1kg/cm^2增加到2kg/cm^2时的压缩指数,即a_{1-2}。

❸ 见图5及表4。

这与前面例题的计算结果没有多大区别。

本文认为对数曲线校正法并没有理论根据,仅适用于低塑性的、正常固结或轻微超固结的土,但应用上很方便。

4.外插(曲线延伸)校正法

在土样的次固结阶段,土的孔隙比与时间对数的关系(e-lgτ)接近于直线,见图8。

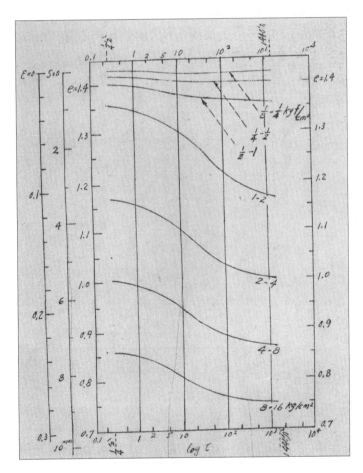

图8 慢固结试验的 e-lgτ 曲线

(根据 Taylor 的数据[20],第 248 页)

土样-Chicago 黏土;土样面积-93.31cm²;土的比重-2.70;土样干重-329.99g;土样高度(当压力 = 1/8kg/cm² 时)-3.185cm

在图 8 中可注意到两个问题：

第一个问题是,这一系列的曲线是压力增量某阶段(从 $1/8\sim1/4\mathrm{kg/cm^2}$,$1/4\sim1/2\mathrm{kg/cm^2}$,$\cdots$,$8\sim16\mathrm{kg/cm^2}$)的孔隙比 e 与时间对数 $\lg\tau$ 的关系,同时也是土样压缩量 $^*s$ 及压应变 ε 与时间对数 $\lg\tau$ 的关系。

第二个问题是,在图 8 中要经过相当长的时间(2~3h 甚至更长)才进入 $e\text{-}\lg\tau$ 的线性关系阶段。这显然不适用于快速固结试验。但对于低塑性的土(如上海的黏性土),是较快地进入 $e\text{-}\lg\tau$ 关系的线性阶段的。

还有一种外插法是作出 $e\text{-}\sqrt{\tau}$ 的曲线[6,22*],例子示于图 9。

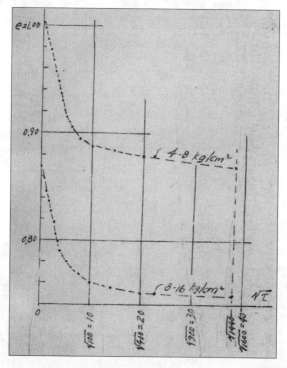

图 9 $e\text{-}\sqrt{\tau}$ 关系
(根据图 8 的数据)

上述两种外插(曲线延伸)校正法中,认为前者($e\text{-}\lg\tau$ 法)比较容易被接受,后者($e\text{-}\sqrt{\tau}$ 法)不容易推广。

5.关于土的前期固结压力的问题

从压缩曲线($e\text{-}\lg p$ 曲线)作图求前期固结压力(p_c)的方法,有 Casagrande 法、

Bunitr 法、Schmertmann 法等,可查阅有关参考资料❶。这里不介绍。

下面,主要是为上海市《地基基础设计规范》(DBJ 08-11—1989)[18] 第 2.3.4 条的"先期固结压力按次固结增量法进行校正"这句话作出相应的说明。

先举例证明,在图 8 的 e-lgτ 曲线上,得出不同压力(p_i)作用下的"次固结增量":

$$C_\alpha = \frac{\mathrm{d}e}{\mathrm{d}(\lg\tau)} \tag{18}$$

见图 10a)。从图 10b)所示 C_α-lg$p$ 关系曲线看到转折点均为 0.5kg/cm^2,这就是"先期固结压力"(p_c)值。

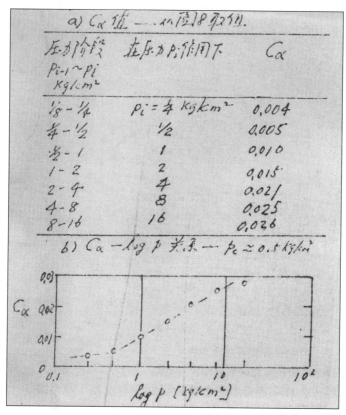

图 10　从次固结增量求得先期固结压力

---

❶　例如 Terzaghi 等[2],Leonards[23],水利部、水电部的规程[13-17*]。

图 11 表示根据图 8 作出的压缩曲线(e-lg$p$ 曲线）；由此可得出 p_c 值均为 0.5~ 1kg/cm²。

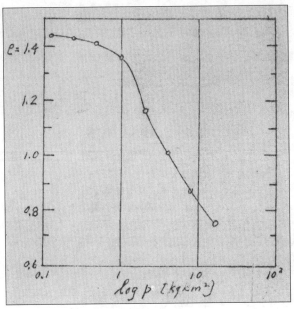

图 11　e-lg$p$ 曲线
（根据图 8 的 e-lgτ 曲线）

从次固结增量求 p_c 值的可能性，曾见于 Gray[24] 与 Casagrande[25] 的论述。他们认为这可以作为从 e-lg$p$ 曲线用作图法求 p_c 值的辅助方法或校对，也指出了试验时的温度会影响试验结果。高大钊曾进行了试验，认为对于质量不高"原状土"，用此法可能较为合适。曾有论文在中国土木工程学会第二届土力学及基础工程会议（1965 年，武汉）上提出，但会议论文集未能编印出来。后来，钱炳生、杨照章提出了他们的论文[5]。

6.关于快速固结试验及压缩曲线校正法的几点认识

初步认为快速固结试验的使用条件如下：

（1）土为低塑性的，即液限(w_L)较低，渗透系数(k)及固结系数(c_v)较高的土，能于快速固结时间（一般为 $t=1$h 或 2h）内完成主固结者。这里所说的"完成主固结"可按 s-lgτ（或 ε-lgτ，e-lgτ）作图法求得（图 12），但这是较高的要求，有时不能满足。

（2）对沉降计算的要求不高者。

关于快速固结试验的压缩曲线校正方程，有如下的认识：要求能够从 s-lgτ

曲线❶的 C_α 值与 p_i 关系❷求得前期固结压力(p_c)的大概数值❸，并且要求用从 s-$\lg\tau$ 曲线延伸(外插)法校正 e-p 曲线❹。有时不能满足上述要求，就只能用综合固结度校正法❺校正 e-p 曲线。

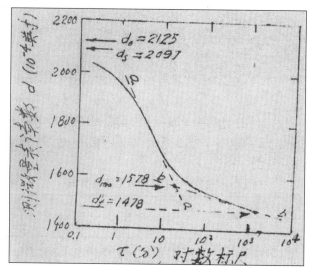

图12　d-$\lg\tau$ 关系

(根据 Taylor[20]，第 241 页)

d_0-开始读数；d_s-主固结读数；d_{100}-主固结与次固结的分界点，即主固结曲线反弯点的切线(a-a)与次固结曲线斜率(b-b)的交点；d_f-最终变形(假定的稳定变形)

三、沉降计算中存在的问题

沉降计算存在的问题，将从下列几个方面作简要的讨论：①关于土的压缩性指标的问题；②关于桩基础沉降计算的问题；③关于一般的沉降计算中的问题；④关于制订规范、编写教材手册工作中的问题。

1.关于土的压缩性指标的问题

这里试提出如下几个方面的问题。

---

❶　或 ε-$\lg\tau$ 曲线，或 e-$\lg\tau$ 曲线，见图8；或 d-$\lg\tau$ 曲线，见图12。

❷　见图10。

❸　这是上海规范[18]的规定。

❹　见图8及有关说明。

❺　见公式(14)及有关说明。

（1）关于压缩系数（a_{1-2}，a_{1-3}），压缩模量（E_s）以及沉降经验系数（m_s，后来改用 φ_s）的问题。为了简化，在建工系统的一些规范❶中，一般都采用如下的定义：

$$
\begin{cases}
E_s = \dfrac{1+e_1}{a_{1-2}} \text{或} \ E_s = \dfrac{1+e_1}{a_{1-3}} \\[2mm]
a_{1-2} = \dfrac{e_1-e_2}{p_2-p_1} = e_1-e_2 \ ; \ a_{1-3} = \dfrac{e_1-e_3}{p_3-p_1} = e_1-e_3
\end{cases}
\tag{19}
$$

式中：a_{1-2}——压力从 $p_1 = 1\text{kg/cm}^2$ 增加到 $p_2 = 2\text{kg/cm}^2$ 时的压缩系数；

a_{1-3}——压力从 $p_1 = 1\text{kg/cm}^2$ 增加到 $p_3 = 3\text{kg/cm}^2$ 时的压缩系数。

对于土的压缩性指标的如此简单化处理，显然是不恰当的。对于由此计算的建筑物沉降值，按规范要乘以一个修正系数（m_s，后来用 φ_s 替代），称为"沉降计算经验系数"，见表6~表8。

上海市规范❷的沉降计算经验系数 φ_s 　表6

基础底附加压力 p_0（kg/cm²）	≤0.4	0.6	0.8	≥1.0
系数 φ_s	0.7	1.0	1.2	1.3

《工业与民用建筑地基基础设计规范》（TJ 7-74）❸规定的沉降计算经验系数 m_s

表7

压缩模量 E_s（kg/cm²）	≤40	40~70	70~150	150~200	≥200
m_s	1.3	1.0	0.7	0.5	0.2

工民建地基基础规范[26]规定的系数 φ_s 　表8

压缩模量 E_s（kg/cm²）	25	40	70	150	200
$p_0 \geq f_k$	1.4	1.3	1.0	0.4	0.2
$p_0 \leq 0.75f_k$	1.1	1.0	0.7	0.4	0.2

注：1.根据参考文献【26】，第25页；参考文献【27】，第44~45页。

2.$\overline{E}_s$ 为沉降计算深度范围内压缩模量当量值；

$\overline{E}_s = (\sum A_i) / (\sum A_i / E_{si})$。

3.f_k：地基承载力标准值，见规范[26] 的第3.2.1条（第9页）及第3.2.3条（第10页）。

---

❶ 例如，见参考文献【9＊，18】。

❷ 根据1989年规范[18]；1975年规范[28]规定的 m_s 值为：当 $p_0 = 6\text{t/m}^2$ 时，取 $m = 1.2$；当 $p_0 \geq 10\text{t/m}^2$ 时，取 $m = 1.3$。

❸ 参考文献【30】，第27页。

以上简单给出了按 a_{1-2} 或 a_{1-3} 提出土的压缩性指标,以及经验系数(m_s 或 φ_s)的大概情况。在这基础上尝试提出几点看法:首先,这应当限用于一般工业与民用建筑的天然地基上浅基础,不能推广应用于压缩层厚度很大的建筑物、结构物(如储油罐、高层建筑物的无桩"补偿基础"即箱形基础,以及公路、机场跑道等),更不能推广应用于桩基础。其次,如上述的处理方法只能是地方性经验,在全国范围内采用可能不合适。

(2)关于系数($\beta = E_0/E_s$)的问题。在苏联规范(例如参考文献【34】,第 26 页)中,曾给出:

$$\beta = \frac{E_0}{E_s} = 1 - \frac{2\mu^2}{1-\mu} \tag{20}$$

式中:E_0——从载荷试验求得的"变形模量";

E_s——从压缩试验(固结试验)求得的"压缩模量";

β、μ——见表 9。

土的 μ 及 β 值

表 9

土	砂土	亚砂土	亚黏土	黏土
泊松比 μ	0.29	0.31	0.37	0.41
系数 β	0.76	0.72	0.57	0.43

公式(20)提出的概念已逐渐被抛弃,但有时仍出现于教科书、手册中,仍被一些设计人员所用。现在已明确知道:表 9 中的 μ 值是没有足够依据的,公式(20)是按弹性理论导得的,与试验结果不符(可参考参考文献【29】,第 94~95 页)。

因此,认为公式(20)的概念应予以抛弃,不再使用。

(3)从液限(w_L)及静力触探阻力与标贯入击数用经验公式估算土的压缩指标的方法。这些已在前面的第一部分❶提到,问题是还要继续研究和改进,推广应用,并且要充分注意到经验方法在地区土类的局限性。

2.桩基础沉降计算中的问题

这里将简单讨论上海的经验。1975 年的地基规范[28]曾提出深层土的压缩模量 E_s 经验数值,见表 10。这是由于深层土取样质量不高,因此从桩基基础沉降观测资料及计算求得表中的 E_s 值,用于桩基基础沉降计算。后来在新规范[18]中有了较好的规定,并提出了与桩长有关的沉降计算经验系数 ψ_s,见附录六。认为这样的

---

❶ 见前面第3~8页。

处理是合理的,但这里存在着地区的局限性。并希望能说明制订条文的依据、过程以及使用规范的经验。

深层土的压缩模量 E_s 值(上海的经验)❶   表 10

深度(m)	土　层	天然孔隙比 e	压缩模量 E_s(kg/cm^2)
20~30	灰色亚砂土、亚黏土、黏土	0.90~1.10	60~120
25~35	暗绿色硬土	0.65~0.75	120~150
30~40	粉砂	0.80~0.85	150~250
35~40	细砂	0.70~0.80	250~400

3.关于一般的沉降计算中的问题

这里将讨论两个问题,首先是如何确定压缩层厚度的问题。图 13a)所示为过去常用的方法,这是在苏联规范中采用的。西方国家的资料有时也采用这样的方法,但一般不在规范中规定得很细。在 20 世纪 70 年代制订规范时,要求"破老框框"(即破应力比 σ_z/σ_{cz} 的"框框",见图 13a),以一个具有中点深层地基沉降量测的油罐资料为依据,提出了"新"的确定压缩成厚度(z_n)的方法[图 13b)];见规范(TJ 7—1974)[30]。这一规定的不合理处,在于:①对于宽度不大的基础(如 $b \leqslant$ 3m),按此法求得的压缩层厚度可达 $z_n \geqslant 5b$,很不合理;②若在压缩层厚度(z_n)下有更软弱土层时,计算中可能会得出来一个更大的 z_n 值。这在当时已经注意到了,并常见于技术资料[31]。但在规范(TJ 7—1974)[30]中,以及在以后的规范中[26,27]还是采用了图 13b)的计算模式;在老的和新的港工规范[32*,33]中也采用了这个模式。上海市的旧规范[28]及新规范[18]没采用图 13a)或 b)的模式;实际上是避讳了这个认识上分歧的问题。据了解,在 20 世纪 70 年代制订的铁路、公路桥涵规范中,都没有采用图 13b)的计算模式[31]。

另一个问题是如何在沉降计算中考虑相邻荷载的影响。这在苏联规范(НиТу127-55)[34],我国建设部的规范[26,27,30],以及上海市规范[18,28]中都有规定,有一些条文摘录在附录Ⅶ中。

图 13a),把附加应力 σ_z 与土的自重应力 σ_{cz} 之比 $\sigma_z/\sigma_{cz} = 0.1$ 或 0.2 作为 z_n 的下限。

---

❶ 根据上海市《地基基础设计规范》(1975)[28],第 96 页。

22

图 13b），深度 $z_{n-1}(m) \sim z_n$ 的压缩量 $\Delta S'_n$ 应 $\leqslant$ 压缩层 z_n 范围内的压缩量 $\sum\limits_{i=1}^{n} \Delta S'_i$ 的 2.5%，即 $\Delta S'_n \leqslant 0.025 \sum\limits_{i=1}^{n} \Delta S'_i$，把这作为不确定压缩层厚度 z_n 的条件。

关于计算中如何考虑压缩层厚度 z_n 及相邻荷载的影响这两个问题，认为不需要也不应当作过细的烦琐规定，应当由设计人员考虑。

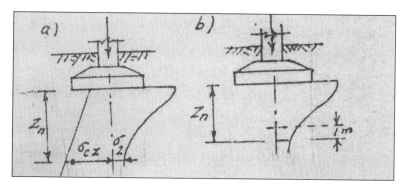

图 13　压缩层厚度 z_n

4.关于制订规范，编写教材、手册等工作中的问题

制订规范时，总是要求把成熟的经验列入条文，对设计施工具有指导作用。条文宜简不宜繁，一般可以提出原则性的要求，而不应当给出过于细的、不切实际的条文。在土木建筑类专业（也包括水利、铁路、公路等）的各自规范中，不应当存在不必要的分歧。应当注意到地区性经验，但也不能轻易推广作为全国规范的条文。

在前面的讨论中已经可以看到一些例子。例如，在建工系统的规范❶中，关于地基应力计算的公式、表太烦琐了；关于沉降计算中的压缩层厚度（z_n）及相邻荷载影响的条文也是会有争议的；或者，只作原则性说明，只提出计算的目的、要求就可以了。再举一个例子，是根据现行规范[35*,36]关于天然地基上高层建筑补偿式箱形基础的地基反压力分布的条文，见附录Ⅷ，这显得太烦琐，而且很难使人相信压力分布真是这样的。

不同专业（行业）的规定中的术语（如土的分类名称）很不统一，这也是重要的问题。现有的教材、手册中，过分地解释规范，为规范条文辩护，而于基本原理的阐述很不够。

---

❶　例如全国规范[26,27,30]，上海规范[18,28]。

结　束　语

本文讨论三个问题:从黏性土的液限(w_L)推算压缩指数(C_c)的经验公式问题;黏性土的快速固结试验问题;地基沉降计算中存在的问题。在这三个问题方面,回忆并查阅了一些资料,并提出了一些看法。

撰写本文的原因,是因为了解到设计、研究工作者有时对桩基础、道路路堤沉降计算方法未能正确掌握,而这与规范、教材、手册等可能存在不当之处有关。

为了便利读者,本文将一些有关资料列入附录,因此篇幅多了一些。

本文写成后,仅供少数专业工作者阅读和提出修改意见,目前还不宜整理发表。

附录Ⅰ　水利部、水电部规程关于快速固结压缩曲线校正法的规定

Ⅰ.1　水利部 1956 年规程[13]的规定

该规程的说明书中提到了资料[10,19];在试验比较的基础上,认为三种简易校正法❶中,以分段固结度校正法较好,综合固结度校正法次之,直线校正法较差。规程[13]提出的校正公式如下:

$$
\begin{cases}
e'_i = (e_i)_t - K[(e_{i-1})_t - (e_i)_t] \\
K = \dfrac{(e_n)_t - (e_n)_T}{(e_{n-1})_t - (e_n)_t}
\end{cases}
\tag{Ⅰ-1}
$$

式中:e'_i——任意荷重(第 i 级荷重)下校正后的孔隙比;

　　$(e_i)_t$——同上荷重下压缩 $t=2h$ 的孔隙比;

　　$(e_{i-1})_t$——前一级荷重下压缩 $t=2h$ 的孔隙比;

　　K——比例常数;

　　$(e_n)_t$——最后一级荷重(第 n 级荷重)下压缩 $t=2h$ 的孔隙比;

　　$(e_n)_T$——同上,压缩 $T=24h$ 的孔隙比;

　　$(e_{n-1})_t$——倒数第 2 级($n-1$)级荷重下压缩 2h 的孔隙比。

说明:原规程[13]中,用符号 ε 表示孔隙,现改用 e 表示。注意,公式(Ⅰ-1)与前面的公式(13)是一致的,见第 11 页。

---

❶　见第 9~11 页。

I.2　水电部1962年规程[14]的规定

这与水利部1956年规程不同之处是,在总结试验经验的基础上,认为应采用综合固结度校正法(见第10、11页)。校正公式如下:

$$\sum \Delta h_i = (d_i)_\mathrm{t} \frac{(d_n)_\mathrm{T}}{(d_n)_\mathrm{t}} = K (d_i)_\mathrm{t} \qquad (\mathrm{I}\text{-}2)$$

式中:$\sum \Delta h_i$——任意一级(第 i 级)荷重下的累计变形量,mm;

　　　$(d_i)_\mathrm{t}$——同上荷重下压缩 $t=1\mathrm{h}$ 的测微量表读数减去该荷重下的仪器变形量,mm;

　　　$(d_n)_\mathrm{t}$——最后一级荷重(第 n 级荷重)下压缩 $t=1\mathrm{h}$ 的测微量表读数减去该荷重下的仪器变形量,mm;

　　　$(d_n)_\mathrm{T}$——同上荷重下,压缩至稳定时间(T,一般为24h)的测微量表读数减去该荷重下的仪器微变形量,mm。

说明:这与前面的公式(14)是一致的。

I.3　水电部1979年规程[15]的规定[与I.2小节同]

I.4　水电部新规程[16*,17*](尚未查补)

附录 II　关于固结试验、快速固结试验与压缩模量(E_s)值

——上海市规范(DBJ 09-11—1989)[18]

根据该规范第2.4.3条[18],摘录如下❶:

(1)对于一般建筑物的地基,可用快速固结试验,最大压力不超过 $4\mathrm{kg/cm^2}$;可用综合固结度校正法❷。

(2)固结试验除测定土的压缩系数(a)、压缩模量(E_s)、压缩指数(C_c)、先期固结压力(p_c)外,可按工程需要进行回弹试验,提供回弹指数(C_s)值。

(3)固结试验稳定时间以24h为准,可采用间隔2h逐级加荷的快速试验法。前期固结压力(p_c)按次固结增量法❸进行校正;固结系数(c_v)可不作校正。

---

❶　下面系摘录;压力的单位改用 $\mathrm{kg/cm^2}$。

❷　见本文第10、11页。

❸　见本文第17、18页。

（4）固结系数（包括垂直向 c_v 及水平向 c_h）的测定，一般在土的自重压力至自重压力加附加压力之和的压力范围内进行。

（5）土工试验成果报告中压缩系数（a）或压缩模量（E_s）可提供相应于垂直压力 $1\sim2\mathrm{kg/cm^2}$ 的值，但应附压缩曲线或压缩系数表。

附录Ⅲ　关于压缩层厚度（z_n）

这已在前面讨论过了，见图 13。现补充说明几点如下：

（1）在规范（TJ 7—1974）中，规定了宽度小于 3m 的独立基础，无相邻荷载影响时，取 $z_n=3b$；见参考文献【30】，第 28 页。

在规范（GBJ 7—1989）中仍包含了上述想法，但对于前面的图 13b）的向上 "1m" 改为 "Δz"——这是与基础宽度（b）有关的厚度值，见表Ⅲ-1（参考文献【26】，第 26 页）。

Δz　值　　　　　　　　　　　　　　　　　表Ⅲ-1

$b(\mathrm{m})$	$\leqslant2$	$2<b\leqslant4$	$4<b\leqslant8$	$8<b\leqslant15$	$15<b\leqslant30$	>30
$\Delta z(\mathrm{m})$	0.3	0.6	0.8	1.0	1.2	1.5

另外，提出了如下的简化公式，用于基础宽度 $b=1\sim50\mathrm{m}$，无相邻荷载影响时的基础中点沉降计算：

$$z_n=b(2.5-0.4\ln b) \tag{Ⅲ-1}$$

见规范（GBJ 7—1989）（参考文献【26】，第 27 页）。由此计算 z_n/b 比值，如表Ⅲ-2 所示。

压缩层厚度 z_n 与基础宽度 b 之比　　　　　　　表Ⅲ-2

$b_n(\mathrm{m})$	1	2	3	5	10	20	30	40	50
z_n/b	2.50	2.22	2.06	1.86	1.58	1.30	1.14	1.02	0.94

在该规范的说明（文献【27】，第 46~47 页）中提出了公式（Ⅲ-1）的依据，即若干个实测 z_n/b 值与宽度 b 的关系；对此还不容易理解。

（2）在港工系统的规范中，包括 1978 年的规范[32*] 及 1987 年的新规范[33]，都是采用本文图 13b）的计算模式。

（3）上海 1975 年的地基基础设计规范的规定（参考文献【28】，第 16 页）如下：

宽度为 b 的方形基础，取压缩层厚度 $z_n=2b$；长宽比 $l/b=6$ 的基础，取 $z_n=3b$；中间值可内插。

条形基础的压缩层厚度(z_n)按下式计算[1]：

$$z_n = \omega B(C'P_0 + 1) \qquad (\text{Ⅲ-2})$$

式中：ω——基础净面积与外包面积比；

B——基础外包宽度，m；

C'——系数，m^2/t；基础外包平面为方形时取 $C' = 0$，长宽比等于 6 时取 0.2，中间值可内插；

P_0——基础底面附加压力，t/m^2。

另外，规定当基础外包长宽比等于 36 时，按式（Ⅲ-2）计算的 z_n 值不宜大于 $2B$。

（4）上海新规范（DBJ 08-11—1989）规定压层厚度（z_n）自基础底面算起，算到附加压力（考虑相邻基础影响）等于土层自重压力的 10% 处。另外，保留了上述公式（Ⅲ-2）。以上见参考文献【18】，第 17~18 页。

附录Ⅳ 关于 $\beta = \dfrac{E_0}{E_s} = 1 - \dfrac{2\mu^2}{1-\mu}$ 的问题

这已在前面讨论了。既然这已被确定，那就要求阐明两个问题：一是为什么会提出这一关于 β 值的概念？这错在哪里？二是为什么在教材、手册中还在讨论 β 值？（例如参考文献【29】）

提出 $\beta = E_0/E_s$ 这一公式的原因可能是：认为从现场荷载试验求得的变形模量（E_0）值比较可靠；侧限条件下求得的压缩模量（E_s）较差，因此提倡在浅坑内或在钻孔内进行载荷试验；认为不同类的土（砂、亚砂土、亚黏土、黏土）的泊松比（μ）可取一定数值，并且可按弹性体（直线变形体）推算在侧限条件下的侧压力系数。而这些假定未必与事实相符。这一概念还列入教材、手册，这可能是由于某些部门（如路、桥等）的规程中至今仍列入关于 β 值的概念[2]。

附录Ⅴ 关于天然地基上浅基础沉降计算的 E_s 值

（1）在 20 世纪 50 年代，勘探报告中一般给出土的压缩曲线，通常是在压力 $p = 0~4\,\text{kg}/\text{cm}^2$ 范围内的 e-p 曲线。后来，可能是从 20 世纪 50 年代后期起，给 $p = 1~2\,\text{kg}/\text{cm}^2$ 或 $1~3\,\text{kg}/\text{cm}^2$ 时的压缩系数（a_{1-2} 或 a_{1-3}）。

---

❶ 这一规定可能是主要适用于上海的多层民用建筑。

❷ 目前尚未查到。

（2）在规范（GBJ 7—1989）中（参考文献【26】，第 25 页），规定"压缩模量按实际应力范围取值"。在"条文说明"（参考文献【27】，第 44～45 页）中指出，规范（TJ 7-1974）[30]规定取：

$$E_{\mathrm{s}} = \frac{1+e_1}{a_{1-2}} \qquad (\mathrm{V}\text{-}1)$$

式中：e_1——1kg/cm^2 时的孔隙比。

新规范采用实际压力下的 E_{s} 值，即：

$$E_{\mathrm{s}} = \frac{1+e_0}{a} \qquad (\mathrm{V}\text{-}2)$$

式中：e_0——土自重压力下的孔隙比❶；

　　a——从土自重压力值到土自重压力加附加压力之和的压缩系数。

（3）在上海规范（DBJ 08-11—1980）中，按 $E_{\mathrm{s},1-2}$ 计算天然地基沉降量（参考文献【18】，第 17 页）；这就是按公式（V-1）计算的 E_{s} 值。

附录Ⅵ　关于桩基础沉降的计算

（1）上海市 1975 年规范中（参考文献【28】，第 27 页）作如下的规定❷：①把桩群作为深基础，不考虑压力扩散角；②压缩层自桩尖平面算起，算到附加压力等于自重压力的 20%处，附加压力应考虑相邻基础的影响；③采用地基土在自重压力加附加压力作用时的压缩模量 E_{s}；④压缩模量 E_{s} 也可取规范（参考文献【28】，第 96页）的"地基土压缩量的一般值"；⑤经验系数 m 取 1.0～1.1❸。

（2）上海市新规范（DBJ 08-11—1989）的规定与上同，但按桩长取不同的经验系数（φ_{s}）值，见表Ⅵ-1（参考文献【18】，第 49 页）。

桩基础沉降计算经验系数值　　　　　　　　　　　　表Ⅵ-1

桩端入土深度（m）	<20	30	40	50
沉降计算经验系数 φ_{s}	1.10	0.90	0.60	0.50

---

❶　这与"天然孔隙比"应当有差别。

❷　这里仅是摘要。

❸　m 也写作"m_{s}"，后来又改为 φ_{s} 表示。

附录VII 沉降计算中考虑相邻荷载的问题

下面,只介绍几个建工地基基础规范的有关条文。

(1)苏联规范(HиTy 127—55)有如下的规定(参考文献【34】,第 26~27 页):在计算单独基础沉降时,若压缩层❶下面有变形模量 E_0 小于 75kg/cm² 的土,而基础中心间距小于 $L(m)$ 时,需考虑相邻基础荷载的影响:

$$L \leqslant 2\sqrt{\frac{P}{\sigma_{cz}}} \qquad\qquad (\text{VII-1})$$

式中:$P = F \cdot p$——作用在相邻基础上的荷载,t;

   F——该基础的面积,m²;

   p——基础底面的压力,t/m²;

   σ_{cz}——计算的基础下地基压缩层下限上的土的自重压力,t/m²。

(2)建委规范(TJ 7—1974)中(参考文献【30】,第 29 页),在新规范(GBJ 7—1989)(参考文献【26】,第 29 页)及说明书中(参考文献【27】,第 45~46 页),尚未能找到具体规定。

(3)上海市 1975 年地基基础设计规范(参考文献【28】,第 16 页)有如下的条文:"在一般的情况下,相邻基础的净距大于 10m 时,可略去其影响"。上海市新规范作了同上的规定(参考文献【18】,第 18 页)。

附录VIII 关于天然地基基础上箱形基础地基反力分布的问题

我国天然地基上箱形基础规范[35*,36]关于地基力分布的条文摘录见表VIII-1 和表VIII-2。

箱形基础纵向地基反力系数 表VIII-1

适用范围	L/B	p_1	p_2	p_3	p_4
一般第四纪黏性土	3~4	0.910	0.921	0.973	1.196
	4~6	0.936	0.946	0.972	1.146
	6~8	0.940	0.945	0.982	1.133
软黏土	3~5	0.862	0.951	1.128	1.059

---

❶ 压缩层下限按附加压力与自重应力之比为 0.2 确定(参考文献【35*】,第 24 页)。

续上表

适用范围	L/B	p_1	p_2	p_3	p_4

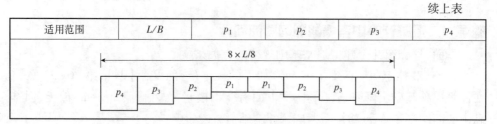

箱形基础横向地基反力系数 表Ⅷ-2

适用范围	p_1	p_2	p_3
一般第四纪黏性土	0.944	0.956	1.072
软黏土	1.166	1.061	0.856

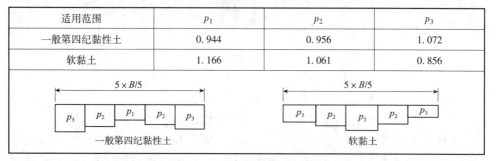

对于一般第四纪黏性土上的箱形基础,当 $L/B = 3 \sim 4$ 时,可从表Ⅷ-1及表Ⅷ-2计算地基反力系数;见图Ⅷ-1。这样"精细"的计算要求是否可靠,是一个问题,这与外国规范❶的经验也不符。

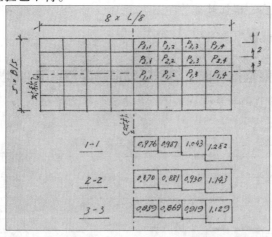

图Ⅷ-1 一般第四纪黏性土上的地基力系数($L/B = 3 \sim 4$)

---

❶ 如丹麦规范,英国新规范,欧洲共同体规范等;但一时还不能给出上述规范的名称及条文。

主 要 符 号

$a = \Delta e/\Delta p$ ——压缩系数，cm^2/kg；

$C_c = \dfrac{de}{d(\lg p)}$ ——压缩指数；

$C_v = \dfrac{k(1+e)}{\alpha \gamma_w H^2}$ ——固结系数，脚标 v 表示垂直向；

$C_\alpha = \dfrac{de}{d(\lg \tau)}$ ——次固结增量；

d——（固结试验中的）测微量表读数；

E_0——变形模量；

E_s——压缩模量；

e——孔隙比；

H——（固结试验中）双面排水试样厚度的一半；

$\sum h_i$——任意一级（第 i 级）荷重下校正后的总变形量；

K——校正系数；

k——土的渗透系数；

m_s——沉降计算经验系数；

N——标准贯入击数；

p——压应力；

p_c——前（先）期固结压力；

Q——固结度；

s——变形量（图 8 的纵坐标）；

t——快速固结时间，一般为 1h 或 2h；

T——（固结试验中）变形稳定时间，一般为 24h；

$T = \dfrac{C_v \tau}{H^2}$ ——（固结试验中的）时间因数；

U——固结度，U 与 Q 相同；

$\beta = 1 - \dfrac{2\mu^2}{1-\mu}$ ——系数，即变形模量（E_0）与压缩模量（E_s）之比；

ε——压应变（图 8 的纵坐标）；

μ——泊松比；

ω——基础净面积与外包面积之比；

σ——应力；

σ_{cz}——基础底面下深度 z 处土的自重应力；

w——含水率；

w_L——液限含水率；

w_p——塑限含水率；

ψ_s——沉降计算经验系数（也用 m_s 表示）；

τ——时间；

t——时间（与 τ 同）。

参 考 文 献[1]

【1 *】 A.W.Skempton.Noteson the Compressibility of Clays.Quart.J.Geol.Soc,London,1994,Vol.C:119-133.

【2】 Karl Terzaghi,Ralph B.Peck.Soil Mechanics in Eng.Practice.1948.Section 13.

【2a】 蒋彭年译.工程实用土力学,即参考文献【2】的译本.(X393/T123-2)

【2b *】 Karl Terzaghi,Ralph B.Peck.Soil Mech.in Eng.Practice,2nd ed.1967.(X393/WT334a)

【3】 童翼湘,周志浩,包惠棣.上海软土地基的工程性质//中国土木工程学会第三届土力学及基础会议(1979 年,杭州)论文.中国土木工程学会土力学及基础工程学术会议论文选集.北京:中国建筑工业出版社,1981:265-269.

【4】 高大钊,魏道垛.上海软土工程性质的概率统计特征//中国土木工程第四届土力学及基础工程学术会议(1983)论文.中国土木工程学会第四届土力学及基础工程学术会议论文选集.北京:中国建筑工业出版社,1986:176-182.

【5】 钱炳生,杨熙章.用快速固结试验测定土的先期固结压力的研究//上海软土地基科研成果论文选集.上海市建设委员会,1982:11-20.

【6】 俞调梅.上海地区的基础工程.上海:同济大学出版社,1991:38,102.

【7】 陈强华,俞调梅.静力触探在我国的发展.岩土工程学报,1991,13(1):84-95.
（注:本文列举的 22 种参考文献,【8 *】,【9 *】较为重要）

---

[1] 编者注:参考文献格式仍保持遗作手稿原貌。

【8＊】唐贤强,叶启民.静力触探.北京:中国铁道出版社.1981.

【9＊】河北省基本建设委员会.工业与民用建筑工程地质勘探规范(TJ 21—1977)
　　　(试行).北京:中国建筑工业出版社,1977.

【10】俞调梅.土壤快速固结试验法的校正问题(内部参考资料).建筑工程部建筑
　　　技术研究所翻印,1955.(X391.15/Y712)

　　　[注:本文系根据华东建筑设计公司胡正方提供的试验资料,并参考几种国内
　　　外资料(其中有【11＊】,【12＊】等)编写的;因不够满意,未曾公开出版。同
　　　济大学图书馆有油印本可查阅;但错误及不清楚之处很多]

【11＊】И.М.Литвинсв.Исследование Грунтов в Полевых условиях.1951.

【12＊】R.H.Larol. A rapid technique of consolidation testing. Symp. On Consolidation
　　　Testing of Soils. A.S.T.M, 1952.

【13】中华人民共和国水利部.土工试验操作规程(附说明书)[S].北京:水利出版
　　　社,1956.(X391.667/5614-3)

　　　土 115-56,压缩试验,84-93.

　　　土 115.1-56,快速压缩试验,94-96.

　　　压缩试验、快速压缩试验及大孔土压缩试验说明书,290-309.

　　　快速压缩试验说明,302-395.

【14】中华人民共和国水利电力部.土工试验操作规程(附说明书).北京:中国工业
　　　出版社,1962.(X341.068/6140)

　　　土 119-60,压缩试验,126-136.

　　　快速法,135.

　　　压缩试验说明书,391-405.

　　　快速法的适用范围及其压缩曲线的校正法,404-405.

【15】中华人民共和国水利电力部.土工试验规程(SDS 01—1979)上册[S].北京:
　　　水利出版社,1980.

　　　土 14-78,压缩试验,110-119.

　　　快速法,117-118.

　　　压缩试验说明书,304-317.

　　　快速压缩试验问题,315-317.

【16＊】水利电力部.土工试验方法标准.1989.(T652.1/ZS6142.2)

【17＊】水利电力部.土工试验方法条文说明.1989.(T652.1/ZS6142.2)

【18】 上海市工程建设标准化办公室.地基基础设计规范(DBJ 08-11—1989),1989.

【19】 郑大同.土壤快速固结试验法的理论研究[J].同济大学学报,1955(4):135-157.(G648.2/T437-5)

【20】 D.W.Taylor.Fundamentals of Soil Mechanics,1948.

【21*】 Yasumaru Ishii.General Disussion,Symposium on Consoildation Testing on Soils.ASTM Special Technical Publication,No.126,1951.

【22*】 R.H.Karol.A Rapid Technique of Consolidation Testing.Symosium on Consolidation Testing.American Society for Testing Materials,1952.

【23】 G.A.Leonarde,ed.Foundation Engineering.1962:152-155.

【24】 H.Gray.Progress Report on the Consolidation of Finegrained Soils[C].Proc.ICSMFE,1936.VO1.2:138-141.

【25】 A.Casagrande.The Determination of Pre-consolidation Load and its Practical Significance.Proc.ICSMFE,1936.Vo1.3:60-64.

【26】 中华人民共和国建设部.建筑地基基础设计规范(GBJ 7—1989).北京:中国建筑工业出版社,1989.

【27】 中华人民共和国建设部.建筑地基基础设计规范(GBJ 7—1989)条文说明.北京:中国建筑工业出版社,1989.

【28】 上海市工程建设标准化办公室.地基基础设计规范.1975.(X395.668/S322)

【29】 洪毓康.土质学及土力学(公路、桥梁专业用),第二版.北京:人民交通出版社,1987.

【30】 中华人民共和国建设部.工业与民用建筑地基基础设计规范(TJ 7—1974)(试行).1974.

【31】 俞调梅.关于工业与民用建筑地基基础规范(TJ 7—1974)的两点意见.岩土工程学报,1983,5(1).

【32*】 中华人民共和国交通部.港口工程技术规范,第5篇 地基(试行).1978.

【33】 中华人民共和国交通部.港口工程技术规范,第6章 地基基础.1987.

【34】 苏联国家建委.房屋和工业结构物天然地基设计标准及技术规范(НиТу127—1955),程季达译.

【35*】 国家建筑工程总局.高层建筑箱形基础设计标准与施工规程(JGJ 6—1980)1980.(X629.3/Z643.2).

【36】 上海市工程建设标准化办公室.上海市软土地基上高层建筑箱形基础(天然

地基）设计试行规定（DBJ 08-1—1981）.上海：上海科学技术出版社,1983.（T182/DBJ08-1-81）

说明：

（1）星号表示本文作者未看到或未详细阅读,例如【1＊】。

（2）有几种文献编号后附有"a""b"等字母,表示为附列的文献,例如文献【2】后附有【2a】,【2b】。

（3）有几种文献后附有同济大学图书馆编号,以便查阅,例如（X393/T123-2）。

第1章 土工试验

土工试验是岩土工程技术的一个重要分支,是岩土工程信息资料的重要来源,也是人类鉴别土、认识土的重要途径。许多著名的土力学概念是在土工试验的基础上得到的,一些重要的假设通过土工试验得到了验证。在利用土工试验成果的基础上,人们建立了土力学理论的试验、验证方法,提出了土工的设计、施工和质量控制的方法与标准。

回忆58年前(1960年),我刚到教研室工作的时候,俞调梅教授安排我教土力学,到土工试验室参与试验室仪器设备的更新和改造。为此,我曾经到当时的南京水利科学研究所(即现在的南京水利科学研究院)土工试验室学习了一段时间,这对我后来的发展至关重要。我在比较长的时间内,较多地接触到土工试验的一些技术问题,包括一些土工试验仪器设备的研制与改造,一些特殊试验的研究与实施。当然,这个领域也是非常宽广与深奥的,我只能是涉及其中一二而已。

在网络答疑中,许多网友提出了有关土工试验的一些疑难问题。其中,有些问题是初入门者都会经历的困惑和不解,也有在现行的技术标准中所发现的一些错误,并进行了校正。还有些问题却直指这门学科的技术关键穴位,是岩土工程技术发展过程中尚未完全破解的难题。因此,这里对有些问题的答疑,不敢言之凿凿,只不过是交流和探讨而已。对这些问题的答疑构成了本书第1章的主要内容,有60多个问题。

第1章中还包括3篇特殊的有关土工试验的文献:

(1)在20多年前,受长江水利委员会综合勘测局的委托,对南水北调中线工程土的室内和现场试验成果进行了统计分析研究。在南水北调中线工程中进行了大量的室内和野外试验研究工作,积累了非常丰富的数据,对这些数据进行整理分析,可以从中发现内在的规律性,以提出设计参数的取值方法,为南水北调工程的科研、设计和施工提供资料。设计参数的统计分析成果,包括研究总体的平均趋势、对均值估计的误差分析、可靠度计算时变异系数的取值方法等,包括土工试验指标统计、土工试验指标概率模型拟合、静力触探试验曲线的数字化和静力触探数据的概率模型拟合等方面。这项工作是在我和长江勘测技术研究所刘特洪总工程师主持下进行的,参加研究工作的有徐斌、唐建东和陈尚桥等。

（2）2001年，孙钧院士在润扬大桥北锚碇工程研究项目中提出了"润扬大桥北锚碇场地土特殊工程性质的研究"这个子项目，委托我组织力量实施，对两个50m深孔全断面取样，完成了内容非常齐全的土的工程性质的非常规的室内试验研究项目。这个项目共有4个分项目，由4位研究生（李家平、姜安龙、刘华清和朱登峰）结合学位论文分别研究实施，进行了比较齐全的试验研究，也探索了一些特殊的试验项目，得到了较为完整的试验成果。参加这项研究和指导试验工作的还有同济大学土工试验室的杨熙章高级工程师，他是自学成才，具有极强的动手能力，对土工试验有深厚的造诣。

（3）1966年5月，在武汉召开了"岩土力学测试技术学术会议"，这次会议实际上就是第二次全国土力学与基础工程学术会议。这篇名为"确定前期固结压力的新方法"的文章就是为那次会议准备的。

俞调梅教授非常关心那次学术会议。他为我的这篇文章的试验、资料整理和论文的写作付出了很多心血，进行了多次修改，并亲自参加了武汉会议。当时全国的政治形势非常紧张，以致很多老先生都未能参加这次会议。在讨论会议是否出论文集时，大家都感到不合时宜，于是决定出版一本论文提要，但究竟由哪个单位来组织出版，大家都感到为难。俞调梅教授在会议上就提出由同济大学来负责出版。在当时的形势下，做出这个决定是需要有很大的勇气的。于是，我就将会议论文的全部提要都带了回来，并抄到稿纸上，1966年以后就不得不停止了这项工作，但我把所有的资料全部都保存下来了。2016年，我将这些论文提要的文稿交给人民交通出版社准备组织出版。

网 络 答 疑

1.1　相对密度与比重是否为同一个概念？

A 网友：

请问"相对密度 d_s"与"土粒比重 G_s"是不是同一个概念？砂土的相对密度试验方法与黏性土是不同的，不太清楚究竟是怎么回事，请高老师帮忙给解释一下。

答　复：

密度是最原始的概念，在物理学中的定义是：单位体积的质量称为密度。土力学中关于土粒的密度就是沿用了物理学中的密度这个定义，因此密度是有量纲的。

比重是土粒的质量与4℃时水的质量之比，因此是无量纲的数。物理学中也有将比重称为"相对密度"的，比重和"相对密度"是同一个概念，这里的所谓"相对"就是指相对于4℃时水的质量而言的。

这里讨论了土力学中关于"密度""比重"和"相对密度"这三个同义词的定义、概念和区别。

但是在土力学中很早就有了砂土的"相对密度 D_r"的概念,这个指标是与砂土的最大孔隙比 e_{max}、最小孔隙比 e_{min} 有关的一个评价指标,它的计算公式如下:

$$D_r = \frac{e_{max} - e}{e_{max} - e_{min}} \tag{1.1-1}$$

这个砂土的"相对密度"不同于比重的别称"相对密度"的概念。两者是完全没有关系的术语,不要混淆了。

有的书上将土力学中的这个"相对密度 D_r"的概念改称为"相对密实度 D_r"。但我认为这样改并不太好,因为密实度又是另外一个概念,是指控制填土压实时控制土的压实质量的一个指标。

因此,我的观点是在岩土工程中最好不要把"比重"称为"相对密度",以免把两个完全不同的术语混淆了❶。

1.2 《土工试验方法标准》的常水头渗透试验水力坡降计算公式是否错了?

A 网友:

请教大家:《土工试验方法标准》(GB/T 50123—1999)中,在土工试验方法的常水头渗透试验记录表格中是这样规定的(见规范附录):平均水位差是测试段的试样水头差的一半,水力坡降计算是1÷(平均水位差×试样长度)。

请教问题:①取平均水位差是不是为了结果的均匀性?②水力坡降的定义是单位渗流长度的水头落差,此处取二者乘积不知何意,且为何用试样长度?

答 复:

这位网友所反映的问题在《土工试验方法标准》(GB/T 50123—1999)中第202页记录表 D-21 中,在这个表中把水力坡降这一拦的公式写成是 $(8) = \dfrac{1}{(7) \cdot L}$。正如这位网友所发现的问题那样,这个水力坡降的计算公式确实是错的。

根据水力坡降的定义,应为水头差除以观测断面的间距,如仍然采用《土工试验方法标准》(GB/T 50123—1999)中第202页记录表 D-21 的符号代码,则正确的公式应该是:

---

❶ 本书仍采用"比重"。

$$(8) = \frac{(7)}{L} \qquad\qquad (1.2\text{-}1)$$

式中的符号(7)是平均水头差,L 是两测压管中心间的距离。

同时,从这本标准的图 13.2-1 中(即本书引用的图 1.2-1)还可以看到,在 3 根测压管的根部,还有两个没有注符号的尺寸线,那就是 3 个观测断面之间的间距,也就是上面这个公式中的 L,即测压管中心间的距离。图中在测压管的中部,还有两个没有注符号的尺寸线,那是两个水头差,其平均值就是公式中的符号(7)。

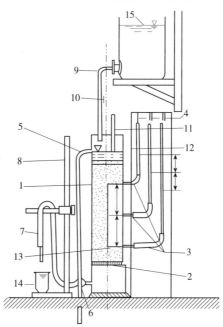

图 1.2-1 《土工试验方法标准》中的图 13.2-1

1-金属圆筒;2-金属孔板;3-测压孔;4-测压管;5-溢水孔;6-渗水孔;7-调节管;8-滑动架;9-供水管;10-止水夹;11-温度计;12-砾石层;13-试样;14-量杯;15-供水瓶

1.3 100g 锥与 76g 锥测定的液限之间有换算经验公式吗?

A 网友:

请问高教授:用 100g 锥测定的液限与用 76g 锥测定的液限之间有换算经验公式吗?

答 复:

锥质量 100g 是公路部门的标准,而锥质量 76g 则是水利部门的标准。据我所知,这两种方法之间可能没有做过大量的对比试验。提出这两种方法的单位都认为自己的标准与美国标准的碟式仪的试验结果是等效的。但是,这种等效一般是有条件的,当然不可能无条件完全相等。在粒径比较粗的部分和粒径比较细的部分,并不都是等效的,散点就比较离散。只有在中间那些粒径处的线性关系才比较好。

不知道你要这个换算关系做什么用?

B 网友:

《公路土工试验规程》(JTJ 051—1993)第 320 页条文说明里面有对比试验资料。

第 322 页:"76g 锥以入土深度 17mm 作为液限和 100g 锥以入土深度 20mm 作为液限时的抗剪强度与美国 ASTM D423 碟式仪液限时的强度一致……"

C 网友:

按剪切强度相等原理可推出:$P_1/P_2 = h_1 h_1 / h_2 h_2$

由此可得出:76g 锥以入土深度 17mm 作为液限和 100g 锥以入土深度 19.5mm 为液限时的抗剪强度相等。

C 网友:

按公路土工规程的说法,100g 锥下沉 20mm 大致相当于欧美的碟式仪,公路土工规程完全照搬了欧美标准,土的分类也是。这个规范完全脱离实际,公路系统也不用这套分类方法,因为没有建议数据配套和岩土参数之间的相关关系,根本没办法使用。

答　复:

在《公路土工试验规程》(JTJ 051—1993)第 320 页的条文说明里,引用了水利部门组织的以验证不同标准(76g 锥的两种沉入深度 17mm 和 10mm,100g 锥标准时沉入深度 17mm)时土的不排水强度的比较。但是,值得讨论的是如果已经证明了"76g 锥以入土深度 17mm 作为液限和 100g 锥以入土深度 20mm 作为液限时的抗剪强度与美国 ASTM D423 碟式仪液限时的强度一致……",那为什么要采用这两种不同的标准呢?

这种状况是我国在技术标准转型时期出现的一种不应该出现的现象,行政部门之间各自为政、相互分割,在技术上相互封闭,互不通气,以致出现了在原交通部一个部长领导下,批准了两种完全不同的土分类标准,桥梁规范采用 76g 锥,沉入深度 10mm 的液限,而公路规范则采用 100g 锥,20mm 沉入深度的液限。如果在一条路线的桥头,桥梁的勘察报告和公路的勘察报告中对同一种土的分类定名不一样,这岂不是天大的笑话。新一版的《公路桥涵地基与基础设计规范》(JTG D63)的土分类更接近于建筑工程的分类体系,但与公路规范仍然存在原则的差别。

世界上本来存在着测定液限含水率的两种技术体系:一种是源于美国卡萨格

兰德碟式仪测定液限的方法;另一种是用圆锥仪测定液限的方法。我国在 40 年以前,各个行业所采用的方法是一致的,都源于苏联瓦西里耶夫平衡锥(圆锥质量76g,下沉深度 10mm)测定液限的方法,是属于后一种技术体系。至于塑限含水率,各个行业都采用搓条的方法测定。我国从苏联引进技术标准并在工程实践中大量采用以后,苏联瓦西里耶夫平衡锥法和搓条法都列入了我国的技术标准,成为法定的试验方法。从 20 世纪 70 年代末开始,我国在接触和引进西方国家的技术标准时,注意到了美国卡萨格兰德碟式液限仪与瓦西里耶夫平衡锥液限仪试验结果之间的差别,认为锥式仪液限含水率时土的强度高于碟式仪液限含水率时土的强度,这两种方法测定的液限含水率并不相等,碟式仪测定的液限大于锥式仪测定的液限。如果从这个概念出发,将美国的碟式仪标准引入我国的标准体系在技术上并不是很困难,也是顺理成章的事。

但当时我国有些单位正在研制一种可以替代平衡锥的联合测定仪,希望用这种仪器同时测定液限和塑限,于是就出现了《土工试验方法标准》的液、塑限联合测定法标准。这种联合测定法标准的圆锥质量和锥角与瓦西里耶夫平衡锥的规格完全一样,但将圆锥沉入深度从原来的 10mm 增加到 17mm,同时将沉入深度为2mm 时的含水率定义为塑限。可是,在这本标准中还保留了测定塑限的搓条法,还同时引入了碟式液限测定仪。

与此同时,公路系统又提出了另一种联合测定的圆锥液限仪,圆锥质量为100g,取圆锥沉入深度 20mm 时的含水率为液限含水率,取圆锥沉入深度 3mm 时的含水率为塑限含水率。至此,在我国的岩土工程技术标准体系中出现了 4 种液限含水率的测定标准和 3 种塑限含水率的测定标准。

由于液、塑限测定标准的不同,据以划分土类的标准也就必然不同。目前,我国现行国家标准中并存着两种土的分类系统,塑性指数分类法和塑性图分类法,同一种土分别用两种分类方法可能得到不同的土名,同一个土名在这两个分类系统中的含义是不同的。例如在塑性指数分类法中,黏土是塑性指数大于 17 的土,但在塑性图分类方法中,塑性指数大于 17 的土不一定称为黏土,塑性指数小于 17 的土也有可能定名为黏土,主要取决于在塑性图上的位置。

无论是塑性指数分类法或塑性图分类法都需要应用土的液限和塑限指标,这两个指标的试验方法不同,分类的结果也就有很大的差别。在《土的分类标准》的塑性图分类标准中,采用了两种液限的试验方法,其差别主要在于平衡锥的沉入深度不同,一种是《岩土工程勘察规范》采用的沉入深度为 10mm 的标准,这一标准与我国习惯使用的方法是一致的,其优点是便于将积累的工程经验延续下来,并不致引起使用上的混乱。而另一种则是《土工试验方法标准》采用的沉入深度为17mm的标准,其理由是当沉入深度为10mm时土的极限抗剪强度值比美国碟式仪液限时的强度值高,不符合国际上通用的标准,因而采用将沉入深度加大到17mm的方法来降低土的极限抗剪强度值,使之与碟式仪的标准等效。与此同时,《土工试验方法标准》还将塑限的搓条法改为也用平衡锥沉入的方法,将沉入深度为2mm时的含水率定义为塑限。

在分类问题上的混乱还表现在采用不同的试验标准都声称与美国ASTM同一个试验标准等效,在我国除了《土工试验方法标准》之外,还有《公路土工试验规程》也采用与美国ASTM等效方法确定的液限试验标准。为了与国际上通用的液限试验标准相协调,采用了与我国习惯沿用的试验方法完全不同的液限试验标准,并得出了两种不同的试验标准,所测得的液限也会不完全相同,这就更进一步使我国的土分类体系难以统一,形成了三足鼎立的局面。这是当年我国各个部门的"各自为政"在一个具体的土分类标准上的体现,30年过去了,但这种局面还没有得到根本的改变。

1.4 怎么看《土工试验方法标准》中小于某粒径的试样质量百分比的计算公式?

A网友:

在国标《土工试验方法标准》(GB/T 50123—1999)第7.1.6条中小于某粒径的试样质量百分比有关计算公式中为什么乘以d_x,而不是乘以100%?d_x为粒径小于2mm的试样质量占试样总质量的百分比。

答　复:

国标《土工试验方法标准》(GB/T 50123—1999)中的公式(7.1.6)如下式:

$$X = \frac{m_A}{m_B} \cdot d_x \qquad (1.4\text{-}1)$$

式中:X——小于某粒径的试样质量占试样总质量的百分比,%;

m_A——小于某粒径的试样质量,g;

m_B——细筛分析时为所取的试样质量,粗筛分析时为试样总质量,g;

d_x——粒径小于2mm的试样质量占试样总质量的百分比,%。

但是,这本《土工试验方法标准》对这个问题没有写得很清楚。d_x的取值其实有两种情况,即既可用于说明粒径小于2mm的试样质量占试样总质量的百分比(%),也可用于说明粒径小于0.075mm的试样质量占总质量的百分数。因此,这位网友对此产生困惑就很正常。

而在行业标准《土工试验规程》(SL 237—1999)第46页,对这个问题的写法得

就比较清楚。下面引用如下:

"m_B——当细筛分析时或用密度计分析时所取试样的质量(粗筛分析时为试样总质量),g;

"d_x——粒径小于2mm或粒径小于0.075mm的试样质量占总质量的百分数。如试样中无大于2mm的粒径或小于0.075mm粒径,计算粗筛分析时$d_x=100\%$。"

举一个例子,如已知粒径小于0.075mm的试样质量占总质量的50%,对粒径小于0.075mm的这部分试样做密度计法颗粒分析,得到小于某粒径的试样质量为占这部分试样质量的40%,则可以推求小于这个粒径的试样质量占试样总质量的百分数应为0.50×0.40=0.20,即占总质量的20%。

1.5 颗粒分析试验中,30g 的风干土试样取自哪里?

A 网友:

最近在用密度计法做颗粒分析试验时产生了一个疑问:干质量30g的风干试样从哪种土样里面取出的?有下面3种说法,究竟哪个说法是正确的?

A 法:过2mm筛下的土样;B 法:未过筛的土样;C 法:过0.075mm筛下的土样。

A 法:按照《土工试验方法标准》(GB/T 50123—1999)第7.2.4条中第2、5款,干质量30g的风干试样应该是从2mm筛下取得。理由:第2款中取2mm筛下试样测定风干含水率;第5款中洗筛上的砂粒烘干后进行细筛分析。我按此方法做了几次试验,发现土样洗完,洗筛上剩余的砂粒很少,烘干后基本上就没有东西了,不可能再做细筛分析了。

B 法:按照水利部的行业标准《土工试验规程》(SL 237—1999)中的第4.4.4、4.4.13条的条文说明,可以不用过洗筛,可以直接将土样放进量筒里进行试验,如果下沉速度过快,再做细筛分析。

C 法:试验室里的老师傅都是直接从0.075mm筛下取干质量30g的试样进行试验,但是这样做,过洗筛貌似就没有多大意义了,并且也不会存在规范所说的筛上砂粒再进行细筛分析了。

请各位指点迷津,多谢!

在试验室工作的同行,你们平日是如何做的呢?

答 复:

过0.075mm筛的意义是强调了粗粒和细粒的这个界限。试验时,首先过0.075mm筛,其目的是将粗粒土和细粒土分开。然后,对于粒径小于0.075mm的细粒土部分,再用沉降法(包括密度计法或移液管法)进一步做颗粒分析;而对于粒径大于 0.075mm 的粗粒部分,再用筛分法进一步做颗粒分析。然后将这两部分资料合并成为一条级配曲线。要注意这里过 0.075mm 筛的重要性,它划分了粗粒土和细粒土,而这两种土的颗粒分析方法是完全不同的。

由此可见,用密度计法做颗粒分析试验时,所需要的干质量 30g 的风干试样应该从过 0.075mm 筛下的土样中取出。因此,你们试验室的老师傅的做法是正确的,而 A 法与 B 法这两种说法都是不正确的。

洗筛的目的是为了把土的团粒分散开,这要看土的类别,对含有团粒的土才需要通过洗筛将团粒分散。如果土中不含有团粒,当然就不需要采用洗筛了。

1.6 试验结果与《工程地质手册》的参数不符怎么办?

A 网友:

本地区是软土地区,从地表下 3~10m 为软土,自重压力 20~80kPa,在求先期固结压力过程中发现自重压力小时做出的压缩指数在 0.2 左右(审图的人要求软土是欠固结土,做出的先期固结压力要小于自重压力),小于 0.3,审图的人认为这与《工程地质手册》的要求不符,即:

$C_c < 0.2$ 低压缩性土

$0.4 > C_c > 0.2$ 中压缩性土

$C_c > 0.4$ 高压缩性土

审图要求压缩指数 C_c 在 0.4 以上,想请教的是,软土的压缩系数已做到大于 0.5 了,据规范已是高压缩性土,但压缩指数却在 0.2~0.4 之间,这样的矛盾如何解释?

做同一个土样,压缩系数在 0.6~0.8 之间,压缩指数在 0.2~0.4 之间,难道就错了? 盼老师指点!

土样 1:压缩系数 a 为 0.7,压缩指数 C_c 为 0.229;土样 3:a 为 1.12,C_c 为 0.402。试验过程中发现在自重压力较小的情况下,要想 C_c 值达到 0.4 以上,就要土的压缩性相当高,土很差。土样 3 的压缩系数为 1.12,而本地区软土含水率一般为 35%~50%,且夹粉土,正常试验很难达到审图的要求。我也查看了一些资料,软土的 C_c 在 0.2 左右也是有的。希望得到老师帮助。

高压固结试验成果见表 1.6-1 和表 1.6-2。

土样 1:含水率 42.7%;比重 2.72;密度 1.79g/cm^3。

土样 3:含水率 46.3%;比重 2.72;密度 1.74g/cm^3。

计算程序采用华宁土工试验软件。

高压固结试验成果表 表 1.6-1

工程名称:咨询

土样编号:1　　　天然孔隙比 $e_0 = 1.168$

P (kPa)	读数 (mm)	孔隙比 e	压缩系数 $e(MPa^{-1})$	压缩模量 $E_s(MPa)$
12.5	0.365	1.129	3.15	0.69
25	0.601	1.104	2.00	1.08
50	0.995	1.062	1.68	1.29
100	1.414	1.017	0.90	2.41
200	2.078	0.947	0.70	3.10
400	2.701	0.881	0.33	6.57
800	3.390	0.807	0.19	11.72
1 600	4.040	0.740	0.08	25.89

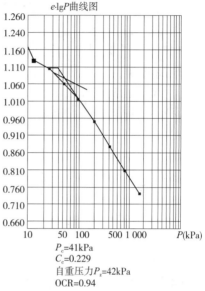

$P_c=41kPa$
$C_c=0.229$
自重压力$P_z=42kPa$
OCR=0.94

高压固结试验成果表　　　表 1.6-2

工程名称:咨询

土样编号:3　　　天然孔隙比 $e_0 = 1.287$

P (kPa)	读数 (mm)	孔隙比 e	压缩系数 $e(MPa^{-1})$	压缩模量 $E_s(MPa)$
12.5	0.065	1.280	0.56	4.09
25	0.162	1.269	0.88	2.60
50	0.710	1.207	2.48	0.92
100	1.612	1.105	2.04	1.12
200	2.612	0.993	1.12	2.04
400	3.804	0.859	0.67	3.41
800	4.881	0.737	0.31	7.50
1 600	5.809	0.635	0.13	17.94
3 200	7.100	0.500	0.08	27.11

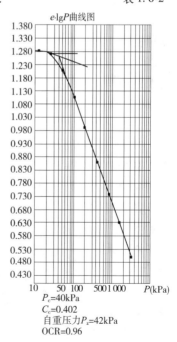

$P_c=40kPa$
$C_c=0.402$
自重压力$P_z=42kPa$
OCR=0.96

岳建勇答：

根据您所提供的资料，对压缩系数和压缩指数进行了校核性复算，复算所得到的结果基本相当。

根据压缩指数判定土体压缩性，这只是工程经验的一种定性总结，未必放之四海都是准确的。我们还是应该尊重第一性的试验结果，除非审图人员有充足的理由，认为试验数据有问题。

审图人员要求软土必须是欠固结土，这样要求有些过分。应该根据试验结果进行判定，而不应先入为主。全国有大量的软土不是欠固结土，而是正常固结土体。

审图单位主要工作应该是强制性条文的审查工作，而不应随意扩大审查工作的范围。

A 网友：

谢谢岳老师的解答。

现实的情况是，审图的人看到 C_c 值为 0.2～0.3，图审是过不了关的，现在已发展到 C_c 做到 0.35 以下也得重做，要做成土样 3 那样的。

还有一种状况，我们这里局部地区 30m 左右有一层软土，自重压力在 300kPa 左右，业界认为这层土是正常固结土，可按室内正常固结试验，先期固结压力往往做不到那么大，不知为何？是认知错误？还是方法不对？

岳建勇答：

审图人员还是应该尊重试验结果，地基土是大自然的产物，而不是像混凝土一样是人造产物，是可以控制的。如审图人员有水平能够指出你的试验方法有什么问题，或者分析方法有问题，这样的审图人员值得尊重。为什么 C_c 在 0.35 以上就可以，依据又何在？

《工程地质手册》内容怎么可以作为审图的依据？而且都不是规范的条文，不知道审图单中的依据如何填写的。

对先期固结压力也同样如此，你在这两个方面都没有违反规范条文，更不要提强制性条文了。

B 网友：

两个样本是同一类土，且含水率等指标也相近。压缩指数 C_c 是 $e\text{-lg}p$ 曲线后直线段（压密段）的斜率，这个对于同一个样本来说，这个斜率只和土样自身的特性有关，是个固定值，那是否可以这样理解：土样 1 和土样 3 虽为两个独立的样本，但二者为同一类土，物理特性相近，那么二者的 C_c 值也应相近才合理。

A 网友的疑问主要来自样本 1，而样本 3 的压缩系数和压缩指数都算经验合理,那是否土样1的试验有误? 因为从 C_c 指数的本源和逻辑上来说,土样1和土样3的 C_c 值应该相近才合理。

答 复:

这个帖子是由岳建勇同志回答的,在整理成书时,我反复看了这些资料,认为回答得很好,确实应该这样来认识这个问题。

那么,这位审图人员这样来处理这个问题为什么不对? 首先,我们应该明白,判断土的压缩性指标是什么? 在国标《建筑地基基础设计规范》(GB 50007—2011)中规定根据压缩系数 a_{1-2} 将土划分为三类,在我国所有的技术标准中,没有按压缩指数划分土的压缩性的规定。这是为什么? 因为压缩指数是一个力学指标,其取值与试样的扰动情况有非常密切的关系,考虑到我国实际取土条件的制约,高压固结试验成果的稳定性受取样扰动的影响很大,压缩指数数据的稳定性差,离散性都比较大,不宜作为土分类的指标。至于在手册中写的一些内容,那是从国外的资料中抄来的,可以扩大我国技术人员的视野,但手册并不是技术标准,不具有约束力。因此,这位审图人员把手册内容作为强制性的条文来检查勘察成果,显然是不妥当的。

看到 A 网友的这段话:"现实的情况是审图的看到 C_c 值为 0.2 ~ 0.3,图审是过不了关的,现在已发展到 C_c 做到 0.35 以下也得重做,要做成土样3那样的。"我真不知道该说什么好了,我们的有些审图人员已经到了可以这种肆意妄为的程度,随意提出试验该达到什么样的通过"标准"。这种情况既违反审图工作的本意,也违反科学的规律,有关部门真应该管一管这种事了。

对 B 网友的疑虑,其实 A 网友的有段话已经回答了,他说:"土样1:压缩系数 a 为 0.7,压缩指数 C_c 为 0.229;土样3:a 为 1.12,C_c 为 0.402,试验过程中发现在自重压力较小的情况下,要想达到 C_c 值达到 0.4 以上,就要土的压缩性相当高,土很差。土样3的压缩系数为 1.12,而本地区软土含水率一般为 35% ~ 50%,且夹粉土,正常试验很难达到审图的要求。"我想这位审图人员应该听得懂这段话,除非他不是搞技术的。

在厚层软土中,物理指标和力学指标的变化幅度是相当大的,我们不能用人工材料的均匀性来要求土,一旦不符合自己的主观臆想,就判定人家错了,其实却是自己错了。

1.7 土试样的压缩模量会大于原位土的压缩模量吗?

A 网友:

高老师,土样经过钻探、取样、运输、开样、切样、上架土试等一系列应力释放和附加扰动,使得土样各种物理力学性质和原位状态下有很大不同。单说压缩模量,是在某一压力段下孔隙比的变化计算得到的。由土样 e-lgp 曲线(加荷、卸荷、再加荷,以及原状土的 e-lgp 曲线),可知土样的孔隙比,要小于同一压力下原位土的孔隙比,也就是土样的 e-lgp 曲线在原位土 e-lgp 下面,而且土样的压缩曲线其斜率要缓于原位土,也就是土样的压缩性要小于原位土的压缩性。原位土进过漫长的固结沉积本身具有结构性,颗粒之间具有胶结性,进而阻止土颗粒进一步压缩固结。土样经过应力释放(在土样上架试验时,通常其残余应力已经消失为 0 了)和附加扰动,破坏了颗粒间的胶结连接和土体本身的结构,土样侧向膨胀,这样土样的初始孔隙比要大于原位土的自重应力下的孔隙比,土样加荷,土颗粒开始压密,由于破坏了胶结性,土样压缩更为致密。如果有三组样,扰动 A>B>C,压缩曲线上 A 低于 B,B 低于 C。

问题 1:土样的压缩模量要大于原位土的吗?以前的认识是沉降计算值要大于沉降观测值,所以土样的压缩模量要小于原位土的压缩模量。

问题 2:我单位在江苏项目上用过江苏、上海两地钻机 SH-30 型,其取样用对开式的厚壁取土器,我们内陆地区依然用岩心管+高压水冲,这样取样也就 4 级样,物理力学性质指标误差很大。规范上依然推行的是依据土工试验综合压缩曲线自重应力至自重应力加附加应力下的压缩模量,那这条压缩曲线和原状土的压缩曲线也应该相差很大。现今只有取样土试一种方法比较直接得到土样的物理力学指标,明知不准确,但很无奈。可否发展别的方法测定原位土的压缩模量?上海地区有用分层沉降标和观测孔隙水压力,反算原位土压缩模量,得到上海 8 层土压缩量达 200MPa 以上,7 层和 9 层土达 600MPa 以上(当然我不知道相应的附加应力)。我想此种方法可行,但是原状土的压缩模量是否真的能有 600MPa 这样大,这个数据哪敢提到勘察报告里。这样算压缩模量要比土样的压缩模量 E_{s1-2} 大 25 倍以上,有关论文介绍大 25 倍已成行业共识,我很是疑惑,用 E_{s1-2} 计算得到的沉降值很多统计资料显示大于沉降观测值在 10 倍以内,这个 25 倍代入公式计算是不是太危险了。高老师能否就此相应介绍。

问题 3:原位测试估算压缩模量,现今有好多类似经验公式。其有两点通病:一是估算的是 E_{s1-2} 只能评价压缩性,不能参与沉降计算;二是经验公式是通过对比土工试验而得到的。由上述可知,这样仍旧没有摆脱土样的扰动和应力释放带来的种种误差。可是工程中大家用的仍然不亦乐乎。《高层建筑岩土工程勘察规程》(JGJ 72—2004)的附录 F 提供了各种类型土和原位测试压缩模量的计算公式,这个附录表格应该是来源于上海规范。但是上海规范里明确说只适用于

200~300kPa压力段，《高层建筑岩土工程勘察规程》(JGJ 72—2004)附录F却没有这句话，只是另加了依据本表格适用于桩基工程。高老师能否介绍此表格公式适用哪个压力段？因为很多勘察报告里，有很多20层、30层、60层、80层房子都是用的同一个公式计算压缩模量，这个明显不合理。另外公式使用深度有的到50m、70m，这样即使自重应力也超过了300kPa，怎么能适用200~300kPa的压力段呢？

问题4：比如某一土层，层顶埋深50m，层底埋深70m，即厚度20m，该土层压缩模肯定不是像我们现在所提的一个压缩模量，而是随深度增加而变大的。所以压缩模量应该与深度或者应力p有关，下面有两个公式：

$$E_{\mathrm{s}}=\frac{1+e}{a}=(1+e)\frac{\mathrm{d}p}{\mathrm{d}e} \tag{1.7-1}$$

$$E_{\mathrm{s}}=(1+e)\frac{\mathrm{d}p}{C_{\mathrm{c}}\lg p}=(1+e)\frac{p\ln 10}{C_{\mathrm{c}}} \tag{1.7-2}$$

其中C_{c}为压缩指数，压力较大时为一常数，可由$e\text{-}\lg p$曲线得到。

公式(1.7-2)中$e\text{-}\lg p$曲线直线段$e=B-C_{\mathrm{c}}\lg p$，B为直线段在e轴截距，C_{c}为压缩指数，两边对p求导，代入$E_{\mathrm{s}}=(1+e)/a$，得到$E_{\mathrm{s}}=[\lg p-(1+B)/\lg p]C_{\mathrm{c}}$。这两个公式$E_{\mathrm{s}}$都与$p$也就是深度有关，且是线性关系。我的疑惑是，我比较倾向于随深度非线性增大，或者深度足够大时才呈线性增大。不知道这两个公式有没有具体实用价值，能否用来估算压缩模量，或只是所谓的数字游戏。

问题综合：很多设计单位会直接采用勘察报告里具体的压缩模量，比如你提$E_{\mathrm{s1\text{-}2}}$，设计就会采用$E_{\mathrm{s1\text{-}2}}$计算沉降。$E_{\mathrm{s1\text{-}2}}$只能评价压缩性，不能用来计算沉降。我的通常做法是，估算自重应力，然后查询综合压缩曲线，再根据建筑物层数性质，估算个压力区间，然后计算这个区间的压缩模量，下面再加上一句，请设计根据实际应力状态查询压缩曲线计算压缩模量。压缩模量大小与安全有关，与投资费用有关，桩长、桩径、桩距、桩数、承台尺寸都要受其影响。

高老师，勘察阶段，附加应力不知道，如果是您写勘察报告，压缩模量这一节您会如何操作，如何写？土工试验自重至自重加附加压缩模量值，静力触探压缩模量估算值，标准贯入试验压缩模量估算值，旁压试验压缩模量估算值，您是否也会这样综合分析，即使给您附加应力，静力触探、标贯、旁压这三种方法该如何估算？比如20层和80层建筑不能用一个经验公式吧，20层和80层这三种方法您会如何估算呢？高老师，如果您写勘察报告，此节您能否列个1、2、3、4、5条，供我们参考分析，使得我们对压缩模量有更清醒、更深刻的认识和理解。

答　复：

　　对于压缩模量,你的思考很深入,提出的一些问题,值得我们展开讨论,欢迎网友们一起参加这个讨论。为了讨论,在这里可能我也会提一些不同的看法,希望能从各个方面来分析这个问题。

　　室内试验得到的压缩模量是否比天然状态的压缩模量大? 我认为是不可能的。这是由于取土扰动的影响,土的结构被破坏,在同样的应力变化增量的作用下,压缩变形量会增大,应变增大了,压缩模量就会减小。

　　你说:"上海地区有用分层沉降标和观测孔隙水压力,反算原位土压缩模量,得到上海 8 层土压缩模量达到 200MPa 以上,7 层和 9 层土达到 600MPa 以上(当然我不知道相应的附加应力)。"当时我曾经问你"你是从什么资料中看到的?"我是不太相信这些数据,认为可能计算有误。但在写书的过程中,对这个问题又进行了复查,结果如下:

　　在上海市工程建设规范《地基基础设计规范》(DGJ 08-11—2010)的附录中给出了上海地区深层土的压缩性模量统计的结果(表 1.7-1)。

上海深层土的压缩模量统计　　　　　　　　　　　　　　　　　　表 1.7-1

土层序号	土 层 名 称	压缩模量范围(MPa)	压缩模量变异系数
⑦₁	草黄~灰色粉性土、粉砂	6.50~18.27	0.215
⑦₂	灰色粉细砂	8.50~22.36	0.243
⑧₁	灰色黏性土夹粉砂	4.00~8.82	0.196
⑧₂	灰色粉质黏土、粉砂互层	4.50~11.0	0.229
⑨₁	青灰色粉细砂夹黏性土	9.60~22.43	0.316
⑨₂	青灰色粉细砂夹中、粗砂	10.50~24.10	0.226

　　从上表的数据来看,上海深层土的压缩模量确实是没有那么高。但对这里的统计数据,需要说明的是首先它是室内压缩试验的资料统计,其次是它的取值压力范围是 100~200kPa。

　　如果你的这些数据是从地面沉降的实测资料反算得到的,那是有可能的。那是在大面积重复荷载作用下产生的沉降。在《软土地基与地下工程》一书中,由施履祥撰写的第十六章"地面沉降"中讨论到了这个问题,引述如下:"要获得正确的计算结果,除了提出能反映实际的理论和假设外,土性指标的选择是一个关键问题。一般的室内常规试验不能得出像上海这样经历长期反复抽水作用下的土性指标。实践证明,在多次加卸载的反复作用下,土的压缩和回弹性质将趋于一致,最终将进入弹性状态(不考虑流变性质),因此,从现场实测的孔隙水压力和变形反算土性指标,将是正确可行的。这样的土性指标可代表某一计算层次的综合状态,它不但包含了土层的厚度和分布、排水条件等因素,而且也反映了由于水位升降引起的加卸载反复的结果。实际上是以大地为试样,历年反复水位的过程为荷载的一个原型的反复荷载试验。"在这一章的一个算例中,压缩模量采用了 1 300MPa,回弹模量采用了 1 700MPa。对于这个结果该怎样来理解? 首先,我认为,由于地下水的反复升降,使土层受到年复一年的重复荷载的作用,正如施履祥所指出的,最终将进入弹性状态,因此这个模量已经接近于土的弹性模量了,其数值必然是比较大的。

对你推导的这个公式,你认为"$E_s = (1+e)\dfrac{\mathrm{d}p}{C_c \lg p} = (1+e)\dfrac{p\ln 10}{C_c}$ 和 $E_s = [\lg p - (1+B)/\lg p]C_c$ 这两个公式中的 E_s 都与 p(也就是深度)有关,而且是线性关系。"你的这个结论肯定是有问题的,怎么会是线性关系呢? 既然取了对数,变量与 p 的关系就是非线性的。

对于你最后提出的这两个问题,谈一点我的看法。你说:"我的通常做法是,估算自重应力,然后查询综合压缩曲线,再根据建筑物层数性质,估算个压力区间,然后计算这个区间的压缩模量,下面再加上一句,请设计根据实际应力状态查询压缩曲线计算压缩模量。"我认为你的做法是合适的,是体现了对压缩曲线的正确理解和正确应用。实际上,压缩系数或压缩模量并不是一个常数,而是随着压力范围的变化而变化的。过去采用固定的 100~200kPa 压力范围的压缩系数或压缩模量计算沉降的方法是过分地简化了。所以,后来的规范就不再用这种方法了。但在有些地方仍然还沿用这种方法,显然是不合适的。这是对采用压缩试验测定指标的方法而言的。

对于有些地质条件,无法取样做压缩试验,例如,砂土、碎石土等。因此采用原位测试的方法,例如标准贯入试验、动力触探试验,并通过与载荷试验得到的变形模量建立经验关系。利用这种经验关系得到土层的变形模量。对于这种情况,计算沉降时就不能采用如《建筑地基基础设计规范》(GB 50007—2011)所规定的方法计算沉降了。而在《高层建筑岩土工程勘察规程》(JGJ 72—2004)中可以找到相应的方法计算沉降。此时,不需要换算为压缩模量,直接采用变形模量进行沉降计算就可以了。

1.8　深基坑开挖对土体的回弹模量有什么影响?

A 网友:

这次主要是想请教深基坑的回弹再压缩模量问题,看了您的岩土工程疑难问题答疑笔记整理之一和之二,您也提出不管是《建筑地基基础设计规范》(GB 50007—2011)还是《高层建筑筏形与箱形基础技术规范》(JGJ 6—2011)中计算沉降时所用的都不是回弹模量这个参数,而《土工试验方法标准》(GB/T 50123—1999)中的回弹模量并不是《建筑地基基础设计规范》(GB 50007—2011)和《高层建筑筏形与箱形基础技术规范》(JGJ 6—2011)中的回弹压缩模量,而是用于公路工程路面设计计算的一个参数。

现有这样一实例:

工程简介:地上 2~17 层,地下 2 层,室外地面向下基础埋深 10.0m,筏板基础。地层为①0~1.5m 杂填土,②1.5~2.5m 粉土,③2.5~3.8m 粉质黏土,④3.8~4.6m 粉土,⑤4.6~6.5m 粉质黏土,⑥6.5~9.5m 粉土,⑦9.5~13.5m 粉土,⑧13.5~37.0m 细砂。以第⑦层 9.5~13.5m 粉土为持力层,水位埋深 7.37m,位于第⑥层粉土。基坑开挖 10m 深,现要考虑基坑的回弹变形问题,作为勘探方,在报告编写中要计算回弹再压缩引起的沉降,而土工试验做出的回弹压缩模量适用于公路,那这种情况下该怎样算呢?是否可直接用 0~2MPa 压力段的压缩模量来计算第⑦层的回弹压缩模量呢?

听我们总工说有一公式是利用分层总和法计算出来的总沉降量再乘以一个与基坑深度有关的系数,用这一理论来计算附加压力引起的沉降与回弹再压缩引起的沉降之和。但这公式忘记在哪出现的,还望知道的同仁告知,在此谢过!

还有一事也不太明白,那就是回弹压缩模量是指在天然地基状态下还是复合地基状态下的回弹模量呢?就如上述这个工程,天然地基不能满足要求,采用 CFG 桩复合地基,先打 CFG 桩至基底设计标高,后挖基坑,这个时候的回弹量(主要是持力层隆起部分的土体)与未处理的天然地基的回弹量能一样吗?若不一样那又如何计算回弹压缩模量呢?现深基坑很多都采用逆作业的方法,这个是否对回弹压缩模量也有一定的影响呢?

答　复:

在高层建筑深基坑工程的设计和施工中,土层的回弹再压缩问题是一个很重要的课题,但如何计算回弹变形,如何控制回弹的允许变形,还缺少经验,积累的资料也并不多。在有些规范中虽然有一点规定,但还是语焉不详。似乎还没有成熟到可以标准化的程度。确实需要推进这方面的研究工作,以积累经验,为标准化提供资料。

例如,《建筑地基基础设计规范》(GB 50007—2002)第 3.5.9 条规定:"E_{ci}——土的回弹模量,按《土工试验方法标准》(GB/T 50123—1999)确定"。有人发现了这个"回弹模量"的规定有问题,就来问我。当年,我查了《土工试验方法标准》(GB/T 50123—1999)第 12 章的回弹模量试验,但发现这个"回弹模量试验"不符合建筑地基回弹变形计算的条件,因此不能用。规范的这条规定是有关测定公路工程设计所用的回弹模量。

后来,《建筑地基基础设计规范》(GB 50007—2011)对此有了修改,在第 5.3.10 条规定:"E_{ci}——土的回弹模量(kPa)(引注:这个计量单位是错了,应该是 MPa。),按《土工试验方法标准》(GB/T 50123—1999)中土的固结试验回弹曲线的不同应力段计算"。对此,我又查了《土工试验方法标准》(GB/T 50123—1999),在第 78 页,图 14.1.13 中是有回弹曲线,但没有回弹模量的计算公式,只有回弹指数 C_s 的公式:

$$C_s = \frac{e_i - e_{i+1}}{\lg p_{i+1} - \lg p_i} \tag{1.8-1}$$

在第 14.1.5 条第 7 款又规定:"需要进行回弹试验时,可在某级压力下固结稳定后退压,直至退到要求的压力,每次退压至 24h 后测定试样的回弹量。"

实际工作如果一定要按照规范的要求做回弹模量,就参照上面所引用的有关条文加以适当修改结合回弹模量的要求来执行。

由此可见,实际上回弹变形的计算还没有成熟到标准化的程度,在土工试验的标准中还没有标准化的方法可以采用,只能作为研究工作来做,按照基本原理设计试验方案和计算的方案。

在《实用土力学——岩土工程疑难问题答疑笔记整理之三》一书的上册中,有专门讨论回弹模量与回弹指数的问题(第 146~155 页),有兴趣的读者可以查阅。

就你这个项目而言,按照基坑开挖影响深度来说,⑦9.5~13.5m 粉土的 10m 以下和⑧13.5~37.0m 细砂层都是需要做回弹模量的土层。但对细砂层来说,如何能取得不扰动土样是一个难题。假设在 20m 处取的土,分级加载到原生应力(如 360kPa),然后分级退到 180kPa,就可以得到回弹曲线。

没有听说过你们总工讲的这种经验公式,有这样公式当然是好的,但需要用工程资料进行验证。

上面的讨论仅是指天然地基,如果是经过处理的地基或者桩基,则需要考虑由于回弹变形将桩上拔的不利影响,甚至可能会将桩拔断了。但是,目前还没有标准化的方法进行这种计算,也需要积累估算的经验。

1.9　为什么要用卸载再加载曲线求回弹指数?

A 网友:

超固结土,自重应力 100kPa,前期固结压力 500kPa,试验室做试验时,当压力超过 100kPa 时,不就已经是再压缩曲线了吗(因为原来为 500kPa),为什么还要用卸载再加载曲线求回弹指数? 如果这个逻辑正确是否可以再加载,再卸载,再加载,再卸载,那不是可以得到很多回弹指数,为什么要选第二次得到的回弹指数计算沉降?

请各位都帮帮忙,这个问题想了好久都不明白(都怪大学时土力学没好好学),现在特别闹心。

答　复：

按照你所说的这个条件,从 100kPa 加载到 500kPa 这一段,是从前期固结压力卸荷以后的再压缩曲线。

当压力超过前期固结压力以后,加载到某个特定压力之后进行卸载再压缩试验,这样做的目的是为了可以做出一条滞回环,这个滞回环的割线应该平行于上面这条再压缩曲线,可以用于计算回弹模量。

如果做多次的卸载—加载试验,就可以得到多个滞回环,但这些滞回环应该是重合或平行的,因此用任何一个滞回环的割线来计算回弹模量所得到的结果都是一样的。所以一般的试验只要做一个滞回环就够了。而研究性的试验可能需要做多个滞回环,以研究多次卸载对回弹变形的影响。

如果第一条再压缩曲线只有加载的这一半,而没有卸载的这一半,那这是一条不完整的曲线,当然就求不出回弹指数。因此,通常是做卸载再压缩试验来求回弹指数以计算回弹变形。

1.10 K_0 有什么用途?

A 网友：

K_0 是指什么? 是静止土压力系数? 还是固结系数? 有什么用途? 什么是 K_0 预固结?

B 网友：

K_0 是指静止土压力系数,是模拟 K_0 状态的应力状态。

答　复：

K_0 称为静止侧压力系数。对于正常固结的土层,土的自然状态就是 K_0 状态。因此为了模拟自然状态,在试验室中可以在 K_0 状态下进行预固结。

用 K_0 固结模拟现场应力条件对土样进行预处理,以研究恢复原始应力状态后的不排水强度的变化,并测定土的不排水模量,这种试验称为 K_0 UU 试验。

K_0UU 试验为在 K_0 条件下进行预固结以后再做的不固结不排水试验,与常规的固结不排水试验(CU)的区别在于:UU 试验的几个试样是在不同的固结压力下固结后进行不排水试验,直至试样剪切破坏;而 K_0UU 试验的几个试样是在相同的固结压力(等于原位的自重有效应力)下固结后,再进行上述的不排水试验,直至试样剪切破坏。采用 K_0 条件预固结是为了模拟原位条件的应力状态。

如试样取自深度 z 处,上覆平均有效重度为 γ',则预压固结时作用在试样顶部的竖向应力取为 $\gamma'z$,周围应力取为 $K_0\gamma'z$。由于是在有偏差应力的情况下进行试验,如果试样比较软弱,虽然分级施加,但加载稍有不慎,就会破坏试样。为了避免试样在预处理过程中被破坏,就提出了另一种称为"等向固结"的预处理方法。

所谓"等向固结"是指在 $\sigma_3 = \dfrac{\gamma h(1+2K_0)}{3}$ 的周围压力下进行固结的预处理。

预处理以后的不固结不排水试验的结果明显地提高了土的不固结不排水强度,但如何在工程中应用还是一个值得研究的问题。土的抗剪强度试验结果的应用与安全系数的取值有着密切的关系,也是需要进一步研究的问题。

A 网友:

谢谢高老师!在您的解答中我理解 K_0UU 是指其预固结压力是原位土的自重有效应力,而不是原位静止土压力 $K_0\gamma z$。

答　复:

对正常压密土而言,土的原位有效应力状态就是典型的一种原位静止土压力状态。

1.11　怎样通过固结试验求渗透系数?

A 网友:

请教各位:网上看到可以通过固结试验来计算渗透系数,但具体怎样计算没有找到公式,烦请哪位知道的给介绍一下,谢谢!

对于渗透系数小于 10^{-6} 的黏性土用南 55 型几乎没法做出结果来。

答　复:

用固结试验可以测得在不同压力阶段的压缩变形与时间的关系曲线,再用"时间平方根法"或"时间对数法",就可以求得土的固结系数 C_v。

由已知的固结系数 C_v 与压缩模量 E_s 可以按下式求得渗透系数 k:

$$k = \frac{C_{\mathrm{v}} \gamma_{\mathrm{w}}}{E_{\mathrm{s}}}$$

(1.11-1)

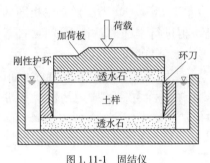

图 1.11-1　固结仪

这个公式是由固结理论推导得到的。

要弄清楚这个问题，首先需要从用固结理论来分析固结试验开始。

土的固结试验是在如图 1.11-1 所示的固结仪里完成的，位于环刀中的试样是在上、下两块透水石之间排水固结的，只有竖直方向的排水与变形。因此，这个固结过程可以用双面排水的一维固结理论来分析。

上面讨论的固结试验的条件，也可以用来模拟如图 1.11-2 所示的工程问题。假设饱和土层的厚度为 $2H$，上、下均为砂层，在饱和黏土层的顶面作用着均布的大面积荷载 p，对任意时刻 t，在土层中的任意点，由大面积荷载产生的竖向总应力为孔隙水压力和有效应力之和，即 $p = u + \sigma'$。对整个土层而言，总应力面积为图中的 p 乘以土层的厚度 $2H$。起始孔隙水压力面积等于 $p \times 2H$，任意时刻的孔隙水压力面积为图中的凸曲边梯形的面积，而有效应力面积则为凹曲边梯形的面积。

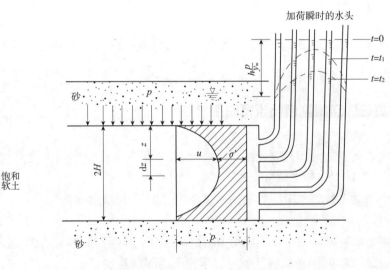

图 1.11-2　双面排水的固结分析

则任意时刻 t 的固结度 U_t 可由下式定义：

$$U_t = \frac{\text{有效应力图面积}}{\text{起始超孔隙水压力图面积}} = 1 - \frac{t\ \text{时刻超孔隙水压力图面积}}{\text{起始超孔隙水压力图面积}} \qquad (1.11\text{-}2)$$

根据有效应力原理，土的变形只取决于有效应力。因此，对于一维竖向渗流固结，土层的平均固结度又可定义为：

$$U_t = 1 - \frac{\int_0^H u(z,t)\,\mathrm{d}z}{\int_0^H p(z)\,\mathrm{d}z} = \frac{\int_0^H \sigma'(z,t)\,\mathrm{d}z}{\int_0^H p(z)\,\mathrm{d}z} = \frac{\int_0^H \dfrac{a}{1+e_1}\sigma'(z,t)\,\mathrm{d}z}{\int_0^H \dfrac{a}{1+e_1}p(z)\,\mathrm{d}z} = \frac{S_{ct}}{S_c} \qquad (1.11\text{-}3)$$

式中：$\dfrac{a}{1+e_1}$——根据基本假设，在整个渗流固结过程中为常数；

$\qquad S_{ct}$——地基某时刻 t 的固结沉降；

$\qquad S_c$——地基最终的固结沉降。

根据固结理论，可以得到双面排水条件，起始超孔隙水压力沿深度线性分布的情况下，土层在任一时刻 t 的固结度 U_t 的近似值如下式所示：

$$U_t = 1 - \frac{8}{\pi^2} \cdot e^{-\frac{\pi^2}{4}T_v} \qquad (1.11\text{-}4)$$

注意对于图 1.11-2 的双面排水条件，时间因数 $T_v = \dfrac{C_v t}{H^2}$ 中的 H 应该取为固结土层厚度的一半。

根据固结试验时测读的变形与时间的关系，可以用下面讨论的时间平方根法或时间对数法求得土的固结系数 C_v。

（1）时间平方根法

对于某一压力，以竖向变形读数 $d(\mathrm{mm})$ 为纵坐标，时间平方根 $\sqrt{t}(\mathrm{mm})$ 为横坐标，绘制 $d\text{-}\sqrt{t}$ 曲线如图 1.11-3 所示。延长 $d\text{-}\sqrt{t}$ 曲线开始段的直线，交横坐标轴于理论零点 d_s。过 d_s 绘制另一直线，令其横坐标为 $d\text{-}\sqrt{t}$ 曲线开始段的直线坐标的 1.15 倍，则后一直线与 $d\text{-}\sqrt{t}$ 曲线交点所对应的时间的平方即为试样固结度达 95% 所需的时间 t_{90}。

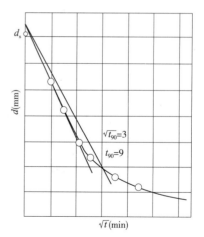

图 1.11-3 用时间平方根法求 t_{90}

则该压力下的固结系数可由下式计算:

$$C_v = \frac{0.848\,(\bar{h})^2}{t_{90}}$$ (1.11-5)

式中: $\bar{h}$——最大排水距离,等于某一压力下,固结试验的试样初始高度与终了高度
的平均值的一半;

t_{90}——固结度达90%所需的时间。

(2)时间对数法

对于某一压力,以竖向变形读数 $d(\mathrm{mm})$ 为纵坐标,时间在对数 $t(\mathrm{min})$ 横坐标上,绘制 $d\text{-}\lg t$ 曲线如图1.11-4所示。在 $d\text{-}\lg t$ 曲线的开始段,选任一时间 t_1,相对应的量表读数为 d_1,再取时间 $t_2 = \dfrac{t_1}{4}$,相对应的量表读数为 d_2,则 $2d_2 - d_1$ 之值为 d_{01}。依此可再选取另一时间,按相同方法求得 d_{02}、d_{03}、d_{04} 等,取其平均值即为理论零点 d_0。延长曲线中部的直线段和通过曲线尾部数点切线的交点即为理论终点 d_{100},则 $d_{50} = \dfrac{d_0 + d_{100}}{2}$,对应于 d_{50} 的时间即为试样固结度达到50%所需的时间 t_{50},按下式计算该点压力下的固结系数 C_v:

$$C_v = \frac{0.197(\bar{h})^2}{t_{50}}$$ (1.11-6)

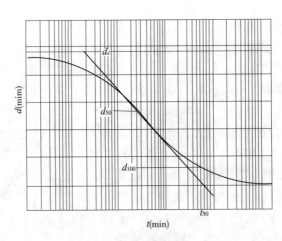

图1.11-4　用时间对数法求 t_{50}

但是,用固结试验测得的渗透系数反映了固结渗透的特点,与抽水时的渗透机理并不完全一样。

1.12 用 *e-p* 曲线和 *e-lgp* 曲线计算沉降有什么不同?

A网友:

(1)我们这里试验室给的 $E_{s1\text{-}2}$ 都是用土样在没有压力下得到的孔隙比计算的,实际应用过程中应该根据 *e-p* 曲线查100kPa对应的孔隙比 e_1 来计算 $E_{s1\text{-}2}$ 吗?如果采用试验室给的 $E_{s1\text{-}2}$ 对工程的沉降计算影响大吗?

(2)如果某个工程沉降计算用到 $E_{s1\text{-}2}$,而实际前期固结压力为300kPa(超固结土),直接用试验室给的 *e-p* 曲线计算的 $E_{s1\text{-}2}$(按正常固结土做的)对吗?感觉好像不对(岂不是不用管是否是超固结土,只要给出 *e-p* 曲线就可以了,试验室给的回弹指数,压缩指数又用来做什么?),但是实际的建筑施加在土层上的力和试验室得到 *e-p* 曲线的过程又好像是一样的。感觉又好像对?

(3)自己理解:对于正常固结土和超固结土,用 *e-p* 曲线计算沉降时可以不用考虑是正常固结还是超固结。如果用 *e-lgp* 曲线进行沉降计算时才需要给出前期固结压力、回弹指数、压缩指数。高老师,这样理解对不?(如果理解对,那试验室给出前期固结压力、回弹指数、压缩指数的意义是什么?是为了用 *e-p* 曲线和 *e-lgp* 曲线分别进行沉降计算,取不利值考虑?)

答　复:

你说的"我们这的试验室给的 $E_{s1\text{-}2}$ 都是用土样在没有压力下得到的孔隙比(e_0)计算的。"出现这种现象是由于《土工试验规程》(DT —1992)中有关公式的误导所造成的,在《土力学与岩土工程师——岩土工程疑难问题答疑笔记整理之一》一书中对这个问题有专门讨论(13.4 压缩模量计算公式中究竟用 e_0 还是 e_1?),你可以参考。

具体地说,这个问题讨论的是在计算土的压缩模量时,究竟应该用下面哪个公式计算?

$$E_s = \frac{1+e_0}{a_v} \tag{1.12-1}$$

$$E_s = \frac{1+e_1}{a_v} \tag{1.12-2}$$

关于这个问题已经讨论很久了,式(1.12-1)是出现在《土工试验方法标准》

（GB/T 50123—1999），第 77 页，公式（14.1.10）。式（1.12-2）是一般的土力学教科书中常用的公式。这里涉及应该用天然孔隙比 e_0 还是用压力段的起始压力 p_1 作用下的孔隙比 e_1 计算压缩模量。

用 e-p 曲线计算的沉降，只适用于正常固结的土，对超固结或欠固结的土是不适用的，应该用高压固结试验的结果 e-$\lg p$ 曲线计算。

不同的试验结果模拟不同固结状态的土层的应力历史。即使是对同一个工程的加载过程，但如果是针对不同应力历史的土层，那么所得到的沉降量也是不同的，因此应该采用不同的试验方法所求得的压缩性指标。

这里又涉及计算指标和评价指标的区别。在计算地基的压缩变形时，不同深度处的附加压力和自重压力都是不同的，即使对同一个土层，采用同一条压缩曲线，处在不同深度处的应力是不同的，因此应该在压缩曲线上选用不同的段落进行计算，而不是用固定 $100\sim200\text{kPa}$ 的范围来取值计算，因此不应采用 $a_{1\text{-}2}$ 计算沉降。

1.13 规范上所指的回弹试验是不是应该是二次回弹？

A 网友：

尊敬的高老师及各位专家，土工试验规程明确原状土的回弹再压缩试验中，可在某级压力固结稳定后退压，直至退到要求的压力，每次退压 24h 后测定试样的回弹量。

我这里有个疑问，在野外钻探取样的过程中，原状土已经完成了应力释放，相当于在自重应力下退到 0 了，这不意味着所有的常规压缩试验中从 0 至自重压力这部分都应该属于回弹再压缩试验了吗？

另外，规范上所指的回弹试验在事实上应该是二次回弹试验了，这对我们期望的试验结果又有怎样的影响呢？

答　复：

对的，你的理解是正确的，取土时已经完成了第一个卸荷的过程，这是在上覆有效压力条件下的卸荷，因此可以用这个不扰动土样做出前期固结压力来。

在前期固结压力之前的 e-$\lg p$ 曲线的这段斜率，就是卸荷再压缩指数，这条 e-$\lg p$ 曲线就是一条卸荷再压缩曲线。

如果加荷到大于前期固结压力以后的某个压力下才卸荷并再压缩，这就是二次回弹试验所得到的卸荷再压缩曲线。由多次加载卸载试验得到的曲线群表明，这些加载曲线是平行的，或回弹的曲线也是平行的。因此，这个二次回弹试验的卸荷再压缩曲线的斜率应该与上面的这个第一次回弹再压缩试验的斜率是一样的。

但由于取土扰动的影响，取土试验的 e-$\lg p$ 曲线与原状土的 e-$\lg p$ 曲线之间可能会有一定的差别,因此需要去做二次回弹再压缩的试验以进行校核。

1.14　如何控制孔压恒定值来计算孔隙水压力?

A 网友:

在《土工试验方法标准》(GB/T 50123—1999)第 80 页 14.2 应变控制连续加荷固结试验中,按试验方法并没有控制孔压为恒定值,但是计算公式却是按照控制孔压恒定值来计算的。这一点,在李广信老师主编的《高等土力学》第 312~317 页中可以看出:

$\sigma' = \sigma - \dfrac{2}{3}\Delta u_b$ (式 5-187)是属于控制孔压为恒定值的理论公式。

答 复:

在采用应变控制连续加荷的固结试验中,不可能控制孔压为恒定值,因为随着应变的持续增加,孔隙水压力一直在相应地持续变化着。但当在应力—应变曲线上按某一个破坏标准取值时,同时也可以在孔隙水压力持续变化的曲线上取相对应的孔隙水压力的值。

《土工试验方法标准》(GB/T 50123—1999)计算公式如下:

$$\sigma'_i = \sigma_i - \frac{2}{3}u_b \tag{1.14-1}$$

这个公式满足于任意时刻、对任一个断面的孔隙水压力的合力计算。虽然这个公式是按照孔隙水压力按抛物线分布假定的几何关系得到的,但当孔隙水压力为恒定时,这个公式也可以使用。

1.15　黏土的渗透系数能用固结试验测定吗?

A 网友:

对这个公式 $k = \dfrac{C_v \gamma_w}{E_s} = \dfrac{C_v \gamma_w a}{1+e}$ 还有一点疑惑。

压缩系数 a 值是在一定压力范围内测得的值,而固结系数 C_v 则是在某一压力下测得的值,假如 C_v 值是在 100kPa 下测定的,那么 a 值是取 50~100kPa 下的值还是取 100~200kPa 下的值呢?

我理解推导过程似乎是一致的,都是假定荷重不变,但实际测定中 a 值是与两个压力值有关的,而固结系数只在一个固定压力下测出来的,感觉没法取 a 值。

我是做土工试验的,以往没提过黏土的渗透系数,因为常常要好几天能出几滴水,可这次设计要这个指标,想用这个办法试试,教授说机理与抽水试验的不完全一样,结果应该一样吧?

另外,如果一定要实测的话,应该用哪种方法合适?规范上提到的负压法并没给具体的做法和计算,三轴渗透仪又怎样呢?烦请教授给预指点,非常感谢!

答　复：

你问:"a 值是在一定压力范围内测得的值,而 C_v 则是在某一压力下测得的值,假如 C_v 值是在 100kPa 下测定的,那么 a 值是取 50~100kPa 下的值还是取 100~200kPa 下的值呢?"其实,C_v 也是在一定压力范围内测得的值。假如,压缩系数 a 是从 100~200kPa 这个压力范围的 e-p 曲线的平均斜率,那么固结系数 C_v 同样是从 100~200kPa 这个压力变化范围内的试验数据求得的。因此,如果要对这两种方法得到的渗透系数进行比较的话,两者的压力范围应该取一致。

固结试验和渗透试验方法的原理不同,也就是它们的渗透机理是不相同的。根据达西定理,在试验过程中,渗透系数应该是常数。但固结理论是研究土的孔隙比的变化规律的,渗透系数当然也随之而发生了变化,这不就矛盾了吗?所以,一般不用固结试验求渗透系数的原因也在这里,当然不是说不能测。

加负压的试验,相当于模拟抽水的真空度,不是常规的试验,所以没有标准化,你现在遇到了特殊情况,不妨试一试。

1.16　如何确定压缩试验最大荷载?

A 网友:

一般情况下,6 层住宅楼的钻探孔深在 25m 左右,通常以 15m 为界对压缩压力分级,15m 以上为 400kPa,15m 以下为 800kPa(试验室分级压力是从 400kPa 直接到 800kPa)。现在想问的是如果土层分界线在 15m 以上,那么 15m 以上的土样的固结压力为多少?是 400kPa 还是 800kPa?另外,六层楼的固结压力需要压到 800kPa 吗?

答　复：

压缩试验的加载要求是最大的压力必须大于自重压力与附加压力之和。

就你说的 15m 深度的有效压力为 $15 \times 8 = 120$kPa,最大压力 400kPa 足够了。即使以总压力计算也足够了。

在有些地区以 30m 为控制深度,超过了 400kPa,最大荷载也不是一下子就加到 800kPa,而是一般加到 600kPa 就够了。

楼的高低与附加压力有关,而附加压力又是随深度而减小的,一般总是控制得比较大一些,目的是使压缩曲线可以满足计算沉降的压力范围要求。

1.17 如何计算粉土的极限承载力?

A 网友:

对于介于黏性土和砂土之间的粉土,如果用太沙基极限承载力的方法进行承载力计算,如何取用抗剪强度指标? 在地下水位以上和以下两种情况时,粉土的抗剪强度有什么特点?

答 复:

对于粉土的地基极限承载力的计算,应该采用排水剪指标。

对地下水位以下的粉土,是处于饱和状态,但在取土的过程中会发生水分的流失,饱和度下降了,因此剪切试验时应予以饱和,以符合实际情况。

对于地下水位以上的粉土,可以直接在天然含水率状态下进行试验。

A 网友:

多谢高老师。学生再引申几个问题:

(1)我们做国外项目,在提承载力时都是用太沙基的极限承载力公式计算。对于黏性土,我们一般做 UU 试验,对于地下水位以上部分,得到内摩擦角,但是我们在计算承载力时都是直接考虑内摩擦角为 0。学生的理解是:第一,这么做偏于保守,也偏于安全;第二,目前,一般的三轴试验是无法进行非饱和土的三轴剪切试验的,这样得到的黏聚力和内摩擦角未必是土的真实抗剪强度。不知道我的理解和做法是否恰当?

(2)对于粉土的承载力问题。您说"应该采用排水剪指标",是指的 CU 或 CD 试验指标吗? 为什么不能做 UU 试验? 是因为粉土排水性能好吗? 粉土的结构性差,是否可以做直剪和三轴试验? 另外,很多土力学教材(包括国外的)一般只介绍黏性土和砂土的强度特性,对于粉土的强度特性的介绍很少,这是为什么?

粉土有黏聚力吗? 强度指标的经验值是多少? 另外,国外一般对砂土还有基于标贯的承载力计算,即考虑沉降在 25mm 的容许承载力。这个做法是否适用于粉土?

答 复:

对于第 1 个问题,地下水位以上的土是非饱和土,但目前对非饱和土的三轴试验技术还没有成熟到工程上应用的阶段,主要是测定孔隙气压力的技术比较复杂,一般的工程单位没有配备非饱和土的三轴仪,不考虑内摩擦角也是无奈之举,你的理解是对的。

对于第 2 个问题,对粉土不做 UU 试验是因为粉土的渗透性好,不可能不发生排水。对粉土的强度问题研究得比较少,而且对粉土的定名方法,国内外也有一些不同,在借鉴国外经验时需要特别注意。

对于后面的这个问题,由于粉土的物理指标变化范围也相当大,很难提经验数值,又由于取样的扰动比较大,应该可以采用原位测试的方法,就是你说的基于标准贯入的方法估计承载力。但在引用国外方法时要注意的是要区分是极限承载力还是已经除了安全系数后的。

A 网友:

谢谢高老师,想不到您这么快就给予了回复。

做国外项目,关于粉土的定名问题确实存在分歧,有时可以说非常头疼。塑性图分类法比单一的塑性指数分类要复杂得多。学生经常思考几个问题:

第一,粉土有假塑性的问题。学生的理解是,粉土做界限含水率测试时不是都能出现假塑性,即有时有,有时没有,应该和沉积条件及黏粒含量有关,具体什么关系学生并不清楚。但问题是,国外的塑性图分类中有高液限粉土和低液限粉土之分,如果对于一个粉土试件来说,得到的液限高于50,那就是高液限粉土,但是问题是这个高于 50 的液限到底对不对? 到底是不是真塑性呢? 其结果直接影响土的命名和定性分析。

第二,A 线以上是黏性土,A 线以下是粉土。但是,对于粉土的分类其塑性指数的跨度很大,比如高液限粉土,其液限虽然大于50,但塑性指数跨越很大,对应《岩土工程勘察规范》(GB 50021—2001) 的分类来说,可以是粉土、粉质黏土和黏土了。我们在工程中如何定性判别这些土的性质? 比如,高液限粉土,I_p 大于 17,那么它和高液限黏土有什么区别呢?

答　复:

这个帖子,在当时没有看到。但在整理成书时看到了,认为还是很有意义的,就在这里展开讨论了。

做国外的岩土工程项目,要非常重视当地的经验,不要把我国的一些做法强加给他们。如果当地是用塑性图分类的,你们就应该按照塑性图的方法分类,对你们也是一个学习的好机会。国外所用的塑性图上的界限,反映了他们的经验积累。

1.18　砂土用什么指标计算沉降?

A 网友:

18 层的房子,钻孔灌注桩,桩长 45m,桩端为细砂,端阻力取 500kPa。但图审要

求提供桩端和土的 $e\text{-}p$ 曲线,不知如何才能得到砂土的 $e\text{-}p$ 曲线。在这个论坛里图审专家很多,请指点怎样回复才能满意。

B网友:

应该提变形模量 E_0 啊,细砂怎么提 $e\text{-}p$ 曲线呢?除非是要你提持力层以下压缩层范围内细粒土层的 $e\text{-}p$ 曲线,端阻力提得也够小的。

C网友:

《岩土工程勘察规范》(GB 50021—2001)第4.9.7条规定,对需要进行沉降计算的桩基工程,应提供计算所需的各层岩土的变形参数,并宜根据任务要求,进行沉降估算。

第4.9.7条条文说明沉降计算参数和指标可以通过压缩试验或深层载荷试验取得,对于难以采取原状土和难以进行深层载荷试验的情况,可采用静力触探试验、标准贯入试验、重型动力触探试验、旁压试验、波速测试等综合评价,求得计算参数。

D网友:

(1)做深层螺旋板试验,提供 $p\text{-}s$ 曲线。

(2)做自平衡试桩,测定桩端土的 $p\text{-}s$ 曲线。

(3)做标贯提供经验数据。

(4)做静探提供经验数据。

E网友:

人家审图要的是 $e\text{-}p$ 曲线,砂土在工程实践中可以认为是取不到原状样的,怎么做压缩试验?所谓原状取砂器,听听就算了。

A网友:

E_0 已提了,但他就要细砂的 $e\text{-}p$ 曲线,急得眼泪快出来了……

F网友:

遇到这种问题,就直接请教该审图专家,看如何取得 $e\text{-}p$ 曲线,如果他有办法,可出钱让他帮忙做。

岳建勇答:

细砂的密实度如何?实事求是地跟专家沟通,不会只有你这个工程进入砂层吗?加强沟通,看看审图的真正意思,再探讨。

G网友:

我说一个审图的例子。一个项目推荐了桩基础和天然地基,桩基础是卵石层持力层,天然地基是表层黏性土持力层,没有提供压缩曲线。我提了这一条意见:

需要变形计算的天然地基没有提出压缩曲线。他的回答是:问了试验室没有办法提供。我问他,如果我要提出你钻孔深度不够,你是不是可以这样回复我:问了钻机师傅,他们说钻不了……

但根据和结构专业沟通,基础设计实际用的是桩基础。这种情况下的回复,首先要明确天然地基的压缩曲线问题是欠缺的,如果实际是天然地基,就应补充完善,如果是深部桩基础,就可以通过了。

H 网友:

室内的压缩试验一般只适用于能取得原状土样的黏性土,而砂是非黏性土,无法取得理想的原状样,怎么做 e-p 曲线?除非做现场试验,而该工程采用的是桩基,深度较深,现场试验也做不了,是否一定要取得 e-p 曲线值得商榷。审查师提意见时应多多站在生产一线技术人员的角度来考虑,所提的意见应具有可操作性。

I 网友:

这个问题提的好,提到了关键点上。

问题一,细砂能取到合格的不扰动样吗? 若能取得,地勘单位为何不取,为何不提供相应参数,你项目负责人有何底气在这说。

问题二,细砂如真的像地勘单位说的,取不到合格的原状样,那么规范中为何还要采取一定数量的原状样呢,应明文建议可不采取,但须进行相应的原位试验,换算出变形参数。

问题三,既然室内无法做土工试验,就不能开发一个装备,直接在原位进行各种力学试验,难吗? 勘察的手段和设备是不是该有点创新了。

问题四,审图和被审的,我比较认同审图的,因为他是按规范做事,依法办事,如果法规不切实际,那不是他的事情,他一个执法的怎么能背起制定法律的锅呢?

具体的工程勘察主要目的是为了挣钱,提供一个能满足设计和规范的产品,不是在做科研,所以审图的要求虽是正确的却不符合中国的国情。试问,有几个单位有取砂器和薄壁取土器、单动三重管取土器? 在目前的勘察价格下,就算你真取了这么多合格的土样,又有几个单位能有这么多的土工试验人员能做得了这么多土工试验? 也许综合甲级没有改制的单位有这个能力。据我了解,在一般甲级单位,连领导带后勤总共就十多个人,取上数百个样,在 10 天左右的工期内完成所有的外业、土工和资料整理,简直就是荒唐的事情。但这么多项目就是这样做的,真不知行业领军人物们如何看待? 毕竟中国还是以甲级和乙级勘察单位为主,区区一二十人,做一个 30 万 m² 的小区那是小菜一碟,上百个钻探孔、数千米进尺、上千个原状样,个把月全部完成也是常态,但要按规范去做,显然是不可能的事情,市场和规范脱节了。这个需要从业者思考,如何编写出适应中国国情又能与世界接轨的勘察规范。

J网友:

有些回复根本都离题了,现在不是讨论该不该提供变形参数的问题,而是审图师连基本的土力学和土工试验知识都不具备也能从事审图工作。

砂类土原状样问题全世界都公认解决不了(除了科研时有可能采用冻结法),退一万步说,即使解决了,砂类土何来固结?压缩试验本质上是固结试验的特例,只针对细粒土而言,不可能有针对粗粒土的压缩试验规定,又何来 e-p 曲线。

K网友:

砂土取原状样困难是事实,我本人亲自取过,用普通厚壁取土器及取砂器是有扰动,所以不建议对其采取原状样。但不能否认,砂土地基和细粒土地基一样,也存在沉降,只不过,强度和沉降问题一般不是砂土地基的主要工程地质问题,渗透变形及液化等更重要一些,但沉降既然存在,那么根据换算或者按经验方法提供相应参数也是应该的,相信如果你这样回复,图审人员也不会和你过不去。

解决问题才是最根本的,至于用什么方式,要切合实际,若真是全世界公认无法取得不扰动样,那么勘察规范中是该进行修改的时候了,制定规程不能凭空想象,需要设备和工人去做,一般情况下无法做到的,就不要列入相应的规程中,用现实一点的方法加以解决不是更好么?

答　复:

这个问题还是很有代表性的,从技术上说是如何根据土层的特点来选择合适的勘探试验方法,这本来是岩土工程勘察的基本原则,也是技术人员的基本常识。现在就在这种基本问题上产生卡壳了,如果不是这位网友遇到这个过不去的坎,我真不敢相信审图工程师竟然还会提出这种技术要求。如果不是故意刁难,那就是无知。如果这是一个不惜代价的重点工程,可以动用冻结法取不扰动样,可是这个项目能花得起这个代价吗?

有些网友还是不相信这位审图工程师是故意为之,但当我看到这句话"E_0 已提了,但他就要细砂的 e-p 曲线,急得眼泪快出来了……"时,不能不使我产生了上面的感慨。

这个案例的事并不重大,但从这个事例中,我们可以感悟到些什么?如果审图限制在原来规定的权限以内,按照强制性条文执行,应该并不涉及许多技术方面的争议。但如果突破了这个界限,超越了强制性条文,就有可能涉及许多技术方面的争议,那么对于这些技术问题的判断,就对判断者提出了很高的技术要求,你如果没有这个水平,就不能正确地判断技术上的是非,就会出现像这个案例中的笑话。审图工程师应该引以为鉴。审图工程师应该非常慎重地对待,对自己也应该有自知之明,对于没有确切把握的问题,宜取慎重的态度,以免自己也下不了台。

1.19 对砂土应要求提供压缩模量还是变形模量?

A 网友:

我是一名设计人员,看过很多勘察报告,对于砂土,有的报告提供压缩模量,有的提供变形模量。请问对于提供的变形模量,都是现场载荷试验得出的吗? 在基础沉降计算时,是否都要将变形模量转化成压缩模量进行计算?

B 网友:

这个问题真的很困惑,感觉沉降计算可信度很差,软件计算分析对于砂土好像也是用压缩模量,一些勘察报告,对于砂土就提供变形模量。我们这地区,对于压缩模量只提供 E_{S1-2},这样的沉降计算分析太失真了,还不如定性分析得了。

C 网友:

《土工试验方法标准》(GB/T 50123—1999) 中没有提供砂土压缩模量试验(压缩试验的准确性依赖于取得土试样的原状性,砂土很容易被扰动)。

《岩土工程勘察规范》(GB 50021—2001) 要求提供土层的变形参数,于是勘察人员都是根据原位测试结果(包括载荷试验)按照公式或地区经验或工程资质手册提供的国内经验给出的。由于不是压缩试验获得,是通过原位测试成果获得,该值一般称为变形模量值。

以上是我个人的理解,还请指点。

D 网友:

砂土的沉降计算采用弹性理论而不采用规范推荐的压缩模量的公式计算。

砂土不可能取到原状土,有厂家称可取原状砂的取砂环刀,那是不可能的。按规范规定,取土器的面积比要小于规定的值,而取原状砂的环刀面积比远高于规范值,并且由于砂土的特性,内摩擦角较高,在取样过程中由于砂土与环刀的摩擦,砂土在取样过程中即被压实了,经过之后的一系列的扰动再到试验室做试验,结果显然是不可能真实反映砂土的真实强度。

我认为,要求提供砂土的压缩模量是伪例题。

E 网友:

国内习惯用分层总和法,所以勘察报告对于粗粒土和巨粒土给出 E_s 很正常,当然就只能是所谓的经验值,现在大部分报告也能分压力段来提供,沉降计算终究是经验性极强的东西,个人觉得这种做法可以接受。国内工程实践中弹性理论公式采用得并不多,对花岗岩残积土和风化岩深圳规范有给一个利用 E_0 进行沉降计算的公式,据称和实测值很接近。

欧美利用变形参数里计算沉降大致有3种计算方法(还存在很多直接利用原位测试计算沉降的经验方法,这里不再讨论):

(1)弹性理论公式(除饱和黏性土外,用弹性模量计算)。

(2)考虑应力历史的公式(饱和黏性土,用压缩指数计算)。

前2种应用广泛,也是大部分经典教科书和手册里推荐的方法。

(3)与中国的分层总和法很类似的公式(只在某些行业或地区采用,同样是 $E = 1/m_v$)。

一方面理论公式计算值与实际观测值存在差异,另一方面场地地层大部分情况下由很多层土组成,所以沉降计算更多地还是要靠岩土工程师的经验。

一定要记住,岩土工程设计是艺术,需要经验和理论结合。

答 复:

看了上面5位网友的讨论,我该说点什么呢?

A网友是一位结构工程师,他要使用勘察报告,希望报告中提出的指标可以使用,符合所用规范的技术要求,这个诉求非常正常,也是很合理的。由于设计人员一般是用《建筑地基基础设计规范》(GB 50007),在这本规范中只有一种沉降计算的方法,就是用压缩模量计算沉降的分层总和法,如果勘察报告提供了变形模量,那他怎么办? 于是就提出了这个问题。

B网友对现行的沉降计算提出了他的看法,包括对于计算方法、计算指标和软件几个方面,也谈了他的感受。

C网友从规范的角度谈了他的看法,说了这两本规范对变形参数的要求有不同的规定,揭示了我们的工程师不能"抱着一本规范走天下"的道理。

D网友主要从取样和试验的角度分析了砂土为什么采用变形模量的道理。

E网友综合分析了国内外沉降计算所用的习惯方法,并从一个方法论的高度来讨论岩土工程师所应该具备的素质。

由于黏性土和砂土具有许多不同的性质,对它们进行勘探的手段和方法也有许多差异,沉降计算的方法和所用的指标也不一样。这是自然条件的差异所引起的,不同的土类用不同的方法测定不同的指标,用不同的方法计算沉降。如果有一本规范能纳入这些不同的方法,并且告诉大家,对什么样的土类用什么方法计算,那该多好呢? 可以为工程师提供许多方便。那为什么现实情况不是这样呢? 这是因为规范体系的形成有一个过程,有的早,有的晚些,都是针对当时的工程需要和工程经验来编制的,因此这些方法就散落在各种规范之中,需要岩土工程师根据工程的不同条件,从不同的规范中找到所需要的方法和公式来计算。所以,不论是结构工程师还是岩土工程师,都不能"抱着一本规范打天下",而应根据不同的地质条件,选用不同的规范来解决工程问题。

1.20 高液限土具有什么样的特性?

A 网友:

粒径小于 0.075mm 的颗粒含量大于 50%、液限大于 50%,塑性指数大于 26 的土被称为高液限土。

高液限土具有什么样的特性? 这个问题值得我们深思! 但关键是做这方面对比试验的单位太少!

答　复:

在工程中判别高液限土的 3 个指标为:粒径小于 0.075mm 的颗粒含量大于50%、液限大于 50%,塑性指数大于 26 的土。

目前边坡工程对具有膨胀性的高液限土的设计思路基本是参考膨胀土进行的,除了具有遇水膨胀、失水收缩的特征外,更主要的特征是高液限土压实性差,经过压实后土的压缩性仍然较大,且有明显的应变软化。很多边坡工程失去效用,都是由于没有认清楚高液限土的这些本质特征而引起的。

1.21 关于压缩模量的讨论

A 网友:

各位岩土同仁:大家好! 我做了一份勘察报告,其中有三层黏性土,土工试验做的压缩模量平均值为 4.88、14.65、15.07,然而根据静力触探及当地一些个人经验,这三层黏性土的压缩模量建议值为 5.5、12.0、13.0。审图专家说两者不符合,偏差大,不符合《建筑地基基础设计规范》(GB 50007—2011) 第 4.2.2 条。我就是不明白审图专家为什么抓住这点不放,几乎每个项目都有类似问题。我想请大家出出主意,这个指标就按土工试验,不能修改,为什么? 奇怪的是该报告中其他岩土层压缩模量也不对应,审图专家不提,我搞不懂,特请教大家。

B 网友:

我认为你的做法是合理的,土工试验统计平均值,再结合原位测试及地区经验给出建议值。所谓"抓住这点不放"可能需要你单位总工和他好好交流。下面的其他岩土层不提及,估计你那是荷载变形要求不高的浅基础项目。总之商量着办,都在一个地方在不同岗位而已。

C 网友:

对你的问题我有几点看法:

(1)土工试验结果的大小,是否能说明地层的真值(近于真)? 与实测地基变形的对比情况如何?

(2)原位测试确定的压缩模量,是否对一个地区有代表性?

(3)一个地区地层压缩模量的经验值应考虑建筑荷载大小、基础类型、试验测试结果、地基变形计算与地基沉降观测对比情况等因素,是一个综合积累后的产物。是否得到大家认可?

(4)地基变形量的大小是很复杂的,如果是一般建筑(有可能不做变形计算),在勘察报告中给个压缩模量平均值就可以了(备用)。有经验的话,可提供经验值。

D 网友:

(1)要记住:专家指出某个错误后,对同类型错误一般不会反复提及,需要当事人自觉参照类似建议修改。

(2)B 网友的几点看法有问题!

E 网友:

A 网友,这样定没有错。岩土参数,本来就是多种试验结果加经验的结合体。只要是安全的,不超出当地经验值范围,就是对的。

现在的专家太多,但有的水平太差。

A 网友:

谢谢大家的指点,我有以下问题也请大家(这里要是有审图人员,最好从他们角度)发表一下看法:

(1)现在勘察手段基本上还是以前老传统手段(即钻探取土、标贯、动探、波速和静力触探),除非重要工程或大型项目(如地铁轻轨、水电站等)才使用静载试验、旁压、扁铲等原位测试。我想问的是除了以上这些,是否还有新技术、新方法等,望赐教!

(2)就岩土层的承载力、压缩模量、桩参数、基坑参数等工程特性指标,除了以前一些经验公式等还有其他新方法吗?

(3)同一个场地内岩土层有多种(包括黏性土、粉土、砂土、碎石土等),提供的压缩模量不止黏性土差别大,别的土层粉土、砂土等差别也大,也不是平均值,专家只挑黏性土的问题,让我费解。从侧面了解,专家是这样理解的:黏性土取得土样为原状样,你取了土样做了而不用,反而用静力触探和经验值,不许;粉土、砂土取样过程中失水而失真,可以根据经验或静力触探提供。如果是这样的话,我还得感谢专家,这么理解勘察单位的苦衷(大家都知道粉土砂土得用取砂器才能取到原状样),可笑的是规范规定时,全是按原状土样考虑的,未曾考虑失水、包装、运输等原因。

(4)再就是岩土层指标问题,如果不是差得离谱威胁到拟建建筑的安全,至于大小,完全是勘察单位内部问题(有些武断),有技术负责人或总工程师把关就可以了,不必审图专家劳累了,否则审图就偏离了本来宗旨。

暂时想到这么多,说的不一定对,请大家发表一下看法,期待……

F 网友:

说实话,现在的审图机制,缺少了和专家交流的渠道,就算有,也比较烦琐,小地方还行,大地方的专家那么多,真的很难沟通,而且每个专家对规范细节的理解都不太一样,可能同一个问题,一个专家的意见和另一个专家的意见就不一样。

G 网友:

同意 A 网友的观点,如果没有地方上强制性标准,岩土层参数取值应由勘察单位自己把关,因为勘察单位是最了解现场地质情况的,专家们只是凭经验。如果专家们发现与经验偏差太大时,应向勘察单位进行咨询,而不是叫勘察单位按自己的意见来修改。

我们这里就发生过这样一个案例:在一个片区内,几家单位钻机钻到卵砾石层最多 1~2m 就停钻,报告都是下部均为卵砾石层,深度一律 20m。但几年后有一家单位找到我们做勘察,我们的钻机钻穿 3m 多厚的卵砾石后下部含 2m 多厚的细砂层。审图专家不相信,后亲到现场验证。原来这些年出的勘察报告都有问题,最终改变了看法,但现场已建建筑已有几万平方米了。

H 网友:

相当同意 A 网友观点的第 4 点!我也常常碰到这问题!专家们常说:某层土取值又偏高点,某层土取值又低了一些……其实,我对这些取值都是认真综合考虑过的,不是随便取的!给专家们这一说,改又有违自己的想法,不改又怕过不去……最后结果多数都是以改告终。

有时,我真想这样回复:你说取值偏大(小)了,那你说,取什么值合适?

I 网友：

赞同 A 网友看法，审图一般不要对承载力取值这些问题提出要强制修改的意见。只要不太离谱，哪怕不大合适，也不要提。

基本认同 G 网友的看法。但 A 网友做的确实欠妥，专家的意见在这一点上是有道理的。

不管什么原位测试手段换算出的压缩指标都是间接指标，你已经有了最直接的指标，为什么要使用间接指标呢？

各种间接手段换算出的压缩指标，都是经过与土样的压缩试验指标统计对比得出的，间接指标总的来说可靠性是比较差的，你有直接指标不用反而使用间接指标，实在令人费解。好比有了静载试验的地基承载力不用，反而用土工试验和标贯试验的，这叫本末倒置。

J 网友：

问题是你第一压缩模量试验值为 4.88（平均值），为何报告提值为 5.5，专家可能要求你说明原因！

K 网友：

原位测试指标推算值是经验统计公式或表格的结果，代表性不如直接试验结果具有代表性，除非你的试验结果有不如意的地方，可用原位测试推算结果修正一下。

L 网友：

个人观点如下：

（1）土工试验得出的参数与在现场静探试验对比起来，哪个数据更接近真实呢？首先土工试验所用的土是在原地面下取出来的，经过了多个环节，再到试验室内去再去模拟在原土层中的样子去做试验，那只是一种模拟，与原土还是不太一样；静探试验是在现场，是在原土中做的试验，这时的数据是否要比模拟情况下出来的数据更有代表性呢？

（2）压缩模量主要用于计算沉降，现在计算出来的沉降量有多大的意义呢？就如 30 层楼建筑采用 CFG 桩处理后（地层主要以粉土或粉黏为主）计算出来的沉降量大都在 50mm 左右，但实际观测沉降大都在 15mm 左右。用规范公式去计算，不管怎样取值很难算到 15mm 左右。专家才不管，他们一般都是按经验值走的。

以上说的都是土并非砂或卵石！

岳建勇答：

关键还是确定压缩模量的依据，以室内试验指标还是工程经验为准。工程经

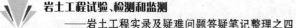

验如果有比较充足的依据,特别是类似的工程数据,类似工程的荷载、结构形式、基础形式和地基土性质,最好有比较真实的沉降观测资料和计算分析结果,也是可以与审图人员沟通的。

如果工程经验没有可靠的第一性数据作为基础;审图人员也是无法判别的,依据不足。否则,不同的人会得到差异较大的结果。

M 网友:

同意 J 网友的说法,压缩模量取得的直接方法就是室内土工试验,原位测试指标得到的压缩模量是通过与室内试验指标统计得到的经验公式,是间接指标。应以室内试验指标为准。

答　复:

在整理书稿时看到了上面这一段关于压缩模量的讨论,觉得还是很有意思的。这个在岩土工程界讨论了半个多世纪的问题,在工程实践中还是会发生不同的理解,这就是所谓矛盾是永恒的,会有新的矛盾不断地产生。

例如,审图工程师也对压缩模量的数值提出不同的意见,作为项目负责人来说,应该怎么对待呢? 有人对你提的数值有不同的看法,你应该高兴,多一些不同的意见,可以使自己的判断更符合实际一些,那不是很好吗? 对于审图工程师来说,要明白这种具体的数值并不是强制性条文的内容,你可以建议,作为一种技术的交流,而不是居高临下的姿态,那么人家可能会更好接受一些。

就方法而论,项目负责人对"土工试验做的压缩模量平均值为 4.88、14.65、15.07""根据静力触探及当地一些个人经验,这三层黏性土的压缩模量建议值为 5.5、12.0、13.0。"这种处理可以不可以呢? 我认为是完全可以的。

1.22　临塑荷载 f_a 是否包含基底以上的超载项?

A 网友:

在《实用土力学——岩土工程疑难问题答疑笔记整理之三》第 67 页中,如已知软弱下卧层的固结不排水抗剪强度指标,假定软弱下卧层土在上覆土自重应力和静止侧向土压力作用下达到极限平衡状态,得到下卧层的天然强度下限值 c_u。软弱下卧层的容许承载力按 $f_a = 3.14c_u$ 求得。考虑到上海地区取临塑荷载做容许承载力。

我的疑惑是:

(1)如果能得到软弱下卧层土固结不排水的抗剪强度指标,为什么不直接做软弱下卧层土在原位应力状态（K_0UU 状态）下的不固结不排水的天然强度指标，直接测得 c_u 更靠谱？

（2）在您主编的《土力学与基础工程》第 165 页中，临塑荷载的 p_{cr} 由黏聚力 c 和基底以上的超载组成。在表 8-1 中给出了当内摩擦角为 0 时，$N_c=3.14$，$N_q=1$。如果按照第 169 页公式（8-18）中对地基土黏聚力 c 取值（考虑饱和黏性土和粉土在不排水条件下的短期承载力时，黏聚力应取土的不排水抗剪强度 c_u），那么临塑荷载 $f_a=3.14c_u+\gamma d$。

我比较了下两本书中临塑荷载的不同，两个公式的差别是基底以上的超载项（软弱下卧层的深度修正项），《实用土力学》对不进行深度修正给出了解释。

（3）这两处临塑承载为什么会有这样的不同？

这两天再次把《土力学与基础工程》（高大钊主编）和《土力学地基基础》（陈希哲编著）三轴压缩试验部分重新温习一遍，把自己对疑惑（3）的理解做了个梳理，请大侠们给个判断。

答　复：

在《土力学与基础工程》第 169 页中，考虑饱和黏性土和粉土在不排水条件下的短期承载力时，黏聚力应取土的不排水抗剪强度 c_u。饱和黏性土的不固结不排水 c_u 与《土力学地基基础》第 155 页中图 4.1.9 的地基土的不固结不排水的 c_u 是一致的。这个 c_u 是否可以理解为饱和黏性土在无围压时得到的土的黏聚力 c_u，而饱和黏性土的天然强度是在有围压条件下（数值上大于上覆土层自重压力下的侧压力）得到的土体抗剪强度。从图 4.1.9 可以看出，不固结不排水的 c_u 和在围压条件下不固结不排水时抗剪强度的区别。

1.23　高压固结试验结果的直线段为什么会上翘？

A 网友：

怎样从高压固结试验的压缩曲线求前期固结压力？试样的物理指标如下：

$w_0=55.4\%$，$\gamma=1.63\text{g/cm}^3$，$G_s=2.69$，$w_L=50.6$，$w_P=30$，$I_P=20.6$，$I_L=1.23$。

高压固结试验的结果见图 1.23-1，请教大家，这曲线是否正常？怎样确定前期固结压力 P_c 和压缩指数 C_c 呢？

网友 B：

从曲线形态上看，是施加的最大压力不够。如果是压到 3 200kPa，曲线就不会翘了。

答　复：

从图1.23-1来看,你这条直线太陡了些,只连接了最初的两个点,应兼顾后面的点,连成稍平缓一些的线就可以了。也就是说,前期固结压力没有那么大。

至于直线有些翘,也是可能的;如果试验条件(如温度、湿度等)有明显变化,应该分析这些条件变化对仪器和土样变形的影响。

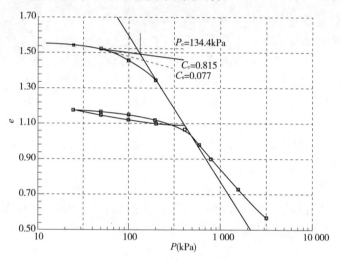

图1.23-1　高压固结试验的结果(1)

A网友：

从图1.23-1中可以看到,沉降在100kPa时突然增大,但是考虑取土与制样的扰动,我觉得把前期固结压力定在134.4kPa的位置(软件自动绘制)还是合适的。这样认为对不对?

试验过程中,固结盒是充水的,因此我觉得湿度应该不会有什么变化。

温度变化是怎样影响土样的呢? 我觉得也不会有那么大。

另外,这种反翘的现象在同批次的其他类土中未出现,只在淤泥中出现,并且所有淤泥都是如此。一连做了三批试验,均是如此。

图1.23-1的土样(编号13-10)的取土深度为24.2~25.2m,为水域孔,前期固结压力为134.4kPa。

另外,编号13-8的深度为19.2~20.2m,前期固结压力为101.3kPa;编号13-6的深度为14.1~15.1m,前期固结压力为79.5kPa。

以上三个土均为淤泥,均出现反翘的现象。

对于图 1.23-1:如果将曲线后面一段的直线部分向上延伸,可得到 $C_c = 0.60$,感觉结果和经验一样($w_0 = 55.4\%$,$\gamma = 1.63\text{g/cm}^3$,$G_s = 2.69$,$w_L = 50.6$,$w_P = 30$,$I_P = 20.6$,$I_L = 1.23$),所以我觉得后面的直线段是对的;但此时,$P_c = 79.0$,显然又是错的!

从深度(24.2~25.2m)来看,水下 $25 \times 7 = 175\text{kPa}$;从图形来看,沉降在 100kPa 时突然增大,但是考虑取土与制样的扰动,前期固结压力至少大于 100kPa。

不知道这样认为对不对?

答　复:

那你认为这种土至少是正常固结的土,如果是欠固结的土呢? 水下的淤泥很可能是欠固结的。这种淤泥的灵敏度应该是比较高的,不知道你们做过灵敏度试验没有?

你的这条固结曲线是卸载以后再加载的曲线,直线段的上翘是否和卸载、加载的影响有关? 在没有卸载、加载的试验中,是否也发现这种上翘的现象? 在吴天行先生的土力学书上,第 97 页有张图,是经过卸载后再加载的固结曲线,也出现了上翘的现象,但吴先生并没有解释其原因。

A 网友:

确实灵敏度很高,这层土一般在 5.8 左右。

如果将曲线后面一段的直线向上延伸,曲线将如图 1.23-2 所示。

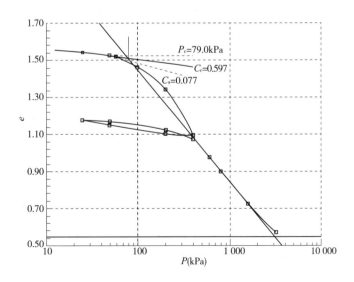

图 1.23-2　高压固结试验的结果(2)

为什么我们不能用第一个图确定 P_c，用第二个图确定 C_c 呢？

这批土我们都做了回弹，下次我将试着做几个不回弹的。

不过，如果是回弹影响了，那么回弹之后的各个 e 值，应该是在直线下方，也就是说 e 会因为扰动变小？

而且我认为，到了曲线的后半部分，压力已经加得很大，试样的结构性已经破坏，并且已经完全饱和，这时的曲线应该是非常稳定的（仅与土的颗粒成分和级配有关）。所以我觉得，曲线的后半部分（直线部分）是对的；而前面部分拐弯点比常见的推迟了。

还有一个信息：这批土，由于工程重大，我们单位采取了精细化勘察的理念，取土的质量比以往要好得多，制样、装样也非常小心。我在怀疑，是否是这次土的原状性比以往要好所以才会出现拐弯推迟的呢？

答　复：

你们能够注意取土质量，做精细化的勘察，这非常好。高压固结试验的土样如果质量不好，试验的结果会非常差。

高灵敏度的土，也会出现线性关系不太好的情况，高灵敏度的土对扰动影响的敏感程度特别高。

你们如何确定卸荷压力值的？

A 网友：

因为要开挖 13m，所以从 400kPa 开始起卸荷，压力序列为 25kPa，50kPa，100kPa，200kPa，400kPa，200kPa，100kPa，50kPa，25kPa，50kPa，100kPa，200kPa，400kPa，800kPa，1 600kPa，3 200kPa。

现在领导说我的试验做成这样没法提交出去，怎么解释呢？

在殷宗泽老师的《土工原理》第 52 页也有类似的图，并做了简单的解释，不过没有说明碰到该种情况需要怎样处理。

请教高老师：我们对 P_c 取值时，取值越大，对工程而言是越安全还是越危险？C_c 值呢？

答　复：

根据你们这个工程的情况，开挖引起的回弹用卸载曲线计算，建筑物荷载引起的沉降就用再压缩曲线的 C_c 值计算，此时的前期固结压力就用卸载的压力。你的这个试验做得很好，怎么可以说没法交出去呢？

前期固结压力估计得比实际大，应该是偏于危险的；如果 C_c 值偏大，计算的沉降就会偏大。

1.24 求黄土的前期固结压力时荷载一般加到多少?

A 网友:

黄土地区,土工试验求先期固结压力时,荷载一般加到多少?

答 复:

做高压固结试验,最大压力一般要求做到 3 200kPa,即 32kg/cm^2,这与土类没有关系,与计算荷载的大小也没有关系,主要应把直线段充分地做出来才能求前期固结压力。

1.25 为什么有多种抗剪强度试验方法?

A 网友:

高老师,我想咨询个问题。既然土的抗剪强度与土的有效应力有唯一对应关系,那么只要根据土破坏时的有效应力圆做出土的破坏包线就可确定土的抗剪强度指标,土的抗剪强度也就可以唯一确定,那为什么还要按照现场情况选择 UU、CU、CD 等试验呢? 我觉得没有必要。但我这个想法肯定不对吧?

答 复:

你这个想法是很好的,但由于在实际工程中,许多工程情况无法正确计算得到孔隙水压力的分布,因此也就得不到有效应力,所以没有办法使用有效应力指标计算土的抗剪强度。不得已而采用总应力法,那就是你所说的 UU 试验、CU 试验,指标尽管没有有效指标的唯一性,但不需要计算有效应力,用总应力就能计算,因此总应力法在工程中得到比较广泛的应用。

1.26 对近 6 万 m^2 的地下室,仅做了 6 组直剪固结快剪试验,数量够不够?

A 网友:

刚刚审查一个近 6 万 m^2 场地的勘察报告(182 个钻孔),12 栋 25~28 层住宅及几栋 2~3 层商业建筑的小区,分为南北 2 个整体地下室,中间有通道相连。但主要土层(基坑开挖影响范围内)的固结快剪(直剪)试验仅做了 6 组,而快剪倒做了176 组,因为固结快剪数量太少,经过统计计算得到的标准值比快剪指标还低。强条好像也没有违反,这个审查意见该如何出?

答 复:

这个帖子已经讨论一段时间了,主要问题是基坑工程的抗剪强度试验的方法与数量如何确定？这个案例存在什么问题？大家发表了各种看法，有些不同的理解，也出现了一些争论，争论并不是坏事，但不能意气用事，要就事论事。

基坑工程应该做什么样的试验？做多少数量？

首先，我们说抗剪强度试验的方法，在基坑工程设计时需要计算土压力，计算土压力用什么样的试验指标呢？计算土压力要用三轴固结不排水剪或者直剪的固结快剪试验。不知道这个项目为什么却做了176组直剪快剪的指标？依据什么道理做直剪快剪的指标，而且又做了那么多？但设计需要用的指标却又做得那么少？

这个工程项目是近6万 m^2 场地的勘察，有12栋25~28层住宅及几栋2~3层商业建筑的小区，分为南北2个整体地下室，中间有通道相连，布置了182个钻孔。对这么一个不小的场地，不知为什么只做了6组直剪的固结快剪试验？不管是对基坑工程还是建筑物的地基基础设计，6组数量直剪的固结快剪试验显然是远远不够的。当年，制定规范时取6个试验，是针对最小的工程项目，最少也得做6个试验。但这个项目的工程量那么大，怎么能取用最少的数量呢？看来是有些工程师对规范的一些规定还不是很理解。

首先是那么大的一个场地，怎么评价这个场地的均匀性呢？其次，不知道在勘探深度范围内有几层土？这6个试验是从哪个土层取的？为什么其他土层都没有取样？无论如何，这6个试验肯定是不能满足要求的。

不知道根据哪个规范的规定做了这176组直剪快剪试验？对直剪试验，快剪试验是最不容易做好的，而且一般不用快剪指标来计算地基承载力。这是因为快剪模拟的是土的天然强度，没有反映土的固结对强度提高的影响。况且，由于取土扰动的原因和直剪仪固有的缺点，直剪快剪指标一般不能反映客观情况。因此，即使要测定土的天然强度，也应该用三轴不固结不排水剪。

这个项目的勘察显然存在一些缺陷，但提出问题的网友没有把项目的主要情况介绍清楚，特别是地层的分布、取样的分布以及设计的要求等情况。所以，没有办法对有关试验提出一些具体的可行建议，包括试验的方法和数量。

1.27 野外取样数、试验样个数和参加力学指标统计的样本数是否必须一致？

A 网友：

由于勘察规范规定取土孔个数不得少于总孔数的1/3，因此大项目取土孔个数较多，所取土样也非常多。由此产生几个问题，下面举例说明，请各位各抒己见。

现有一项目,共布置勘探孔 120 个,取土孔布置了 48 个,孔深 20~30m,野外施工总共取样 546 个,也就是原始资料上有 546 个取样数据,到室内分层后该场地地基土共分为 6 个地质单元层,为节省成本,同时也不违反规范规定,按每层挑选 20~30 个样,同时兼顾各取土孔都有 3~5 个样进行试验,总共挑选了 133 个样进行试验,试验结束后,统计力学指标时,又剔除了个别异常值,各层有 18~26 个样,这样参加力学指标的总共有 119 个样。现在审查单位提出问题说这样不行,必须要野外取样数、试验样个数、参加力学指标统计的样个数三者一致。争论的结果让我这样处理:第一,要把未参加力学指标统计的样在土工试验成果表中删除,不要打印处理(试验成果已出,还得回去找人家试验室去说好话把一部分样给删除了,别打印出来,但试验室又不干了,删除了个别样,他们试验室的原始资料又对不上了)。第二,把原始资料中未做试验的取样数据擦了,原始资料中不要显示。这样三者就一致了。我就纳闷了,哪有规定这三者必须要一致啊,请教高老师是否必须要一致呢?

答　复:

取多少土样,从中选择多少来做试验,试验以后数据的分析和选用,都应该是项目工程师来决定的,当然工程师的选用和取舍的依据都必须正确。

对这类问题,如果是单位的总工程师问你为什么要这样选择,那还有些道理,但也不是要求这三种数据的数量必须完全一致。

现在有些审图单位可能也是没有什么东西可以审了,就拿这种不是问题的问题开刷,所以有人戏称其为地区总工程师,话虽然刻薄一些,倒也传神。

在实际工作中,原来计划的取样数量和实际能取到的土样数量很可能会不一致,这不仅是允许的,而且也是必然的。然后在取到的土样中选择一部分样品做试验,将多余的土样保存好,以备需要时(例如,试验做坏了)补做试验。因此,取样数量和试验数量不一样也是非常正常的,不需要规定两者完全一样,更不能用这种作假的方法来凑成一致。

在这个案例中,这位审图人员不仅基本概念不清楚,而且还在教你弄虚作假,教你如何修改原始记录。上级部门是否应该管一管这类事了?

1.28　剪切试验有欠固结土样吗?

A 网友:

请教高老师,在进行土的剪切试验里面,土力学教材中对于 CU 或 CD 试验,土样有超固结、正常固结土样,为什么没有欠固结土样?而自然界的土层里面却有欠固结土?为什么剪切试验里面的正常固结土样跟自然界的欠固结、正常固结土的定义正好相反?

答　复:

　　土的固结状态不是固定不变的,不论在试验室的条件下,或者在天然条件下,土的固结状态都是随着荷载条件的变化而变化的,因此,土的固结状态是相对于一定的具体应力条件而言的。

　　例如,图1.28-1a)所示的是在天然状态下正常固结土的固结不排水剪切强度线,交纵坐标轴于零点,倾角就是固结不排水剪的内摩擦角。这个零表示,在水中沉积的土层中取土做试验时,由于零压力表示所取的是刚沉积下来的土,还没有发生固结,因而其抗剪强度很小,接近于零。

　　对所取出的土样做抗剪强度试验时,如果加载量没有超过历史上的上覆压力,这时的试样处于超固结状态,其凝聚力就大于零了,如图1.28-1b)所示。但当加载超过上覆压力以后,试样又就变成为正常固结状态了,其抗剪强度线的延长线就交纵坐标轴于零点。这些定义与自然界的固结状态的定义是完全一样的,不知道你怎么会感觉到相反?

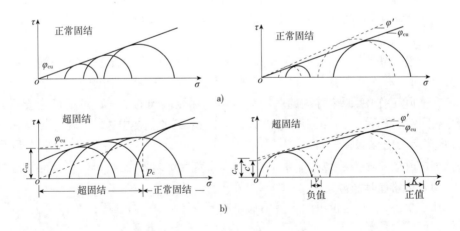

图1.28-1　超固结土的抗剪强度

　　对于自然界的欠固结的土层,如果取土做试验,在法向荷载比较小的阶段,可以仍然模拟土的欠固结状态,但如果法向荷载比较大,超过其前期固结压力,就有可能会改变其固结状态。

1.29 为什么堆载后淤泥土的强度没有变化?

A 网友:

某地沿海有 2m 厚的淤泥,在建码头以前曾经取土做的直剪快剪指标为内聚力 10kPa,内摩擦角 5°。在上面铺设砂垫层建了码头 30 年以后(相当于堆载 10m),再取土做该层的直剪快剪指标还是黏聚力 10kPa,内摩擦角 5°,大家分析一下究竟是什么原因?

答 复:

铺设砂垫层建造码头已经 30 年了,按理说,2m 厚的淤泥应该得到一定程度的压密,抗剪强度会有所提高。但经历了 30 年的时间,实测土的强度指标却没有一点点变化,这究竟是什么原因?

我认为可能是由于所采用的取样方法和试验方法不恰当,掩盖了由于承载压密所产生的强度的提高。

对淤泥这一类土,做直剪快剪试验本来就不太合适,尤其是做这种对比性的试验研究,本来抗剪强度指标的增量就很小,很可能就被这种取样试验引起的偏差所掩盖了,因此也就看不出有多大的效果。

由此可见,做这种对比性的试验研究,最好要用原位测试的方法,例如采用十字板试验对软土就是一种比较合适的方法。如果用三轴试验,那取样应该用薄壁取土器,这样就能区别出土的总强度在压密前后的一些变化。

1.30 三轴 UU 试验的结果应该有内摩擦角吗?

A 网友:

三轴 UU 试验得到的结果往往有个很小的角度,不为零,原因是土样处于非饱和的状态。很多土力学教科书以及国标土工试验方法中都将这个角度视为土的摩擦角。不知道这样的做法是否正确?

答 复:

从基本原理上说,饱和土的三轴 UU 试验的强度包线应该是水平的,水平包线的物理意义是在不固结不排水条件下,土的抗剪强度不随轴向压力的增长而提高。一些高质量的三轴试验可以得到这样的结果,由太沙基在 1932 年所做的三轴试验结果,见《土力学与岩土工程师——岩土工程疑难问题答疑笔记整理之一》第 147 页图 9.1 所引用的资料。

但通常的强度包线会出现一个比较小的倾角,出现这种现象的原因是土试样的饱和度没有达到100%,也就是没有完全饱和,由于试样内还存在气泡。在周围压力作用下,气泡的体积产生变化而使试样的体积发生了一定的压缩,强度就出现了一定程度的提高。但是,出现这个角度的物理性质其实并不是土的内摩擦角。

试样中为什么会出现这种气泡呢? 这是因为在取土卸荷的过程中,土的体积产生一定程度的膨胀,空气进入了试样的孔隙所致。取样的深度越深,这种现象就可能越严重。

对这个问题的详细解释,请看《土力学与岩土工程师——岩土工程疑难问题答疑笔记整理之一》第152页:"9.3. 为什么不固结不排水试验的内摩擦角不等于零?"

1.31 基坑支护结构土压力计算采用什么样的强度指标?

A 网友:

实际工程中基坑支护结构所受土压力计算时,土的抗剪强度指标用的是固结不排水抗剪强度指标,打个简单比方,比如一基坑深4m,1~2m为砂土,2~4m为黏性土,一般计算土压力时,题目假如已知上层砂土的$c=0$kPa、$\varphi=35°$,下层黏性土的$c=35$kPa、$\varphi=15°$,我的疑问如下:

(1)您说"正常固结黏土试样,固结不排水试验的破坏包线的截距为零,抗剪强度指标$c_{cu}=0$kPa",那么对于2~4m处黏性土的抗剪强度指标c却为35kPa,并不等于零,请问题目已知的$c_{cu}=35$kPa到底是什么强度指标? 如果是固结不排水强度指标,那它为什么不等于零呢? 莫非它是黏性土的真实黏聚力,但我认为CU试验库仑—摩尔包线图中不可能反映出真实黏聚力,所以$c_{cu}=35$kPa肯定不是黏性土的真实黏聚力,这个$c_{cu}=35$kPa到底是通过什么试验手段测的?

(2)为了通过土工试验求得2~4m范围黏性土的CU抗剪强度指标,我们肯定是在2~4m范围内钻孔取一组n个土样然后进行土工试验,既然是在2~4m处取样,那么这一组的每个土样所受有效上覆压力γz肯定是大于零的,做CU试验时σ_3肯定也是大于等于γz的,也就是σ_3不可能为零,既然不可能为零,那为什么还有"正常固结土,CU试验的黏聚力为零,这一现象反映了上覆有效压力为零时,土的抗剪强度为零的客观事实"这一说法? 因为2~4m深度范围内的黏性土所受有效上覆压力根本不可能为零,"前提条件上覆有效压力为零是不成立的是不存在的",怎么会产生后面的结果呢?

答 复:

这里首先需要区别土的抗剪强度和土的抗剪强度指标的概念,这两个概念既

84

有联系而又有区别。

我们所讨论的黏聚力 c 和内摩擦角 φ 是描述抗剪强度随应力条件而变化的指标,而根据应力条件可以用抗剪强度指标计算得到某个截面上的抗剪强度值。同一种土的抗剪强度指标随试验条件不同而不同,例如,不固结不排水剪和固结不排水剪的试验结果就有很大的差别。对于同一种土而言,抗剪强度指标不会有太大的变化。但抗剪强度值是随应力条件而变化的,即使对同一种土,在不同应力条件下的抗剪强度值也是不同的。

怎样理解"正常固结黏土试样,固结不排水试验的破坏包线的截距为零,抗剪强度指标 $c_{cu}=0kPa$"的概念? 既然是正常固结的土,当固结压力为零时,没有固结的泥浆不可能有抗剪强度的。那怎么解释你所看到的,在 2~4m 深度所取的土试样,试验结果会出现 35kPa 的黏聚力呢? 这是因为这个土样已经有了一定的超固结度,就如图 1.28-1 所示的那样。至于为什么说是超固结的,你可以看本书的1.28-1 节的讨论。

如果你希望推断试验的结果会怎么样,则需要区别几种不同的情况,条件不同,结果就会不一样。不设定条件,无法推断可能的结果。

如这位网友所说的,在 2~4m 处取样做抗剪强度试验,如果用不固结不排水试验,求得的是天然强度,那当然不会等于零。如果土层位于地下水位以下,应该是饱和的,所得到的是一根平行于横坐标轴的水平线。但由于试样的饱和度达不到100%,就是含有气泡,那试验的结果会得到不平行于横坐标轴的强度包线,这是由于气泡的压缩所致,并不是真的存在这个内摩擦角。

1.32　在土压力、边坡稳定和地基承载力的计算中,各用什么样的抗剪强度指标?

A 网友:

高教授您好! 在学习您所讲的"四、抗剪强度指标评价与大面积堆荷的稳定性验算"时,我产生了以下疑问,向您及各位同行请教。

我没实际做过土工试验,我看了一下土工试验规范,上面写道做三轴前要土样进行饱和处理,我觉得这极不妥当,一般应该是在天然含水率的条件下做,如工程情况确实需要饱和,那也是提试验要求时提上那才能用饱和后做。如直剪试验要不要饱和则根据实际而定。

另外,您说的加压固结稳定标准 0.005mm/h 是直剪的,那三轴的加压固结稳定标准是什么?

在土压力计算、边坡稳定验算和地基承载力的确定中,具体在什么情况下各用什么样的抗剪指标(三轴 UU、CU、直剪固快等)? 在三轴试验时可以测得孔隙水压力,可以求得有效应力指标,那是不是应该提倡采用有效应力指标,但是实际工程中基本没有用有效应力指标,不知道是什么原因?

在大面积堆载时,因填筑的都是土,而且对不均匀沉降不是太敏感,所以我想在验算地基承载力时,是不是可以用极限承载力或承载力特征值的 2 倍来计算最大的回填高度。如不是这样,有没有相关的规范或其他的规定?

在第二个问题中,有一个置信概率为 5%,说明有 95% 的数据是在这个区间,我查了一下岩土勘察规范,是不是应该改为置信概率为 95% 这个意思。

在第三个问题中,关于地下水评价与地下室抗浮验算方法,您举的那个地下水浮力造成底板拱起开裂的例子,我认为发生事故的主要原因是您说的采用接头过多的 33m 长的管柱(我们经常检测中遇到在接头处小应变显示是断桩)和上覆土并未按设计完全施加,设计院虽然采用的安全系数不一致,但我想如先不考虑各分项系数,抗力和荷载均按极限值,总的安全系数应该计算是大于 1 的(5 425/1.05 − 2 487.7)/(700×1.6)= 2.4 根,设计采用 4.2。

答　复:

非常赞赏你的钻研精神,希望你多看一些书,进一步扩充知识面。

关于三轴试验的饱和问题,确实是针对饱和土的,是为了恢复从地下水位以下所采取的试样的原生饱和状态,以解决取样过程中土样膨胀吸气造成饱和度的下降。如果对本来就是不饱和的土,则就不需要再在仪器中饱和;如果加以饱和了,使强度降低了,就不能反映实际的情况。关于这方面的讨论,请参阅《土力学与岩土工程师——岩土工程疑难问题答疑笔记整理之一》第 151~155 页的内容。

在三轴试验的固结阶段可以用测定孔隙水压力的消散来判断固结的程度。

在土压力计算、地基承载力计算时一般用固结不排水剪试验指标,而边坡稳定计算一般用不固结不排水试验指标。

有效指标比总应力指标更好地反映了土的工程性质,与试验排水条件无直接的关系,在理论上是非常合理的。但由于实际工程条件下并不是都能计算出各个时刻、各点孔隙水压力的变化,因此限制了有效应力指标的工程应用,而总应力指标由于对使用条件没有特殊的要求,在工程上反而得到更加广泛的应用。

大面积堆载时,可以用地基极限承载力公式计算堆载的极限高度,再除以安全系数(不一定是 2)就可以得到安全的堆载高度。

在地基加载时,地基中的应力状态是在侧向应力不变的条件下,增加竖向应力,从起始点 A 按加载应力路径向极限状态发展,如图 1.32-1a)所示,图中的 TPS 是总应力路径,而 EPS 是有效应力路径。

在基坑开挖的过程中,对地基土而言是按卸载应力路径发展到极限状态的,地基中的应力状态是在竖向应力不变的条件下,减小侧向应力,直到发生破坏,如图 1.32-1b)所示,图中的 TPS 是总应力路径,而 EPS 也是有效应力路径。

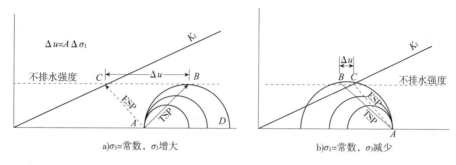

图 1.32-1　加载和卸载的应力路径

可见,即使从相同的原点出发,按不同的应力路径发展,达到极限状态时的强度是不同的。

统计推断理论用置信概率表示,工程上常用保证率这个术语,这两个概率的数值是互补的,即置信概率 5% 就相当于保证率 95%。

采用安全系数表达式的缺点是不同定义的安全系数就有不同的计算结果。

如果定义安全系数为桩的极限抗拔承载力加结构自重(全部抗力)除以浮力(作用),则得整个体系抗浮的安全系数为:

$$K = (700×1.6×4.2+2\ 487.7)÷(5\ 425÷1.05) = 7\ 191.7÷5\ 166 = 1.39$$

如果定义安全系数为桩的抗拔极限承载力除以扣除结构自重以后的净浮力,则抗浮桩的安全系数为:

$$K = (700×1.6×4.2)÷(5\ 166-2\ 487.7) = 4\ 704÷2\ 678.3 = 1.76$$

你的计算又是一种另外一种思路,其结果也不同。

不过,无论采用什么方法,其安全系数总是比较低的,桩的安全系数已经小于 2 了。

1.33　对正常固结土应该用哪一种三轴压缩试验方法?

A 网友:

高老师,在看三轴压缩试验时提到正常固结土,不管是做固结不排水试验还是固结排水试验,得出来的 $c=0$。百思不得其解,为什么测出来的 $c=0$ 呢?

答　复：

首先，你需要弄明白什么是"正常固结土"。根据《建筑地基基础术语标准》（GB/T 50941—2014），正常固结土的释义是"有效上覆自重压力等于其前期固结压力的土"。在自然条件下沉积的土层，在上覆土层压力作用下经过漫长地质年代已经完成了固结过程的土层就是正常固结土。这里，"有效上覆自重压力等于其前期固结压力的土"就是判定已经完成固结过程的标志。其中，有效上覆自重压力是可以根据地质条件计算的，前期固结压力是可以用取土做高压固结试验来测定的。

对于正常固结土，人们的研究是很多的，对正常固结土的认识也在不断地深化。你所提出的这个问题，也是正常固结土的工程性质的一个重要问题。

你看到的试验资料都有内聚力的，对吗？但如果这个试样是从地面下某个深度取出来的，假如是 50m 深度，上覆有效压力是多少？假设平均有效重度是 8kN/m^3，那上覆有效压力应该是 400kPa。那么，如果按一般的加载规定，分别在 100kPa，200kPa，300kPa 和 400kPa 荷载作用下剪切，你认为此时的试样处于什么状态？是正常固结还是超固结状态？这样的试验有什么问题吗？也许人们从来也没有去想这样的试验方法对不对。比如这个在 50m 深度处采取的土样来做这种常规的试验，这个试样处在什么状态，它还是正常固结土吗？显然，这已经不是正常压密状态了。自然形成土的过程是一个正常压密的过程，如果我们在浅层建造建筑物，由于建筑物的荷载使 50m 深度处的土承受附加的荷载，那也是一个正常压密的过程。但问题是我们把在 50m 深度处的土取出来了，卸除了全部的荷载，再从零开始加载。这个加载的过程与由于建筑物的荷载使 50m 深度处的土承受附加荷载的增加过程是完全不同的。深层取土试验的加载过程与实际工程的加载过程是不一致的，这个差别会对试验与计算的结果产生什么样的影响，是一个值得研究的问题，但研究得非常少。过去的建筑物，荷载比较小，埋置深度也不深，影响深度与取土深度都不深，由于建筑物的荷载引起的加载过程与一般试验的加载过程相差并不大，所以人们很少去关心这个问题。但如果建筑物的荷载比较大，采用的桩基又把荷载传递到比较深的土层，取土的深度比较深，则承载土层的卸载加载条件和常规的剪切试验的加载条件之间的差别所产生的问题就应该引起我们的注意。

建议你看一下《土力学与岩土工程师》第 9 章，特别是 9.3 节，《岩土工程勘察与设计》第 5.1 节和《实用土力学》第 2.5 节。再来思考这些问题，有不明白的地方，欢迎你继续提出来讨论。

A 网友：

感谢高老师的耐心解答。就这几个问题我谈下自己的理解，烦请高老师指正：

(1) 土力学讲的正常固结土指现在受的土应力与先期固结压力相等时，就是正常固结土。而试验中的正常固结指试验施加的压力与先期固结压力的比较来确定是否是正常固结土，这两者存在一个试验和真实的差别，即使真实的土是超固结土，只要你取施加大于它的实际所受的应力也可能做成正常固结，所以想要得到准确的土的指标，施加压力的选取正确与否非常重要。

(2) 确实如高老师说，我看到的试验都有内聚力，其次高老师说的土状态这个问题，我认为是属于超固结状态，测出来的试验指标不能反映土实际所受的应力情况，指标也不能评价 50m 深土的特性。不知道正确与否？我认为这个试验施加压力是不是应该从 400kPa 开始？

(3) 仔细地看了下高老师说的几个章节，提到一个土的预固结的问题，其中 K_0 预固结的侧压力采用的静止土压力，这一个步骤是为还原土的应力状态，那么在做三轴试验时这个围压怎么取呢？

答　复：

这个帖子已经有些时日了，由于我最近上网比较少，没有及时回复。其实，这个问题还是很有讨论价值的，涉及一些很重要的概念。

这位网友所回答的这 3 个问题，都回答得很好，在第 3 个问题中，你问在做三轴试验时这个围压怎么取。预固结以后，已经还原了原始应力状态，然后从这个应力状态开始，取几个不同的、更大一些的围压，使之保持在正常固结状态下做三轴试验，就可以得到正常固结状态下的抗剪强度指标。也就是说，不能按照常规的试验方法加载，应该按照特殊的试验要求加载，也就是需要做特殊的试验。

关于土的抗剪强度，有几个概念需要加以区别。

天然强度的概念，这是描述在土的天然埋藏应力条件下的总强度。例如，有一个 20m 厚度的正常固结的土层，层顶的天然埋藏深度是 30m，层底的天然埋藏深度是 50m。则位于层顶处的天然强度与位于层底处的天然强度是不相同的，如果可以用十字板测得其天然强度，则可以画出天然强度随深度增长的散点图。散点的趋势线与垂直线的夹角应该就是这个正常固结土层的固结不排水剪的内摩擦角。

抗剪强度指标是描述土的抗剪强度随法向压力变化的规律性的参数，抗剪强度随法向压力变化的规律性可以用黏聚力和内摩擦角两个参数来描述。由于抗剪强度随法向压力的变化规律与排水条件（包括法向压力作用下的排水条件和剪切时的排水条件）密切相关而形成了不固结不排水剪、固结不排水剪和排水剪三种方法。用三种方法能得到不同的黏聚力和不同的内摩擦角。

总应力抗剪强度指标和有效应力抗剪强度指标,是两类分析计算方法所采用的不同指标。用总应力指标计算时,只需要计算总应力,不需要计算有效应力,因此比较简单和实用,但不能反映孔隙水压力消散对抗剪强度的影响,计算比较粗糙一些。用有效应力指标计算时,需要计算工程条件下的有效应力,因此计算比较复杂,只能适用于一些比较简单、便于计算的工程条件,但这种方法可以反映工程条件下,孔隙水压力的消散对抗剪强度的影响,当然计算是比较合理的。

什么是符合工程的加载条件? 如对抗剪强度的直剪试验,通常所施加的竖向压力分别为 100kPa、200kPa、300kPa 和 400kPa,这种加载条件适用于模拟什么样的工程条件呢? 是不是可以无条件适用于各种情况? 其实,现行的土工试验标准所规定的这个加载条件,只适用于浅层取土的试样。如果是取自很深的土层,其有效自重压力已经超过 400kPa,这种试验测定的加载条件不符合在实际的工程荷载作用下土层的加载条件,所求得的指标怎么能用于工程计算呢? 但对这个问题还没有引起人们足够的注意,因此很少有人对此进行专门的研究。

1.34　UU 试验结果的内摩角为什么应该是零?

A 网友:

在一些土力学教材中提到,饱和正常固结土的三轴 UU 试验结果是一根平行于 X 轴的直线,就是说只有 c 值,φ(内摩擦角)值为零。

而在现实中的饱和正常固结土的三轴 UU 试验结果的内摩角并不是为零。

除饱和度和固结状态外,是什么导致试验结果与土力学中讲述的不同?

土力学里面有两个孔隙水压力系数,在理解下看三轴试验就比较明白了。理论是土体均值材料,在三轴 UU 试验中完全饱和且施加压力时理论上完全保证土体骨架不压缩,水完全承担了应力增量,所以是直线。但是事实土体颗粒肯定会被压缩,所以试验作出的线是有点斜的,是土颗粒微小压缩从而产生了微小的内摩擦角值。

"但是事实土体颗粒肯定会被压缩",为什么会被压缩? 土体颗粒体积会变小? 土体颗粒压缩是什么意思?

答　复:

对完全饱和的土,包括饱和砂土,不固结不排水剪的强度包线肯定应该是水平的。

但实际试验结果往往会出现很小的内摩擦角,这个现象反映了试样没有达到完全饱和,或者土中水含有气泡。因此,在即使不排水的条件下,由于气泡的压缩也会出现倾斜的强度包线。

由于土的矿物颗粒的弹性模量非常大,在常规的试验压力作用下,不会出现你所说的:"事实土体颗粒肯定会被压缩"的现象。土的矿物颗粒在常规试验的压力下的变形是非常非常小的,并不会对试验结果产生大的影响。

对饱和试样在三轴试验前的预饱和是一项很关键的技术措施,特别是对研究型的三轴试验。如果试样不能很好地饱和,就得不到饱和土的试验结果。

A 网友:

非常感谢高老师的讲解,您的意思是这种 UU 强度包线不水平,影响因素是饱和程度和水中气泡,而和 UU 本身的试验方法或者试验过程是无关的。我这样理解对吧?

试验过程中阀门和管路的密闭程度,例如漏水、漏气都会影响试样密度的变化,从而影响试验结果。

这样看来,UU 试验也需要预先饱和才对。

B 网友:

是的,我们有时候用饱和的淤泥质土做出来的凝聚力就是 0.2 等数值,而不是 0! 我觉得"0"仅仅是理论上的,实际上一般都达不到的!

1.35 有哪些因素会导致孔压偏低?

A 网友:

大家好,我的问题是:我在做该类试验过程中,总觉得测得的孔压偏低。一般地,纯淤泥,100kPa 围压时,得到破坏时孔压为 50kPa 左右,是否偏低了?

还有哪些因素会导致孔压偏低呢?

答　复:

你是做软土的三轴试验吗? 试样在试验前的饱和度是多少? 你是在预饱和以后再固结还是没有预饱和? 你们在三轴试验的管路中用什么水?

请你先回答这些问题以后再分析你的这个试验现象。

A 网友:

我是做的软土三轴试验,淤泥液限指数一般在 1.3 以上,饱和度在 100% 左右,所以认为其是饱和的,没有进行预饱和,直接进行固结后剪切,用的是蒸馏水。

答　复:

谢谢你提供了具体的情况。

饱和软土,如果饱和度接近 100%(顺便提出,你说的饱和度在 100% 左右的说法是不严格的,因为饱和度只能小于 100%,不可能大于 100%),在施加周围压力时,孔隙水压力应当接近周围压力,即孔隙水压力系数 B 接近于 1.0。

如果 B 远小于 1.0,说明试样及管路中存在气泡,你也已经看到了软管中有气泡,说明对管路的排气还没有做好,要继续进行循环,让管路及试样中的气体排出,直到 B 接近于 1.0 才行。

你们用蒸馏水是对的,但里面可能还溶解了一些气体,需要煮沸将所含的气体排除。否则在压力减小时,这些气泡就会产生降低孔隙水压力的作用。

A 网友:

饱和度 100% 是计算得出来的,因为没有考虑水的密度变化(尤其是结合水的密度),有时确实会稍稍超过 100%,不知道这样是不是正常?

B 值可以达到 0.99~1。只是排水固结后,或许是土样中本来含有气泡,或许是装样时带入气泡,连接试样帽的排水软管(直径很小)中难免有气泡。假如气泡在所难免,请问这些气泡会吸收孔压吗?

答　复:

饱和度计算结果超过 100% 说明计算指标存在某些问题,因为饱和度不可能超过 100% 的。

孔隙水压力系数 B 接近于 1.0,说明试样的饱和度没有问题。

问题就出在管路中的气泡,你的分析是对的,气泡一旦压缩,孔隙水压力就立即下降。

因此,排除管路中的气泡就成为试验技术的关键了。

A 网友:

感谢高老师不厌其烦的回复! 我还是想再请教一下:

由于现在的全自动三轴仪,一旦试验开始后,即使发现有气泡也无法通过再循环排除。

不知道是否有专门讨论这个问题的文献。

答　复:

气泡不在于大小,只要气泡体积一收缩,压力就降下来了。

除了你看到的这个气泡之外,在管路的弯头处、阀门的地方都可能存在一些气泡,你可能还没有看到,但已经在发挥影响试验的作用了。

因此,在开机试验前一定要仔细检查气泡是否已经排除干净了。

当不可能将气泡完全排除时,可采用施加反压力的方法,将孔隙水压力控制在较高的数值,使空气溶解在水中。

在《土工试验规程》(SL 237—1999)中第 611~613 页有如何施加反压力这方面的内容。

A 网友：

我这样想对不对：

即使做 UU 试验,不用测孔压,如果存在气泡压缩,则孔压下降,那么我们测得的强度值,应该是介于总强度和有效强度之间。

但事实是,我们把该强度当作了总强度,导致参数偏大,偏危险。

也就是说,实际工程中,如果快速加压,边坡失稳,孔压来不及消散。但试验中由于存在孔压部分消散,导致参数比实际的要大。

答　复：

UU 试验的结果是总强度,因此试验时,所有阀门都关了,管路中有没有气泡对试验结果没有任何影响。

B 网友：

UU 试验中,如果气泡压缩,则孔压消散,则土粒间的有效应力增大,那抗剪强度应该是增大啊?

答　复：

这里讲的是管路中的气泡对试验的影响。在 UU 试验中将排水阀门都关闭了,因此管路中的水不参与试验,管路中有没有气泡,对试验就不会产生什么不利的影响了。

C 网友：

看《土力学》教材中三轴试验与孔压参数 A 和 B 的关系,由于空气孔隙的压缩,固结压力会部分传递到土体颗粒上,这样 UU 试验的强度包络线在理论上应该是斜线。

D 网友：

水位以上的土三轴试验 UU 试验和 CU 试验有何不一样? 有没有必要做 CU 试验?

按照经典土力学理论,饱和黏性土的 UU 试验的指标 φ 值应该为零或接近零,但我工作的区域,UU 试验,水下的粉土、黏性土的 φ 都相当大,一般都超过 10,有的都超过 20。我敢肯定,不是一家,也不是大多数,而是几乎全部。我不知道为什么? 是我理解错了,还是大家都错了。

答　复：

三轴试验方法的选择与水位上下无关,水位只涉及有效覆盖压力的大小。

UU 试验测定的是天然状态的强度,而 CU 试验测定的是抗剪强度随剪切面上法向应力变化的规律,即强度包线的 c 和 φ 两个参数。

你们做饱和黏性土的 UU 试验,如果发现包线的倾角比较大,那肯定是试样的饱和度比较低,或者没有经过预饱和处理试样。完全饱和土的 UU 试验内摩擦角肯定是接近于零的。

D 网友:

很惭愧,基本的土力学的东西都掌握得不好。

高教授您说"饱和土的 UU 试验内摩擦角肯定是接近于零"包括粉土吗? 我认为经典土力学中的黏性土应该包括我们现在勘察规范中的粉土吧?

另外,我认为长期位于水下的粉土、粉质黏土、黏土的绝大部分都应该是饱和的? 可我知道有人不这样认为,什么条件下长期位于水下的粉土、粉质黏土、黏土不饱和?

答　复:

没有关系,结合实际问题学习,往往可以发现自己对一些问题的理解还会存在一些不足,这样能进一步提高自己的理解水平。

你认为长期位于水下的粉土、粉质黏土、黏土的绝大部分都应该是饱和的,这个观点并没有错。问题出在取土的过程中,土样是会卸荷膨胀的,在膨胀时空气就进入了试样,因此饱和度就会降低了。你拿到的土样不可能保持原生的应力状态,所以也就改变了原生的物理状态。

1.36　采用何种剪切指标更为合适?

A 网友:

直剪试验与饱和三轴试验 c、φ 值相差很大,到底工程上何种情况剪切采用何种剪切指标更合适?

答　复:

在地下水位以下的含水层中,都应该是饱和土。但在取土过程中,由于卸载时的产生膨胀,气泡进了试样,因此试样的饱和度可能不是百分之百。这就需要对试样进行预饱和以后再做不固结不排水剪试验,此时的强度包线应该是一条水平线。

粉土在地下水位以下肯定也是饱和的,但由于粉土的结构性比较弱,取样过程中粉土的含水率、饱和度的变化比较大,结构扰动也比较大,因此试样的饱和度就可能降得比较低。

由于直剪仪的固有缺点,国际上都已经不用了,但在我国还是主要设备。

如果要测定不固结不排水强度,只能用三轴试验,有的地方用直剪快剪来替代,但这种替代是不科学的。因为直剪试验无法预饱和试样,且仪器无法控制不排

94

水条件,做的结果并不满足不排水强度试验的基本要求。

1.37 是否可以通过固快或者快剪数据来判断所做 CU、UU 数据是正常可用的?

A 网友:

有几组数据如下。

第一组:淤泥质黏土。含水率 44.1%,湿密度 1.77g/cm³,干密度 1.23g/cm³,土粒比重 2.74,天然孔隙比 1.23,饱和度 98.2,液限 44.0%,塑限 22.8%,塑性指数 17.2,液性指数 1.24,压缩系数 0.89MPa⁻¹,压缩模量 2.51MPa,固快数据:$c = 19.2kPa$,$\varphi = 11.6°$。三轴 CU 数据:$c = 10.0kPa$,$\varphi = 15.0°$,$c' = 1.0kPa$,$\varphi' = 26.8°$。

第二组:淤泥质粉质黏土。含水率 41.0%,湿密度 1.81g/cm³,干密度 1.28g/cm³,土粒比重 2.73,天然孔隙比 1.13,饱和度 99.3,液限 36.3%,塑限 21.4%,塑性指数 14.9,液性指数 1.32,压缩系数 0.69MPa⁻¹,压缩模量 3.09MPa,固快数据:$c = 19.0kPa$,$\varphi = 14.2°$。三轴 CU 数据:$c = 12.0kPa$,$\varphi = 16.1°$,$c' = 5.0kPa$,$\varphi' = 25.0°$。

第三组:淤泥质粉质黏土。含水率 52.2%,湿密度 1.69g/cm³,干密度 1.11g/cm³,土粒比重 2.74,天然孔隙比 1.47,饱和度 97.5,液限 38.6%,塑限 22.3%,塑性指数 16.3,液性指数 1.83,压缩系数 1.11MPa⁻¹,压缩模量 2.23MPa,快剪 $c = 8.5kPa$,$\varphi = 4.4°$。三轴 UU 数据:$c = 2.0kPa$,$\varphi = 1.0°$。

第四组:淤泥质粉质黏土。含水率 39.0%,湿密度 1.78g/cm³,干密度 1.28g/cm³,土粒比重 2.71,天然孔隙比 1.12,饱和度 94.7%,液限 31.1%,塑限 19.3%,塑性指数 11.8,液性指数 1.67,压缩系数 0.72MPa⁻¹,压缩模量 2.95MPa,快剪数据:$c = 15.1kPa$,$\varphi = 13.3°$。三轴 UU 数据:$c = 14.0kPa$,$\varphi = 2.8°$。

疑惑一:两组 CU、UU 数据是否异常?

疑惑二:通过固快或者快剪数据是否可以大致估算出 CU、UU 数据,也就是说是否可以通过固快或者快剪数据来判断所做 CU、UU 数据是正常可用的?

答 复:

你的这些数据都没有给出取土的深度,因此无法了解其原生应力的条件,这对于问题的分析是不利的。

你的这些三轴试验的结果,不论是 CU 试验还是 UU 试验,是总应力法还是有效应力法,数据都比较正常。

直剪的固快试验结果还是可以的,但快剪试验的结果规律性不强。

你的这些数据与通常的认识也是比较符合的。

因为三轴试验的可靠性比较高,怎么可以用一个可靠性差的直剪试验结果来判断可靠性高的三轴试验结果是否可用呢?

A网友:

请教高老师和各位同行,非饱和土三轴试验UU法一定要完全饱和后才能进行,可这个试验结果和土的实际强度能一致么?

答　复:

非饱和土是不能饱和的,试验标准中所说的试样饱和方法只适用于饱和土。

A网友:

感谢高教授的回复!还有问题请教:

(1)您说试验标准的饱和方法只能用于饱和土,那我们怎么来确定是否是饱和土?

(2)按定义,$S_r = 100\%$的土为完全饱和土,但S_r达到多少可视为饱和土?

(3)按土工标准,原状土由于取样时应力释放,有可能产生空隙中不完全充满水而不饱和,三轴试验时用人工方法使试样饱和。由此理解,似乎自然界中原状土都是$S_r = 100\%$,而实际试验中S_r多数都远小于100%,是因为应力释放的缘故,这样理解对吗?

(4)三轴试验是否要对所有原状土样进行饱和?可我总觉得这样会与实际强度不符啊!因为单位刚刚购买三轴仪,有些概念不是很清楚。

答　复:

你的理解是对的。

至于是否需要按饱和土处理,主要看土样是否取自地下水位以下,如果是取自地下水位以下,则需要在仪器中饱和后再试验;如果天然状态是不饱和的,就不应该做预饱和处理。

A网友:

非常感谢教授的回复!学生还有不懂:按您说的,地下水位以下的土就要饱和后做三轴试验,是不是说地下水位以上的土就不适合做三轴试验了?是因为是非饱和土吗?

普通三轴仪只能做饱和土的,厂家是这样说的,而且试验前每个土样都要饱和的,对吗?

您说天然状态下是非饱和土就不应该做预饱和处理,也就是不能做普通三轴试验吧?学生还是不懂,到底什么条件下可判定饱和土和非饱和土,以地下水位上下来分吗？

答　复：

我国的土工试验标准中的三轴试验,配备有测孔隙水压力的装置。但如果要做有效应力的抗剪强度试验,只能做饱和土的。由于现有的常规三轴试验仪不能测孔隙气压力,因此对于非饱和土,只能做总应力三轴试验,不能做有效应力的抗剪强度试验。因此,就不需要对所有原状土进行饱和。

对于非饱和土的有效抗剪强度试验,需要用特殊的装置测定孔隙气压力,我国只有不多的单位有这种设备,只是作为科学研究用,在生产试验中还没有条件推广使用。

1.38　对非软土做无侧限试验有意义吗?

A 网友：

根据土工试验规程,一般只是对软土做无侧限抗压试验,而现在有些工程对非软土也做了该试验,请问土工试验规程为什么这样规定? 而非软土如做了这个指标有意义吗?

答　复：

软土的不固结不排水剪的内摩擦角为零,故可以取用无侧限抗压强度的一半作为软土的黏聚力。

但是,用无侧限抗压强度试验既然得不到非软土的内摩擦角,那么这种试验有什么用处呢?

1.39　三轴试验中的"固结"是什么意思?

A 网友：

三轴试验分不固结不排水剪、固结不排水剪和固结排水剪。我曾在您的书中看到,上述三种试验中的"固结"是指试验时施加围压时打开排水阀,使土固结,模拟的是一般正常土在自重下已完成固结。正常固结的土样从地下取出来后,会发生卸荷和少量膨胀,其所受应力发生了变化,如果为了模拟其真实天然应力状态,应该是重新加载到其相应埋深时的自重应力,但试验是统一分级加载,如 100kPa、200kPa,300kPa 并没有按土样实际埋深处应力加载,这样的模拟有用吗?

另外在有些土力学教科书中,"固结"好像是指土层在附加的建筑荷载作用下发生固结,如果施工速度快,则用不固结不排水剪,如果慢则用固结不排水剪、固结排水剪。请问该如何理解?

答　复：

试验的结果是要得到符合原生条件的土的强度变化规律性,但并不是求天然强度,因此需要按统一分级加载,得到规律性以后,可以适用于不同的原生应力的条件和工程应力的条件,这才有工程实用的意义。

根据土的原生应力状态,在抗剪强度线上找到起始点,如果工程中是允许排水固结的,则建筑物的荷载所引起的强度增加就沿着固结不排水剪包线发展。如果是不允许排水的,则强度就沿通过该点的水平线(即不固结不排水剪)发展。

因此,你所举的这两种说法是一致的,不过强调的侧重点不同而已。

但这种总应力法的概念,并不能完全反映土体中实际产生的应力状态,只是一种近似的说法。比较确切的定量计算可以用有效应力法来描述,但由于在实际建筑工程的地基中,还难以确定剪切面上的孔隙水压力的变化规律,因而还无法采用有效应力法的强度指标进行计算。

1.40　正常固结黏土的三轴 CU 试验,能得到黏聚力 c 吗?

A 网友：

正常固结黏土的三轴 CU 试验,能得到黏聚力 c 吗? 或者,是否应该有 c 值?

这应该是个很基本的问题。不过,最近在回顾一些土力学基本概念,反倒是有些思考。教科书上,饱和黏土的三轴 CU 试验得到的是一个过坐标原点的直线,因此只有内摩擦角,没有黏聚力。有的土力学教材说,是黏聚力隐藏到了内摩擦角中。那么,我们做了那么多的勘察,得到的 CU 都是有黏聚力 c 和内摩擦角的。这从土力学基本概念上如何解释这些问题?

答　复：

我们来看什么是正常固结黏土,最典型的正常固结黏土的形成条件是在河流夹带泥沙流至河口处因流速变慢,泥沙下沉沉积而形成,并在上覆土层的重力作用下排水固结,经历了漫长的地质年代,当由重力所形成的孔隙水压力全部消散时,此时的土层所处的状态即为典型的正常固结状态。

正常固结状态的黏土,其抗剪强度正比例于有效应力。土层的埋藏深度越深,抗剪强度越大。但经钻探取样,将土样取到地面,经过卸载以后,在试验室中做试验时,试样的固结状态随加载情况而变化。当所施加的荷载小于前期固结压力时,试样处于超固结状态,只有当所施加的荷载超过前期固结压力以后,试样才处于正常固结状态,这两段的内摩擦角是不同的,如图 1.40-1b)所示。

图 1.40-1a)的两个图描述正常固结状态的强度包线,左图是以总应力法表示,

而右图则比较了用总应力法与有效应力法的结果。图 1.40-1b) 的两个图都是超固结状态的强度包线,左图也是以总应力法表示,而右图则比较了总应力法与有效应力法的结果。

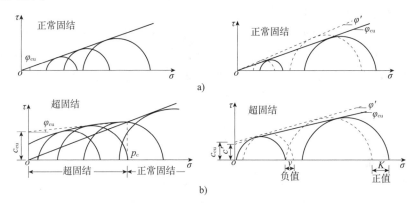

图 1.40-1　固结状态对抗剪强度的影响

1.41　直剪试验中的快剪、固快和慢剪指标,分别适用于边坡的哪些工况?

A 网友:

　　高教授,您好! 我是一位港口(码头)工程行业的设计人员。在工作中经常会碰到码头岸坡稳定及地基承载力计算问题。码头边坡通常是先在原岸坡面上削坡(由于码头前沿开挖港池的原因),然后在开挖的坡面上回填块石护面而形成的。承载力问题主要出现在码头堆场设计中,堆场是建设单位用来堆货,一般有散货、件杂货和集装箱堆场等。关于边坡稳定计算的抗剪强度指标选取,排水预压后地基承载力的选取,以及室内抗剪强度试验的相关问题请教如下:

　　(1)直剪试验(快剪、固快和慢剪)中,在试样上施加的最大竖向应力是怎么确定的? 是取边坡使用时期的自重应力+附加应力的总和吗? 还是取自重应力或前期固结应力? 库仑公式的抗剪强度与竖向应力是呈线性关系的,这是不是表示在做室内剪切试验时,加多大的竖向应力并不影响试验结果,故对每种土,或者每种边坡工况均可以采用相同的最大竖向应力?

　　(2)直剪试验中的三种试验(快剪、固快和慢剪)指标,分别适用于边坡的哪些工况?

　　(3)十字板强度是土体原位的抗剪强度,用它来算原状土坡(我的意思坡顶未加荷载)的稳定肯定是没问题的,但是如果坡顶有加荷载,此时十字板强度指标有没有什么限制？十字板强度适用于边坡稳定计算的哪些工况？

（4）对于一个坡面倾斜，坡顶水平的天然黏性土坡，假设坡体在自重应力下已经固结，坡顶无任何其他荷载，如果要计算它的稳定性，我认为，由于土体已固结，所以土体应采用固结快剪指标，对吗？

（5）还是第（4）条的那个土坡，如果在坡顶水平面上加上60kPa的使用荷载，计算它在加载瞬时的稳定性，我认为，由于此时坡顶以下土体，来不及在刚加载的60kPa下固结，所以坡顶以下土体应采用快剪指标，至于斜坡面以下的土体，由于未加载，土体还是自重固结的，所以还是采用固结快剪指标，对吗？

（6）还是第（4）条那个土坡，如果此时在坡顶水平面上只加1kPa的使用荷载，按照我之前的理解，加载瞬时，坡顶以下土体未在1kPa的荷载下固结，所以坡顶以下土体也应采用快剪指标。此时，我又有了新的疑问，对于不加载时，土体应采用固结快剪（因为土体已自重固结），而仅加1kPa时，却要用快剪指标，感觉不可思议。因为固快指标和快剪指标相差较大，这就可能导致不加荷载坡体算出来是稳定的，而加1kPa荷载后坡体就不稳了。

（7）码头岸边有个天然黏性土坡，假设土体已在自重下固结。由于码头前沿的港底要开挖，导致岸坡面被削掉了很厚的一层土，那么此时，对于岸坡斜面以下的土体是处在卸荷状态的，也就是说它是超固结的，此时计算它的稳定，该取什么指标？固快吗？其次，虽然它是超固结的，但是由于岸坡被削坡后，可能会导致应力释放，此时土体强度应该变小，如果考虑这一点的话，又该如何选用指标呢？

（8）码头岸边有个天然淤泥土坡，假设它已经自重固结，此时计算它的稳定，按照我之前的理解，应该采用固结快剪指标。如果对淤泥进行一次80kPa的真空预压，而且预压后未取土做室内试验，此时计算它的稳定应采用什么指标呢？还是用未处理前的固快指标吗？还是应该用"固快指标并加上真空预压对土体强度的增长"？如果是采用"固快指标并加上真空预压对土体强度的增长"，我就又有个疑问了，土体的固结快剪试验正是让土体先固结后再剪切的，而做真空预压也是让土体固结，那是不是说真空预压后土体的实际情况正好符合固快试验的情况，所以真空预压后，淤泥应该采用固快指标，而不必再加上由于真空预压而增加的抗剪强度，因为这部分强度在固快指标中已经体现了，我的理解对吗？

（9）请问，一般情况下，天然的淤泥边坡，土体是自重固结的吗？如果不是自重固结的，抗滑稳定计算的指标取什么指标，快剪，还是固快？

（10）对抗滑稳定计算采用固快指标，我还有一种理解，只要边坡土体所受到的总应力（自重应力+附加应力）小于固快试验时所施加的最大竖向应力，那么我就可以采用固快指标进行稳定计算,这么理解对吗?

(11)码头后方有一个散货堆场,堆场的表层土为淤泥,根据地质勘察报告,淤泥的地基承载力允许值为40kPa,假设建设单位要求堆高为3m,散货重度为20kN/m²,也就是说堆场荷载为60kPa,显然,淤泥承载力不满足要求,而且淤泥很深,工后沉降也不满足要求。此时,对淤泥进行80kPa真空预压处理(假设排水砂垫层厚0.5m,重度为20kN/m²),达到90%固结度后卸载,问处理后淤泥顶面的沉载力取多少?是80kPa吗?还是80+0.5×20=90(kPa)?还是其他什么值?有没有一个算法?我的理解是,淤泥顶面在80kPa的真空荷载和0.5m的砂垫层荷载下固结了,所以处理后淤泥顶面的承载力是90kPa,而且,如果使用荷载也是90kPa的话,那么工况还是10%的沉降。

(12)对于大面积散货堆场的地基,设计该如何提要求呢,以承载力来控制吗?还是以抗滑稳定来控制?我感觉承载力好像是对应一个基础而言的,没有基础就没有承载力之说,对吗?

Aiguosun:

与大家一起探讨,我先说我的理解:

(1)取边坡使用时期的自重应力+附加应力的总和。库仑公式的抗剪强度与竖向应力呈线性关系,这只是对试验成果的简化假定,并不代表它内在的关系就是线性关系,这个假定用于工程实践的误差是被认可的,不同的加载试验会得到不同的强度指标。实际上强度与应力是个包络线。

(2)直剪试验中的三种试验(快剪、固快和慢剪)指标,分别适用于边坡的开挖、荷载的加载瞬间以及边坡工后的永久工程验算。

(3)十字板强度是土体原位的抗剪强度相应于快剪强度,用于施工阶段的验算。

(4)对于一个坡面倾斜,坡顶水平的天然黏性土坡,假设坡体在自重应力下已经固结,坡顶无任何其他荷载,如果要计算它的稳定性,由于土体已固结,所以土体应采用固结快剪指标,同意你的理解。

(5)坡面以下的土体受加载影响也应使用快剪指标验算稳定性。

(6)你举的例子有点特殊,但做法就是这样的,不一定完全合理,但安全。甚至于新加载的1kPa可以忽略不计。但如果原来处在极限平衡状态下,新加载的1kPa可能就是加在骆驼上的最后一根稻草。

(7)施工期间用快剪强度验算。超固定的土开挖后边坡更容易失稳。

(8)既然已经采取了处理措施,当然按处理后的土的强度进行验算。其他任何做法都不合理。室内试验的固快试验成果不能代替现场的实际固结效果,两者的排水条件相差甚远。

(9)淤泥的定义就是静水沉积的,就是自重应力下的固结,只是它还处在固结过程中。

(10)同意你的理解。但如果实际应力强度接近于试验的最大应力,这个验算结果可能是不安全的,因为库仑理论的直线可能把高应力状态下的实际强度高估了。

(11)处理后的承载力按实际检测成果采用。任何预测都只是"预测",不同土在相同的处理方案实施后的效果相差很大。90%的固结度只是规范要求,并不代表实际的固结度就是90%,实际固结度可能还远未达到或者早已经超过了90%。

(12)以哪个指标来控制都是片面的,最终都得满足使用要求。大面积堆载没有你所谓的"基础",但同样存在承载力问题,荷载大了,你的堆载(货物)可能会"沉没"于软土中。

A网友:

首先,非常感谢Aiguosun版主的热心解答! 最近一直比较忙,所以现在才回来看这个帖子。

(1)第(1)个问题我同意你的观点,我也觉得直剪试验中施加的最大竖向压力应该取自重应力+附加应力。不过我们的领导却认为在直剪试验中所施加的竖向应力只要大于前期固结压力就行了。不知其他人有何见解?

(2)对于第(2)个问题,为什么快剪指标适用于边坡的开挖期? 我的理解是在边坡的开挖期,坡面的土体是处于卸载状态的,也就是说它是超固结状态的,按理说,对于超固结的土,应该采用比固快指标更大的指标,怎么会用比固快指标更小的快剪指标呢? 其次,对于固快指标,你说适用于荷载加上的瞬间的工况,我的理解是,在荷载加载的瞬间,土体在新加的这个荷载下是没有固结的,所以不能用固快,而应该用快剪。第三,我认为固快指标适用于黏性土坡的持久工况。至于慢剪,我认为适用于缓慢加荷载无黏性土坡的持久工况。不知其他人有何见解?

(3)第(3)个问题,我同意你的观点。

(4)第(4)个问题,无异疑。

(5)第(5)个问题,斜坡面以下的土体,没有直接受到荷载的作用,而坡顶水平面以下则是直接受到60kPa的荷载作用,如果对于这两块的土体均采用快剪的话,是不是有点不对,因为斜坡面只是受到影响(60kPa荷载产生的附加应力向水平方向扩散影响的),而不是直接受荷,两个土体的抗剪强度取值是不是应该区别对待?

（6）第（6）个问题，我还是存在疑问。

（7）第（7）个问题，为什么施工期间就要用快剪验算呢？对于这个问题，我的理解是，如果对于路堤，在施工期间，土是一层一层的加上去的，如果施工速度比较快，当上面一层土加上去的时候，下面一层土来不及在上层土的荷载下固结，此时计算边坡稳定，下层土的强度指标就该是用快剪，因为这符合快剪的试验条件（来不及固结）。但我举的这个例子与路堤是不是同的，我举的这个例子是卸载，与路堤正好相反。坡面卸载后，坡面以下的土体是超固结的，我觉得应该用比固快更好的指标，为什么要用快剪呢？

（8）第（8）个问题，我明白你的意思，如果我有软基处理后的检测结果，也就不会问这个问题了。我的疑问是，如果排水预压处理后，没有做抗剪强度试验，只知道土体未做处理前的指标（包括快剪和固快），如何从理论推算排水预压处理后的土体强度？还是说，根本就不用推算，土体做了排水预压后，也只能用原来的固快指标，因为固快试验已经体现了排水预压的固结排水这个情况了。

（9）第（9）个问题，无异议。

（10）第（10）个问题，无异议。

（11）第（11）个问题，仍有疑问。

（12）第（12）个问题，仍有疑问。

B网友：

说一说我的理解，请大家多多指教。

（1）直剪中快剪，最大竖向应力应大于原状样的自重应力与前期固结应力之中的大值。即若为超固结土，应大于前期固结应力；若为正常固结和欠固结土，应大于自重应力。固结快剪，最大竖向应力应大于前述两者之中的大值与附加应力之和。慢剪与固结快剪相同。

（2）与Aiguosun版主意见相同。

（3）与Aiguosun版主意见相同。

（4）与Aiguosun版主意见相同。

（5）与Aiguosun版主意见相同。坡顶加荷载，应采用固结快剪，坡底则应用快剪。

（6）如A网友所述条件，建议仍用快剪，即将荷载忽略不计。

（7）与Aiguosun版主意见相同。尽管是在卸荷条件下，但最大应力仍没有超出前期固结压力和自重应力，固仍用快剪。

（8）预压前，应采用直剪指标，不管它是否已经固结，都应用天然状态下的试验指标;预压后,应采用固结快剪,因为前期固结,是在自重应力下固结,而预压后,是增加了附加应力,相当于超固结,不能用未处理前的指标,前期指标可能偏小。我的理解和 A 网友有点不一样。

(9)淤泥多为非固结土,即还没有固结,抗滑计算可取快剪。

(10)无异议。

(11)与 Aiguosun 版主意见相同。真空预压后,90kPa 应是预压应力,而不是承载力,处理后承载力取值,应进行实测,如果处理后的使用荷载也为 90kPa,可以认为还有10%的沉降,与 A 网友意见相同。

(12)A 网友所说情况,应按承载力和变形双重指标来控制,对于码头来说,我觉得变形控制应重要一些,不知道对不对。散货堆场,可以理解为一个满堂的筏板基础,所以承载力还是很重要的。

C 网友:

说一说我的理解,请大家多多指教。

(1)直剪中快剪,最大竖向应力应大于原状样的自重应力与前期固结应力之中的大值。即若为超固结土,应大于前期固结应力,正常固结和欠固结土,应大于自重应力。固结快剪,最大竖向应力应大于前述两者之中的大值与附加应力之和。慢剪与固结快剪相同。

(2)与 Aiguosun 版主意见相同。

(3)与 Aiguosun 版主意见相同。

答　复:

前面许多网友都发表了很好的意见,下面对几个问题谈一点我的看法:

(1)直剪试验(包括快剪、固快和慢剪)中,在试样上施加的最大竖向应力是怎么确定的? 是取边坡使用时期的自重应力与附加应力的总和吗? 还是取自重应力或前期固结应力? 库仑公式的抗剪强度与竖向应力是呈线性关系的,这是不是表示在做室内剪切试验时,加多大的竖向应力并不影响试验结果,故对每种土,或者每种边坡工况均可以采用相同的最大竖向应力? 在《土工试验方法标准》(GB/T 50123—1999)中,规定根据工程实际和土的软硬程度施加各级垂直压力。在其图示的例子中,最大压力为 400kPa。在水利部的《土工试验规程》(SL 237—1999)中第 625 页,关于直接剪切试验的条文说明中,讲到了如何考虑前期固结压力的问题。对于先期固结土,在选择垂直荷载时,应考虑先期固结压力 p_c 值,如果设计压力小于先期固结压力 p_c,则试验时施加的最大垂直压力不大于 p_c;如果设计压力大于先期固结压力 p_c,则试验时施加的垂直压力应大于 p_c。

在常规取土深度范围内取土试验时,直剪试验(快剪、固快和慢剪)中,在试样上施加的最大竖向压力按照试验标准的规定是 400kPa。这个上限可以满足一般工程的荷载要求,其基本要求就是你所说的"是取边坡使用时期的自重应力+附加应力的总和",但对一般的工程不需要去计较这个最大垂直压力 400kPa 是否太大了,而是否需要做到那么大。但如果这个项目的取土深度比较深,比方说是从 60m 的深度处取土,那么这个最大垂直压力 400kPa 是否就显得小了呢?如果按浮重度 8kN/m³ 计算,60m 处的有效自重压力是 480kPa,那不是超过了最大垂直压力了吗?由此可见,最大垂直压力 400kPa 的常规试验的压力范围是针对比较浅的土层条件,而不是普遍适用的。

这是因为试验只要把基本规律做出来,计算时够用就可以了,用的是范围控制,留有一定的余地就行,因此可以采用相同的最大竖向应力,以方便试验的标准化。

但如果是非常特殊的情况,例如,取土深度特别深,试样的前期固结压力比较大,那么最大固结压力采用 400kPa 就不够了,我国有一些地区的规范对最大固结压力的规定就超过了 400kPa。

(2)直剪试验中的三种试验(快剪、固快和慢剪)指标,分别适用于边坡的哪些工况?

不固结不排水剪试验(相应于直剪试验是快剪)测定的是土在某种条件下的总强度值 c_u。如果用天然土样试验,则测定的是土体天然状态的强度,但由于取样、卸荷、体积膨胀等因素的影响,试验测定的实际上仅是反映试样物理状态的"天然强度"而不是土体天然物理状态与应力状态下的真实天然强度。为了消减取样、卸荷、体积膨胀等扰动因素的影响,提出了对试样进行预固结后再进行不固结不排水剪的试验方法。但用这种方法求得的仍然是总强度,与一般的固结不排水剪试验的结果是不相同的。

做一般的固结不排水剪试验时,在 4 个试样上分别施加不同的压力,分别在固结稳定后再进行剪切,得到的是抗剪强度随法向应力变化的规律。做这种试验时,要求第一级压力必须大于上覆有效压力,才能使整个试验的强度包线上的点都处在正常压密状态。如果不注意这个问题,第一级压力小于上覆有效压力,则其压密状态是超压密状态;而其余的压力大于上覆有效压力,则试验点处于正常压密状态。这种试验的结果是在有效自重压力两侧分别处于不同的压密状态,试验点肯定不在一条直线上,勉强画的强度包线并不显示正常压密状态土的强度随上覆有效压力变化的规律,也就失去了通过试验测定土的抗剪强度指标的意义。

如果用 4 个试样做一组预固结以后的不排水不固结抗剪强度试验,预固结时每个试样上施加的预固结的压力是相同的。同时预固结压力的大小也是不能随意选择的,这与常规固结不排水试验时按 100kPa、200kPa…荷载系列加载的方法不一样。预固结压力的大小应按照取土深度 z 处的有效自重压力 σ'_z(即上覆有效压力)计算,竖向压力等于有效自重压力,侧向压力等于竖向压力乘静止侧压力系数,即 $K_0\sigma'_z$。这种预固结方法称为 K_0 预固结。还有一种预固结方法称为等向预固结,即竖向和侧向的压力是相同的,三向压力之和等于 K_0 固结的应力状态。预固结完成后,再按常规的不固结不排水剪的试验方法进行剪切,直至试样破坏,得到的也是总强度,这种试验得不到内摩擦角。

"固结不排水剪"和"不固结不排水剪"的试验结果有什么重要的区别?

固结不排水剪所测定的是抗剪强度随固结压力变化的规律,用黏聚力 c 和内摩擦角 φ 两个参数来描述其变化规律。用于以库仑定律为基础的土力学问题的计算,也就是假定土体为摩擦材料的计算,包括土压力、边坡和地基承载力的计算。但不固结不排水剪的摩擦角等于零,计算的问题等价于用总强度的计算。例如,用 $p_{1/4}$ 公式计算地基承载力的结果为 $3.14c_u$,地基承载力的大小与基础的宽度和埋置深度就没有关系了;用极限承载力公式计算的结果为 $5.14c_u$,地基承载力同样不随基础的埋置深度和基础尺寸而变化。

(3)十字板强度是土体原位的抗剪强度,用它来算原状土坡(坡顶未加荷载)的稳定肯定是没问题的,但是如果坡顶有加荷载,此时用十字板强度指标有没有什么限制?十字板强度适用于边坡稳定计算的哪些工况?

如果坡顶有附加荷载,验算边坡稳定性时仍然可以用十字板强度,为什么不考虑坡顶附加荷载对强度提高?这是因为在刚施加荷载的时刻是最危险的控制时刻,如果此时不发生破坏,随着时间的增长,土的强度提高了,土坡的安全度就更高了,所以验算的应该是最危险的时刻。

1.42 为什么直剪快剪、无侧限抗压强度和三轴 UU 三个试验的结果不匹配?

A 网友:

尊敬的高教授:拜读了《岩土工程勘察与设计——岩土工程疑难问题答疑笔记整理之二》,感觉获益匪浅。在勘察时遇到一个问题:含水率 40%~45% 的淤泥质土,室内试验无侧限抗压强度 $q_u = 35$kPa,直剪快剪 $c_u = 14$kPa,三轴 UU 的凝聚力

$c_u = 30\text{kPa}(\varphi_{uu} = 0)$。我们总工认为土力学理论中三轴 UU 和直剪快剪的 c_u 均为莫尔圆的半径,无侧限抗压强度 q_u 为莫尔圆的直径,所以他建议三轴 UU 的凝聚力 c_u 应为无侧限 q_u 的一半,和直剪快剪一样,他建议三轴 UU 的凝聚力 c_u 取 15kPa。我认为直剪快剪指标未考虑土样取出后土体应力释放是错误的,指标偏小很多,淤泥质土三轴 UU 的黏聚力 c_u 应取试验值 30kPa 较为合理,与上海的经验值也较为吻合。那么对这个问题的理解错在哪里?

答　复:

你说的这三个试验的结果并不匹配。按照淤泥土的性质,UU 试验结果的黏聚力 $c_u = 30\text{kPa}$ 是比较合适的;而对于无侧限抗压强度试验,你得查一查有没有除以 2 了。无侧限抗压强度除以 2 以后与 UU 试验结果是比较接近的,因为无侧限抗压强度试验就相当于围压为零的 UU 试验。这些试验结果中,快剪的数据是明显偏低了。

对这样的土,取 $c_u = 15\text{kPa}$ 是偏低了,并不合适。

既然你们总工认为由 UU 试验得到的黏聚力 c_u 是摩尔圆的半径,那为什么还要除以 2 呢?

三轴试验和无侧限抗压强度试验的试样是否从同一筒土样中切取? 试样的物理指标是否一致? 要分析差别太大的原因。

当三轴试样结果与无侧限抗压强度试验结果确实存在矛盾时,应当取用三轴试验的结果。因为无侧限抗压强度试验的优点虽然是简单,但偶然性比较大,重现性差。

A 网友:

非常感谢高教授的指点。我了解了一下取样过程,主要是直剪快剪和无侧限抗压强度试验的土样采用常规取土器取样,加上运输后土样扰动较厉害,故试验结果偏小;而三轴 UU 试验是采用薄壁取土器取样的,试验结果较为符合实际情况。从而导致三者数据不匹配。

答　复:

这就对了,找到了数据出现上述差别的原因了。从这个案例中可以看出,取样扰动对试验结果有十分明显的影响。

1.43　抗剪强度包线为什么通过坐标原点?

A 网友:

在高老师的《土力学与岩土工程师——岩土工程疑难问题答疑笔记整理之

一》一书中第153页,有如下一段话:"正常固结土,固结不排水的黏聚力为零,这一现象反映了上覆有效压力为零时,土的抗剪强度为零的客观事实。"

对于这段话我不太理解,黏性土的抗剪强度由有效黏聚力和有效内摩擦角乘以有效压应力形成的摩擦力两部分组成,即使上覆有效压力为零,但是黏性土的黏聚力还是存在的,所以土的抗剪强度不为零而应该等于c'。高老师的《土力学与岩土工程师——岩土工程疑难问题答疑笔记整理之一》一书中,好几个剪切主枝图中的直线均通过坐标原点,也就意味着不存在有效黏聚力。关于这一点我不理解。

在高老师编写的《土力学与基础工程》教材中第124页,图5-25b)和图5-26的剪切主枝图,一个直线通过原点,一个不通过原点,个人认为不通过原点的图5-26更合理,反应了有效黏聚力的存在。

请各位同行、专家发表看法。

答　复:

从抗剪强度试验的结果来看,当采取以有效应力来表示时,强度包线通过原点,或接近于原点。

从太沙基有效应力原理来理解,土的抗剪强度唯一取决于有效应力,当有效应力为零时,土的抗剪强度为零。

砂土液化的机理就是当剪缩所引起的孔隙水压力接近上覆有效应力时,土的强度接近于零,土体成为没有强度的流体,所以就发生喷砂冒水。

从土的沉积压密过程来看,随着上覆土层的压力转化为有效应力的过程就是土的强度增长的过程。刚沉积的泥浆没有任何强度的原因就在于此时的有效应力为零。

因此,正常固结土的固结不排水强度试验的黏聚力为零。

在《土力学与基础工程》教材第124页中图5-26的虚线②(为正常固结)的延长线通过原点,而虚线①(为超固结)不通过原点。

1.44　取自深度15m以上的土样的固结压力用多少?

A 网友:

一般情况下,6层住宅楼的钻探孔深在25m左右,一般情况下以15m为界压缩压力分级,15m以上为400kPa。15m以下为800kPa(试验室分级压力是从400kPa直接到800kPa),现在想问的是如果土层分界线在15m以上,那15m以上的土样的固结压力是多少,是400kPa还是800kPa?另外6层楼的固结压力需要压倒800kPa吗?

答 复：

压缩试验的加载要求是最大的压力大于自重压力与附加压力之和。

就你说的 15m 深度的有效压力为 15×8＝120kPa，采用最大压力 400kPa 足够了。即使以总压力计算也足够了。

在有些地区以 30m 为控制深度，超过了也不是马上加到 800kPa，而是加到 600kPa。

楼的高低与附加压力有关，而附加压力又是随深度而减小的，一般总是控制大一些，目的是使压缩曲线的最大荷载可以满足计算的荷载要求。

1.45 为什么 UU 试验结果的内摩擦角高达 23°～25°？

A 网友：

最近做过的几个工程，其勘察报告提供了三轴试验数据结果。以一个工程为例：土层剖面图中水位线位于自然地坪下 10.3m，土层为粉质黏土，取样深度分别为 5.6m、7.3m、9.8m、11.0m、13.6m。UU 试验结果是，内摩擦角为 23°～25°，其余几个工程也有类似情况，约为十几度，请问高教授，这个结果是如何取得的？为何与教科书中的接近 0°结果差距如此之大？是否是因为土样没有饱和？另外一个工程水位线较高，取样基本都在水位线下，得到的内摩擦角结果也比较大。因勘察单位并不相同，基本可排除人为因素，对此结果很疑惑，请高老师指点迷津。

答 复：

如果饱和土 UU 试验的强度包线的倾角太大，那可能是试验有问题，是试样的饱和度比较低，因为含有气泡，在试验过程中，气泡受压后体积压缩所致。

你所据的例子是："土层剖面图中水位线位于自然地坪下 10.3m，土层为粉质黏土，取样深度分别为 5.6m、7.3m、9.8m、11.0m、13.6m。"其中在地下水位以上所取的土样肯定是非饱和土，所以得到那么大的内摩擦角也并不奇怪。

即使试样取自地下水位以下，由于取样时的卸荷膨胀，空气就进入了试样，其饱和度也不会高，因此出现了不符合饱和土的试验特征。

这种问题现在很普遍，如果取样的质量不高，对试验的质量不那么重视，不那么讲究试验技术的精益求精，都会使试验结果不能反映实际情况。

1.46 为什么不先判断一下，而是直接按照正常固结试验呢？

A 网友：

高老师好！看过你主编的几本专著及教材，同时我也翻看过其他多本土力学

教材,关于土的固结、超固结、欠固结在实际工程中应用方面,我一直有许多疑惑,想请高老师点拨一下:

(1)您说用 e-p 曲线计算的沉降,只适用于正常固结的土,对超固结或欠固结的土是不适用的,应该用高压固结试验的成果。我看过很多岩土工程勘察报告,好像很少先判断土是否是正常固结,还是超固结,而是直接采用土工试验规范上的方法,计算得出 e-p 曲线,那么实际工程中的土一般都是正常的固结土吗?我想实际工程中肯定有好多超固结的、欠固结的,那么为什么不先判断一下,而是直接按照正常固结的试验呢?

(2)看过高老师的《岩土工程勘察与设计》,里面有什么时候开始做高压固结试验,但看完后,还是感觉理解的不是很透彻,也知道超固结的土沉降计算要做高固结试验,但是实际工程中,没见几个先判断一下土的应力历史,再看是否需要做高压固结?

(3)沿海地区正常沉积环境下形成的软土,是欠固结还是正常固结土? 我感觉按照土力学上面的定义,应该属于正常固结土,但为什么很多书上都说是欠固结呢?

答　复:

用 e-p 曲线计算沉降的方法只适用于正常固结的土,对超固结或欠固结的土是不适用的,应该用高压固结试验的成果。但如果不加以判别,都用 e-p 曲线直接计算超固结或欠固结土的沉降,那会出现什么情况呢? 对超固结土,计算得到的沉降会比实际产生的沉降大很多,如果是计算欠固结土的沉降,计算的沉降会偏小很多。

现行《建筑地基基础设计规范》(GB 50007—2011)计算沉降时所采用的指标是根据 e-p 曲线得到的压缩模量,并采用修正系数的方法来校正计算结果。表 1.46-1 是这本国家标准给出的沉降计算经验系数,这是 20 世纪 70 年代初编制《地基基础设计规范》时,根据当年统计的资料给出的。这个结果显示,模量超过 15MPa 的大多为超固结的低压缩性老黏性土,模量低于 4MPa 的大多为欠固结的高压缩性淤泥和淤泥质土,而压缩模量为 4~15MPa 的大多为正常固结的中等压缩性的一般黏性土。也就是说,用压缩模量计算欠固结的高压缩性土,因模量估计得太大而使所估计得到的沉降偏小,需要乘以大于 1 的经验系数。同样,用压缩模量计算超固结的低压缩性土,因模量估计得太小而使所计算得到的沉降偏大,需要乘以远小于 1 的经验系数。

沉降计算经验系数   表 1.46-1

$\overline{E}_s$(MPa)	2.5	4.0	7.0	15.0	20.0
$p_0 \geqslant f_{ak}$	1.4	1.3	1.0	0.4	0.2

在《高层建筑岩土工程勘察规程》(JGJ 72—2004)中,则分别给出了超固结土、正常固结土和欠固结土的沉降计算方法和相应的压缩指数指标确定的方法。

1.47 究竟怎样计算压缩模量?

A 网友:

(1)我们这里的试验室给的 $E_{s1\text{-}2}$ 都是用土样在没有压力下得到的孔隙比 e_0 计算的,实际应用的过程中应该根据 $e\text{-}p$ 曲线查 100kPa 对应的孔隙比 e_1 来计算 $E_{s1\text{-}2}$ 吗? 如果采用试验室给的 $E_{s1\text{-}2}$ 对工程的沉降计算影响大吗?

(2)如果某个工程沉降计算用到 $E_{s1\text{-}2}$,而实际前期固结压力为 300kPa(超固结土),直接用试验室给的 $e\text{-}p$ 曲线计算的 $E_{s1\text{-}2}$(按正常固结土做的)对吗? 感觉好像不对(岂不是不用管是否是超固结土,只要给出 $e\text{-}p$ 曲线就可以了,试验室给的回弹指数,压缩指数又用来做什么?),但是实际的建筑施加在土层上的力和试验室得到 $e\text{-}p$ 曲线的过程又好像是一样的。感觉又好像对?

(3)自己理解:对于正常固结土和超固结土,用 $e\text{-}p$ 曲线计算沉降时可以不用考虑是正常固结还是超固结。如果用 $e\text{-}lgp$ 曲线进行沉降计算时才需要给出前期固结压力、回弹指数、压缩指数。高老师这样理解对不对? (如果理解对,那试验室给出前期固结压力、回弹指数、压缩指数的意义是什么? 是为了用 $e\text{-}p$ 曲线和 $e\text{-}lgp$ 曲线分别进行沉降计算,取不利值考虑?)

答　复:

你说的"我们这的试验室给的 $E_{s1\text{-}2}$ 都是用土样在没有压力下得到的孔隙比计算的"这种现象,是由于《土工试验规程》(SL 237—1999)中有关公式的误导所造成的。

关于压缩模量的计算公式有两种表达式:一种是《土工试验方法标准》(GB/T 50123—1999)的表达式:

$$E_s = \frac{1+e_0}{a_v} \tag{1.47-1}$$

根据这本标准的说明，e_0 是试样的初始孔隙比，即施加第一级荷载以前试样的孔隙比，即试样的孔隙比，天然孔隙比。

另一种是散见于一般土力学教材的表达式：

$$E_s = \frac{1+e_1}{a_v} \tag{1.47-2}$$

式中的 e_1 是在压缩曲线上，计算压缩系数 a_v 的压力段的起点，即与起始压力相对应的孔隙比。

压缩曲线是一条孔隙比 e 随应力变化的曲线，模量是应力与应变的比值，把压缩变形换算为应变，需要除以土样的起始高度。

应力有全量计算与增量计算之分，在计算压缩变形时采用的是增量计算的方法，因此这个起始高度应取增量应力的起始高度，不是压力为零时的土样高度。

压缩曲线是非线性的，与线性的方程不同。因此，应当用 $1+e_1$ 而不是 $1+e_0$。如果是线性的，则两者的结果是一样的。

关于这个问题的讨论，我曾经写过一篇讨论的文章：《关于〈土工试验方法标准〉（GB/T 50123—1999）中压缩模量公式的讨论》。

《土工试验方法标准》（GB/T 50123—1999）第 14.1.10 条规定：某一压力范围内的压缩模量，应按下式计算：

$$E_s = \frac{1+e_0}{a_v} \tag{1.47-3}$$

这个公式中的 e_0 是初始孔隙比，亦即未施加荷载时土样的孔隙比。

其实，这个公式在概念上是错误的，不符合土力学的压缩定律，与固结试验得到的非线性 $e\text{-}p$ 曲线的客观现象不符。压缩模量正确的表达式应当是：

$$E_s = \frac{1+e_i}{a_v} \tag{1.47-4}$$

下面根据该标准对压缩系数的定义以及压缩系数和压缩模量都是指某一压力范围的规定，推导压缩模量的表达式。

公式中的压缩系数 a_v 按该标准的第 14.1.9 条规定：某一压力范围内的压缩系数按下式计算：

$$a_v = \frac{e_i - e_{i+1}}{p_{i+1} - p_i} \tag{1.47-5}$$

在公式(1.47-5)中,e_i为在压力p_i作用下的孔隙比,e_{i+1}为在压力p_{i+1}作用下的孔隙比,在土的三相图中,从p_i到p_{i+1}的压力范围内,土样的起始高度是$1+e_i$而不是$1+e_0$。因此土样的压缩应变增量应由下式求得:

$$\Delta\varepsilon = \frac{e_i - e_{i+1}}{1+e_i} \tag{1.47-6}$$

则相应压力范围的压缩模量表达式导出如下:

$$E_s = \frac{\Delta p}{\Delta\varepsilon} = \frac{p_{i+1} - p_i}{\dfrac{e_i - e_{i+1}}{1+e_i}} = \frac{1+e_i}{a_v} \tag{1.47-7}$$

也有人提出用该标准的公式(14.1.8)推导的问题,现将公式(14.1.8)摘录如下:

$$e_i = e_0 - \frac{1+e_0}{h_0}\Delta h_i \tag{1.47-8}$$

从公式(1.47-8)出发,只有在 $e\text{-}p$ 曲线为线性的假定条件下才能得出公式(1.47-1)的表达式,但线性的假定是不符合实际的。

用 $e\text{-}p$ 曲线计算的沉降,只适用于正常固结的土,对超固结或欠固结的土是不适用的,应该用高压固结试验的成果。

不同的试验结果模拟不同固结状态的土层的应力历史。同一个工程的加载过程,对不同应力历史的土层,所得到的沉降量是不同的,因此应该用不同的试验方法求得相应的压缩性指标。

1.48 直剪试验和三轴试验能不能相互对应?

A 网友:

高老师:在您的《岩土工程勘察与设计——岩土工程疑难问题答疑笔记整理之二》第 168 页中有一句话,"固结不排水剪所测定的是抗剪强度随固结压力变化的规律,用黏聚力 c 和内摩擦角 φ 两个参数来描述其变化规律"。但正常固结土的固结不排水剪的 c 值不是为零吗,这样就只有一个参数。我也查了很多直剪试验的饱和固结快剪的 c 值基本上都不是零,有的还很大,不知这是为什么?直剪试验和三轴试验能不能相互对应?

答　复：

从基本概念上说,在剪切主枝图上,当上覆有效压力为零时,土为刚刚沉积下来的泥浆,是没有任何强度的,因此抗剪强度为零。

对室内试验的结果,如果用有效应力表示,则当有效应力为零时,抗剪强度也为零,即有效黏聚力为零。

但有些试验结果由于各种试验条件的影响,出现很小的有效黏聚力也是可能的。这种表示方法的结果等于再现了剪切主枝。

如果是用总应力法表示,则黏聚力可能会比较大,但总应力法并没有模拟剪切主枝的抗剪强度与有效应力的关系。

三轴试验的结果是给出了剪切破坏面上的强度与应力的关系,而直接剪切试验是描述一个规定的剪切面上的强度与法向应力的关系。对于均匀的各向同性的材料,直剪试验是三轴试验的一种特殊情况,两种试验的结果应该可以互相对应。但对于实际的土样试验,由于是非均质的条件,且直剪试验排水条件的不可控性,不一定都能满足上述理论上的互相对应关系。

1.49　室内测定的压缩模量小于实际土层的压缩模量吗?

A 网友：

在原状土层中,土样有结构强度,还有一定的初始强度。土的结构强度是由于土颗粒、土中水相互的物理化学作用形成的,它可通过土的 c、φ 值反映出来。土的初始强度是由于原土层中土样通常处于不等向应力状态下平衡条件中形成的,一旦取土造成该不等向应力状态的解除,初始强度就消失了,是不是这样理解?这两种强度有无交叉点?与土的天然强度又有何区别呢?

一般书籍有超固结土与正常固结土的 e-$\lg p$ 曲线,不知欠固结土的 e-$\lg p$ 曲线与前两种曲线有何不同?我想试验曲线与修正曲线应相距更大,不知对否?

我在"再议压缩模量的计算方法"有如下一段:

设 e_1 对应试验室试验时自重应力的孔隙比,e_2 对应试验室试验时自重应力加附加应力的压力段的孔隙比,e_{11} 对应原土层中土样的孔隙比,p 为压力差值,则有:

$$E_a = \frac{1+e_1}{a} = \frac{(1+e_1)p}{e_1-e_2} = \frac{\left(\dfrac{1}{e_1}+1\right)p}{1-\dfrac{e_2}{e_1}}$$

由 $e_1 > e_{11}$，推出 E_s 小于实际土层中压缩模量。

这里应是 $e_1 < e_{11}$，在小压力段时，大部分变形均是塑性压密变形，并且该压密变形有很大一部分是土样应力释放后的再压缩，这也可从 $e\text{-lg}p$ 曲线中看出，同一压力下试验时自重应力的孔隙比 < 修正曲线的孔隙比。所以应推出 E_s 大于实际土层中的压缩模量。

但我在一般文献中看到都是试验 E_s 小于实际土层中压缩模量？

如何较准确地从 $e\text{-}p$ 与 $e\text{-lg}p$ 判断土样扰动呢？$e\text{-lg}p$ 曲线后段应为直线，一般提倡用 $e\text{-lg}p$ 曲线计算沉降量，在荷载较小时（土样埋深相对较浅时），它形成不了直线段，还能用它计算吗？

B 网友：

这几个问题都是很理论的问题，回答起来要看很多资料，没看资料前先说说我的主观看法吧，希望专家指正：

（1）你将土的强度分为土的结构强度、土的初始强度、土的天然强度。不知道这样划分的依据是什么，如果没有清晰的定义，就没法讨论了。我们做岩土重要的是通过各种手段，最后提出地基承载力。再有，各种强度都是有条件的，如果边界条件改变了，这样的讨论有什么可比性呢？

（2）对试验曲线与修正曲线间的关系问题，应该是数据拟合方面的问题吧，与采用的方法和试验样本有关，对欠固结土，可能样本的离散性大些吧。这样曲线间距也可能大些。

（3）e_1、e_{11} 谁大谁小？对正常固结和超固结土我想做试验时土体为卸荷再压缩过程，你怎么就一定认为 $e_1 < e_{11}$ 呢，特别是超固结土呢？

（4）对这个问题我没做过对比分析，倒是个有意思的问题。但在计算沉降时都应该考虑压力段，试验曲线只是说过了一定压力段就成直线了，因此应用的关键是是否过了这个压力段。

答　复：

关于在试验室里测定的压缩模量与天然土层的压缩模量哪个大的问题，这位网友做了一些分析，但究竟哪个大呢？比较到后来，你自己也糊涂了。

这个比较的实际意义在于理解取土样的过程究竟对土层产生什么样的影响？取土的物理过程，对土样来说，一是卸除原生应力，使土样产生一定程度的膨胀，降低了土的密度；二是取土设备对土的结构产生一定程度的扰动。这两种作用的结果都会使土的孔隙比增大，压缩模量降低。

1.50 关于《岩土工程勘察规范》(GB 50021—2001)第4.1.20条的疑问

A网友:

在6度抗震设防地区,单栋6层的住宅楼或几栋6层楼的住宅小区,场地为二级场地或者是三级场地,部分勘察单位仅采用静力触探,没有取土试样孔,没有做土工试验,遇到这种情况,有以下问题:

(1)勘察手段仅采用静力触探是否可行? 场地土分层均匀、简单、土质较好的三级场地是否可以采用单一的静力触探?

(2)是否无论什么样的场地都必须要有取土试样孔和相对应的土工试验数据?《岩土工程勘察规范》(GB 50021—2001)(2009年版)第4.1.20条中的三款强条是否必须同时满足?

(3)《岩土工程勘察规范》(GB 50021—2001)(2009年版)第4.1.20条条文解释中的"6组取土试验数据和3个触探孔两个条件至少满足其中之一"如何理解? 如果勘察报告钻孔平面布置图中布置了取土试样孔,但是勘察报告中无土工试验数据,仅依据超过3组连续的静力触探做勘察结论是否可行?

答 复:

《岩土工程勘察规范》(GB 50021—2001)(2009年版)第4.1.20条第2款是最低的要求,对有些实在取不到6个样的小工程,土样虽然不够但有3个静力触探也可以了。但并不是鼓励不取土,也不认可不取土只做静力触探的做法,因此才有第1款的取土孔不少于1/3的规定。

这三款当然都应该同时满足,我不大喜欢用强条这个词,过去没有强条的时候,工程师也不是都是违反规范的,只要工程师有职业的操守,本着良心做事,何必一定要强制了才去做呢?

不违反强条是对工程师最起码的要求,但不一定是一个合格的工程师,也不一定是一个高水平的工程师。

有的时候强条也不一定行得通,例如,遇到无法取土的情况怎么办? 取不出原状土样的情况也是有的,我认为那就不能判为违反强条。

违反强条是指"能为之而不为"的情况,"不能为而强为之"不是强条的本意,讲到底一切从实际出发,又是最基本的准则。

1.51 关于取样孔数量、基坑参数的疑问

A网友:

(1)《高层建筑岩土工程勘察规程》(JGJ 72—2004)第45页表8.7.4基坑工程

计算参数的试验方法、用途和计算方法表中指出:三轴固结不排水(CU)试验,用于饱和黏性土水土合算计算土压力。其理由是什么? 是因为基坑开挖后饱和黏性土中的水会排出从而产生固结(基坑内无地下水时);或者是由于基坑降水使得地下水以下的饱和黏性土产生固结(基坑内有地下水时)。

如果不是饱和黏性土又采用何种抗剪指标呢? 在实际工作中由于取样和运输原因,会造成实际饱和度为100%的饱和土,土工试验出来饱和度小于100%,理论上似乎不是饱和土了,对于这种情况饱和度大于多少才定义为饱和土。

(2)新岩土勘察规范要求取样孔要占总孔数的1/3,如一场地有9个孔,其中2个取样孔,如果再引用相邻场地1个钻孔的土工资料合起来就是3个取样孔达到1/3要求,这种做法行吗? (有时场地做过初勘或者同一场地分两期进行勘察,场地地层变化不大时,如果每次都取1/3孔的样感觉有些浪费。)

还有如果场地以碎石土为主,那么勘探方法应以原位测试为主,取样每层6组扰动样应该可以了,如果也取1/3孔的样,孔数多时似乎有些浪费。

答　复:

用固结不排水剪的理由并不在于在开挖、降水过程中是否产生排水固结。而是指这个土在开挖基坑以前是完成排水固结的正常固结土层,在开挖基坑验算边坡稳定性时则不考虑排水引起的强度提高,这是偏于安全的考虑。

这涉及抗剪强度指标工程应用的一些基本概念,假定土层是正常压密状态的,在土体自重压力下已固结完成,在施工产生的剪应力的作用下,来不及排水固结,故用固结不排水剪指标。

按照规范的规定,9个孔,就应3个孔取试样,以保证取样的代表性,不仅取样的数量,而且包括平面的分布也应有代表性,取样孔或取样点太少,就达不到这个要求。

1.52　国外勘察项目执行哪个标准好?

关于这个问题在网络上时有讨论,在这里,我们将几次讨论都集中在这里,由于每次讨论的背景不同,问题的侧重点也不同,整理时还是保持各次讨论的特点,不准备完全整合。

A网友:

近年来公司有不少国外勘察项目,有的项目因设计是国内设计院,要求执行中国标准,有的项目是全球招标设计单位,要求执行美国ASTM标准等,这两者均可接受。但有的项目却要求同时执行中国和属地国标准,这让人难以执行。该类项目为中国设计,但可能是为在项目属地国备案,也要执行属地国勘察标准。请问高老师、陈老师及各位专家,有必要执行属地国的勘察标准吗?两国土的分类系统、土工试验方法不一样。因项目是初勘阶段,设计还没确定,建设单位也不清楚到底以哪个标准为好?我个人认为勘察布孔兼顾两国规范,试验以及报告内容整理按中国标准进行,不知可否?

答　复:

这个帖子讨论了在做国外工程时应该执行什么规范的问题,这是一个实际工作的困难,反映了执行不同体系规范的国家在工程项目合作时遇到的难题。

我认为解决这个问题的原则是"技术标准应该采用属地化的原则",因为只有这样才能符合当地政府的技术控制的要求。

如果按照这个原则来处理,要求我国的工程师必须熟悉各种标准化的体系,至少是几个主要的标准体系。这对于我国参加国际合作的工程师可能是要求比较高了,也可能会存在一定的困难。这就是因为我们的工程师对于国外的技术标准体系了解得并不多,缺少执行这些技术标准的经验。

还有些情况是比较复杂的,例如由中国设计单位设计时,可能就不会根据国外的标准来做设计了,还得迁就一下,就按照中国的规范设计。但如果遇上外国的咨询单位,他们也看不懂中国规范,那怎么办呢?

总之,这是我国如何适应技术全球化的一个难题,要融入市场经济国家的技术体系,还需要走漫长的道路。

1.53　国外勘察报告参数统计问题

A网友:

第一次接触国外项目,项目委托给当地工作组,我们在审核他们提交的勘察报告时,发现和国内的勘察报告体系很不一样。其中之一就是土工物理参数的统计问题。他们在报告的后面会附上土工试验结果,但是这个结果只是每个钻孔的试验结果,并没有我们国内勘察报告中的物理参数统计表,即需要统计平均值、标准差和标准值等,以标准值作为土的物理参数代表值。我认为国外的这种做法不妥,不知道各位老师怎么看?我也搜集了一些国外报告,都是这么处理的,不知道应该如何处理?

答　复:

国外的资料,一般试验单位只给参数的试验结果,由使用资料的岩土工程师自己去分析,根据经验判断离散性,取用参数。试验单位只对试验数据的准确性负责,至于如何取用,应该结合土层的现场条件和工程要求,由使用参数的岩土工程师确定。我认为,这种体制比我国的现行体制合理。

这种方法与他们的岩土工程体制是配套的,而我们的体制是勘察和设计分离的,做勘察的提参数,做设计的用参数,提参数的岩土工程师不理解设计怎么用,用参数的结构工程师对参数不会判断分析,你说哪一种的办法好?

1.54 高压缩性湖相沉积土的物理指标和力学指标不匹配问题

A网友:

高老师,请教您问题:我所做的项目现场位于内陆盆地中央(盆地中央海拔1 400m,四周山脉海拔大约1 700m),四周环绕山,盆地里面以前聚集湖水,后来构造运动,盆地边缘开了一个口,盆地里面的湖水顺着泄了出去,盆地中央地层大部分为灰黑色粉土和黏性土,灰黑色地层厚度能达到400~500m,土工试验的烘箱温度是105°,土工试验结果是:孔隙比超过1.0,含水率很大,超过50%,液限也很高,超过45%,压缩系数a(100~200kPa)一般为0.6~0.9,土工试验指标判别为软土;但是标准贯入试验击数为6~12击。经过现场调查和收集资料,这种土的有机质含量比较高。现场钻探的岩芯我也检查过,土的强度也不低。如果按照孔隙比、含水率等指标计算承载力,很低;如果按照标贯估算承载力,承载力不低。这种地层的物理指标和力学指标不匹配,对于这种地层承载力究竟应达到多少?

答 复:

你这个项目所遇到的是一种成因条件比较特殊的土,在我国境内可能没有或者非常罕见。因此,不适宜套用我国已有的经验公式和经验数据来分析这种土。需要做一些有针对性的试验,按试验的结果来评价。

从压缩系数来看,也还是高压缩性土,但可能存在比较大的结构强度,因此标准贯入击数比较高一些。但要注意这种土的水稳定性,即在泡水以后的土的强度是否会产生比较大的变化。

不知你们是否做了抗剪强度试验?做什么试验?试验的结果如何?对这种比较特殊的土类,应该按照抗剪强度指标来评价地基稳定性和地基承载力,而不能套用国内的经验公式,用物理指标预估力学指标,或者直接用国内的经验公式来预估地基承载力。

对这种土,可能需要以载荷试验结果来确定地基承载力。

网友A:

高老师,在项目现场由于条件有限,只能做常规试验,做了压缩试验和直剪快剪试验,其他的载荷试验等都没有条件、没有设备实现。

请教您,根据这些指标,能否估算这种土的承载力?

答　复:

看了你传过来的表中的数据,但对曲线没有能打开文件。

从快剪试验的数据看,还是比较正常的,不知道土层的分布是否比较均匀? 分层有什么困难没有?

如果土层的划分没有问题,我的意见是可以用这些指标统计以后计算地基承载力。

如果有什么问题,欢迎继续发帖子讨论。

A 网友:

高老师好! 项目所在区域位于喜马拉雅山的西南侧的尼泊尔加德满都市,根据收集的区域地质资料,盆地里面灰黑色的湖积相地层厚度一般达到 400~500m,地层属于第四系上更新统及其之前的地层,即 Q_3 及其之前的地层。根据钻探的岩芯来看,一部分岩芯样品的密度很小,拿着岩芯感觉很轻,有部分样品在开样做土工试验时,能见到树叶薄片呈水平状夹在样品中,样品呈千层饼状,即样品的性质不是各向同性,水平和竖直性质差别比较大;再就是在调制样品做液限时,固体样品结构性还好,在调制的过程中,样品逐渐变稀,强度迅速下降,渐渐变成类似淤泥的样品了;样品属于灵敏度比较高的土,在未扰动之前,土体强度还不算低,一旦扰动了,强度迅速下降。

做土工试验的技术人员向我反映,一部分土在做压缩试验时,压力按 50kPa、100kPa、200kPa、300kPa、400kPa 逐渐加载,当加到 100kPa 以后,样品沉降很快。

B 网友:

这是一个很有意义的话题,我们在国外也遇到过几次,其沉积环境一般为湖相或沼泽相沉积,主要特点表现为:

(1)原位测试指标均较高,SPT 实测值一般为 7~15 击(测试深度小于 10m,当测试深度大于 10m 时,SPT 实测值可高达 40 击),表现为可产塑~硬塑状态;CPT 测试值也较高,比贯入阻力 $p_s = 2.17 \sim 11.04$MPa,平均值也达到 6.48MPa,达到可塑~硬塑状态。

(2)室内土工试验物理指标值均较低,主要表现为高含水率、高液限、高塑限。天然含水率 $w = 23.4\% \sim 79.4\%$,平均值为 42.95%;液限 $w_L = 42.3\% \sim 147.3\%$,平均值为 76.18%;塑限 $w_p = 20.7\% \sim 52.3\%$,平均值为 32.52%;塑性指数 $I_p = 17.9 \sim 95$,平均值为 43.67;液限指数 $I_L = -1.01 \sim 0.97$,平均值为 0.23;孔隙比 $e = 0.68 \sim 1.96$,平均值为 1.15。

（3）室内试验力学指标值均低，主要表现为高压缩性，低承载力等特性。压缩指数 $C_c = 0.13 \sim 1.55$，平均值为 0.5；压缩系数 $a_{1-2} = 0.39 \sim 4.67$，平均值为 1.5；压缩模量 $E_s = 0.63 \sim 4.34$，平均值为 2.0MPa；黏聚力 $c = 21.5 \sim 159.8\text{kPa}$，平均值为 83.77kPa；内摩擦角 $\varphi = 2.8° \sim 15.6°$，平均值为 $9.62°$。

从现场测试指标与室内试验数据对比来看，很明显不匹配，在提供承载力及变形参数时，我们也作了一些讨论，主要是从土的沉积环境、土粒组成、土质均匀性（局部含泥炭、淤泥质土层）、土的结构性、土质的后期强度衰减及试验是否有可能导致含水率偏高、试验数据一定程度失真等多方面分析，但都没有得出较有说服力的理由，故对这种土确实也很困惑，在此提供一些数据，希望大家能积极参与讨论、分析，多多发表自己的见解，也希望高老师给予指导。

答 复：

近年来，许多工程师参加了国外一些项目的工程勘察与设计工作，遇到了许多新的地质条件，面临许多新的工程要求，对我们提出了挑战，需要我们跳出过去处理国内工程问题的程式和经验，通过一些专门的试验、研究来认识和处理这些新的问题。

就像 20 世纪 50 年代初，许多苏联专家到我国来指导工作遇到的情况。他们有在苏联地质条件下处理工程问题的经验，但到中国来了以后遇到了一些在苏联没有出现过的土类。当时，有些专家套用了苏联的经验与方法，出了一些笑话和事故。我希望我国的专家不要重犯他们的这些错误，千万不能套用我国正常土类的一些经验关系去判断国外的这类特殊的土类，不能凭物理指标按照国内的经验公式去推求地基承载力。

你们在尼泊尔加德满都市遇到的这种土类，是一种高灵敏度的软土，而且是一种老地层的软土，是比较特殊的土类。一般认为软土是 Q_4 的，但这种软土也可能是 Q_3 的，由于年代久远，其工程性质不同于 Q_4。这种比较特殊的软土，在我国国内也曾经零散地发现过，在黄绍铭和我主编的《软土地基与地下工程》一书中第 7 页有一点点古软土的资料。

此外，由叶书麟和宰金璋译校的《软黏土工程学》（中国铁道出版社，1991），主要介绍了国外对软黏土，特别是超灵敏软黏土的研究的成果，可以参考。

对这种软黏土，可能要做一些特殊的试验，例如从小荷载开始加载的高压固结试验，把前期固结压力做出来，当然取土质量要特别注意，否则，结构扰动了，试验结果不能反映实际情况。你们说："当加到 100kPa 以后，样品沉降很快。"这可能就反映了前期固结压力的影响，但荷载分级太大，试验做不准确。还有，是否应该做一些灵敏度的试验，看看究竟灵敏度多高。关于工程设计问题，我认为应该把抗剪强度试验做好,可能需要做三轴试验,测孔隙水压力,测读整个应力—应变过程,分析其应力应变关系的特点。当然最好做一些静载荷试验,在原位实测其地基承载力,能反映实际的情况。

1.55 对土工试验一些问题的思考与讨论

A 网友:

以下是我从硕士阶段至目前五年间,进行土工试验中发现的一些问题及其对其的思考,请老师指正。

问题一,关于风干土及烘干土的区别。

土工试验规范中,基本所有需要重塑土的试验,均用风干后的土样配制,但是规范中并未特别说明。对于刚从事土工试验的初学者,由于对风干土及烘干土的性质差异不甚了解,理所当然地认为烘干土就是含水率为零的风干土。同时,目前有些土工试验单位为了图省事、便捷,基本用烘干土进行各类土工试验。如此,可能造成试验得出的土的物理力学性质与真实存在些差异。

土在烘干过程中,由于温度较高,土体中可能发生了某种物理化学变化。比如淤泥中的有机质因高温而分解;比如,红黏土细粒含量高,其内部凝胶物质($Fe_2O_3 \cdot nH_2O$、$SiO_2 \cdot nH_2O$ 等)中包含结合水。结合水是物质颗粒的组成部分,不同于普通土的自由水,红黏土烘干后破坏了结合水与颗粒间的结合力与分子结构,失水后具有不可逆性,即失水后其凝胶作用不可恢复。这些都会影响土体的物理力学性质。

如果烘干会导致试验土样物理力学性质的变化,那么就应该在规范中说清楚,明确要求土工试验工作者们采用风干样进行各项土工试验。

答　复:

同意你对这个问题的分析。在土工试验规程中关于制备土的规定明确规定是采用风干土,而不是烘干土。只是在含水率的测定方法中规定采用烘干的方法。因此,你们单位采用烘干方法制备扰动土样是不对的。

A 网友回复:

我在读研时对于土性的了解不深,理所当然地认为烘干土就是含水率为零的土;同时,由于风干过程时间长、风干土仍需烘干测定初始含水率且配置一定含水率的试样时计算烦琐,当时认为规范中规定的用风干土进行土工试验过于烦琐,烘干土较为简便。但随着对于土性的理解,特别是对于土中物质成分的深入学习,才理解到当年认识上的错误。

近几年来,我也接触过几个检测单位及一些工程项目施工单位的土工试验,所见到的现状是他们也用烘干土进行土工试验;可见这种做法并非我的个例,可能还是整个行业的普遍现象。分析原因可能有两点:①对于土性的认识不足,误认为烘干土就是含水率为零的风干土,没有认识到烘干可能会造成土物理力学性质的变化。②有些人即使认识到了风干土和烘干土的差别,但是由于目前社会相对浮躁、急功近利;风干土需时较长,可能会延误试验报告的提交,因而取巧使用烘干土。

因此,我觉得土工试验规程中需要将使用风干土进行土工试验作为强制性条文,且在条文说明中明确说明。

A 网友:

问题二,界限含水率试验。

目前,测定土体液限、塑限基本采用光电式液塑限联合测定仪。通过 3 份不同含水率的圆锥下沉深度,计算得到土体的液限、塑限。

在制样过程中,相关土工试验规范仅规定将制备好的土膏用调土刀充分调拌均匀,密实地填入试样杯中。至于如何密实地填入在条文及条文说明中均未说明。《土工试验规程》(SL 237—1999)后的条文说明中,对于液限和塑限的控制,主要是以其抗剪强度控制,比如,对于各类土,碟式液限时的抗剪强度约为 1.7kPa。根据斯凯普顿等人的试验,塑限时的平均抗剪强度为 112.2~132.7kPa。

在液塑限试验中,对于液限附近的土样如何填实对其抗剪强度影响不大,即对于液限影响不大。而对于塑限附近的土样,其土样本身已很干燥,且可能接近最优含水率,在这种含水率下,不同的击实能将得到不同干密度的土样;导致其抗剪强度的差异,即圆锥下沉深度和塑限的差异。

那么,在制样过程中,如何密实填入呢?如何避免不同操作人员间的操作差异呢? 当时,在制定规范时是如何考虑的呢?

答 复:

关于液塑限的测定方法,在 20 世纪 80 年代开展的联合测定法是存在问题的。当年,我就主张如果要引进卡氏的方法,就全套引进,不要改得面目全非。特别是用落锥的方法测塑限,已经是那么硬的土了,能制备得均匀吗? 在土膏已经这么硬的条件下,这个 2mm 能测得准吗? 但在当时,听不进不同意见。所以最后只能在建筑系统坚决不采用这种分类的方法。

A 网友回复:

在测定塑限时,是否用滚搓法比较合适呢? 我只听说有些大学的老师已经不用液塑限联合测定仪测定液限,而选用碟式仪进行测定;那么测定塑限时,有没有其他更可靠、准确的方法呢？

A网友：

问题三，抗剪强度试验的加荷问题。

在《土工试验规程》(SL 237—1999)的直剪试验中，对于垂直加荷有如下叙述：每组试验应取4个试样，在4种不同垂直压力P下进行剪切试验。一个垂直压力相当于现场预期的最大压力P，一个垂直压力要大于P，其他垂直压力均小于P。但垂直压力的各级差值要大致相等。也可以取垂直压力分别为100kPa、200kPa、300kPa、400kPa，各个垂直压力可一次轻轻施加，若土质松软，也可分级施加以防试样挤出。

对于取垂直压力分别为100kPa、200kPa、300kPa、400kPa的加荷方法，曾对抗剪强度不大的淤泥质土进行快剪试验，发现加第一级荷载100kPa时，试样已经挤出破坏，最后选定25kPa、37.5kPa、50kPa、62.5kPa的加荷方法进行快剪试验。因此，垂直压力的施加需要考虑土样的性质。

对于一个垂直压力相当于现场预期的最大压力P，一个垂直压力要大于P，其他垂直压力均小于P的加荷方式，显然合理许多，但依然存在问题。曾看过滕延京在岩土工程学报上发表的一篇论文(《饱和黏性土抗剪强度的试验方法》)，发现试样抗剪强度在其先期固结压力前后具有不同的性质。图1.55-1为固结快剪的曲线，图1.55-2为快剪的曲线。可以看出：抗剪强度曲线为一折线，且其转折点为其先期固结压力。

因此，在进行抗剪抗强度时，不但需了解现场预期的最大压力，还要考虑原状土样的先期固结压力。如果在试验中，不考虑先期固结压力的影响，直接将所得的抗剪强度拟合成如图1.55-2所示的粗实线，将会导致结果的失真，更可能留下安全隐患(如粗直线后段的抗剪强度值大于实际的抗剪强度值，高估了土体的抗剪强度，留下安全隐患)。

同时，在基坑开挖中，对于土体抗剪强度的选用，应选择先期固结压力前段曲线的抗剪强度指标。

答　复：

关于这个问题，国内很多人都是很糊涂的，研究的人也非常少，建议你写一些文章发表。

关于基坑开挖时土的强度实际是在卸荷阶段，与加荷阶段的规律是不同的。这个问题研究得更少，你有兴趣研究吗？

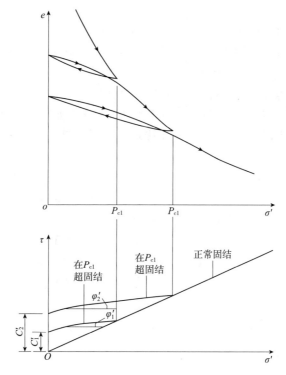

图 1.55-1　土的应力历史及抗剪强度

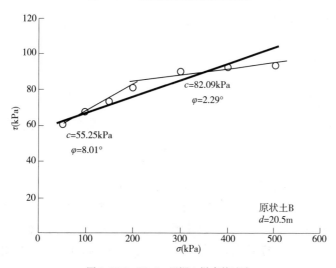

图 1.55-2　20.5m 埋深土样直剪试验

A 网友回复：

关于考虑前期固结压力的抗剪强度试验的加载方法，肯定是需要通过大量的试验进行论证的，目前我是心有余而力不足。一方面是我工作地点在徐汇，土工试验室在浦东，无法兼顾；另一方面，企业是追求实际产值的，这种单纯的科研领导不会同意我去长时间做试验。因此，只有等有闲暇时间再议了。

另外，关于基坑开挖时土的强度变化规律及抗剪强度指标的选择，中国建筑科学研究院滕延京他们已有研究成果，目前是如何将其研究成果应用到工程实际中的问题。

我本身其实对于桩基、基坑和地下空间开发比较感兴趣；但事与愿违，目前的单位主要研究方向是地基处理，工作这几年主要研究的是真空预压、砂桩以及目前正在进行的红黏土路用性能的研究（使用红黏土或者对其改良直接用于高速公路的路堤填筑）；不过，这几年主要的收获是让我对土性有了更进一步的了解。

以后有机会可能会选择跳槽，选择桩基、基坑和地下空间方面的科研和咨询工作。桩基承载力的优化计算时，需要对主楼和群楼下桩筏基础沉降均匀性计算，需要控制基坑支护和降水对周围环境的影响，以及在基坑卸荷过程中抗剪强度指标的选择等，其实还是有很多需研究的问题。

A 网友：

问题四，固结试验。

规范中运用作图法确定原状土的先期固结压力，其中一个步骤是需要在曲线上找出最小曲率半径，那如何才能确定最小曲率半径呢？

答　复：

卡氏有一套用作图的方法，依次画出半径，找出最小的半径来。你是不是看到过？除此之外，没有更好的方法了。

A 网友回复：

从来没有看过找出最小半径方法的资料，您知道哪有吗？这一步关系到如何确定前期固结压力。

答　复：

关于确定前期固结压力的方法是比较多的，在《土力学与环境土工学》（胡中雄编著）第 229~232 页中介绍了好几种方法。在同济大学主编的两本教材中对 C 法（即 Cassagrande 方法）也有介绍，《土质学与土力学》（人民交通出版社，第三版）第 89~91 页和《土力学与基础工程》（中国建筑工业出版社）第 74 页也有介绍。在《土工试验方法标准》（GB/T 50123—1999）中，第 14.1.15 条也是讲这个方法的。

但这些材料讲 C 法时,对于如何找最小曲率半径的方法都不是很具体。

这种用作图的方法找曲率半径最小的点,还是俞调梅先生教给我的。

在 e-$\lg p$ 曲线上是由一条曲率在变化的曲线与两端的两条直线组成,所以其曲率半径是从水平直线的无穷大到中间最小的半径,再到那条倾斜的直线。中间必然存在一个曲率半径最小的点,用作图法把它找出来,然后过这点的作图方法在上面的资料中都有论述了。关键要找出这个"曲率半径最小的点"。

A 网友:

问题五,有荷膨胀试验。

《公路路基设计规范》(JTG D30)规定,对于有膨胀性的土体而言,其胀缩总率不超过 0.7 为宜。依据地质报告,这一地段的红黏土具有弱膨胀潜势,需满足胀缩总率的要求。但我查阅了许多资料,均未发现关于胀缩总率的详细介绍与计算方法,只查到基本概念:胀缩总率为 50kPa 下的膨胀试验的膨胀率与收缩试验的收缩率之和。我们进行了有荷膨胀试验,50kPa 下仪器压缩变形量 R_p 为 0.201mm,试样加荷前百分表读数 R_0 为 0.000mm,50kPa 作用下加水稳定后的百分表读数 R_t 为 -0.542mm,则依据公式:

$$\delta_{ep} = \frac{R_t + R_p - R_0}{H_0} \times 100\%$$ (1.55-1)

式中:δ_{ep}——荷载 P(kPa)作用下的膨胀率,%,计算至 0.1;

H_0——试样的初始高度,mm;

R_t——荷载 P 作用下膨胀稳定后的百分表读数,mm;

R_p——荷载 P 作用下仪器的压缩变形量,mm;

R_0——试样加荷前百分表读数,mm。

膨胀率 $= (-0.542+0.201-0.000) \div 20 \times 100 = -1.7$;计算结果是负值;后来,我研究了膨胀土的规范,这一计算公式计算的膨胀率可能是用作计算路基沉降的,即路基在 50kPa 的荷载下,考虑膨胀土的膨胀性的情况下路基的沉降量。其实,用一个很简单的想法,对于一种非膨胀土进行试验,带入上式计算膨胀率,膨胀率的计算结果必然也是一个负值。

因此,膨胀率是一个负值,在概念上总有一种怪异的感觉;其次,如将这负值作为膨胀率去计算胀缩总率,即使加上收缩率,也可能是负值(对于非膨胀土必然是负值)。

所以,我认为膨胀率应将其定义为泡水后的膨胀量与试样初始高度之比更为合适。本次试验测得的 50kPa 下固结、未加水前的百分表读数为 -0.524mm;膨胀率 = (0.542-0.524)÷20 = 0.09。

综上所述,感觉规范定义的膨胀率,概率不清,也可能是我理解错误。那么,请问:有荷膨胀试验的膨胀率公式是基于什么提出来的? 该如何计算膨胀率?

答　复:

这里因为你设置的膨胀变形 R_t 为 -0.542mm 是负值,因此膨胀率为负是正常的,正负号在于你的设置。你如果设置膨胀变形 R_t 为正值,那么计算得到的膨胀率也是正值。

关于膨胀土的试验和指标,你可以看《膨胀土地区建筑技术规范》(GB 50112—2013)。

A 网友回复:

R_t 并非我设置,而是我实测的。

我将土样放置在固结仪上后,在未加荷时,我将百分表读数设置为 0(之后我并未动过百分表);之后加上 50kPa 的荷载,百分表读数为 -0.524mm(即土样压缩了 0.524mm);然后在固结仪中加水,最终稳定后测定百分表读数为 -0.542mm(即泡水后,土样回弹了 0.018mm);最后,再通过《膨胀土地区建筑技术规范》(GB 50112—2013)计算得到这个公式。但这些计算公式所表达的概念不是很清楚,使人感觉怪怪的。

A 网友:

问题六,关于您的土工试验的著作。

上次听您说正在撰写一本关于土工试验和原位试验的著作,很是期待,通过这本书,我可能能够更加了解土工试验及原位试验的来龙去脉和历史渊源,也能学到很多东西。

综上所述,基本每接触到一个新的土工试验,即使对照规范按部就班,均需要不断地思考,完善自己的操作,做多了之后,才能得出相对合理的试验参数。

编后注:

这是与一位网友就土工试验一些问题的讨论,在我回答以后,他又有回复的意见,而且有一定的见解,也有一定的深度,值得大家参考。

1.56　关于高老师主编的《土力学与基础工程》中的几个问题

A 网友:

在您主编的教材《土力学与基础工程》一书中,有几个问题不是很理解,特提

出来请教:

(1)第45页:黏土液限指数小于零,认为土层是不受水的浮力作用的。我的问题是:①液限指数大于零的黏土是不是可以认为是透水层,自重应力计算应取浮重度?②如果没有给出液限指数,如何计算黏土的自重应力?

(2)第54页:当深度z大于等于4m后,两者计算结果相差很小,由此说明,当$z/2R \geq 2$后,$z \geq 4$m。我的问题:当$z/2R \geq 2$时,$z \geq 8$m(题目中$R = 2$m),这和$z \geq 4$m矛盾,是我理解错误还是印刷错误呢?

(3)第85页表4-5:题目给出e-p表格,我们计算e_i时是绘出曲线查找还是线性内插呢,如果是内插,那么1点处e_{1i}应该等于0.639,表格中是0.637,表格中的数据是不是按照曲线求出来的呢?

(4)第89页表4-9:表格中$l/b = 4.8/3.2 = 1.5$。既然把基础分成4块,是不是l/b应该等于$2.4/1.6 = 1.5$?

(5)第109页:当曲线无峰值时,可取剪切位移=2mm时所对应的剪应力作为该级法向应力下的抗剪强度。《土工试验方法标准》(GB/T 50123—1999)规定是取剪切位移=4mm所对应的剪应力,是不是以前的规范规定是2mm?

(6)第128页:静止土压力系数K_0无试验资料时,应按照砂土或黏性土分别取公式(6-2)($K_0 = 1 - \sin\varphi$)和公式(6-3)($K_0 = 0.95 - \sin\varphi$)计算。我看卢延浩老师主编《土力学》中对应K_0的计算中砂土和黏性土都是按照公式(6-2)计算的。如果考试中计算砂土的静止土压力,K_0的计算我们究竟按照哪个公式计算呢?

答　复:

谢谢你指出了我们教材里的这些问题!

(1)对于"黏土液限指数小于0,认为土层是不受水的浮力作用的"这种说法仅是一种概念,而土层从透水到不透水,实际上是逐渐变化的,并没有一个绝对的分界线。但在工程上必须要作一个假定的划分界限以便于统一。一般是假定坚硬状态(即液性指数小于零)的土作为不透水的。如果是工程上的问题,那么勘察报告中不可能不给出液性指数的。但如果是试题,没有给出液性指数的黏土,也就可以作为不透水层处理。

(2)第54页倒数第7行这个"$z/2R$"应改正为"z/R",在分母中没有这个2。

(3)第85页应该是0.637,如果多一位则为0.6373。

(4)第89页这里的"长度与宽度之比"和"半长与半宽之比"实际上是一样的,因此一般就直接用长度与宽度之比了。

（5）关于土的抗剪强度试验的取值问题，我校过去曾经编过两本教材，除了《土力学与基础工程》之外，还有一本《土质学与土力学》。我查了五个版本的《土质学与土力学》。最早是 1961 年由俞调梅教授主编开始，1979 年第一版，1993 年第二版，2001 年第三版，2009 年第四版。在最初的版本中没有写入剪切位移的数值，在第二版中开始出现了剪切位移＝2mm 的内容，但在第四版中已经改为剪切位移＝4mm。至于在第二版中写"剪切位移＝2mm"的依据是什么？由于这个版本的主编洪毓康教授已经去世，因此无法查证当初的情况了。非常感谢这位网友指出了这个问题。

（6）关于静止土压力系数 K_0 的经验公式，根据不同的原始资料，可以得到不同的公式，一般比较简单地介绍，只给出公式（6-2）（$K_0 = 1 - \sin\varphi$），而公式（6-3）（$K_0 = 0.95 - \sin\varphi$）则比较适合于黏性土。考试时不会在这种经验公式问题上给大家增加麻烦，只要把不同的答案之间的距离拉大一些，就可以让大家用哪个公式都符合要求。

1.57　什么是土的收缩界限？

A 网友：

请问土的缩限，用于计算什么？评价什么？

答　复：

膨胀土的收缩是指土中水分在蒸发过程中土的体积缩小的现象。当土体中含水率减少到一定值时，土体的体积将随之收缩到一定限度而不再继续缩小。因此，工程中常采用收缩含水率（缩限）和收缩量指标来评价膨胀土的收缩特性。然而，扰动土的收缩特性和原状土截然不同。

原状土的收缩是指天然湿度状态下的失水收缩，由于结构的不均一，其收缩变形大多表现为各向异性。

收缩含水率是指土体失水收缩稳定后的最低含水率，也就是土体在水分被蒸发散失时并达到恒定时的含水率，一般称为缩限。在工程上，缩限常用作膨胀土的判别与分类的指标。

1.58　如何取用粉土的抗剪强度指标？

A 网友：

介于黏性土和砂土之间的粉土如果用太沙基极限承载力的方法进行承载力计

算,如何取用抗剪强度指标? 在地下水位以上和以下两种情况时,粉土的抗剪强度有什么特点?

答　复:

对粉土的地基极限承载力的计算,应该采用排水剪指标。

地下水位以下的粉土是处于饱和状态的,但在取土的过程中会发生水分的流失,饱和度下降了,因此在剪切试验时应予以饱和,以使符合实际的情况。

对地下水位以上的粉土,可以直接在天然含水率状态下试验。

A 网友:

多谢高老师。学生再引申几个问题。

(1)我们做国外项目,在提承载力时都是用太沙基的极限承载力。对于黏性土,我们一般做 UU 试验,对于地下水位以上部分,得到内摩擦角,但是我们在计算承载力时都是直接考虑内摩擦角 $\varphi=0$。学生的理解是:第一,这么做保守,偏于安全;第二,目前,一般的三轴试验是无法进行非饱和土的三轴剪切试验的,这样得到的黏聚力和内摩擦角未必是土的真实抗剪强度。不知道我的理解和做法是否恰当?

(2)对于粉土的承载力的问题。您说"应该采用排水剪指标",是指的 CU 或 CD 试验指标吗? 为什么不能做 UU 试验? 是因为粉土排水性能好吗? 粉土的结构性差,是否可以做直剪和三轴试验? 另外,查阅了很多土力学教材(包括国外的)一般只介绍黏性土和砂土的强度特性,对于粉土的强度特性的介绍很少。这是为什么?

(3)粉土有黏聚力吗? 强度指标的经验值是多少? 另外,国外一般对砂土还有基于标贯的承载力计算,即考虑沉降在 25mm 的容许承载力。这个做法是否适用于粉土?

答　复:

对第(1)个问题,地下水位以上的土是非饱和土,但目前对非饱和土的三轴试验技术还没有成熟到工程上应用的阶段,主要是测定孔隙气压力的技术比较复杂,一般的工程单位没有配备非饱和土的三轴仪,不考虑内摩擦角也是无奈之举,你的理解是对的。

对第(2)个问题,对粉土不做 UU 试验是因为粉土的渗透性好,不可能不发生排水。对粉土的强度问题研究得比较少,而且对粉土的定名方法,国内外也有一些不同,在借鉴国外经验时需要特别注意。

对第(3)个问题,由于粉土的物理指标变化范围也相当大,很难提经验数值,又由于取样的扰动比较大,应该可以采用原位测试的方法,就是你说的基于标准贯入的方法估计承载力。但在引用国外的方法时要注意的是,要区分是极限承载力还是已经除了安全系数后的承载力。因为我国规范所用的计算容许承载力的 $p_{1/4}$ 公式来自苏联,而欧美国家是不用的。

1.59 试验如何模拟实际工程的应力条件?

A 网友:

三轴试验分不固结不排水剪、固结不排水剪、固结排水剪,曾在您的书中看到,上述三种试验中的"固结"是指试验时施加围压时打开排水阀,使土固结,模拟的是一般正常土在自重下已完成固结。正常固结的土样从地下取出来后,会发生卸荷和少量膨胀,其所受应力发生了变化,如果为了模拟其真实天然应力状态,应该是重新加载到其相应埋深时的自重应力,但试验是统一分级加载,如 100kPa、200kPa,300kPa,并没有按土样实际埋深处应力加载,这样的模拟有用吗?

另外,在有些土力学教科书中,"固结"好像是指土层在附加的建筑荷载作用下发生固结,如果施工速度快,则用不固结不排水剪,如果慢则用固结不排水剪、固结排水剪。请问该如何理解?

答 复:

试验的结果是要得到符合原生条件的土的强度变化规律性,但并不是求天然强度,因此需要按统一分级加载,得到规律性以后,可以适用于不同的原生应力的条件和工程应力的条件,这才有工程实用的意义。

根据土的原生应力状态,在抗剪强度线上找到起始点,如果工程中是允许排水固结的,则建筑物的荷载所引起的强度增加就沿着这条包线(固结不排水剪)发展。如果是不允许排水的,则强度就沿通过该点的水平线(即不固结不排水剪)发展。

因此,你所举的这两种说法是一致的,不过强调的侧重点不同而已。

但这种总应力法的概念,并不能完全反映土体中实际产生的应力状态,只是一种近似的说法。比较确切的定量计算可以用有效应力法来描述,但由于在实际建筑工程的地基中,还难以确定剪切面上的孔隙水压力的变化规律,因而还无法采用有效应力法的强度指标进行实际工程的计算。

1.60 三轴试验的土样一定要饱和的吗?

A 网友:

这个问题一直困惑我(单位刚购进三轴仪),我看了几次还是不理解,天然非饱和土到底要不要饱和后来做 UU 和 CU 试验(不是非饱和土三轴仪),我理解高老师说的也是用这种三轴仪来做非饱和土吧？可我看土工试验规范说的好像都是经饱和后来做试验,问题是,不经饱和的话,与仪器不适合,经饱和吧,又与实际土样状态不符,到底该怎样做啊？

再就是,设计上到底用的是饱和还是不饱和的指标呢？厂家说非饱和三轴仪只用于科研院校,生产单位都用这种普通三轴仪。书上又讲看工程实际确定要不要饱和。麻烦您给讲讲,谢谢。

答 复:

这位网友所问的问题其实具有非常普遍的意义,但很多同行并没有强烈地意识到。从我国陆地的土层来说,非饱和土的分布范围非常广泛,虽然没有准确地统计过,但我估计肯定会超过一半。但是,按照我国目前的技术条件,我们岩土工程师能够做的只是饱和土的三轴试验。对非饱和土,对大多数勘察单位来说,只能做总应力法的试验,而不能做有效应力法的试验。

1.61　怎样确定直剪试验的加载条件和排水条件？

A 网友:

高老师,您好！直接剪切试验中分为三种:快剪、固结快剪和慢剪,这三种剪切方法首先都要求对试样施加竖向压力,那么:

(1)这个竖向压力应为多大？是否与取土深度有关？是否与设计上的结构荷载有关？(但送样到试验室好像从来都不问)

(2)固结快剪和慢剪都要求施加竖向压力至试样充分排水,固结稳定。为了尽可能与实际工程情况相吻合,如果真的不考虑上部设计荷载,这个竖向压力对应为取样深度处的自重应力,那么对于正常固结或超固结土体仅靠自重应力如何使试样充分排水,固结稳定？"固结稳定"应该如何理解？是不是仅仅为了恢复取土深度位置的应力状态？如果试样位于地下水位以上,如何判断试样是否达到固结稳定,可以开始施加水平剪应力了呢？

答 复:

这个竖向压力应为多大？是否与取土深度有关？是否与设计的结构荷载有关？

其实,你问的这个问题里,大有学问,一般人都不太注意。试验时,竖向压力的大小应与工程的要求有关,与原生应力状态有关。目前,试验标准里给出的竖向压力的最大值为 400kPa,只适用于一般的荷载和一般的取土深度,即自重压力加荷

133

载作用下的附加应力不超过400kPa。

如果,计算的深度大了,或者荷载大了怎么办?

那应该加大最大压力的数值,例如,增大到500kPa或更大。

我看到,有些地方注意到了这个问题,但很多地方对这个问题都没有注意。现在很多建筑物的荷载很大,或者取土的深度非常深。但这个勘探深度和试验荷载如何与工程条件相吻合的要求,不被重视。

那是试验要求的条件,要求应该能覆盖住工程的条件,如果是固结不排水剪,应该要求在竖向压力作用下固结达到稳定时测定的抗剪强度。但试验时,一般是用总应力法,那就不测定孔隙水压力是否消散,只能用作用的时间是否满足要求来控制是否达到了稳定的条件。何谓固结稳定?做总应力法试验时不测定孔隙水压力,就没有办法用孔隙水压力的消散情况来控制,只能用加载以后维持多少时间来控制试验的排水条件。

1.62　关于CU试验压力取值的问题

A 网友:

高教授:有一个关于CU试验压力取值的问题向您请教。

现场的正常固结土,取样到试验室做固结不排水三轴试验。因取样卸荷,试样实际上成了超固结土,抗剪强度包线在有效覆盖压力两侧不同,左侧为超固结,右侧为正常固结(图1.62-1)。

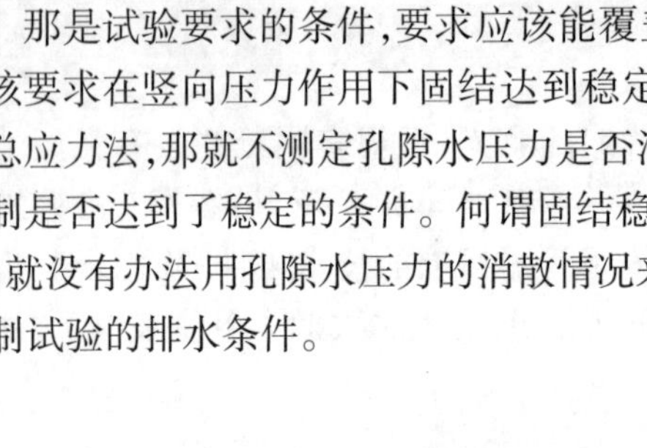

为计算土压力、计算地基承载力等,试验压力应如何取?显然不能跨越两侧,用左侧还是用右侧?

如用左侧,似不符合实际,因为计算地基承载力时加载,土经受的压力大于p_0或p_c,跨到了右侧;如用右侧,则$c=0$,对黏性土似不确切。

图 1.62-1　抗剪强度包线

工程上应用土的强度指标时,黏聚力是固定的值,与内摩擦角有关的强度随法向压力增加而增加。试验室总应力法给出的强度指标怎样与实际受力一致,觉得不易掌握。

答　复:

图1.62-1是包括了超固结和正常固结两个阶段,分别针对不同的工程情况,

更多的是从概念上作前景式的展示。而实际工程的情况往往是其中的某一段。

联系我们实际工程活动中的取土样做试验的这种工程情况,实际上只用到左侧的那一段,即超压密的这一段。

举工程上经常遇到的情况,钻探取样时,如果取样的最大深度是20m,则20m处的自重压力的最大值是400kPa,没有超过一般抗剪强度试验时的最大竖向压力的数值。如果取土深度太深了,那就应该相应加大试验的这个最大竖向压力值,例如,加大到500kPa或600kPa。总之,这个最大竖向试验压力的取值原则就是要将试验压力的最大可能出现的数值都包括在里面,就是为了能保持在超压密的这一试验段,以符合卸荷加载的工程条件。

至于你讲到的"因为计算地基承载力时加载,土经受的压力大于p_0或p_c,跨到了右侧"的这个问题。是否可以这样来认识:土的自重压力是随着深度而增大,但建筑物的荷载所产生的附加应力是随深度而降低的。因此自重压力和附加压力之和随深度的变化就不明显。这就可以认为,总压力的变化也是能大体保持在超压密这个阶段的范围之中。

当然,这种分析是非常初步的、概念性的,只适合于分析一般工程的试验安排。如果是重要的、加荷条件很复杂的工程,那就需要做试验设计,根据试样的实际工程荷载条件来设计专门试验的加载计划。

1.63 无侧限试验有何实际应用意义?

A 网友:

(1)除饱和软土外,其他土(无论是否饱和)做无侧限也是有用的。这一点我上回也说过。

(2)但如果要确定抗剪强度指标,最好直接做抗剪强度试验。"应该做无侧限抗压强度试验"的说法是不对的。

B 网友:

不太明白饱和软土以外土体做无侧限这个试验所得到数有何意义? 又如何用?

答　复:

从严格意义上讲,饱和土的内摩擦角为零,才能根据$c=q_u/2$得到黏聚力,但这个关系只适用于饱和黏性土。

但自然界存在着大量的非饱和土,不能做饱和以后的三轴试验,因为这样就与天然状态就不一致了。

那怎么办呢？就做天然状态的试验吧！其实这个试验结果是不能用饱和土理论来分析的,但非饱和土理论的方法还没有达到能够实用化的程度。这种三轴试验的理论基础非常差,做无侧限试验也一样,当然也不能说不可以做,例如建筑材料也可以做这种试验,你说非饱和土就不能做？但做了这种试验,说 $c = q_u/2$ 是不严格的,因为这种土的内摩擦角不等于零,你不知道内摩擦角是否是零,则这个公式怎么成立？

工 程 实 录

案例一 南水北调中线工程土工参数的统计研究

一、概述

南水北调工程是一项举世瞩目的大型工程,沿线跨越极其复杂的各种地貌及地质单元,出现许多独特的岩土工程问题需要研究解决。膨胀土和穿黄工程就是其中的两个重要的岩土工程问题。

几十年来,在南水北调中线工程中进行了大量的室内和野外的试验研究工作,积累了非常丰富的数据。这些数据需要进一步的整理分析,从中发现内在的规律性,以提出设计参数的取值方法,为南水北调工程的科研、设计和施工提供资料。

设计参数的统计分析成果,包括研究总体的平均趋势、对均值估计的误差分析、可靠度计算时变异系数的取值方法。尤其在岩土工程中,参数的研究占有更重要的位置,可靠度研究成败的技术关键在于岩土参数的分析概念是否正确,统计方法是否恰当。对岩土参数的统计分析应当建立在正确的概念研究基础之上,采用适合于岩土参数物理机制的统计方法。

在20世纪90年代初,由建设部标准定额司下达的"岩土工程可靠度设计可行性研究"课题得到了一些非常重要的结论,为岩土工程可靠度研究提出了具有方向性的建议。这一课题的研究成果在本项目的研究中得到了应用,并有了进一步的发展。

20年前,受长江水利委员会综合勘测局委托,长江勘测技术研究所和同济大学对南水北调中线工程土的室内和现场试验成果进行了统计分析研究。当时参加此项工作的有高大钊、刘特洪、徐斌、唐建东和陈尚桥等。

这篇文章是对当年研究工作的概要回顾与简要报道。

二、基础资料

在研究过程中,主要收集了以下 9 个方面的资料:

(1)南水北调中线工程初步设计阶段穿黄工程孤柏嘴—南屏皋线静力触探、标准贯入、室内土工试验等原始数据。

(2)南水北调中线工程穿黄工程地质剖面图一套。

(3)南水北调中线邙山黄土试验成果(由两个单位独立完成)。

(4)南水北调总干渠陶岔—方城段部分过河建筑物土工试验原始成果。

(5)南水北调总干渠轴线及部分横断面钻孔取样土工试验原始数据。

(6)南水北调中线总干渠陶岔—白河段轴线工程地质剖面。

(7)南水北调中线总干渠陶岔—白河段公路桥工程地质横剖面图。

(8)南水北调中线总干渠部分静力触探孔原始曲线。

(9)构林地区棕黄色 Q_2 膨胀土部分土工试验成果及静力触探曲线。

三、数据预处理

1.地层划分

总体按长江水利委员会第七工程勘测处在"南水北调中线总干渠"和"南水北调中线穿黄工程"勘察报告中的地层划分确定。

2.作为统计目标总体的代表性地层

南水北调中线穿黄工程的代表性地层有:

(1)黄河河漫滩松散砂层 Q_4^{2-2} 粉细砂层和 Q_4^{2-1} 中砂层。

(2)邙山北坡平洞和竖井试验的 Q_3^1 和 Q_3^2 黄土。

(3)邙山南坡黄土钻孔取样及静力触探 Q_3^1、Q_3^2、Q_3^3、Q_3^4、Q_3^5 黄土层。

南水北调中线总干渠工程代表性地层有:

(1)总干渠过河建筑物白条河 Q_3 粉质黏土及 N 层砂砾岩。

(2)总干渠陶岔—白河段 Q_2 棕黄色膨胀土。

(3)构林 Q_2 棕黄色膨胀土。

3.静力触探试验曲线的数字化

收集到的静力触探贯入曲线在分层以后用数字化仪进行预处理,使之形成图形文件,然后根据数据处理的要求由计算机自动采集所需要的数据。

4.异常数据的剔除

每一组数据统计后,对于极差较大,标准偏度系数和标准峰度系数同时较大的数据组,根据3倍标准差原则及与人工判断相结合,剔除不合理的数据。

四、统计分析内容

1.土工试验指标统计

共建立12个大型数据库。

对砂土统计5个物理指标和4个力学指标,它们是:含水率、重度、干重度、孔隙比、饱和度、压缩系数、压缩模量、黏聚力、内摩擦角。

对黏性土除上述指标外还统计下列指标:液限、塑限、塑性指数和黏粒含量。

对膨胀土除了上述指标外,还统计下列指标:缩限、体缩率、竖向线缩率、横向线缩率、收缩系数、膨胀力、自由膨胀率、无荷膨胀力、无荷膨胀含水率。

对每种土类的每个指标都统计了下列统计参数:

(1)数据范围,即最大值和最小值。

(2)平均值。

(3)标准差。

(4)变异系数。

(5)标准偏度系数。

(6)标准峰度系数。

2.土工试验指标概率模型拟合

对上述各种土工试验指标分别进行概率模型的拟合及统计假设检验,理论分布分别为按正态分布和β分布。

3.静力触探数据的统计

分别对10个典型土层的静力触探资料进行统计,按静力触探孔分别统计锥尖阻力和套筒摩阻力的统计特征,统计参数与上述土工试验指标相同。

4.静力触探数据的概率模型拟合

对6种土层进行静力触探贯入曲线的概率模型拟合:拟合的理论分布模型及检验标准与土工试验指标的拟合相同。

5.静力触探数据相关距离分析

对10种土层的静力触探贯入曲线用相关函数法和递推空间法分析相关距离。

6.渠线沿轴线各里程桩号处土工试验指标统计及概率模型拟合

沿南水北调中线总长度130余千米的渠线共有18个断面资料进行统计分析,

统计的土工试验指标和计算的统计参数与前面给出的相同。

7.相关分析

分析了静力触探锥尖阻力和套筒摩阻力之间的相关关系、力学指标和物理指标之间的相关关系、标准贯入击数与静力触探贯入阻力之间的相关关系。

五、Q_2棕黄色膨胀土的统计特征

1.土工试验指标的平均值和变异系数

沿总干渠轴线130余千米取自18个断面的钻孔土工试验资料近3000个数据,各物理力学指标的平均值和变异系数的变化范围见例表1.1-1。

Q_2棕黄色膨胀土土工试验指标统计汇总   例表1.1-1

指　标	断面均值	断面变异系数	全线均值	全线变异系数
含水率(%)	22.32~24.35	0.052~0.199	23.38	0.028
重度(kN/m³)	19.17~20.13	0.008~0.070	19.64	0.012
干重度(kN/m³)	15.54~16.33	0.019~0.051	15.92	0.012
孔隙比	0.66~0.74	0.037~0.125	0.70	0.036
饱和度(%)	85.64~95.23	0.020~0.087	92.01	0.022
液限(%)	39.00~49.34	0.070~0.171	44.02	0.058
塑限(%)	20.05~25.17	0.066~0.160	21.96	0.057
塑性指数	18.29~25.24	0.057~0.228	22.03	0.079
黏粒含量(%)	31.86~55.33	0.061~0.268	46.84	0.110
压缩系数(MPa⁻¹)	0.069~0.277	0.165~0.667	0.141	0.336
压缩模量(MPa)	6.77~26.02	0.162~0.441	14.94	0.309
黏聚力(kPa)	44.29~82.83	0.087~0.335	63.98	0.155
内摩擦角(°)	15.66~22.25	0.095~0.362	18.76	0.092

2.土工试验指标的概率模型拟合

对上述指标各断面的均值进行概率模型拟合,按正态分布和β分布分别作拟合假设检验,检验的结果见例表1.1-2。

Q₂棕黄色膨胀土土工试验指标概率模型拟合　　　　　　例表 1.1-2

指标＼分布	$\chi^2_{0.05}$	正态分布拟合		β 分布拟合			
		统计量	结论	β_1	β_2	统计量	结论
含水率(%)	5.991	3.349	接受	0.005 14	2.065	1.579	接受
重度(kN/m³)	5.991	0.361	接受	0.001 3	2.249	0.919	接受
干重度(kN/m³)	5.991	1.395	接受	0.014 6	2.192	0.832	接受
孔隙比	5.991	0.753	接受	0.007 8	2.080	0.641	接受
饱和度(%)	5.991	0.031	接受	0.216	2.609	0.296	接受
液限(%)	5.991	1.819	接受	0.001 6	2.267	3.631	接受
塑限(%)	5.991	0.293	接受	0.139	2.419	1.706	接受
塑性指数	5.991	0.488	接受	0.011 2	2.262	0.529	接受
黏粒含量(%)	5.991	0.195	接受	0.148	2.517	0.011	接受
压缩系数(MPa⁻¹)	5.991	1.318	接受	0.193	2.537	5.308	接受
压缩模量(MPa)	5.991	1.605	接受	0.045	2.331	5.052	接受
黏聚力(kPa)	5.991	0.029	接受	0.000 97	2.232	0.097	接受
内摩擦角(°)	5.991	0.315	接受	0.007 2	2.224	0.845	接受

3.静力触探数据平均值和变异系数统计

取得 Q₂棕黄色膨胀土的 12 个静力触探孔资料,分孔统计的平均值和变异系数以及全线平均值的统计结果见例表 1.1-3。

Q₂棕黄色膨胀土静力触探数据统计　　　　　　例表 1.1-3

孔　号	q_c(MPa)		f_s(10kPa)	
	平均值	变异系数	平均值	变异系数
CT6	3.825	0.454	16.624	0.417
CT7	4.904	0.260	22.816	0.188
CT9	4.522	0.418	18.510	0.362
CT10	3.996	0.217	15.370	0.333
CT13	3.753	0.330	18.236	0.364

续上表

孔 号	$q_c(MPa)$		$f_s(10kPa)$	
	平均值	变异系数	平均值	变异系数
CT15	4.483	0.308	23.116	0.112
CT41	6.803	0.224	31.740	0.144
CT42	5.839	0.243	31.197	0.116
CT43	4.911	0.190	28.750	0.145
CT44	5.429	0.300	29.768	0.193
CT53	4.792	0.259	23.926	0.300
CT54	6.198	0.173	29.183	0.196
全线均值统计	4.995	0.185	24.103	0.236

4.静力触探数据概率模型拟合

与土工试验数据相比,静力触探数据的概率分布规律性比较差,在 12 个触探孔中同时接受正态分布与 β 分布的数据比较少,而且有相当一部分数据同时拒绝这两种分布,这一现象的原因有待进一步研究。概率模型统计的结果见例表 1.1-4。

Q_2棕黄色膨胀土静力触探概率模型拟合　　　　　　　例表 1.1-4

结 论	q_c	f_s
A 同时接受正态分布和 β 分布	CT6,CT15	CT6,CT13,CT15,CT42
B 同时拒绝正态分布和 β 分布	CT7,CT19,CT41,CT42,CT43,CT53,CT54	CT43,CT53
C 接受正态分布拒绝 β 分布	CT10,CT13	CT7,CT10
D 接受 β 分布拒绝正态分布		CT9,CT41,CT44,CT54

5.相关距离分析

土工指标的相关距离是反映指标在空间自相关特征的统计参数,在岩土工程可靠性分析中考虑土的自相关特征,用随机场理论分析土工指标的统计参数是正在发展的研究领域,已引起了国内外岩土工程界的广泛注意。对于南水北调工程中的资料,试用这一理论进行参数分析,采用相关函数法得到一些初步的统计数据,但离实际应用还有一定的距离,需要进一步做研究工作。对 Q_2 棕黄色膨胀土的静力触探数据分析的结果见例表 1.1-5。

Q_2棕黄色膨胀土相关距离分析结果　　　　　　　例表 1.1-5

项 目	相关距离的范围	相关距离的平均值
锥尖阻力 q_c 的相关距离	0.114~1.370	0.661
侧壁阻力 f_s 的相关距离	0.353~1.361	0.780

六、砂土和黏性土的统计特征

1.砂土土工试验指标的平均值和变异系数

穿黄工程的地层中,砂层很厚,主要有 Q_4^{2-1} 中砂和 Q_4^{2-2} 粉细砂两个典型土层,其土工试验指标的统计结果见例表 1.1-6。

Q_4砂土土工试验指标统计汇总　　　　　　　例表 1.1-6

指标 \ 土层	Q_4^{2-1} 中 砂			Q_4^{2-2} 粉 细 砂		
	数据范围	平均值	变异系数	数据范围	平均值	变异系数
含水率(%)	10.4~26.9	17.32	0.192	5.2~21.6	18.60	0.275
重度(kN/m³)	18.8~21.5	20.1	0.028	16.0~21.4	19.6	0.064
干重度(kN/m³)	15.5~19.0	17.12	0.043	14.0~18.3	16.6	0.060
孔隙比	0.40~0.70	0.588	0.116	0.46~0.92	0.623	0.165
饱和度(%)	59.0~100	82.4	0.135	50.5~100	86.1	0.146
压缩系数	0.042~0.190	0.102	0.339	0.080~0.220	0.124	0.300
压缩模量(MPa)	4.00~23.56	11.72	0.508	4.00~21.04	12.07	0.367
内摩擦角(°)	27.0~40.1	35.54	0.084	16.0~39.4	32.02	0.172

2.砂土土工试验指标的概率模型拟合

对上述砂土的9个指标进行概率模型拟合,拟合结果见例表 1.1-7。

3.静力触探数据的平均值和变异系数统计

在穿黄工程的地层中,除了砂层之外还有 Q3 的粉质黏土层,按年代可分为 5 个亚层。对静力触探数据分布按 2 个砂层和 5 个粉质黏土层分别统计,结果见例表 1.1-8。

Q₄砂土土工试验指标概率模型拟合　　　　　　　　例表 1.1-7

指标＼土层	Q₄²⁻¹		Q₄²⁻²	
	正态分布	β分布	正态分布	β分布
含水率	接受	拒绝	接受	接受
重度	接受	拒绝	接受	接受
干重度	接受	接受	接受	接受
孔隙比	接受	接受	接受	拒绝
饱和度	拒绝	拒绝	拒绝	接受
土粒密度	接受	接受	接受	拒绝
压缩系数	接受	拒绝	接受	拒绝
压缩模量	接受	接受	接受	拒绝
内摩擦角	接受	接受	接受	接受

Q₃黏性土和 Q₄砂土静力触探数据统计汇总　　　　　　例表 1.1-8

土层	触探孔数	q_c(MPa)		f_s(10kPa)	
		平均值范围	变异系数范围	平均值范围	变异系数范围
Q_3^1	7	1.648~6.020	0.083~0.579	5.218~13.556	0.107~0.678
Q_3^2	5	1.200~2.388	0.204~0.445	3.650~11.047	0.318~0.520
Q_3^3	7	2.636~11.955	0.039~0.494	10.507~25.809	0.075~0.564
Q_3^4	5	1.507~12.470	0.168~0.389	2.615~34.250	0.224~0.608
Q_3^5	6	4.434~8.029	0.247~0.356	18.741~37.337	0.112~0.481
Q_4^{2-1}	24	3.152~12.098	0.286~0.870	3.341~10.413	0.286~0.818
Q_4^{2-2}	22	10.326~36.374	0.137~0.772	5.567~32.675	0.175~0.487

4.静力触探数据的概率模型拟合

静力触探数据概率模型拟合结果见例表1.1-9。

5.Q3 粉质黏土层和砂土层的相关距离分析

黏性土层和砂土层的相关距离分析结果见例表1.1-10。

土层静力触探数据概率模型拟合结果　　　　　例表 1.1-9

土层	检验结果	q_c	f_s
Q_3^1	A	ZK150,ZK178,ZK185	ZK150,ZK173,ZK178,ZK185
	B	ZK169,ZK173	ZK169
	C	ZK153,ZK155	ZK153,ZK155
	D		
Q_3^2	A	ZK178	ZK178
	B	ZK155,ZK169	ZK153,ZK169
	C	ZK153,ZK173	ZK155,ZK173
	D		
Q_3^3	A	ZK150,ZK155,ZK178	ZK153,ZK155,ZK173,ZK178,ZK185
	B		
	C	ZK153,ZK173	
	D	ZK169,ZK185	ZK150,ZK169
Q_3^4	A	ZK150,ZK169	ZK169
	B	ZK153,ZK178,ZK185	ZK153,ZK155,ZK173,ZK178,ZK185
	C	ZK155,ZK173	
	D		ZK150
Q_3^5	A	ZK169,ZK185	ZK153,ZK155,ZK169
	B		ZK178,ZK185
	C	ZK153,ZK173	
	D	ZK178	ZK173
Q_4^{2-2}	A	ZK43,ZK114,ZK158,ZK162	DZK4,ZK165
	B	ZCT14, ZCT16, DZK6, ZK41, ZK70, ZK90,ZCT7,ZK126,ZK133,ZK138,ZK166	ZCT14, ZCT16, DZK6, ZK41, ZCT7, ZK113, ZK114, ZK116, ZK126, ZK133, ZK161,ZK166
	C	DZK4, ZK39, ZK113, ZK116, ZK120, ZK130,ZK161,ZK165,ZK166	ZK39, ZK43, ZK70, ZK90, ZK120, ZK130,ZK138,ZK158,ZK162,ZK166
	D		

续上表

土层	检验结果	q_c	f_s
Q_4^{2-1}	A	BGK6, ZK43, ZCT7, ZK114, ZK126, ZK130, CT167	ZK43, ZCT7, ZK130, ZK161, CT167
	B	DZK4, ZK41, ZK70, ZK90, ZK113, ZK116, ZK120, ZK133, ZK158, ZK162, ZK165	ZCT6, DZK4, BGK6, ZK70, ZK113, ZK116, ZK158, ZK162, ZK165
	C	ZCT4, ZCT6, ZK166	ZCT4, ZK41, ZK114, ZK120, ZK133, ZK166
	D	ZK161	ZK126

注:表中 A、B、C、D 表示接受或拒绝假定概率分布的组合,详见例表 1.1-4。

黏性土层和砂土层的相关距离分析结果　　　　例表 1.1-10

参数 土层	q_c的相关距离统计参数		f_s的相关距离统计参数	
	数据范围	平均值	数据范围	平均值
Q_3^1	0.215~0.764	0.469	0.418~0.711	0.546
Q_3^2	0.157~0.463	0.265	0.188~0.562	0.379
Q_3^3	0.187~0.683	0.423	0.189~0.621	0.381
Q_3^4	0.511~0.937	0.543	0.415~0.738	0.578
Q_3^5	0.178~0.816	0.466	0.216~0.631	0.459
Q_4^{2-1}	0.098~1.369	0.428	0.117~0.941	0.439
Q_4^{2-2}	0.119~1.122	0.625	0.180~1.112	0.536

6. 土工参数之间的相关分析

对穿黄工程黏性土和砂土的双桥静力触探的锥尖阻力和侧壁摩阻力之间的相关分析,发现两者之间存在很好的相关关系,统计结果见例表 1.1-11。砂土的标准贯入试验击数和静力触探贯入阻力之间也存在着良好的相关关系,统计的结果见例表 1.1-12。力学指标和物理指标之间的相关关系比较差,这可能与取样扰动有关。

静力触探数据之间的相关性分析　　　　例表 1.1-11

土层	回归方程	相关系数	适用范围		
			深度(m)	q_c(MPa)	f_s(10kPa)
Q_3^1	$f_s = 1.99 + 1.83 q_c$	0.83	<18.9	<10.23	<22.39

续上表

土层	回归方程	相关系数	适用范围		
			深度(m)	q_c(MPa)	f_s(10kPa)
Q_3^2	$f_s = 0.62 + 3.0q_c$	0.69	8.2~18.5	0.17~4.38	0.53~20.88
Q_3^3	$f_s = 2.83q_c - 9.4$	0.50	22.8~29.5	7.5~12.80	2.30~27.80
Q_3^4	$f_s = 0.50 + 2.73q_c$	0.92	22.2~40.9	0.4~16.50	1.10~45.40
Q_3^5	$f_s = 5.13q_c - 1.29$	0.78	28.3~50.8	1.8~10.80	3.19~45.40
Q_4^{2-1}	$f_s = 1.48 + 0.67q_c$	0.80	9.9~32.9	0.4~45.20	1.90~40.38
Q_4^{2-1}	$f_s = 1.23 + 0.63q_c$	0.79	<21.0	<28.2	<22.0

标准贯入和静力触探之间的相关关系　　　　　　　例表1.1-12

土层	回归方程	相关系数	适用范围			
			深度(m)	q_c(MPa)	f_s(10kPa)	N(击)
Q_4^{2-1}	$N = 2.46 + 0.88q_c$	0.93	15.3~30.1	8.2~34.76	4.7~25.24	10~35
	$N = 0.68 + 0.92f_s$	0.66				
Q_4^{2-2}	$N = 3.71 + 1.16q_c$	0.90	1.4~13.9	1.2~18.80	1.6~10.40	3~21
	$N = 2.36 + 1.73f_s$	0.75				

七、邙山黄土的统计特征

对邙山北坡黄土采用平洞和竖井取土进行室内土工试验,南坡则采用钻探取样做室内土工试验。北坡黄土为 Q_3^1 和 Q_3^2 两个亚层,南坡黄土为 $Q_3^1 \sim Q_3^5$ 共 5 个亚层,对各亚层分别作参数统计和概率模型拟合。

1.黄土土工试验指标的平均值和变异系数统计

黄土土工试验指标的平均值和变异系数统计结果见例表 1.1-13 ~ 例表 1.1-15。

邙山北坡黄土土工试验指标统计汇总　　　　　　　例表1.1-13

土层　指标	Q_3^1 黄土		Q_3^2 黄土	
	平均值	变异系数	平均值	变异系数
含水率(%)	4.83	0.358	7.31	0.428
重度(kN/m³)	14.94	0.044	16.29	0.049
干重度(kN/m³)	14.27	0.036	15.18	0.031

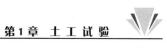

续上表

指标＼土层	Q_3^1 黄 土		Q_3^2 黄 土	
	平均值	变异系数	平均值	变异系数
孔隙比	0.89	0.072	0.78	0.073
饱和度(%)	14.80	0.383	25.83	0.459
液限(%)	29.00	0.042	29.47	0.042
塑限(%)	17.80	0.077	17.18	0.052
塑性指数	11.22	0.161	12.34	0.217
压缩系数(MPa^{-1})	0.084	0.394	0.073	0.264
压缩模量(MPa)	24.41	0.387	26.33	0.331
黏聚力(kPa)	72.66	0.811	71.56	0.301
内摩擦角(°)	24.36	0.142	26.49	0.157

邙山南坡黄土土工试验指标统计汇总(一)　　　　例表 1.1-14

指标＼土层	Q_3^1 黄 土		Q_3^2 黄 土		Q_3^3 黄 土	
	平均值	变异系数	平均值	变异系数	平均值	变异系数
含水率(%)	15.54	0.310	25.45	0.118	22.03	0.175
重度(kN/m³)	17.98	0.084	19.86	0.025	19.83	0.041
干重度(kN/m³)	15.49	0.059	15.87	0.034	16.25	0.037
孔隙比	0.75	0.141	0.71	0.082	0.665	0.096
饱和度(%)	59.52	0.358	97.18	0.034	88.94	0.162
液限(%)	29.42	0.031	30.12	0.024	29.47	0.027
塑限(%)	17.29	0.080	17.28	0.085	18.05	0.086
塑性指数	12.06	0.148	12.84	0.118	11.54	0.167
粉粒含量(%)	72.09	0.084	70.63	0.111	72.54	0.075
黏粒含量(%)	14.43	0.315	14.96	0 275	16.21	0.270
压缩系数(MPa^{-1})	0.159	0.494	0.196	0.269	0.167	0.297
压缩模量(MPa)	10.66	0.454	11.38	0.246	10.81	0.269
黏聚力(kPa)	28.53	0.551	34.90	0.572	28.39	0.625
内摩擦角(°)	25.43	0.216	26.14	0.113	26.56	0.164

邙山南坡黄土土工试验指标统计汇总（二）　　　　例表 1.1-15

指标 \ 土层	Q_3^4 黄土		Q_3^5 黄土	
	平均值	变异系数	平均值	变异系数
含水率(%)	23.52	0.082	22.65	0.076
重度(kN/m³)	20.17	0.021	20.31	0.015
干重度(kN/m³)	16.33	0.030	16.57	0.025
孔隙比	0.66	0.079	0.634	0.065
饱和度(%)	96.20	0.042	96.05	0.036
液限(%)	29.57	0.042	30.13	0.049
塑限(%)	16.52	0.089	17.25	0.109
塑性指数	13.19	0.155	12.86	0.175
粉粒含量(%)	67.11	0.117	70.78	0.069
黏粒含量(%)	21.33	0.245	18.95	0.290
压缩系数(MPa⁻¹)	0.207	0.247	0.176	0.254
压缩模量(MPa)	10.18	0.338	10.34	0.218
黏聚力(kPa)	32.37	0.555	34.66	0.519
内摩擦角(°)	25.71	0.146	25,96	0.139

2. 黄土土工试验指标概率模型拟合

邙山北坡和南坡黄土的土工试验指标概率模型进行了拟合，其结果见例表 1.1-16 和例表 1.1-17。

邙山 Q_3 黄土土工试验指标概率模型拟合（一）　　　　例表 1.1-16

指标 \ 土层	北坡 Q_3^1		北坡 Q_3^2		南坡 Q_3^1		南坡 Q_3^2	
	正态分布	β分布	正态分布	β分布	正态分布	β分布	正态分布	β分布
含水率	拒绝	拒绝	接受	接受	接受	拒绝	接受	接受
重度	接受	拒绝	接受	接受	接受	接受	接受	接受
干重度	接受	拒绝	接受	拒绝	接受	接受	接受	接受
孔隙比	接受	拒绝	接受	拒绝	接受	拒绝	接受	拒绝
饱和度	拒绝	拒绝	接受	拒绝	接受	接受	拒绝	接受

续上表

指标＼土层	北坡 Q_3^1		北坡 Q_3^2		南坡 Q_3^1		南坡 Q_3^2	
	正态分布	β 分布	正态分布	β 分布	正态分布	β 分布	正态分布	β 分布
液限	接受	拒绝	接受	接受	接受	拒绝	接受	拒绝
塑限	接受	拒绝	接受	拒绝	接受	拒绝	接受	接受
塑性指数	接受	拒绝	接受	接受	接受	接受	接受	拒绝
粉粒含量	接受	拒绝	—	—	接受	接受	接受	接受
黏粒含量	接受	拒绝	—	—	接受	拒绝	接受	接受
压缩系数	接受	拒绝	接受	拒绝	接受	拒绝	接受	接受
压缩模量	接受	接受	接受	拒绝	接受	拒绝	接受	拒绝
黏聚力	接受	接受	接受	接受	接受	拒绝	接受	拒绝
内摩擦角	接受	拒绝	接受	接受	接受	接受	接受	接受

邙山 Q_3 黄土土工试验指标概率模型拟合（二）　　例表 1.1-17

指标＼土层	南坡 Q_3^3 黄土		南坡 Q_3^4 黄土		南坡 Q_3^5 黄土	
	正态分布	β 分布	正态分布	β 分布	正态分布	β 分布
含水率	接受	接受	接受	拒绝	接受	接受
重度	接受	接受	接受	接受	接受	拒绝
干重度	接受	接受	接受	接受	接受	接受
孔隙比	接受	拒绝	接受	拒绝	接受	拒绝
饱和度	拒绝	接受	拒绝	接受	拒绝	接受
液限	接受	接受	接受	接受	接受	接受
塑限	接受	接受	接受	接受	接受	拒绝
塑性指数	接受	接受	接受	接受	接受	拒绝
粉粒含量	接受	接受	接受	接受	接受	接受
黏粒含量	接受	接受	接受	拒绝	接受	拒绝
压缩系数	拒绝	拒绝	拒绝	拒绝	拒绝	拒绝
压缩模量	接受	拒绝	拒绝	拒绝	接受	拒绝
黏聚力	接受	接受	接受	拒绝	接受	拒绝
内摩擦角	接受	接受	接受	接受	接受	接受

八、主要结论与建议

在上述各项统计分析的基础上,对渠线的 Q_2 棕黄色膨胀土,穿黄工程的砂土、粉质黏土及邙山黄土的统计特征及其工程应用提出如下几点结论和建议:

1. 总干渠 Q_2 棕黄色膨胀土

对总干渠沿线 130 余千米的膨胀土土工试验指标的统计分析表明,各断面的各项物理力学指标均值的变化均在正常的范围内,服从相同的统计规律,可以作为同一母体处理数据。经拟合检验表明,各指标的平均值的概率模型均服从正态分布与 β 分布,但从统计量的数值来看正态分布优于 β 分布,因此在可靠性分析时可以作为正态分布进行计算,不必作当量化处理。渠线的全线均值之间的变异系数大部分接近或小于断面变异系数的最小值,说明均值的变异性小于断面子样的变异性,这符合统计规律,因此全线均值和全线变异系数可供渠线各断面设计计算或控制之用。

2. 穿黄工程 Q_4 砂土

穿黄工程的砂土除压缩性指标外,其余指标的变异性都比较小,中砂和粉细砂的变异系数的对比表明,中砂比粉细砂的变异性更小。砂土的饱和度变化范围较大,孔隙比的变化幅度也很大,所以力学指标的范围也比较广,使用时应加以注意。除饱和度外,其余指标的概率模型均服从正态分布,但不服从 β 分布的指标比较多。抗剪强度指标虽同时服从正态分布与 β 分布,但可靠性分析时建议采用正态分布模型。

3. 穿黄工程邙山黄土

对比邙山北坡和南坡的黄土发现有明显的差异,北坡黄土的饱和度很低而南坡黄土的饱和度大部分接近饱和,因此北坡黄土的含水率和饱和度的变异系数都非常大,说明极为不均匀。力学指标的变异性也有类似情况,黏聚力的变异系数偏大,使用时应谨慎。无论北坡或南坡,大多数指标的概率模型均服从正态分布,服从 β 分布的指标比较少,在可靠性分析中可以作为正态分布处理。

4. 关于相关距离

根据相关距离分析的结果,膨胀土的相关距离在 0.6~0.8m 之间,砂土在 0.4~0.7m 之间,粉质黏土则为 0.2~0.6m。统计结果表明,南水北调工程所遇到的土类的相关距离一般较小,小于通常钻探时的取土间距,即所测定的土工试验数据可以认为是不相关的,可以作为随机变量进行统计和计算。但是,关于相关距离的研究仅仅是初步的,还需进行更多的资料分析,才能得到地区性的经验数据。

5.关于相关分析

由于所收集的资料都是已有的工程勘察报告中的土工试验或原位测试的数据,很少有匹配测定的资料,缺乏在同一点用各种方法同时作对比测定的数据,给相关分析带来困难。现有资料统计结果表明,原位测试数据之间,例如静力触探与标准贯入试验数据之间,具有良好的相关性;而室内试验的物理力学指标之间的相关性就比较差,且自变量的控制稳定性比较差;至于室内试验数据和原位试验数据之间的相关性则更无资料可以论证。就成果的可用性而言,穿黄工程 Q_4 砂土的标准贯入击数与静力触探贯入阻力之间的回归方程具有实用性。

6.静力触探数据的变异性

渠线各个静力触探孔数据之间的比较表明,棕黄色膨胀土的锥尖阻力的单孔变异系数大于侧壁摩擦力的变异系数,但全线均值的变异系数却相反。在穿黄工程中,静力触探阻力的变异系数比膨胀土的大得多,这可能与土的成因有关。对静力触探数据的概率模型分析结果表明,同时接受和同时拒绝两种分布的数量接近相等,接受正态分布的比例并不占绝对的优势。出现这种情况的原因还有待进一步研究。

案例二　土的工程性质的非常规试验研究
——润扬长江公路大桥北锚碇工程场地土的试验研究

一、咨询背景

润扬长江公路大桥南汊悬索桥北锚碇超深、超大基础位于长江中心岛南大堤的内侧,是大桥的控制性工程。北锚碇采用地下连续墙基础,在平面上呈长方形布置,外包主体尺寸为:69m(长)×50m(宽)×56m(深)。施工时,先沿基坑边界分槽段开挖,用膨润土泥浆护壁,凿岩和清渣后,沉放钢筋笼并灌注墙身水下混凝土,在墙底之下灌浆封水。待地下连续墙构筑完成以后,进行降水(原方案仅在坑内降水,后改为坑内外部降水)后开挖土方。采取分层开挖和分层设置对撑和斜撑,共设置12道撑,形成刚度极大的支撑体系,以控制墙体变形,维护坑壁的稳定与安全,然后分舱填心,设置顶板,再整体浇捣大体积混凝土锚体。

北锚碇基础工程规模庞大,属国内第一、世界罕见。锚位工程地质条件和基坑围护结构体系都很复杂,施工技术难度高,设计计算中的若干关键性问题也亟待进一步分析探讨。由于缺乏类似工程的实践经验可资遵循,故经审查批准设"润扬长江公路大桥北锚碇特大基础工程关键技术研究项目"开展研究工作,以期能密切结合设计、施工,完善工程质量保证体系,建立妥善、安全的风险防范机制,达到工程有效整治的目的。

研究课题"非常规室内土工试验研究"为孙钧院士主持的"润扬长江公路大桥北锚碇特大基础工程关键技术研究项目"的一个子项目。其目的是为其他有关子课题研究提供需要的指标,验证工程勘察报告所建议的设计参数,论证工程方案的合理性与可靠性。参加课题研究的人员有:高大钊、杨熙章、赵春风、李家平、姜安龙、刘华清和朱登峰。

鉴于常规的勘察试验没有充分考虑土样的扰动对试验结果的影响,致使得到的抗剪强度不能完全反映土的天然强度,从而影响设计的可靠性,使工程的实际安全度可能偏低,或者可能高于设计控制的安全度。因此,在润扬长江公路大桥北锚碇特大基础工程关键技术研究工作大纲中提出了 3 个方面的非常规室内土工试验的研究内容:

(1)土体天然强度的测定及其与常规试验结果的对比分析研究。

(2)开挖卸荷后软基土的不排水强度试验研究。

(3)土样扰动对软土室内试验结果的质量鉴别与校正研究。

二、研究课题的试验原理与试验设计

根据上述研究项目的要求,在试验阶段进行下列 7 个项目的特殊试验。这些项目的试验目的均围绕对土样扰动程度的评价、对天然强度的测定、扰动对天然强度影响的修正方法等的研究。

下面分别讨论每一项试验的基本原理,根据这些试验的原理和成果分析的理论依据,进行试验的设计、实施及成果的分析整理。

1.高压固结试验

高压固结试验用以测定土的前期固结压力、压缩指数、回弹指数,判别土层的压密状态,判别土样的扰动程度。

试验时的最大试验压力为 3 200kPa。最初 4 级的荷重率取为 0.5,用快速法试验。

采用原状土和重塑土样分别做平行的比较试验。

成果分析时应首先绘制 $e\text{-}\lg p$ 曲线,在曲线上用 Casagrande 方法求得前期固结压力 p_c,见例图 1.2-1。前期固结压力反映了土层在历史上曾经承受过的最大有效应力,前期固结压力与有效覆盖压力之比称为超固结比 OCR。用超固结比 OCR 可以判别土层的压密状态,超固结比大于 1 的土层为超压密土,超固结比等于 1 的土层为正常压密土,超固结比小于 1 的土层为欠压密土。

在土层剖面上,分别画出各试验土样取样深度处的前期固结压力和有效覆盖压力,用以研究各土层的压密状态(例图 1.2-2)。通过对 OCR 指标的分析,了解北锚碇围护结构外侧的土层属于何种压密状态,可以推断场地的土层对施工扰动的反应敏感程度。

从 e-lg$p$ 曲线上可以求得土的压缩指数 C_c 和回弹指数 C_s。这两个指标在本项目中也可用以评价土样的扰动程度。

比较原状土与重塑土的 e-lg$p$ 曲线,可以计算土的扰动指标 I_D,评价土样的质量。

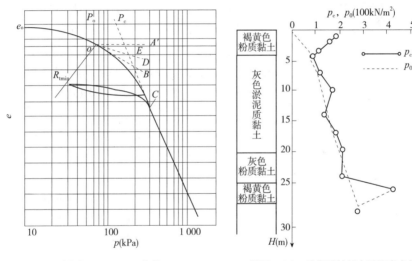

例图 1.2-1　e-lg$p$ 曲线　　　　例图 1.2-2　前期固结压力随深度变化

2.静止侧压力系数 K_0 测定

静止侧压力系数 K_0 是在土样侧向不能膨胀的条件下,侧压力与竖向压力之比,用侧压力系数仪测定。侧压力系数可分别按总应力计算或按有效应力计算,得到不同的指标。

以侧压力为纵坐标,以竖向压力为横坐标绘制试验结果,加荷段试验点连线一般通过坐标原点,其平均斜率即为静止侧压力系数;卸荷段的试验点连线不通过原点,说明超压密土的静止侧压力系数可能大于 1。

静止侧压力状态的应力圆处于弹性状态,静止侧压力圆顶点的连线称为 K_0

线, K_0 线是土处于天然状态的状态线。K_0 线的倾角为 β, 则倾角与静止侧压力系数的关系由下式表示：

$$\beta = \arctan \frac{1-K_0}{1+K_0} \qquad (\text{例 } 1.2\text{-}1)$$

作用于没有发生位移的墙体上的土压力即为静止土压力, 当墙发生离开土体的位移时土压力由静止土压力降低至极限状态的主动土压力; 如墙体发生相反方向的位移, 则土压力由静止土压力状态提高至极限状态的被动土压力。在使用阶段, 作用于地下室外墙上的土压力为静止土压力。

3. 三轴不固结不排水试验 (UU)

三轴不固结不排水试验 (UU) 用于测定土的不排水抗剪强度指标, 土的不排水抗剪强度即为土的天然强度; 试验时, 在围压作用下和在偏差应力作用下都不允许排水固结。在三轴不固结不排水试验的应力—应变曲线上, 达到峰值以前线段的斜率称为不排水模量。由于这条线段不是完全的直线段, 取不同应力水平的模量是不相同的, 通常采用破坏应力的 50% 时的模量, 称为 E_{50}。

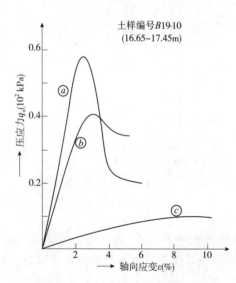

例图 1.2-3　不排水试验的应力—应变曲线

土样的扰动对 UU 试验的影响最大, 三轴不固结不排水试验的应力—应变曲线特征反映了土样的结构扰动程度, 见例图 1.2-3。保持原状结构的土样, 其应力—应变曲线的斜率比较陡, 呈现明显的峰值强度, 强度比较高, 且破坏应变比较小; 土的结构受到一定扰动的土样, 其应力—应变曲线比较平缓, 峰值强度降低, 破坏应变增大, 土样扰动程度越大, 强度越低, 破坏应变越大, 重塑土的曲线就没有峰值出现。根据应力应变曲线的特征也可以判别土样的扰动程度。

每个试验用 3~4 个试样, 在不同的围压下剪切至破坏, 测应力—应变曲线, 取峰值强度画例图 1.2-4 所示的莫尔圆。如果土样完全饱和, 3 个莫尔圆的直径是接近相等的, 因此莫尔包线是一条水平线, 即内摩擦角接近于零, 见例图 1.2-5a)。

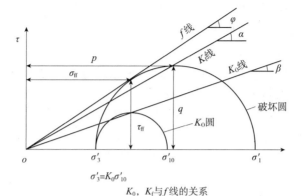

例图 1.2-4　莫尔应力圆

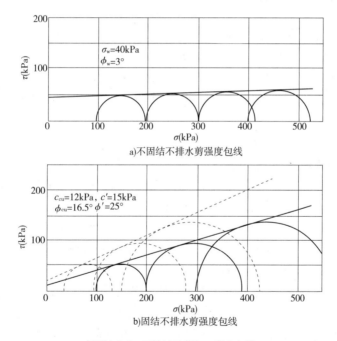

a)不固结不排水剪强度包线

b)固结不排水剪强度包线

例图 1.2-5　三轴试验莫尔—库仑包线

在正常情况下,土样的扰动主要有两个来源:一是在钻探、取土、运输、储存和开土过程中的机械扰动;二是由于将土从土层的深部取出,卸除了原生应力,土样发生膨胀,由土样的应力条件和物理状态的改变所造成的扰动。前者可以通过改善钻探取土的设备和工艺,改进与提高钻探、试验水平来降低其影响;后者是不可避免的,但可以通过对土样的预处理来模拟恢复原生应力状态,减少卸荷的影响。

土样预处理的方法有K_0固结法和等向固结法两种。

4.等向固结三轴不排水试验

等向固结模拟现场应力条件进行预处理,以研究恢复原始应力状态后的不排水强度的变化,并测定土的不排水模量。

固结压力分级施加,测定土样的体积随固结压力的变化。

预固结压力:

$$\sigma_3 = \frac{\gamma h (1+2K_0)}{3}$$ （例 1.2-2）

式中:h——土样的埋藏深度;

K_0——静止侧压力系数;

γ——土的重度,不降水时取浮重度,降水时取天然重度。

每个试验用 3~4 个试样,在不同的围压下剪切至破坏,测应力—应变曲线,资料分析整理的方法与 UU 试验相同,成果的利用也相同。

通过预处理消除了卸荷的部分影响,与未经预处理的不固结不排水试验比较,可以发现摩尔圆的半径增大了,增加量即为因卸荷产生的扰动对天然强度的影响〔例图 1.2-5b)〕。

5.K_0固结三轴不排水试验

等向固结预处理将土的原位应力均匀化了,其目的是为了防止K_0固结时引起软土试样的破坏,但对模拟应力的恢复有一定的影响,K_0固结预处理的方法可以克服这一缺点,但对试验操作的要求比较高。

除预固结为K_0条件(竖向预固结压力为γh,侧向预固结压力为$K_0\gamma h$)外,其余均按"等向固结三轴不排水试验"的要求进行试验,按相同的要求整理试验成果。

6.侧向卸载三轴不排水试验

模拟基坑开挖时,坑外主动区在竖向应力不变的条件下,侧向应力减少,直至破坏的应力路径对不排水强度的影响。

按土样的原位应力条件进行预固结后进行在竖向应力σ_1不变的条件下减少侧向应力σ_3的不排水试验。

卸荷的大小和等级需按土样的埋藏深度和基坑开挖工况进行专门的设计。

画出总应力路径,求土的强度指标,与通常应力路径的试验结果进行比较。

7.三轴固结不排水试验

测定土的抗剪强度有效应力指标和总应力指标、孔隙水压力系数,同时测定土样的体积随应力变化的规律,按《土工试验方法标准》(GB/T 50123—1999)的规定进行试验。

计算有效大主应力 σ'_1 和有效小主应力 σ'_3,计算有效主应力比,绘制不同围压下偏应力 $\sigma'_1 - \sigma'_3$ 与应变 ε 的曲线、主应力比 $\dfrac{\sigma'_1}{\sigma'_3}$ 与应变 ε 的曲线、孔隙水压力 u 与应变 ε 的曲线,按有效应力路径确定有效强度指标,计算孔隙水压力系数 A 和 B。按类似方法计算总应力强度指标。

8.评价土样扰动程度的几种方法

在上述这些特殊试验成果分析的基础上,可以进一步分析评价土样的扰动程度,研究对于不排水强度的扰动修正方法。

(1)按高压固结试验结果,将原状土与重塑土的 $e\text{-}\lg p$ 曲线画在一张图上,如例图1.2-6所示,根据体积压缩的比例计算扰动指标 I_D,并按例表1.2-1评价土样的质量。

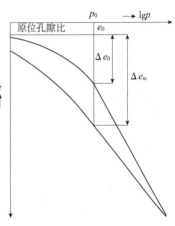

$$I_D = \frac{\Delta e_0}{\Delta e_m} \qquad (\text{例 }1.2\text{-}3)$$

式中:$\Delta e_0 = e_0 - e_u$;

　　　$\Delta e_m = e_u - e_d$;

　　　e_0——土样的原位孔隙比;

　　　e_u——原状土曲线上对应于前期固结压力

　　　　　　的孔隙比;

例图1.2-6 判别土样的扰动程度

　　　e_d——重塑土曲线上对应于前期固结压力的孔隙比。

土样质量评价　　　　　　　　　　　　　　　　　　　　　例表1.2-1

I_D	扰动程度评价	I_D	扰动程度评价
<0.15	几乎未受扰动	0.50~0.70	很大扰动
0.15~0.30	轻微扰动	>0.70	非常大的扰动
0.30~0.50	中等扰动		

(2)按不排水模量评价土样的扰动程度。

根据扰动对不排水模量的影响,扰动指标由下式计算:

$$D_d = \frac{[E_u] - E_{50}}{[E_u] - [E_{50}]} \qquad (\text{例 }1.2\text{-}4)$$

式中：$[E_{50}]$——重塑土样的不排水模量，由试验测定，50%指在不排水试验的应力—应变曲线上，应力水平为50%时的模量；

$\quad E_{50}$——实际土样的不排水模量，由试验测定；

$\quad [E_u]$——"理想土样"的不排水模量，即只解除应力而没有遭受其他扰动影响的土样，近似地可由式（例 1.2-5）估计。

$$[E_u] = \frac{90(1+e)(1-2\mu')}{2k(1+\mu')}p' \qquad （例 1.2-5）$$

式中：p'——原位有效平均应力；

$\quad k$——在自然对数坐标图中卸荷段的斜率，$k = 0.434C_s$；

$\quad \mu'$——有效泊松比；

$\quad e$——原始孔隙比。

（3）按残余孔隙水压力法估计扰动程度。

根据扰动对土样中孔隙水压力变化的影响，可以分析土样的扰动程度。分析中需要由上述试验求得有效强度指标、孔隙水压力系数、静止侧压力系数、不排水峰值强度等。

按土样内孔隙水压力的保持程度，土样的扰动指标由下式表示：

$$R_d = 1 - \frac{u_r}{u_p} \qquad （例 1.2-6）$$

u_p 为正常压密土层的"理想土样"取土时由于应力的变化引起土样内孔隙水压力的变化，计算公式如下：

$$u_p = -\gamma h [K_0 - A(1 - K_0)] \qquad （例 1.2-7）$$

u_r 为残余孔隙水压力，即试验前残留在土样内的孔隙水压力。根据试验达到极限状态时有效的大、小主应力之间的关系式解出残余孔隙水压力。

三、取土与试验工作量

根据前述试验的要求与试验原理，对润扬长江公路大桥北锚碇"非常规室内土工试验研究项目"各项试验确定所需的土样数量，给出了取土的总体安排，包括取土的地层、钻孔位置及取土方法与取土器的直径等。

在工程地质勘察报告中给出的地层中，按地层的代表性和可操作性，在Ⅰ-1、Ⅱ-1、Ⅱ-2 黏性土层和Ⅲ-1、Ⅲ-3 及Ⅲ-5 砂土层中采取土试样，其中，Ⅱ-1 和Ⅲ-1 层比较厚,可以采取足够的土样数量,而其余土层都比较薄,只能在这些土层中各取一组土样。

取土钻孔的平面位置选择在锚碇的扬州一侧,主要考虑此处的地层中Ⅲ-3和Ⅲ-5土层的厚度比较稳定。取土孔放在原钻探孔 N33 和 N19 的外侧,距连续墙外缘 10~15m(视现场条件而定),A、B 两孔的间距也为 10m 左右。

取土要求分 A、B 两个孔按下列不同的技术要求取土:

A 孔,按取土扰动最小的方法取土,用直径为 100mm 的薄壁取土器,严格按《岩土工程勘察规范》(GB 50021)第 8.4.4 条规定操作;在整个土层(包括黏性土和砂土)深度范围内取土,取土深度及土样数量详见例表 1.2-2。

土样的取土深度及编号 例表 1.2-2

A 孔			B 孔		
土样编号	土层	取土深度(m)	土样编号	土层	取土深度(m)
A-1	Ⅰ-1	1	B-1	Ⅰ-1	1
A-2	Ⅱ-1	3	B-2	Ⅱ-1	3
A-3	Ⅱ-1	5	B-3	Ⅱ-1	5
A-4	Ⅱ-1	7	B-4	Ⅱ-1	7
A-5	Ⅱ-1	9	B-5	Ⅱ-1	9
A-6	Ⅱ-1	11	B-6	Ⅱ-1	11
A-7	Ⅱ-2	13	B-7	Ⅱ-2	13
A-8	Ⅲ-1	17	B-8	Ⅲ-1	17
A-9	Ⅲ-1	20	B-9	Ⅲ-1	20
A-10	Ⅲ-1	23	B-10	Ⅲ-1	23
A-11	Ⅲ-1	26	B-11	Ⅲ-1	26
A-12	Ⅲ-1	29	B-12	Ⅲ-1	29
A-13	Ⅲ-1	32	B-13	Ⅲ-1	32
A-14	Ⅲ-3	39	B-14	Ⅲ-3	39
A-15	Ⅲ-5	46	B-15	Ⅲ-5	46

注:表中标明的取土深度为要求开始取土的深度,在每一个开始取土的深度以下连续取两筒土,土样编号分别写明土样的上、下位置,如"A-2 上"和"A-2 下"。

B 孔,按工程地质报告钻探时所采用的取土器(75mm 的薄壁取土器)和取土方法取土;原勘察时在砂层中没有取土样,此次试验研究用土要求用原状取砂器采取砂样;取土深度及土样数量详见例表 1.2-2。

为了掌握钻探的情况、了解取土的质量,钻探时研究人员到现场与钻探单位密切配合共同处理钻探中可能产生的技术问题。

根据试验研究的计划,对采集的土样分别进行了原状土和重塑土的 7 种试验项目,包括常规不固结不排水试验、等向固结预处理的不固结不排水试验、K_0 固结预处理不固结不排水试验、固结不排水试验、高压固结试验、侧压力系数试验和侧向卸载不固结不排水试验等共 119 组试验。其中第 7 项试验是应力路径三轴试验,需专门研制试验仪器,只能做一些探索性的试验研究工作。

四、场地土层的压缩性与压密状态分析

在润扬长江公路大桥南汊悬索桥北锚碇工程地质勘察报告中对场地土层的工程性质评价为:"场地覆盖层的上部软土层较厚,其低强度、高压缩性及易触变等不良特性对基坑边施工机械的设置及地连墙的施工极为不利,对其实施改良是必要的。"

为了复核对场地土层工程性质的总体评价,对两种取土器所取的试样都进行了数量较多的高压固结试验,试验的结果见例表 1.2-3 和例表 1.2-4。

B 孔土的高压固结试验成果 例表 1.2-3

试样编号	试样深度(m)	p_c (kPa)	C_c	C_s	a_{1-2}	E_{1-2}	e_0	w (%)	γ_k (kN/m³)	土类
B-2(上)	4.50~4.80	51	0.338	0.027	0.813	2.550	1.227	45.2	17.8	黏性土
B-2(下)	4.80~5.10	61	0.292	0.028	0.775	2.595	1.160	42.9	18.0	黏性土
B-3(上)	6.50~6.80	46	0.382	0.024	1.093	1.913	1.345	49.8	17.5	黏性土
B-4(上)	8.50~8.80	56	0.328	0.028	1.849	2.394	1.253	46.1	17.7	黏性土
B-4(下)	8.80~9.10	74	0.328	0.026	0.879	2.357	1.239	45.7	17.7	黏性土
B-5(上)	10.90~11.20	104	0.195	0.016	0.308	5.595	0.912	33.1	18.8	粉土
B-6(下)	12.80~13.10	270	0.212	0.028	0.329	5.842	0.975	36.6	18.6	粉土
B-7(上)	14.10~14.40	74	0.273	0.026	0.675	2.712	0.994	37.9	18.6	粉土

续上表

试样编号	试样深度（m）	p_c（kPa）	C_c	C_s	a_{1-2}	E_{1-2}	e_0	w（%）	γ_k（kN/m³）	土类
B-7(下)	14.40~14.70	125	0.230	0.027	0.564	3.414	1.045	39.1	18.3	粉土
B-8	17.44~17.64	150	0.200	0.024	0.372	4.964	0.930	33.7	18.7	粉土
B-9	19.96~20.16	250	0.111	0.016	0.336	5.743	0.959	34.5	18.4	粉细砂
B-10	22.37~22.57	280	0.110	0.011	0.504	3.404	0.784	30.2	19.7	粉细砂
B-12	29.15~29.35	320	0.095	0.009	0.109	17.093	0.908	34.8	19.0	粉细砂
B-13	31.67~31.87	240	0.092	0.010	0.162	10.678	0.771	29.7	19.7	粉细砂
B-14	39.00~39.20	180	0.415	0.089	0.700	2.903	1.165	39.8	1.75	黏性土
B-15	47.03~47.23	260	0.103	0.009	0.186	9.322	0.776	29.4	19.6	粉细砂

A 孔土的高压固结试验成果　　　　　　　　　　例表 1.2-4

试样编号	试样深度（m）	p_c（kPa）	C_c	C_s	a_{1-2}	E_{1-2}	e_0	w（%）	γ_k（kN/m³）	土类
A-1(上)	2.30~2.60	120	0.301	0.026	0.239	7.217	0.978	36.2	18.8	黏性土
A-2(上)	4.10~4.40	42	0.306	0.022	0.948	2.086	1.239	46.0	17.8	黏性土
A-3(上)	6.30~6.60	42	0.334	0.038	1.049	1.891	1.256	46.3	17.7	黏性土
A-4(上)	8.30~8.60	120	0.296	0.032	0.718	2.825	1.193	45.9	18.1	黏性土
A-4(下)	8.60~8.90	140	0.241	0.017	0.510	3.470	0.893	29.73	18.5	黏性土
A-5(下)	10.60~10.90	190	0.238	0.026	0.482	3.686	0.872	33.1	19.2	粉土
A-6(上)	12.30~12.60	380	0.133	0.014	0.095	19.207	0.852	31.9	19.3	粉土
A-6(下)	12.60~12.90	280	0.139	0.012	0.213	8.192	0.788	32.1	19.8	粉土
A-7(上)	14.30~14.60	300	0.179	0.011	0.289	5.919	0.794	31.4	19.7	粉土
A-8(上)	19.07~19.37	360	0.111	0.009	0.191	8.437	0.663	24.1	20.0	粉土
A-9(上)	21.30~21.60	410	0.111	0.010	0.138	12.883	0.738	26.61	19.6	砂土
A-10(上)	24.30~24.60	380	0.114	0.011	0.149	12.035	0.819	31.2	19.4	砂土

续上表

试样编号	试样深度 （m）	p_c （kPa）	C_c	C_s	a_{1-2}	E_{1-2}	e_0	w （%）	γ_k （kN/m³）	土类
A-10（下）	24.60~24.80	440	0.155	0.016	0.164	11.732	0.962	34.8	18.4	砂土
A-11（下）	27.60~27.80	350	0.107	0.014	0.156	11.184	0.772	30.94	19.8	砂土
A-12（下）	31.10~31.40	450	0.101	0.009	0.097	19.046	0.860	32.58	19.1	砂土
A-13（下）	33.60~33.80	400	0.075	0.007	0.100	17.361	0.751	27.42	19.5	砂土
A-14（上）	44.00~44.30	440	0.082	0.009	0.102	15.465	0.599	16.61	19.4	砂土
A-15（上）	46.00~46.30	700	0.259	0.018	0.190	9.518	0.854	28.84	18.5	砂土

1.对土的压缩性的估计

分别按黏性土、粉土和砂土统计天然孔隙比和压缩系数的数据范围，其结果示于例表1.2-5。从表列数值可以看出，B孔的数据都明显地大于A孔的数据，说明用小直径取土器取样试验所得的天然孔隙比和压缩系数都普遍大于用大直径取土器取样试验的结果，将土层的物理状态和压缩性都估计得比较差，认为是非常松软的土层。

不同取土直径试样的天然孔隙比和压缩系数的范围　　　　例表1.2-5

指标 ＼ 土类	A孔			B孔		
	黏性土	粉土	砂土	黏性土	粉土	砂土
e_0	0.978~1.256	0.663~0.872	0.599~0.962	1.160~1.345	0.912~1.045	0.771~1.165
a_{1-2}	0.239~1.049	0.095~0.289	0.097~0.190	0.813~1.849	0.308~0.675	0.109~0.504
$\dfrac{a_B-a_A}{a_B}$	0.43~0.71	0.63~0.69	0.11~0.62			

根据例表1.2-3和例表1.2-4的数据，经统计求得压缩指数与天然孔隙比及天然含水率的经验公式为：

A孔 　　　　　　　　　　$C_c = 0.400e_0 - 0.170$

　　　　　　　　　　　　$C_c = 0.882w_0 - 0.105$

B孔 　　　　　　　　　　$C_c = 0.536e_0 - 0.320$

　　　　　　　　　　　　$C_c = 1.469w_0 - 0.328$

2.前期固结压力与超固结比

用高压固结试验求得的前期固结压力和超固结比见例表 1.2-6 和例表 1.2-7。

B 孔土的超固结比实测数据　　　　　　　　　　　　　　例表 1.2-6

孔号	试样编号	试样深度(m)	P_c(kPa)	自重应力 σ_c(kPa)	超固结比 OCR
B	B-2(上)	4.50~4.80	51	55	0.93
	B-2(下)	4.80~5.10	61	57	1.07
	B-3(上)	6.50~6.80	46	71	0.65
	B-4(上)	8.50~8.80	56	87	0.64
	B-4(下)	8.80~9.10	74	89	0.83
	B-5(上)	10.90~1.20	104	107	0.97
	B-6(下)	12.80~13.10	270	123	2.20
	B-7(上)	14.10~14.40	74	134	0.55
	B-7(下)	14.40~14.70	125	137	0.91
	B-8	17.44~17.64	150	162	0.93
	B-9	19.96~20.16	250	184	1.36
	B-10	22.37~22.57	280	206	1.36
	B-12	29.15~29.35	320	270	1.19
	B-13	31.67~31.87	240	293	0.82
	B-14	39.00~39.20	180	355	0.51
	B-15	47.03~47.23	260	422	0.62

A 孔土的超固结比实测数据　　　　　　　　　　　　　　例表 1.2-7

孔号	试样编号	试样深度(m)	P_c(kPa)	自重应力 σ_c(kPa)	超固结比 OCR
A	A-1(上)	2.30~2.60	120	40	3.00
	A-2(上)	4.00~4.40	42	55	0.76
	A-3(上)	6.30~6.60	42	73	0.58
	A-4(上)	8.30~8.60	120	90	1.33
	A-4(下)	8.60~8.90	140	92	1.52

续上表

孔号	试样编号	试样深度(m)	P_c(kPa)	自重应力 σ_c(kPa)	超固结比 OCR
A	A-5(下)	10.60~10.90	190	110	1.73
	A-6(上)	12.30~12.60	380	125	3.04
	A-6(下)	12.60~12.90	280	130	2.15
	A-7(上)	14.30~14.60	300	145	2.07
	A-8(上)	19.07~19.37	360	192	1.88
	A-9(上)	22.30~22.60	410	214	1.92
	A-10(上)	24.30~24.60	380	243	1.56
	A-10(下)	24.60~24.80	440	245	1.80
	A-11(下)	27.60~27.80	350	274	1.28
	A-12(下)	31.10~31.40	450	307	1.47
	A-13(下)	33.60~33.80	400	330	1.21
	A-14(上)	44.00~44.30	440	430	1.02
	A-15(上)	46.00~46.30	700	452	1.55

高压固结试验的结果表明,B孔大部分试样的超固结比小于1,表明为欠压密土;A孔大部分试样的超固结比大于1,表明为轻度超压密至正常压密土。

两个取土孔资料的差别反映了不同直径的取土器对取样扰动的差异,场地土的压密状态应当按A孔用直径100mm的取土器取样试验的结果来评定。润扬长江公路大桥北锚碇工程场地的土层,除浅层近代土层外,大部分土层的超固结比均大于1,土层应当属于轻度超压密土,对地层的估计没有原来那么悲观。

3.场地各土层压密状态的分析

前期固结压力随深度的变化见例图1.2-7和例图1.2-8,图中直线表示土的上覆有效压力随深度的变化,折线为前期固结压力的试验值点。当试验点位于直线以下时,说明土是欠压密的,即在自重压力下的固结尚未完成,位于直线以上的试验点表明是超压密的,土的自重作用下的固结已经完成,具有一定的结构性。

在例图1.2-8中,表层硬壳层由于干缩的作用而具有超压密的特征,表层以下除有3m左右的欠压密土层外,其余均为轻度超压密~正常压密土,在自重作用下固结已经完成,有一定的结构性,天然强度比较高,其工程性质并不具有欠压密土及其软弱的特征。对地层压密状态的判断也符合岩性和地层构造的特点。

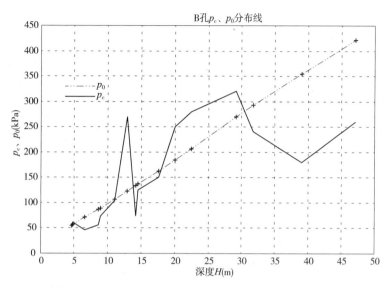

例图 1.2-7 B 孔(取土直径 75mm)的前期固结压力随深度的分布

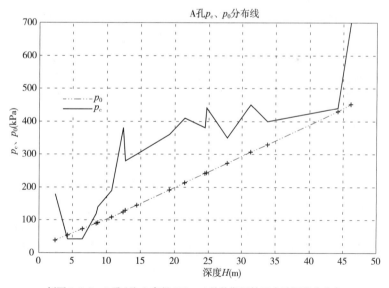

例图 1.2-8 A 孔(取土直径 100mm)的前期固结压力随深度的分布

五、原位应力条件下土体的天然强度

研究土体天然强度的测定方法及其与常规试验结果的对比分析是本文的重要内容,进行了大量的试验,有两份分报告都是关于抗剪强度试验的,在分报告中做了各方面的分析,在分报告的基础上,着重对下面 4 个问题进行讨论。

1.测定天然强度的试验设计

为了正确测定土体实际存在的天然强度,试验设计时采取两方面的措施来消除或减少扰动对土的天然强度试验结果的影响。

在研究取土扰动的因素时,考虑到许多因素很难定量研究,因此重点研究不同取土器的直径对土样扰动的影响。

北锚碇工程进行工程地质勘察时采用了直径为 75mm 的薄壁取土器,应当说采用这类薄壁取土器也是为了减少对土体的扰动,与常规的厚壁取土器相比,已有很大的改善。在薄壁取土器产品系列中有 75mm 和 100mm 两种直径,由于采用100mm 直径取土器的成本比较高,一般比较少用。

这次要求 A 孔采用 100mm 直径的取土器,有两方面的考虑:首先在 75mm 直径的土样中不能在同一高度上切取 3 个试样,为了提高试验的正确性,需要 100mm直径的土样;其次是为了研究取土器直径对取土扰动的影响,试验设计时采用直径100mm 的薄壁取土器作为参照基准。由于这一次承担钻探取土的单位与原勘察单位相同,原则上可以认为消除了钻探操作方面的系统差异。因此,两种取土器所取土样的试验结果差异主要反映了取土器直径对扰动的影响。

试验设计采取预处理的方法以消除取土卸荷膨胀对天然强度的影响,这种试验方法虽然在国家标准《岩土工程勘察规范》(GB 50021)中已有原则规定,但尚没有制定相应的试验规范,也还没有在工程中普遍推广应用。例表 1.2-8 给出了以往对比试验的成果,显示了预处理的方法对减少卸荷扰动的影响是非常有效的。因此在这次试验研究中,将预处理的方法作为测定土的天然强度的重要途径加以进一步研究,得到了令人满意的结果。说明采用常规的方法进行土的不固结不排水试验不能正确测定土的天然强度,所得到的不排水强度偏低。通过这次对比试验研究,不仅揭示了润扬长江公路大桥北锚碇工程场地的主要土层具有比较高的天然强度,从而推断依据工程地质勘察报告所的建议指标进行的工程设计具有较高的安全余度,而且还为今后预处理试验方法的标准化提供了背景材料。

软土抗剪强度对比试验 例表 1.2-8

指标 　　　　　　　试验	CU	UU	K_0UU
内摩擦角 $\varphi(°)$	14	0	1.5
内聚力 $c(kPa)$	30	22	53

2.天然强度测定值的影响因素分析

土的天然强度用不排水抗剪强度试验方法测定,通过不同直径的取土器和不同试验方法的比较,揭示影响抗剪强度试验结果的主要因素。例表1.2-9给出了对比试验的主要结果,表列数据表明,不论是取土器的直径或者是否经过预处理,都对天然强度的值有很大的影响。在表中给出了2组12种对比数据,对比的前提是相同的土类取自相同的深度。

天然强度测定结果的比较分析　　　　　　　　　　　例表1.2-9

序号	试验方法	土样编号	土类	黏聚力 （kPa）	内摩擦角 （°）	不排水模量 （MPa）
1	UU	B-4(下)	粉质黏土	3.0	1	0.079
2	UU	A-4(上)	粉质黏土	14.4	1	0.330
3	σ_3UU	B-4(下)	粉质黏土	22	15.8	0.992
4	σ_3UU	A-4(下)	粉质黏土	43	15	1.270
5	K_0UU	A-4(下)	粉质黏土	54	20	3.060
6	UU	B-7(上)	砂质粉土	7	6.3	
7	UU	A-7(上)	砂质粉土	8	11.2	0.197
8	σ_3UU	B-7(上)	砂质粉土	34	17.7	
9	σ_3UU	A-7(上)	砂质粉土	38	18.6	0.693
10	K_0UU	B-7(上)	砂质粉土	33	32.5	
11	K_0UU	A-7(下)	砂质粉土	88	21.8	1.922
12	UU	A-10(上)	粉砂	136	0	
13	σ_3UU	A-10(上)	粉砂	30	47.5	
14	K_0UU	A-10(下)	粉砂	115	23.5	
15	UU	A-14(下)	粉砂	0	25.6	
16	σ_3UU	A-14(下)	粉砂	15	37.5	
17	K_0UU	A-14(下)	粉砂	42	31.0	
18	UU	A-15(上)	粉砂	34.8	34	
19	σ_3UU	A-15(上)	粉砂	60	36.9	
20	K_0UU	A-15(上)	粉砂	28	39.5	

第 1 组是在相同试验方法(不作预处理和经过预处理)条件下比较取土器直径的影响,共 5 种对比数据,其编号为:1~2,3~4,6~7,8~9 和 10~11。前面的序号是用 75mm 直径取土器取样(即 B 孔);后面的序号是用 100mm 直径取土器取样(即 A 孔),无一例外的是后面编号的天然强度都大于前面的编号的天然强度,不论是粉质黏土或砂质粉土都有相似的规律。

第 2 组对比是在相同取土器的条件下比较不作预处理和经过预处理的不同试验方法对测定结果的影响,共 7 种对比数据,其编号为:1~3,2~4~5,6~8~10,7~9~11,12~13~14,15~16~17 和 18~19~20。第 1 个序号为常规的 UU 试验,第 2、3 个序号分别为经过等向固结和 K_0 固结预处理的 UU 试验,无论是 B 孔或 A 孔,无论是粉质黏土、砂质粉土或粉砂,经过预处理的天然强度都大于常规 UU 试验测定的天然强度。

上述分析表明,大直径取土器对土的扰动远小于小直径取土器,取土器的扰动对天然强度的影响非常明显,用小直径取土器取样的试验结果低估了土层的天然强度。对同一种取土器取样,采用不同试验方法测定的结果表明,恢复土样的原位应力状态可以正确地测定土的天然强度,其中,等向固结法的试验方法是近似恢复原位应力状态的方法,其结果略低于 K_0 固结预处理的结果。

3. 砂土的结构性

例表 1.2-9 的试验结果还表明,在原位应力作用下,砂土也具有一定的结构强度,在预处理以后剪切时能呈现比较高的天然强度。而取土卸荷以后不作预处理的剪切强度则比较低。因此,砂土的强度不仅取决于土的密实程度,也取决于土体所经历的应力历史。

例图 1.2-9 给出了几条不同应力历史的应力—应变曲线,对图示曲线作如下的比较:

(1)比较未作预处理的 2 条曲线(1 与 2),重塑土的曲线没有峰值,而原状土的曲线则有明显的峰值,但在软化以后,原状土的曲线逐步与重塑土的曲线重合,说明加工软化逐步破坏了土的结构强度。

(2)原状土在预处理以后的曲线(4 和 6)仍然具有峰值强度,呈现原状土的强度特征;而重塑土在预处理以后(3 和 5)还是不出现峰值,说明结构强度是不可恢复的。

(3)不论是否经过预处理,峰值强度所对应的破坏应变均为 5%左右,说明用 100mm 直径的薄壁取土器能够取得质量比较好的土样。

(4)曲线 2 和曲线 1 之间的差值,可以看作是砂土试样所保持的"原状结构强

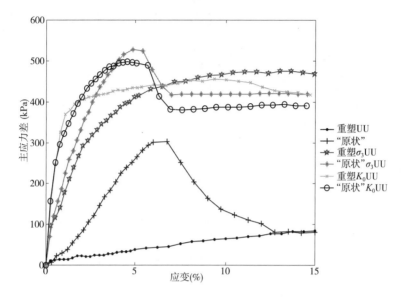

例图 1.2-9 应力—应变曲线

度",经过预处理的曲线4或曲线6与未经预处理的曲线2之间的差值,可以看作是恢复应力状态所恢复的"原状强度",即与应力历史有关的强度组成。

以往,对砂土结构性的室内试验研究不是非常充分,这是因为过去的取土器无法取得合格的砂样,因此很少做原状砂的室内试验。近十年来,我国已经采用了国外的薄壁取土器的标准,并有了国内生产的取土器产品。这次采用薄壁取土器采取砂土原状样的试验研究的意义在于:

(1)揭示了原状砂土具有结构强度,用室内试验可以测得砂土的结构强度。

(2)在恢复原位应力的条件下可以测定其包括与应力历史有关的天然强度,周围压力越大,天然强度越高,莫尔—库仑包线在纵坐标轴上也有截距,显示出应力历史所形成的原状强度。

(3)用薄壁取土器可以取得质量比较好的原状砂样。

4.预处理方法与常规方法试验结果的比较

为了比较预处理的试验方法与常规试验方法对于确定土的天然强度的差别,根据不固结不排水试验得到的指标,用原位应力计算的总强度 τ 进行分析,计算的结果见例表 1.2-10。

土的总强度比较   例表 1.2-10

土样编号	土类	UU(kPa)	σ_3UU(kPa)	K_0UU(kPa)	$\tau_{\sigma_3}/\tau_{UU}$	τ_{K_0}/τ_{UU}
A-1	粉质黏土	25	35	36.8	1.4	1.47
A-4	粉质黏土	16.3	71.8	59.0	4.4	3.61
B-4	粉质黏土	4.3	44.0		10.2	
A-6	砂质粉土	42	84.8		2.0	
A-7	砂质粉土	33.7	81.7		2.42	
A-7	砂质粉土	80.3		140		1.74
B-7	砂质粉土	21.4	75.5	115.8	3.53	5.41
A-10	粉砂	136	270		1.98	
A-15	粉砂	302	255.9	351	1.18	1.16

从例表 1.2-10 可以得到下面几点认识：

（1）对地表硬壳层，预处理可以提高天然强度 40% 左右。

（2）对欠压密的粉质黏土层，取土扰动影响特别大，预处理提高的强度，对大直径土样为 3 倍以上，对小直径土样提高的绝对量不大，但相对倍数过大；预处理以后，大直径土样比小直径土样可提高强度 50% 左右。

（3）对砂质粉土，用大直径取土器取样，预处理可提高强度 50%～100%；预处理以后，大直径土样比小直径土样可提高强度 10%～20%。

（4）对粉砂，预处理对Ⅲ$_1$层粉砂的强度可提高 100% 左右，对Ⅲ$_5$层粉砂则仅提高 15%～20%。

（5）大直径取土器可有效地减少取土扰动，预处理方法可以恢复原位应力对天然强度的作用，两种方法的结合可以使试验结果比较真实地反映原位土层的天然强度。

（6）由于小直径取土器的扰动影响随土类而异，对小直径土样的常规不固结不排水试验结果进行扰动和卸除原位应力影响的修正，应进行更多的对比试验研究，目前尚不能提出可靠的修正系数。

（7）对重大工程，应采用大直径薄壁取土器取土，可以采集质量比较好的黏性土样和砂土样；对黏性土和粉土，应采用预处理方法的不固结不排水试验测定其天然强度指标，对深层砂土，试验方法应考虑测定在原位应力作用下的结构强度。

六、固结不排水抗剪强度试验

已有许多试验研究的结果证明，土样的扰动对固结不排水抗剪强度的影响比较小,本文不将固结不排水抗剪强度试验作为重点研究的内容,为了比较,进行了少量的试验,成果见例表1.2-11。

固结不排水抗剪强度试验成果　　　例表1.2-11

指标类型	土样编号	土类	黏聚力 （kPa）	内摩擦角 （°）	不排水模量 （MPa）
总应力指标	A-5（下）	黏质粉土	59.2	15.8	3.18
有效应力指标	A-5（下）	黏质粉土	0	37.0	
总应力指标	A-12（下）	粉砂	96	30.8	10.41
有效应力指标	A-12（下）	粉砂	84	32.2	
总应力指标	B-12	粉砂	190	24.2	9.78
有效应力指标	B-12	粉砂	60	38.4	

七、取土器直径对取样扰动程度的定量评价

前面分别比较了用不同直径的取土器取样的试验结果,包括土的压缩性指标和抗剪强度指标,从A孔和B孔的差别中已经明显地看出小直径的取土器对土样的扰动影响比较大,使土的天然强度降低,压缩性增大。为了定量地评价取样的扰动程度,根据在试验原理的讨论中提出的几种评价方法进行分析和比较。

1.体积压缩比法

利用高压固结试验的成果,按公式(例1.2-3)计算A、B两孔各试样的扰动指数,计算结果示于例表1.2-12。根据例表1.2-1土样质量评价的标准,统计两种取土器取样的质量分布示于例表1.2-13。从例表1.2-13可以看出,虽然扰动指数有一定的离散性,但趋势是十分明显的,用100mm直径取土器所取土样的质量优于用75mm直径取土器所取样的质量。

扰动指数的计算结果　　　例表1.2-12

A孔（取土器直径100mm）			B孔（取土器直径75mm）		
试样编号	试样	扰动指数 I_D	试样编号	试样深度	扰动指数 I_D
A-1（上）	2.30～2.60	0.47	B-2（上）	4.50～4.80	0.45
A-2（上）	4.10～4.40	0.35	B-2（下）	4.80～5.10	0.31
A-3（上）	6.30～6.60	0.26	B-3（上）	6.50～6.80	0.32
A-4（上）	8.30～8.60	0.36	B-4（上）	8.50～8.80	0.42
A-4（下）	8.60～8.90	0.36	B-4（下）	8.80～9.10	0.61

续上表

A 孔（取土器直径 100mm）			B 孔（取土器直径 75mm）		
试样编号	试样	扰动指数 I_D	试样编号	试样深度	扰动指数 I_D
A-5（下）	10.60~10.90	0.49	B-5（上）	10.90~11.20	0.35
A-6（上）	12.30~12.60	0.45	B-6（下）	12.80~13.10	0.36
A-6（下）	12.60~12.90	0.31	B-7（上）	14.10~14.40	0.31
A-7（上）	14.30~14.60	0.44	B-7	14.40~14.70	0.29
A-8（上）	19.07~19.37	0.58	B-8	17.44~17.64	0.62
A-9（上）	21.30~21.60	0.30	B-9	19.96~20.16	0.29
A-10（上）	24.30~24.60	0.40	B-10	22.37~22.57	0.67
A-10（下）	24.60~24.90	0.37	B-12	29.15~29.35	0.60
A-11（下）	27.60~27.80	0.28	B-13	31.67~31.87	0.40
A-12（下）	31.10~31.40	0.28	B-14	39.00~39.20	0.62
A-13（下）	33.60~33.80	0.41	B-15	47.03~47.23	0.39
A-14（上）	44.00~44.30	0.32			
A-15（上）	46.00~46.30	0.49			

试样的质量分布   例表 1.2-13

扰动指数 取土器	轻微扰动 (0.15~0.30)	中等扰动 (0.30~0.50)	很大扰动 (0.50~0.70)
直径 100mm	22.2%	72.2%	5.5%
直径 75mm	12.5%	56.3%	31.2%

2.自重应力下的体积应变 ε_v

自重应力下的体积应变可以用于评价土样的质量，在压缩曲线上，可按公式（例 1.2-8）计算自重应力下的体积应变 ε_v：

$$\varepsilon_v = \frac{\Delta V}{V} = \frac{\Delta e_0}{1+e_0} \qquad\qquad （例 1.2-8）$$

式中：e_0——土样的初始孔隙比；

Δe_0——加荷至自重应力时孔隙比的减量。

取土卸荷以后在试验室内再加荷时，在加荷至自重压力阶段，孔隙比的变化反映了土样的扰动情况。保持原状结构的土样，在这个阶段的孔隙比变化非常微小；

如果土样的扰动程度越大,则这个阶段孔隙比的变化也越大。根据这一原理,用公式(例 1.2-8)计算的体积应变可以用于评价土样的扰动程度。评定的结果用土样质量的好坏来表示,按体积应变评定土样质量的标准见例表 1.2-14。

体积应变评定土样质量　　　　　　　　　　　例表 1.2-14

$\varepsilon_v(\%)$	<1.0	1.0~2.0	2.0~4.0	4.0~10.0	>10.0
土样质量	优	好	中	差	很坏

根据高压固结试验的成果计算,A 孔土样的体积应变示于例表 1.2-15;B 孔土样的体积应变示于例表 1.2-16。

A 孔土样的体积应变　　　　　　　　　　　例表 1.2-15

孔号	试样编号	试样深度(m)	e_0	e_{σ_c}	$e_0 - e_{\sigma_c}$	$\varepsilon_v(\%)$
A	A-1(上)	2.30~2.60	0.978	0.932	0.046	2.33
	A-2(上)	4.0~4.40	1.239	1.05	0.189	8.44
	A-3(上)	6.30~6.60	1.256	1.03	0.226	10.02
	A-4(上)	8.30~8.60	1.193	1.04	0.153	6.98
	A-4(下)	8.60~8.90	0.893	0.773	0.12	6.34
	A-5(下)	10.60~10.90	0.872	0.771	0.101	5.40
	A-6(上)	12.30~12.60	0.852	0.823	0.029	1.57
	A-6(下)	12.60~12.90	0.788	0.736	0.052	2.91
	A-7(上)	14.30~14.60	0.794	0.699	0.095	5.30
	A-8(上)	19.07~19.37	0.663	0.598	0.065	3.91
	A-9(上)	21.30~21.60	0.738	0.694	0.044	2.53
	A-10(上)	24.30~24.60	0.819	0.773	0.046	2.53
	A-10(下)	24.60~24.80	0.962	0.908	0.054	2.75
	A-11(下)	27.60~27.80	0.772	0.718	0.054	3.05
	A-12(下)	31.10~31.40	0.86	0.828	0.032	1.72
	A-13(下)	33.60~33.80	0.751	0.709	0.042	2.40
	A-14(上)	44.00~44.30	0.599	0.548	0.051	3.19
	A-15(上)	46.00~46.30	0.854	0.763	0.091	4.91

B 孔土样的体积应变   例表 1.2-16

孔号	试样编号	试样深度（m）	e_0	e_{σ_c}	$e_0-e_{\sigma_c}$	ε_v（%）
	B-2（上）	4.50~4.80	1.227	1.12	0.107	4.80
	B-2（下）	4.80~5.10	1.160	1.06	0.1	4.63
	B-3（上）	6.50~6.80	1.345	1.139	0.206	8.78
	B-4（上）	8.50~8.80	1.253	1.04	0.213	9.45
	B-4（下）	8.80~9.10	1.239	1.07	0.169	7.55
	B-5（上）	10.90~11.20	0.912	0.831	0.081	4.24
	B-6（下）	12.80~13.10	0.975	0.915	0.06	3.04
B	B-7（上）	14.10~14.40	0.994	0.807	0.187	9.38
	B-7（下）	14.40~14.70	1.045	0.89	0.155	7.58
	B-8	17.44~17.64	0.930	0.815	0.115	5.96
	B-9	19.96~20.16	0.959	0.913	0.046	2.35
	B-10	22.37~22.57	0.784	0.675	0.109	6.11
	B-12	29.15~29.35	0.908	0.848	0.06	3.14
	B-13	31.67~31.87	0.771	0.71	0.061	3.44
	B-14	39.00~39.20	1.165	0.89	0.275	12.70
	B-15	47.03~47.23	0.776	0.695	0.081	4.56

按例表 1.2-14 的评定标准，对不同直径取土器的取样质量分布见例表 1.2-17。从表可以看出，用 100mm 直径取土器取土时，有 50% 的土样质量是中等，而用 75mm 直径取土器取土时则有 69% 的土样质量是差的，两者的差别是比较明显的。

试样的质量分布   例表 1.2-17

体积应变 取土器	质量好的 1.0~2.0	质量中等的 2.0~4.0	质量差的 4.0~10.0	很坏的 >10.0
直径 100mm	12%	50%	33%	5%
直径 75mm	—	25%	69%	6%

用两种方法评定土样的质量，得到了相似的结论。为什么直径较小的取土器取土质量会比较差呢？

在钻探取土时，取土器的刃口切入土中，在刃口压力的作用下，土体挤向两侧；同时，取土器内壁作用于土样外侧的摩阻力也带动土体向下位移，上面两种作用都使土样产生变形，扰动土的结构。越靠近取土器壁的部分，土的扰动越强烈，在土

174

样的中心部位受扰动的影响比较少。

B 孔的取土器直径仅为 75mm,固结试验试样的直径为 61.8mm,切取固结试验的试样后每边仅余土 6.6mm;而 100mm 直径土样在切除试样后,每边余土可达 19.1mm,显然已将扰动严重影响的部分留在比较宽的余土部分。因此,B 孔取土的试样中包含了相当多的结构强烈扰动的部分,试验得到的孔隙比和压缩性就明显偏大,在半对数坐标中的压缩曲线比较平缓,与理想原状土的曲线差别比较大,所以扰动指数和体积应变都比较大。由于试样扰动比较大,不论压缩试验或抗剪强度试验的结果都不能很好地反映土层的实际性状,试验的结果不可信。而 A 孔取土的试样,基本上没有受到取土扰动的影响,其结果可以比较客观地反映土层实际情况。因此,对重大工程的工程地质勘察,应当采用大直径的薄壁取土器取土。

3. 侧向卸载三轴不排水试验的探索

为了研究基坑开挖卸载的应力路径对抗剪强度的影响,进行了侧向卸载应力路径的三轴不排水试验的探索。应力路径试验是指土体在外力的作用下,土中某一点的应力变化的过程在坐标图中的轨迹,它是描述土体在外力作用下的应力状态及其变化的一种方法。我们这次试验的目的是用常规的三轴应力路径试验来模拟基坑开挖过程中,土体边坡侧向应力在释放过程中土的应变情况,从而得出一定规律作为设计的验证。具体的做法是在轴向应力 σ_1 不变情况下,减小 σ_3 的值,直至破坏,画出其应力应变曲线 $[(\sigma_1-\sigma_3)-\delta]$;在试验过程中对同一种土取 3 个土样,分别施加不同的轴向力来描述基坑开挖过程中的不同深度的情况;这样做同时也有利于对比求出土样的强度指标 c、φ 值。

这种特殊的试验对仪器性能的要求比较高,为此专门进行了仪器的研制与加工。在发现研制的仪器存在问题的情况下,又用刚进口的英国仪器做试验,由于这台仪器是通用设备,有些加载条件仍无法实现。又由于只有一台仪器,试验的数量不可能很多,因此只能做探索性的试验研究。

(1)试验土样

试验土样的室外编号为 A-5 和 A-7,取土深度为 10.5m 和 15.5m。土样长度为 80mm,直径为 39.1mm,橡皮膜厚度为 0.2~0.3mm。试验土样在切取后先用空压机里抽气 1h,紧接着在饱和器里饱和 10h 以上,以确保其是饱和的。这样做的目的是尽可能使土恢复到其原来的饱和状态。

(2)试验仪器设备

探索试验先在自行研制的应力路径三轴仪上进行,但由于轴压的施加和传递是由气压通过气缸来完成,因空气的可压缩性很大,所以在压力传递和卸去时有一个滞后现象,往往在气压阀上指针达到某一值之后很长时间,压力才会慢慢加上;同时,由于气压在保持稳定性方面很差,具体表现为气压好不容易加上之后,会随时间流失而消散。用气压压力室和气压施加轴向应力来做应力控制三轴试验是行不通的。随后在从英国 GDS 公司进口的非饱和土三轴仪上试验。这台仪器优点是其围压是水压控制,稳定性比较好;轴压也是液压控制;其控制系统为一台计算机,通过传感器每隔 10s 把土样的应力应变值采集记录并绘出曲线,以供实时监控;并且其压力系统如果失调可由计算机根据判断进行自动补偿。其缺点是围压和轴压的加荷没完全分离,即:轴压 = 围压 + 轴力 ÷ 土样横截面积;虽说理论上可以用其配备的轴向压力传感器接头实现分离加载,但实现起来很困难,不便操作,也不能进行严格的应力路径三轴试验。

（3）试验方案

根据试验要求,按原位应力条件确定等向固结的围压,先进行等向固结预处理 4h,再进行 K_0 固结预处理 1h,然后开始减少围压直至破坏。试验步骤和施加荷载的计算公式见例表 1.2-18。

侧向卸载试验方案   例表 1.2-18

试验步骤	轴 向 压 力	围 压	时间(h)
等压固结	$\sigma_1 = \dfrac{(1+2K_0)}{3}(\gamma h + \sigma_0)$	$\sigma_3 = \dfrac{(1+2K_0)}{3}(\gamma h + \sigma_0)$	4
K_0 固结	$\sigma_1 = \gamma h + \sigma_0$	$\sigma_3 = K_0(\gamma h + \sigma_0)$	1
释放围压剪切	$\sigma_1 = \gamma h + \sigma_0$	由 $\sigma_3 = K_0(\gamma h + \sigma_0)$ 降到破坏	4

（4）试验结果

1 号试样,取样深度 $h = 10.5$m,试验时的轴向压力与围压及时间的控制见例表 1.2-19。

试样 1 号的试验压力与时间控制   例表 1.2-19

试 验 步 骤	轴向压力 σ_1(kPa)	围压 σ_3(kPa)	时间(h)
等压固结	70	70	4
K_0 固结	99	55	1
释放围压剪切	99	由 55 降到破坏	4

2 号试样,取样深度 $h = 15.5$m,试验时的轴向压力与围压及时间的控制见例表 1.2-20。

试样 2 号的试验压力与时间控制　　　　　　　例表 1.2-20

试 验 步 骤	轴向压力 σ_1(kPa)	围压 σ_3(kPa)	时间(h)
等压固结	96	96	4
K_0 固结	137	76	1
释放围压剪切	137	由 76 降到破坏	4

3 号试样,取样深度 $h = 15.5\text{m}$,试验时的轴向压力与围压及时间的控制见例表 1.2-21。

试样 3 号的试验压力与时间控制　　　　　　　例表 1.2-21

试 验 步 骤	轴向压力 σ_1(kPa)	围压 σ_3(kPa)	时间(h)
等压固结	126	126	4
K_0 固结	180	99	1
释放围压剪切	180	由 99 降到破坏	4

试样 1 号的应力应变曲线见例图 1.2-10,纵坐标为主应力差,横坐标为竖向应变。在上述 3 个试样的应力—应变曲线中,试样 2 号具有峰值强度,破坏应变在 10%左右,试样 1 号和试样 3 号的曲线上都没有峰值,因此参照试样 2 号的破坏应变,也取 10%应变时的主应力差为破坏强度,则 3 个试样的试验结果见例表 1.2-22。

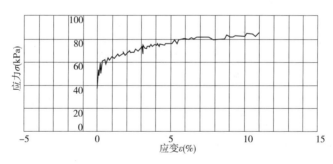

例图 1.2-10　侧向卸载应力路径试验应力应变曲线

侧向卸载不固结不排水试验结果　　　　　　　例表 1.2-22

试 样 号	起始应力(kPa)		破坏应力(kPa)	
	σ_1	σ_3	$\sigma_1 - \sigma_3$	σ_3
1 号	99	55	85	14
2 号	137	76	105	32
3 号	180	99	120	60

（5）不同应力路径试验结果的比较

将上述 3 个试样的侧向卸载应力路径试验结果与正常的竖向加载应力路径试验结果进行比较，数据见例表 1.2-23。比较结果说明，侧向卸载应力路径的不排水强度比竖向加载应力路径的不排水强度低。这个结果符合试样在不同应力路径下破坏的规律，如果起始的围压相同，竖向加载时大主应力增大，莫尔圆向右扩大直至 K_f 线而破坏；侧向卸载时，小主应力减小，莫尔圆向左扩大直至 K_f 线而破坏，由 K_f 线的倾角可以计算出不排水强度的差值；反之也可以根据试验结果求得 K_f 线的倾角。

不同应力路径试验的不排水强度比较（单位：kPa）　　　　　例表 1.2-23

侧向卸载试验			竖向加载试验		
土样编号	$(\sigma_1-\sigma_3)_f$	σ_f	土样编号	$(\sigma_1-\sigma_3)_f$	σ_f
A-5	85	14	A-4	106	25
A-7	105	32	A-7	124	25
A-7	120	60	A-7	168	50

根据例表 1.2-23 的数据，求得 K_f 线与纵坐标轴的截距为零，倾角为 36.7°，换算得到内摩擦角为 45°。当然，由于试验的数量过少，根据例表 1.2-23 的数据不可能得到非常可靠的定量结果。

八、结论与建议

（1）通过采用比较严格的取土技术和大量非常规的室内土工试验研究，对润扬长江公路大桥北锚碇工程场地土层的工程性质有了更深入和更全面的了解，有关土的变形特性和强度特性的试验数据和分析结果显示，大部分土层为轻度超压密土，天然强度比常规试验的结果高 10%～50%，压缩性低 50% 左右，说明场地的主要土层并不是特别软弱的地基，在保持原状结构的条件下，具有良好的工程性质。

（2）非常规土工试验的指标与常规试验的指标所进行的分析比较显示，润扬长江公路大桥北锚碇工程场地的常规土工试验所得到的设计参数低于地基土实际具有的工程性能，具有足够富裕的安全储备；依据这些指标所进行的工程设计，无论是由土体所产生的作用或抗力都留有相当大的安全度。

（3）测定土的天然强度时，采用预处理的方法能有效地消除取土卸载引起的扰动；采用 100mm 直径的薄壁取土器与常规的薄壁取土器相比，可以进一步降低机械扰动对试样的影响，对砂土也能取得高质量的不扰动土样；建议在重大工程的岩土工程勘察时,尽可能采用大直径的薄壁取土器,并在室内试验时进行一部分非常规的土工试验作为校核。

本案例参考文献

[1] 孙钧.岩土材料流变及其工程应用[M].北京:中国建筑工业出版社,1999.

[2] 魏汝龙.软黏土的强度和变形[M].北京:人民交通出版社,1987.

[3] 沈珠江.基于有效固结应力理论的土压力公式[J].岩土工程学报,2000,22
(3):352-356.

[4] 魏汝龙.开挖卸载与被动土压力计算[J].岩土工程学报,1997,19(6):88-92.

[5] 孙叔贤.基坑开挖伴随应力状态改变对土压力的影响[J].工程勘察,1998,3:
5-8.

[6] 胡中雄.土力学与环境土工学[M].上海:同济大学出版社,1997.

[7] 孙更生,郑大同.软土地基与地下工程[M].北京:中国建筑工业出版社,1984.

[8] Gao Da Zhao, et al.Geotechnical Properties of Shanghai Soils and Engineering Applications[M].ASTM STP 923.1986.

[9] 高大钊.软土地基理论与实践[M].北京:中国建筑工业出版社,1992.

[10] 史佩栋.高层建筑基础工程手册[M].北京:中国建筑工业出版社,2000.

[11] 中华人民共和国国家标准.GB 50021—1994 岩土工程勘察规范[S].北京:
中国建筑工业出版社,1994.

[12] 中华人民共和国国家标准.GB/T 50123—1999 土工试验方法标准[S].北
京:中国计划出版社,1999.

[13] 水利水电科学研究院,等译.黏性土抗剪强度译文集[M].北京:科学出版
社,1965.

[14] 贾庆山.大型油罐地基处理[M].北京:中国石化出版社,1993.

案例三 确定前期固结压力的新方法[1]
——试从次固结阶段的压缩速率来确定前期固结压力

一、说明

这是在50多年前写的一篇论文。1966年5月,在武汉召开了"岩土力学测试

---

[1] 编辑注:本文为20世纪60年代的会议论文,为反映历史原貌,仍保持原文的结构与格式。

技术学术会议",这篇文章是为这次会议准备的。

30年以后,即1997年,胡中雄教授在所著《土力学与环境土工学》一书第6.3节确定前期固结压力的方法中,写入了根据次固结原理确定前期固结压力的方法,即f法。

50年后,在整理资料时,发现了当年递交给"岩土力学测试技术学术会议"的这本交流资料全文,现将这篇文章以详细摘要的方式收入这本《岩土工程试验、检测和监测》。

文章的提要:"本文试提出了从次固结阶段的压缩速率来确定前期固结压力的方法,并报道了一系列的试验与分析结果。初步认为这种新方法是有实用价值的,并且有可能比前人的方法(如Casagrande提出的方法等)更好。"

当年,我在这篇文章的致谢中是这样写的:"试验中所用的土样由水文地质二大队及综合勘察院华东分院供给。同济大学土工试验室陈竹昌、李连荣、陈文华等同志在试验过程中付出了辛勤的劳动;俞调梅、余绍襄、陈竹昌等同志在试验及分析过程中给予关怀和鼓励,并提出了宝贵的意见,特此致谢。"在重读这篇年轻时所写的短文时,深情地感谢在50多年前曾经帮助过我的这几位老师和同事。

二、前言

我们进行这一方面的试验研究,是因为承担了某生产单位提出的任务,要求从固结试验确定土的前期固结压力;代表性的试验曲线见例图1.3-2,试验分析的总成果示于例图1.3-4,以及例表1.3-1的第一组。从例图1.3-2可以看出,在s-lg$t$曲线上找不到明显的反弯点,在s-lg$p$曲线上找不到明显的转折点。前者可能是由于土样内夹有许多薄的粉砂夹层,而粉砂夹层间难免存在着通道,因而使主固结阶段很快地完成了。后者是由于这种"原状"土样的取土质量不高,取土时有了一定程度的扰动。

我们试用熟知的Casagrande法[1]来确定前期固结压力,但得不到满意的结果,由此认识到Casagrande法只适用于取土质量较好的原状土,因而在现在的情况下,必须探索新的确定前期固结压力的方法。

新方法的基本概念如下。我们设想,当土样的扰动程度不太大时,仍然有可能从固结试验来确定前期固结压力。认为前期固结压力在变形过程中将反映为一个应力屈服值,它将把土的变形分为两个不同的阶段,而这两个阶段的变形机理是不同的,不仅有数量上的不同,而且有质的区别。认为在s-lg$t$曲线上的次固结阶段的压缩速率,亦即骨架蠕动速率,是能够很好地反映土的变形本质的一个指标。通过

用 C 法、R 法和 f 法求前期固结压力的成果汇总表

例表 1.3-1

第一组　原状土　（例图 1.3-4）

土样编号	土样的埋藏深度 (m)	土的分类名称	重度 γ (t/m³)	孔隙比 e_0	含水率 w(%)	液限 w_L (%)	塑限 w_P (%)	自重压力 p_0 (kg/cm²)	卸荷压力 p'_0 (kg/cm²)	试验室确定的前期固结压力 p_0 (kg/cm²) C	R	f	p_c/p_0 或 p_c/p'_0 C	R	f
A1	1.75	亚黏土	2.00	0.72	25.7	34.8	19.0	0.25		1.50	0.96	1.00	6.00	3.84	4.00
										1.70	0.96	1.00	6.80	3.92	4.00
A2	2.75	亚黏土	1.87	0.96	34.1			0.35		1.50	0.32	0.32	4.28	0.92	0.92
									1.50	1.50	0.36	0.38	4.28	1.03	1.09
C3	13.75	黏土	1.69	1.46	51.2	43.4	42.9	1.15		1.60	1.30	1.30	1.07	0.87	0.87
										0.88	0.70	0.90	0.85	0.61	0.78
D2	15.75	亚黏土	1.74	1.35	48.9	43.5	20.9	1.30		1.00	0.70	0.80	0.87	0.61	0.70
										0.54	1.20		0.42	0.93	
E6	23.75	亚黏土	1.87	0.93	32.4	35.4	19.0	1.87		0.48	1.30	1.25	0.37	1.00	0.96
										1.60	1.60	1.50	0.86	0.86	0.80
										1.50	1.30	1.40	0.80	0.70	0.75

续上表

土样编号	土样的埋藏深度(m)	土的分类名称	重度 γ (t/m³)	孔隙比 e₀	含水率 w(%)	液限 wL(%)	塑限 wp(%)	自重压力 p₀ (kg/cm²)	卸荷压力 p'₀ (kg/cm²)	试验室确定的前期固结压力 p₀(kg/cm²) C	R	f	pc/p₀或 pc/p'₀ C	R	f
F2	30.75	亚黏土	2.06	0.61	22.3	32.2	16.8	2.57		2.00	3.20	3.60	0.78	1.24	1.39
								2.57		2.30	3.20	3.80	0.90	1.24	1.48
第二组 原状土															
A3	8.8-9.2	亚黏土	1.82	1.03	36.3	31.6	20.6		2.0		1.5	2.0		0.75	1.00
	8.8-9.2	亚黏土	1.82	1.03	36.3	31.6	20.6		4.0		3.1	4.0		0.78	1.00
A4	16.4-16.7	亚黏土	1.77	1.34	51.2	38.6	22.6		2.0		1.8	1.7		0.90	0.85
	18.2-18.5	亚黏土	1.71	1.32	51.5	38.2	21.7		4.0		2.8	3.0		0.70	0.75
C								1.35			0.85	0.80		0.63	0.59
D								1.50			1.35	1.30		0.90	0.87
第三组 人工制备土															
1		黏土	1.91	0.86	29.1				1.5		0.87	1.50		0.58	1.00
2		黏土	1.93	0.82	29.3				1.5		0.87	1.64		0.58	1.09
平均值													0.77	0.84	0.94
±均方差													±0.23	±0.20	±0.22

182

试验研究和分析,我们发现在一定的压力范围内,次固结阶段的压缩速率随着压力的增加而增加,而且当压力超过某一数值(即压力屈服值)以后,压缩速率突然增大(例图 1.3-1,例图 1.3-3)。这样,就明确了上述屈服值是存在的。并且,初步假定这一应力屈服值即反映了土的前期固结压力。计算分析的结果证明了这种假定是合理的。因此,认为这是一种有希望的新方法。

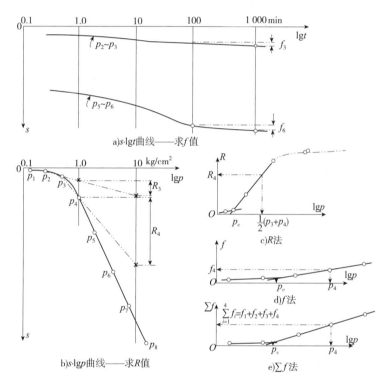

例图 1.3-1 前期固结压力(p_c)的确定

后来,我们又进行了另一组原状土样的试验(例表 1.3-1 中的第二组土样),以及一些人工制备的土样的试验(例表 1.3-1 中的第三组土样),其中包括卸荷后再加荷的试验。

三、试验室工作及计算分析

试验时加荷从 0.083kg/cm^2 或 0.167kg/cm^2 逐步增加到 8kg/cm^2(这是仪器所能承受的最大压力),对部分土样进行了卸荷及重复加荷,每一级持续时间约 24h(但是,次固结并没有达到完全稳定)。代表性的压缩曲线见例图 1.3-2。

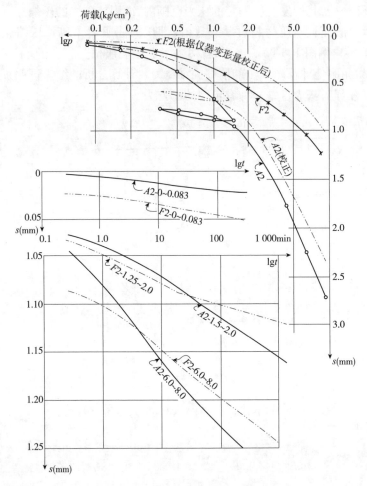

例图 1.3-2　代表性的压缩曲线(第一组)

计算分析时采用了三种方法:C 法(即 Casagrande 法),R 法和 f 法(又可分为 f 法及 $\sum f$ 法)。

(1)R 法。在例图 1.3-1b)所示的压缩量与压力对数的关系曲线上,得出如下的方程式:

$$s+\Delta s=s+R\lg\frac{p+\Delta p}{p} \qquad\qquad (例 1.3-1)$$

式中,s 及 s+Δs 分别为压力 p 及 Δp 时的压缩量(mm);R 以毫米计。在例图 1.3-1b)中,连接 p_2 及 p_3,作一直线,相交于 $p=1,p=10$ 线上的截距即作为相应的 R

值(R_3),以此类推。在例图 1.3-1c)中,在半对数纸上作出 R_i 与 $\frac{1}{2}(p_{i-1}+p_i)$ 关系的曲线,取转折点作为前期固结压力(p_c)。

应当指出,R 法与 C 法的基本概念是一致的,但 R 法消除了 C 法作图时的人为因素,比较简单明确。

(2)f 法。在例图 1.3-1a)所示的压缩量与压力对数的关系曲线上,得出如下的方程式:

$$s+\Delta s = s+f\lg\frac{t+\Delta t}{t} \qquad (\text{例 } 1.3\text{-}2)$$

式中,s 及 $s+\Delta s$ 分别为 t 及 Δt 时的压缩量(mm);f 以毫米计。在例图 1.3-1a)中,在 p_2 增加到的曲线上 p_3,取 $t=10$ 及 100(或 100 及 1 000)线上的截距即作为相应的 f 值(f_3),以此类推。如例图 1.3-1d)所示,在半对数纸上,作出发 i 与 p_i 关系的曲线,取转折点作为前期固结压力(p_c)。也可以从 $\Sigma f\text{-}\lg p$ 曲线上找到转折点(例图 1.3-1)。

用 R 法及 f 法确定前期固结压力的图解实例示于例图 1.3-3。

第一组土样分析总成果示于例图 1.3-4。

3 组土样的试验分析总成果示于例表 1.3-1。为了初步论证 3 种方法的准确程度,我们计算了曲线上求得的前期固结压力(p_c)对于自重压力(p_0)或卸荷自重压力(p''_0)之比的平均值及其均方差。这一数值对于 C 法、R 法及 f 法分别为0.77±0.23,0.84±0.20 和 0.94±0.22。这初步说明了 f 法是一种有希望的方法。

四、讨论

我们根据以上的试验分析,并参考文献资料,提出如下的初步看法。

(1)Casagrande 提出的确定前期固结压力的方法,是在 20 世纪 30 年代提出的,已经被许多土力学工作者所采用,并经不断修正和发展(参考文献[1],第149~156 页)。但是,这种本来就不是十分可靠的方法。例如,Casagrande 曾经报道:"有一个约 30m(100ft)"厚的冰川黏土层,位于岩石上面,而下部的 15m(50ft)的前期固结压力约为常数,这就是说,下部的前期固结压力约为覆盖土层荷载的一半。对于这样的古老沉积,这看来是不可能的。Casagrande[2] 曾经作了如下的解释:认为岩层内可能有承压水,因而该冰川黏土层内存在着向上的渗透压力。但是,这种解释不能认为是完全满意的。Crawford 的试验研究[3]更说明了,从 $s\text{-}\lg p$ 曲线来确定前期固结压力时,求得的结果将因加荷程序的不同而得到很不相同的结果。例如,对于某一海相黏土,采用 4 种不同的加荷程序时(每昼夜加荷一次、每星期加荷一次、在主固结阶段终了时加荷,等速加荷),所求得的前期固结压力最低为 1.3kg/cm^2,最高为 3kg/cm^2。由此可知,从 s-lg$p$ 曲线确定前期固结压力,存在着很大的不定因素。

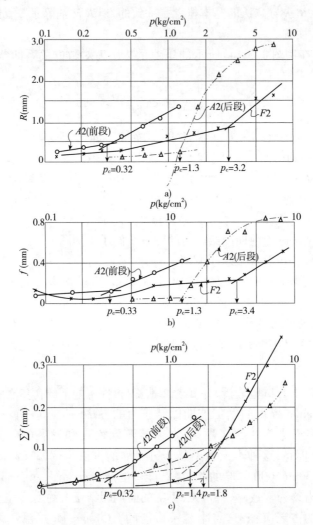

例图 1.3-3 前期固结压力(p_c)的确定——R 法及 f 法的实例

（2）土在过去曾经受过的固结压力,即前期固结压力,在一定程度上是会反映在土的试验指标上去的。例如,有些文献资料(参考文献[1],第 210 页;参考文献[4])说明了,土的弹性模量、不排水抗剪强度与前期固结压力之间具有一定的经

186

验关系。同时,前期固结压力不容易很准确地求得,因为前期固结压力不是决定土的变形与强度性质的唯一因素。但是,正因为前期固结压力在生产中具有一定的意义,所以不应当局限于前人已提出的方法,而应当从不同角度进行探索,f 法正是这样提出来的。

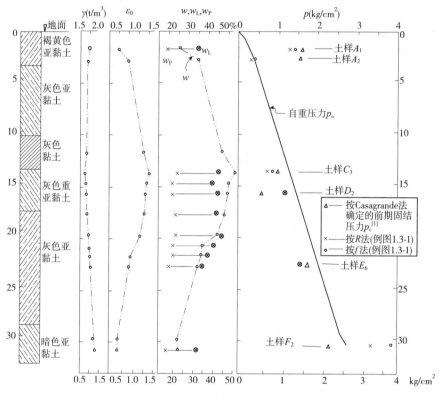

例图 1.3-4 第一组土样(例表 1.3-1)的分析结果

顺便提出,采用压缩量(或沉降量)与时间对数的关系,在曲线上找到转折点,曾经应用于求出桩的极限承载力[5],这种方法具有一定的普遍意义。

(3)在我们试用的两种新方法中,认为 R 法并没有很重要的意义,只是在土样及试验条件在质量上不够满意时,为了用 C 法时可能引起的人为因素而采用的。同时,认为 f 法是有发展前途的。但是因为土样、仪器及试验质量不够高,最大压力仅达 $6 \sim 8 \mathrm{kg/cm^3}$,试验的土样种类太少,试验组数也不够多,分析时也曾经发现过一些规律性不太强的现象,所以,不能根据例表 1.3-1 所列出的分析成果就立刻肯定 f 法的优越性。

（4）我们建议，以后在进行正常固结试验（不是快速固结试验）时，如加荷分级较多（例图 1.3-2），就可以尽量试用 f 法来分析（同时并不排除用其他方法分析），以积累资料，理由如下：

①由于加荷程序中规定的每级荷载的假定稳定时间不同，将反映为很不同形式的 s-$\lg p$ 曲线[3]，但是这对于 s-$\lg t$ 曲线的次固结阶段的斜率的影响，估计将是较小的。

②原状土的质量。估计对于 f 法也将有较小的影响。

③只要是有必要进行正常的固结试验时，用 f 法来分析并不困难，计算分析所需的时间是有限的。

（5）用 f 法时，在预估的前期固结压力值的前后，须有较多的加荷阶段，否则不容易得出 f-$\lg p$ 关系（例图 1.3-1，例图 1.3-3）的突变点。例如，例图 1.3-2 所示的加荷阶段就比习惯上采用的成倍加荷密得多。这是 f 法带来的麻烦。

本案例参考文献

［1］G. A. Leonarde. Foundation Engineering. 1960.

［2］A. Casagrande. Diaouasion—the determination of the pre-consolidation Ⅲ, 1966, 60-64.

［3］CarlB. Crawford. Interpretation of the consolidation test. Proc. ASCE, VOL, 90, No. SM5, Sept, 1964, 87-102.

［4］S. D. Wilson, B. J. Dietrich. Effect of consolidation pressure on elastic and strength properties of clay. Rssearch conference on shear strength of cohesive soil. 419-435.

［5］魏汝龙. 论试桩资料分析中的几个问题[C].中国土木工程学会第一届土力学及基础工程学术会议论文选集（内部资料），1964:323-332.

第2章 原位测试

原位测试是指在现场原位进行的、在保持土的自然成土条件和应力条件下进行的测定或试验。这里称为"原位"是指相对于取土样在室内试验而言的。由于原位的应力条件比室内试验复杂得多，通常需要借助于弹性力学半无限体的解答完成所需指标的计算，而室内试验的分析只要应用材料力学的解就可以了。由于可以避免取土时对土样的扰动，一般认为原位测试可以更好地反映土的天然结构对土的性能指标的影响。

由于原位测试需要花费大量的人力物力，因此一般做得比较少，积累的经验和资料也就很有限了。收集在这一章中的问题包括载荷试验、静（动）力触探、贯入试验和波速测试等方面的一些问题。

网 络 答 疑

2.1 用载荷试验得到的变形模量与压缩模量有何不同？

A 网友：

请老师指点：Q_3 的粉质黏土，标贯修正后的击数达 10 击，e、I_L 平均值分别为 0.794、0.151，压缩模量的平均值为 6.07MPa，5 台载荷板试验的承载力特征值与变形模量数据如表 2.1-1 所示。

载荷板试验数据   表 2.1-1

试验号	1	2	3	4	5
承载力取值（kPa）	191.7	208.3	183.3	200.0	158.3
变形模量（MPa）	9.93	9.26	9.48	10.47	10.67

分析变形模量与压缩模量之间的关系，如令 $E_0 = \beta E_s$，则表明 $\beta < 1$。但从数据看，压缩模量 E_s 的数值是 6.07，与变形模量 E_0 的数值很不协调。请问为什么会这样，勘察报告应该怎样取值？

承载力特征值取值 190kPa 行不行？据说承载力特征值和压缩模量有个对应关系,这里审图时同样也说地层的承载力提高了,承载力特征值一般都控制在 160kPa,对应的压缩模量为 6~7 之间,有这种对应关系吗？

我们这里黏性土一般提压缩模量,砂土才提变形模量,而计算沉降时都是用压缩模量,砂土提变形模量有没有用呀？设计上用过变形模量吗？

答　复:

谢谢你提供了一个对比试验数据的案例,有助于我们理解和认识有关土力学的一些基本概念。

对同一个土层,如果做了压缩试验和载荷试验这两种试验,就会出现像这位网友所看到的情况,这种情况是否正常？

我们先从试验的基本原理方面进行分析。

压缩模量是在侧向不能自由膨胀的条件下,竖向应力与竖向应变之比。压缩试验是在压缩仪里做试验的,试样置于环刀之中,因此试样的侧向变形等于零,但试样在侧向是有侧压力的。因此,压缩试验的变形是单向的,而应力条件却是三向的。

我们再来分析在载荷试验条件下,根据作用在载荷板上的压力与载荷板的平均下沉量曲线上的拐点或者控制 s/b 为某个界限值时,变形模量的计算公式。

变形模量的定义是土在侧向自由膨胀的条件下应力与应变之比,应力是单向的,而其变形却是三向的。按其定义,应该是土的无侧限抗压强度试验时应力—应变曲线上的斜率。但一般是由载荷试验求得;对于均质、各向同性的土,认为三个方向的变形模量是一样的。

从理论上可以得到压缩模量与变形模量之间的换算关系:

在侧限压缩试验中,σ_z 为竖向压力,由于侧向完全侧限,所以:

$$\varepsilon_x = \varepsilon_y = 0 \tag{2.1-1}$$

$$\sigma_x = \sigma_y = K_0 \sigma_z \tag{2.1-2}$$

式中:K_0——侧压力系数,可通过试验测定。

利用三向应力状态下的广义胡克定律,根据式(2.1-1)得:

$$\varepsilon_x = \frac{\sigma_x}{E_0} - \mu\left(\frac{\sigma_y}{E_0} + \frac{\sigma_z}{E_0}\right) = 0 \tag{2.1-3}$$

式中:μ——土的泊松比。

将式(2.1-2)代入式(2.1-3)得:

$$K_0 = \frac{\mu}{1-\mu} \tag{2.1-4}$$

或

$$\mu = \frac{K_0}{1+K_0} \tag{2.1-5}$$

再考察 ε_z 得:

$$\varepsilon_z = \frac{\sigma_z}{E_0} - \mu\left(\frac{\sigma_x}{E_0} + \frac{\sigma_y}{E_0}\right) = \frac{\sigma_z}{E_0}(1-2\mu K_0) = \frac{\sigma_z}{E_0}\left(1-\frac{2\mu^2}{1-\mu}\right) \tag{2.1-6}$$

将侧限压缩条件 $\varepsilon_z = \dfrac{\sigma_z}{E_s}$ 代入上式左边,则:

$$\frac{\sigma_z}{E_s} = \frac{\sigma_z}{E_0}(1-2\mu K_0) \tag{2.1-7}$$

这样就得到:

$$E_0 = E_s(1-2\mu K_0) = E_s\left(1-\frac{2\mu^2}{1-\mu}\right) \tag{2.1-8}$$

令 $\beta = 1-\dfrac{2\mu^2}{1-\mu} = 1-2\mu K_0$,则有:

$$E_0 = \beta E_s \tag{2.1-9}$$

式(2.1-9)给出了变形模量与压缩模量之间理论的关系,由于 $0 \leqslant \mu \leqslant 0.5$,所以 $0 \leqslant \beta \leqslant 1$。

必须指出,上式只是 E_0 和 E_s 之间的理论关系,是基于线弹性假定得到的。但土体不是完全弹性体,而且,由于现场载荷试验和室内侧限压缩试验测定相应指标时,各有无法考虑的因素,如:压缩试验的土样受扰动较大、载荷试验与压缩试验的加荷速率、压缩稳定标准均不一样、μ 值不易精确测定等,使得理论计算结果与实测结果有一定差距。实测资料表明,E_0 与 E_s 的比值并不像理论得到的在 $0 \sim 1$ 之间变化,而是如我国 20 世纪 60 年代初期总结出的那样,E_0/E_s 的平均值都超过 1,土压缩性越小,比值越大。20 世纪 70 年代,在编制《建筑地基基础设计规范》时,从全国收集了大量这种对比试验数据的资料。当时分类统计的结果见表 2.1-2。

E_0/E_s 的全国调查资料   表 2.1-2

土 的 种 类	E_0/E_s 的变化范围	E_0/E_s 的平均值	频　数
老黏性土	1.45~2.80	2.11	13
红黏土	1.04~4.87	2.36	29

续上表

土 的 种 类	E_0/E_s的变化范围	E_0/E_s的平均值	频 数
一般黏性土	1.60~1.80	1.35	84
粉土	0.54~2.68	0.98	21
新近沉积黏性土	0.35~1.94	0.93	25
淤泥及淤泥质土	1.05~2.97	1.90	25

同两个指标间的理论关系相比可以看出,结构性强的老黏土等,与理论的结果相差较大。反之,结构性弱的土,如新近沉积黏土等,E_0/E_s平均值和下限值都是最小的,比较接近于理论计算的结果。

变形模量与压缩模量之间的理论关系和经验关系有很大的差别。产生差别的原因在于土的结构性,结构性越强的土,差别越大。老黏性土和红黏土的结构性很强,其 E_0/E_s 的经验平均值都大于 2;新近沉积黏性土和塑性指数小于 10 的粉土的结构性较弱,其平均值在 1 左右;而冲填土因年代最新,几无结构性,其比值小于 1,与理论关系最为符合,这说明在几无结构性影响的条件下,压缩模量确实大于变形模量,与理论推导的结果一致。为什么结构性越强的土,压缩模量反而越小于变形模量呢? 这是因为在钻探取土的过程中扰动了土的结构,在试验切土时又近一步扰动土的结构,致使室内压缩试验的结果不能反映原状土的压缩特性。

值得注意的是,土的弹性模量要比变形模量、压缩模量大得多,可能是它们的十几倍或者更大。

2.2 由原位测试指标计算得到的地基承载力有没有包括深度的影响?

A 网友:

高老师好!

《工程地质手册》中有不少关于由标贯、静探等原位测试的结果预估地基承载力的公式,请问高老师,由这些原位测试指标计算得到的是地基承载力标准值 f_{ak}呢,还是修正后的 f_a,还是其他?

我的理解:既然是"原位"测试,公式中就包含了埋深的影响,但不包括基础宽度的影响,所以得出的地基承载能力既不是 f_a,也不是 f_{ak}。实际应用中应考虑基础宽度的影响,即进行(也只要进行)宽度修正。

不知道我的理解是否正确,请高老师指教。

答　复：

在各种手册中的这一类用原位测试的结果预估地基承载力的公式,都是在原位测试与载荷试验资料对比分析的基础上,统计出来的回归方程。由于对比的载荷试验都是在零埋深和小尺寸压板的条件下得到的,因此,应用这些公式估计得到的承载力都是深宽修正以前的承载力,应用时应根据实际的基础尺寸与埋置深度,进行深宽修正。

你说,原位测试应包含了深度的影响,对于在土层的深部做的试验需要考虑这个问题,就如现在把静力触探做到地面以下几十米的地方,怎么解释其应力水平和指标之间的关系呢? 但那是另外一个问题了。而在这些地基承载力公式中的原位测试数据,一般都是在浅层载荷试验点附近,也就是在不太深的深度处做的原位测试的试验结果,因此公式中的原位测试数据也并没有包含这样深的深度效应。

如果你现在用在一般浅基础埋置深度量级的深度处做的测试,可能相差那么几米或者十多米,这种深度差别的效应比较小,而且回归方程本身是存在统计误差的,没有那么精确,就忽略了这些差别。

如果原位测试是在几十米深度做的,那试验的深度或者说是上覆压力对原位测试结果是存在明显的影响。但如何考虑这种影响呢? 事实上,目前还没有一种标准化的方法,这是其一;其二是用这样深的原位测试结果代入由平板载荷试验得出的回归方程来估计这样深的部位的"浅基础地基承载力",得到的将是什么样的物理量? 这种做法本身也就值得商榷了。因此,即使需要在地面下几十米的深度处做的深层载荷试验,还是采用在压板的周围有临空面的条件下的试验,做出来的试验结果还是在这样深度处的无埋置深度的地基承载力。如果需要考虑埋深的影响,还是需要再采用深度修正的方法。也就是说这种载荷试验是无埋置深度的一种标准条件下的试验,才具有通用的价值。

2.3　为什么采用这样的加载方法?

A 网友:

最近看到高老师准备写第四本答疑的书,是关于岩土原位测试方面的,正好请教几个问题。

(1)现行规范上的载荷试验(浅层、深层),桩基静载试验,锚杆的承载力试验,都是采用慢速、多级循环加载,荷载一级一级地加上去,然后退回来,请问这样做有什么依据? 为何要这么做? 不能一次加大点,或者一次加到破坏荷载吗? 为何要按照规范规定的加载步骤做呢?

（2）如何由静力触探曲线进行土层的分层以及判别土层的工程性质，希望高老师能讲一讲这方面的知识。高老师主编的《岩土工程手册》对这个问题讲得好像不多。

B 网友：

为了避免在专家面前班门弄斧，纯粹谈谈自己的理解，也许不对，最终以高老的为准：

（1）就拿平板载荷试验来说吧，通常是根据试验，得出 p-s 曲线（非线性）。为了提高精度，多级加载，观测不同的稳定时的沉降，多点拟合曲线。这样得出的曲线，成果应用可靠性才高。

（2）静力触探曲线分层，问问做过勘察的人，根据曲线形状（q_c、f_s、R_f）或单 p_s，基本有个大致判别土类及强度大小的方法，也可参考下《工程地质手册》上的方法。

答　复：

有两种控制试验的方法，一种是应力控制，还有一种是应变控制。

像平板载荷试验这一类的试验方法是属于应力控制、分级加载的方法，在每级荷载作用下要求达到稳定的标准，前一级稳定了才能施加下一级荷载，如果稳定不下来，就认为已经达到破坏的标准，其前一级荷载就是极限荷载。这种加载的方式是模拟实际工程逐级增加荷载的加载条件，实际的工程加载并不是"一次加到破坏荷载"的。

分多少级施加？什么是已经达到稳定的标准？什么是破坏的标准？这些问题都是经过各个国家的工程实践定下的一些经验规则，也是总结了一段时间内工程实践的经验，各个国家的标准之间可能会有一些差别，但大体的方法和思路是相仿的。

为什么要定加载的标准呢？这是为了统一工程师的行为规则和术语的内涵，统一了一个国家的工程标准，以统一各个工程项目之间的可比性，从而实现一个国家在工程安全度方面的统一。这些统一的规定是反映了在很长一段时间内的工程经验的总结。

2.4　怎样分析土压力和孔隙水压力的量测数据？

A 网友：

高老师您好！有几个方面的问题向您请教：

一、土压力问题

通常在堆载预压等地基处理过程中要埋设土压力盒，对此，我有如下一些疑问：

1.目的

土压力盒顾名思义是监测上覆土压力的,那么堆载预压中埋设土压力盒是不是为了了解不同深度处堆载预压后土压力的增量,以了解各个深度实际的附加压力到底为多少?

2.测试结果

土压力计测试的结果到底是自重压力还是总压力?

3.案例

假设上海的正常土层情况,堆载 5m 素土,从地面开始每隔 5m 埋设一个土压力盒至 40m,竖向埋设,那么以高老师的经验,各个土压力计土压力初始值及堆载 5m 后的值各自应该为多少才是正确的?

二、孔隙水压力

在很多地基处理方法中都要用到孔隙水压力监测。

1.目的

孔压监测可以用来测定施工引起的超静孔隙水压力,以指导施工,避免发生弹簧土等问题而导致机械设备失稳等。

2.测试结果

埋在不同深度处的孔隙水压力计所测的结果应该是不同深度处的孔隙水压力,如果某个埋深位置的孔隙水压力增量为零,那么说明地基处理的影响深度即为这个深度以上。

第一个疑问是,如果地基处理范围内本来在降水,但施工开始前(如强夯)拔掉降水管,就开始施工,那么所监测的孔隙水压力即包含水位恢复及施工引起的超孔压,如何区分? 当然可以通过水位管监测水位的变化,但是水位管中水位经常会因为施工而上升到孔口,无法知道孔压增量到底有多少是因为施工引起的。

第二个疑问是,孔隙水压力计埋设在潜水层中和承压水层中所测孔隙水压力应该如何计算? 比如 6m 以上是潜水,6~10m 是隔水层,10~20m 是承压水层,20m 的承压水头为 5m,潜水水位在 1m、5m 及 20m 位置分别埋设一个孔隙水压力计,那么 5m 位置的孔隙水压力值是否约为 40kPa,而 20m 位置的孔压值是约为 50kPa 还是 190kPa 呢?

3.案例

假设上海的正常土层情况,堆载 5m 素土,从地面开始每隔 5m 埋设一个孔隙水压力计至 40m,那么以高老师的经验,各个孔隙水压力计孔隙水压力的初始值及堆载 5m 后的瞬时值各自应该为多少才是正确的?

以上监测值都可从理论上去考虑,实测值因种种原因而不同,但总应该符合一定的规律。

答　复:

如果是在天然土层中用埋设压力盒的方法实测土压力,可能会有些问题,不知道你们用的是什么样的传感器?

因为,压力盒一般是埋设在地下结构或基础的表面,测定土体作用于界面上的土压力。虽然由于弹性膜的刚度低于周围结构的刚度,所测得的压力可能小于实际存在的压力,但一般认为压力盒是比较适宜用于量测结构物与土的界面的接触压力。

如果你们是将压力盒埋设在土体中,则如何限定界面的方向性是比较困难的,试想在比较软弱的土体中埋入一个刚性体,该点的应力状态也就完全改变了,不知道测得的是什么东西。因此,就有采用设置一种称为“气囊”的缓和装置来减少因压力盒刚度过大而产生的应力集中现象的影响。

所以,一般采用测定孔隙水压力的方法,孔隙水压力没有方向性,由水传递荷载,加载时测得的是孔隙水压力,全部消散以后,孔隙水压力转变为有效压力,也就是土中该点的竖向有效应力。

当然,测孔隙水压力也有埋设的问题,如果一个孔埋设一个特定深度的测点,封孔要求比较简单;如果一个孔中在不同深度处埋设一串传感器,那么点与点之间必须密封,不能连通。如果密封不好,产生连通了,那测定的就不是这一点的孔隙水压力了。因此如果埋设不好,则前功尽弃。点与点之间需要填塞风干的膨润土球来加以密封。

用孔隙水压力传感器测得的是全部的水压力,包括了静水压力,但如何扣除静水压力也是一个难题。特别在施工过程中地下水位是处于不断变化的条件下,在静水位没有稳定时,只能测得增量,按增量分析。但这个增量包括了堆载的作用、强夯的作用和降水的作用等的综合效应。

在潜水层中埋设孔隙水压力传感器以后,可能开始的水压力不大,后来慢慢上升到潜水位。但这仅是理论上的,实际上由于埋设技术的影响,很多情况会低于这个潜水位。如果埋设在有承压水的土层中,则孔隙水压力计应该显示出这个承压水头,或者稍低一些。

你问:“土压力计测试的结果到底是自重压力还是总压力?”的这个提法不是太明确。自重压力是相对于附加压力而言的,在沉降计算时只考虑附加压力的作用。而自重压力和附加压力之和就是总压力。这是沉降计算的前提,但我估计你问的可能不是这个问题。你是不是想问,用土压力盒测定的是由土的自重产生的压力还是包括了由于外荷载的作用所产生的那一部分压力? 如果确实是这样的问题,那我告诉你,这两种压力都可以用土压力计量测。但是土压力计不能把孔隙水压力和有效应力分开。所以,用土压力计可以测定土的自重压力和附加压力,但不能测孔隙水压力。如果要测定孔隙水压力,就应该用测定孔隙水压力的传感器。

测定孔隙水压力的传感器可以基于各种原理,也可以在土压力计的膜片前面加装透水石的办法来测定孔隙水传递的压力,而将土压力传给压力盒的外壳,因此就显示不出来了。显示出来的只是水压力。

你这里的第 2 个疑问中,关于"10～20m 是承压水层,20m 的承压水头为 5m"的说法似乎不通。20m 的承压水头怎么只有 5m 呢? 这里需要明确两点:一是哪点位置的水头? 二是水头高度是多少? 你这里说"20m 的承压水头"是指哪一点的? 是指在 20m 深度处的,即层底的水头? 如果是指这个位置的水头,只有 5m 的水头那就不对了。如果是承压水,则层底的水头肯定要大于层厚才是。

这里涉及一些水力学方面的基础知识和术语,包括如水位、水头高度、水压力和水头梯度等,岩土工程师需要掌握一定的水力学方面的知识,才能正确地用以研判工程的水力条件。

2.5 检测单桩承载力时如何考虑负摩阻力的影响?

A 网友:

某工程的地质条件大致情况为:上部是十几米的松散填土,其下是几米的黏土,再下面就是强风化的花岗岩。设计采用 400mm 直径的管桩,以强风化的花岗岩为持力层,正摩阻力加端承力取值为 170t,考虑十几米的松散填土,负摩阻力取值 30t,考虑负摩阻力产生的下拉荷载后的桩承载力特征值取为 170t-30t＝140t。现在做桩基检测时,设计单位要求按 170t 的特征值做检测,这样试验时的极限值就要达到 340t。他们的理由是:十几米的松散填土在后期会产生较大沉降从而产生负摩阻力,而在桩基检测的时间点负摩阻力还未产生,所以在检测时的正摩阻力加端承力要达到 170t 才能满足后期产生的负摩阻力的不利影响。现在甲方和施工单位对 400mm 直径的桩,按 170t 的特征值去做检测很是担心,觉得有较大风险。对于这种存在负摩阻力的管桩,检测时真的要按这种扣除负摩阻力之前的大值来检测吗?

答　复:

静载试验阶段,由于不具备产生负摩阻力的条件,因此做静载试验时无法检测桩的负摩阻力,故设计单位的考虑是有道理的。这个问题在工程中碰到的比较多,争论也比较大,也没有相关规范规定应该怎么做;我认为设计单位对桩基检测的分析还是有道理的,应该按设计单位的要求做。

依据《建筑桩基技术规范》(JGJ 94—2008)第5.4.3条,负摩阻力是作为外加荷载作用在桩上考虑的,这个工程的单柱荷载加上桩基的负摩阻力等于总荷载,总荷载除以单桩承载力等于桩数;单桩承载力是与地基土性质和桩身材料等有关的,在这些条件确定时桩基承载力是确定的,桩基检测也是确定的、明确的。而甲方和施工单位所担心的问题是不存在的,之所以会产生种种疑虑,是源于对负摩阻力概念的逻辑关系的误解和误判。如果担心在试桩时,桩身结构不能承受那么大的轴力,那怎么能承受将来工程上的荷载呢?

需要明确建设单位和施工单位担心的事情:单桩承载力主要由两部分,即桩身结构强度和地基土极限支承力确定,是担心桩身结构无法满足要求还是地基土极限支承力有问题?

为了检验判断是否正确,建议可以在大规模工程桩施工以前,先进行一定数量的试桩,直接为桩基设计提供依据,同时也可以控制工程风险;根据试桩结果再进行桩基设计。

2.6 怎样取舍试验成果与提供建议值?

A 网友:

我们这里的审图专家在审查报告时提出:

(1)"应明确说明测试成果统计时的取舍依据,标贯舍去,而液化判别时涉及相关标贯点又参与判别计算,为何?"——整理资料时根据3倍方差对数据进行了取舍,部分标贯数据被舍去,液化判别时涉及相关标贯点又参与判别计算,是否这些舍去的标贯点在液化计算时也舍去?

(2)"抗剪强度在标准值的基础上进行折减应说明原因"——由于某层的试验组数虽然超过6组,但考虑到其土质的复杂性和离散性,在提供相关指标时,有时会折减后提供建议值,是否必须按统计的结果直接按标准值建议而不能按标准值结合岩土师的经验来提供建议值?

答 复:

对审图专家的这条意见:"应明确说明测试成果统计时的取舍依据,标贯舍去,而液化判别时涉及相关标贯点又参与判别计算,为何?"应如何考虑?

是否可以这样理解:整理资料时测试成果统计的取舍依据为根据3倍方差进

行取舍,部分标贯数据被舍去,液化判别时这些舍去的标贯点在液化计算时也舍去? 或者对标贯、静探等原位测试数据不按3倍方差进行取舍,只把明显不合理的异常值舍去,然后液化计算时也同样不参与计算?

关于"抗剪强度在标准值的基础上进行折减应说明原因",作为一位工程师在对数据进行取舍时,肯定是有所考虑的,可能是基于他的经验,或者是在工作中积累的经验数据,有形的或无形的经验,都是可以的。至于是否需要说出他的理由? 例如,单位的总工程师在审查报告时可以问问项目负责人的看法。但在单位已经同意的条件下,由审图工程师来提出这个问题,要求工程师回答,我认为不太合适,因为问题没有严重到要从审图的角度来考虑这个问题。

由于某层的试验组数虽然超过6组,但考虑到其土质的复杂性和离散性,在提供相关指标时,有时会折减后提供建议值,是否必须按统计的结果直接按标准值建议而不能按标准值结合岩土师的经验来提供建议值? 如果只是简单地直接按统计结果的平均值或标准值来建议,而不要岩土工程师进行调整,那小学生也会做,岩土工程师不应该只是统计员,而要有自己的实际工作经验。

存在第一个问题,如果测试没问题,就说明分层可能有点粗,或者土层中有或软或硬的夹层。

抗剪强度指标做什么用的时候应该折减了? 为什么折减? 总会有个理由,表述一下就可以了。

总之,试验数据的取舍和取值涉及对试验成果可靠性的判断、对土层划分是否合适的反馈和反映工程应用的要求,可能有下面的几种情况:

(1)3倍方差舍弃原则适用于物理指标,对力学指标不适合(因为抗剪强度指标或压缩模量这些指标不是直接的试验结果,而是整理以后经过计算的指标)。

(2)用于液化判别的标贯没有任何正当理由舍弃,应照实判别(因为判别本身就是一种舍弃的过程)。

(3)由于试样代表性原因可以提供增减后的建议值,应说明理由。

(4)根据试验指标的统计值提供参数是试验室提供的结果,那不是项目负责人的选择或取舍。

2.7 静力触探是不是原位测试?

A网友:

关于勘察规范的一句有条件的解释,让很多审图人员把静力触探剔除于原位测试之外,可悲他们死抱释义,断章取义,不顾实际,还请一个解释?

答　复：

1.先将《岩土工程勘察规范》(GB 50021)局部修订的有关条文及修订说明,摘录如下:

4.1.20　详细勘察采取土试样和进行原位测试应满足岩土工程评价要求,并符合下列要求:

(1)采取土试样和进行原位测试的勘探孔的数量,应根据地层结构、地基土的均匀性和工程特点确定,且不应少于勘探孔总数的1/2,钻探取土孔的数量不应少于勘探孔总数的1/3。

(2)每个场地每一主要土层的原状土试样或原位测试数据不应少于6件(组),当采用连续记录的静力触探或动力触探为主要勘察手段时,每个场地不应少于3个孔。

[修订说明]

取土试样和原位测试的数量以及试验项目,应由岩土工程师根据具体情况,因地制宜,因工程制宜。但从我国目前勘察市场的实际情况看,为了确保勘察质量,规范仍应控制取土试样和原位测试勘探孔的最少数量。因此在本条第1款增加规定取土试样和原位测试钻孔的数量,不应少于勘探孔总数的1/2,作为最低限度。合理数量应视具体情况确定,必要时可全部勘探孔取土试样或做原位测试。

规定钻探取土孔的最少数量也是必要的,否则无法掌握土的基本物理力学性质。

基岩较浅地区可能要多布置一些鉴别孔查基岩面深度,埋藏的河、沟、池、浜以及杂填土分布区等,为了查明其分布也需布置一些鉴别孔,不在此规定。

本条第2款前半句的意思与原文相同,作文字上的修改是为了更明确指的是试验或测试的数据,不合格或不能用的数据当然不包括在内,并且强调了取多少土样,做什么试验,应根据工程要求、场地大小、土层厚薄、土层在场地和地基评价中所起的作用等具体情况确定,6组数据仅是最低要求。本款前半句的原位测试,主要指标准贯入试验以及十字板剪切试验、扁铲侧胀试验等,不包括载荷试验,也不包括连续记录的静力触探和动力触探。载荷试验的数量要求本《规范》另有规定。本次修订增加了后半句,连续记录的静力触探或动力触探,每个场地不应少于3个孔。6组取土试试验数据和3个触探孔两个条件至少满足其中之一。不同测试方法的数量不能相加,例如取土试样与标准贯入试验不能相加,静力触探与动力触探不能相加。

下面谈谈我的分析:产生歧义的主要原因是对修订说明的第四自然段的理解有偏差,或者说是没有从正确的句法上去理解规范的修订说明,对什么是"本款"没有弄清楚。这段一开始就说"本条第 2 款前半句……",接着在第四行又说"本款前半句的原位测试,主要指标准贯入试验以及十字板剪切试验、扁铲侧胀试验等,不包括载荷试验,也不包括连续记录的静力触探和动力触探。载荷试验的数量要求本《规范》另有规定。本次修订增加了后半句,连续记录的静力触探或动力触探,每个场地不应少于 3 个孔。"

这里很清楚地说明了连续贯入的静力触探不算在前半句的原位测试中,是为了将其列入第 2 款的后半句中,规定连续的静力触探曲线的最少数量。这里并不涉及"静力触探是不是原位测试"的定义问题,也与第 1 款中的"采取土试样和进行原位测试的勘探孔的数量"中的"原位测试"毫无关系,第 1 款是讨论孔数,第 2 款是讨论试样数量和测试的点数或测试曲线数量,这是讨论两个不同范畴的问题,不要混淆了。

2.答复的话是否可以总结为

第 4.1.20 条,详细勘察采取土试样和进行原位测试应满足岩土工程评价要求,并符合下列要求:

(1)"采取土试样和进行原位测试的勘探孔的数量,应根据地层结构、地基土的均匀性和工程特点确定,且不应少于勘探孔总数的 1/2,钻探取土孔的数量不应少于勘探孔总数的 1/3"。这句话中的原位测试包括所有的原位测试;钻探取土孔就是指取土做试验的孔,不包括只做标贯不取土样的孔和鉴别孔。

(2)"每个场地每一主要土层的原状土试样或原位测试数据不应少于 6 件(组)。"这句话中的原位测试,主要指标准贯入试验以及十字板剪切试验、扁铲侧胀试验等,不包括载荷试验,也不包括连续记录的静力触探和动力触探。载荷试验的数量要求本《规范》另有规定。

"当采用连续记录的静力触探或动力触探为主要勘察手段时,规定每个场地不应少于 3 个孔。"连续记录的静力触探或动力触探,每个场地不应少于 3 个孔。6 组取土试验数据和 3 个触探孔两个条件至少满足其中之一。不同测试方法的数量不能相加,例如取土试样与标准贯入试验不能相加,静力触探与动力触探不能相加。

2.8 灌注桩可否用原位测试估算单桩承载力?

A 网友:

在单桩承载力计算中,利用原位测试进行计算的单桥和双桥都是确定预制桩的承载力,没有说明可否用于灌注桩的计算,平时也就作为不可以来考虑的,那灌注桩可否用原位测试进行计算呢? 很多测试资料显示,用原位测试计算的话和测试资料很接近嘛! 是什么原因使规范上加了预制桩这样的字眼呢?

答　复:

用单桥探头静力触探估算预制桩的单桩承载力的方法,最早是 20 世纪 70～80 年代,在上海地区进行研究并在上海的地方规范中最早开始应用于工程的。

这个大体的过程是这样的。最初,我们学校和上海的几个合作单位一起做了大量的对比试验工作,即在同一场地既做试桩又做了静力触探。这种对比试验资料积累多了,就可以进行统计分析,得到了经验公式。这些经验公式经过工程试用以后,列入了当时上海的 89 版地基规范。后来,在此基础上,吸收了全国的一些资料统计以后又列入了我国的《建筑桩基技术规范》。当时,对预制桩和灌注桩都做了研究,预制桩的数据比较多,统计的结果比较理想。但当时,灌注桩的资料比较少,数据比较离散,而预制桩的统计结果比较理想,所以就将预制桩的研究成果列入了规范。

由于影响灌注桩承载性能的因素比预制桩多,特别是施工因素,不确定性非常大,统计分析就比较困难。再加上当时的资料数量也比较少,虽然也做过一些资料统计工作,但在上海地基规范修订时就没有列入规范。

在我国的地基基础规范中,许多规定都是经验性的,受制于编制当时的工程资料条件,局限性比较大,随着工程规模的增大,技术要求的提高,需要不断地吸收新的经验,补充新的资料。

现在,灌注桩的用量很大,资料也很多,希望年轻的工程师们继续这项工作,使规范更趋于完善。

做这种事要有点奉献精神,当我们在前人种下的大树底下乘风纳凉的时候,应该想起前人种树的艰辛,也为后人的纳凉多种一些树。

2.9 由原位测试通过经验公式得到的是地基承载标准值 f_{ak},还是修正后的 f_a,或是其他?

A 网友:

在《工程地质手册》中有不少关于由标贯、静探指标确定地基承载能力的公式,请问高老师,由这些原位测试指标计算得到的是地基承载标准值 f_{ak},还是修正后的 f_a,或是其他?

我的理解:既然是"原位"测试,公式中就包含了埋深的影响,但不包括基础宽度的影响,所以得出的地基承载能力既不是 f_a,也不是 f_{ak}。实际应用中应考虑基础宽度的影响,即进行(也只要进行)宽度修正。

不知道我的理解是否正确,请高老师指教。

答　复:

在各种手册中的这一类公式,都是在原位测试与载荷试验资料对比分析的基础上,经统计得到的经验公式。但由于对比的载荷试验都是在零埋深和小尺寸压板的条件下进行的。因此,应用这些公式估计的承载力都是深宽修正以前的地基承载力,既不包括埋深的影响,也不包括基础宽度的影响,应用时应根据实际的基础尺寸与埋置深度,进行地基承载力的深宽修正。

由于这些经验公式形成的时间比较早,大多是在至少 30 年以前,当时的取值是采取按照载荷试验的压力—变形曲线本身的一些特征来取值的,如拐点法、相对沉降法和极限荷载法,这些方法一直流传到现在。

拐点法适用于出现了拐点的 p-s 曲线,或利用其他辅助曲线可确定拐点的情况,一般取第一拐点压力(即临塑荷载或比例界限荷载)。

相对沉降法是在 p-s 曲线上取 s/b 为一定比值以确定允许承载力。这里的 b 是压板的宽度,Terzaghi 取 $s/b = 0.02$ 相应的荷载为容许承载力,而 Skempton 则取 $s/b = 0.03$ 相应的荷载为容许承载力。我国早期的《建筑地基基础设计规范》取 $s/b = 0.02$,后来改为 $s/b = 0.01 \sim 0.015$。按照这种标准取值的地基承载力,按其性质是地基容许承载力,即不需要除以安全系数,直接进入按容许承载力设计的表达式。

极限荷载法是在 p-s 曲线上取极限荷载除以安全系数的方法以求得容许承载力。极限荷载可按第二拐点取值,或取相对沉降 $s/b = 0.06$ 相应的荷载为极限荷载。

至于你问的"是地基承载标准值 f_{ak},还是修正后的 f_a?"的问题,这涉及《建筑地基基础设计规范》所用的一些术语和符号的变化历史。这本规范已经有过 4 个版本,所用的术语和符号,如表 2.9-1 所示的几经变化,但所用的地基承载力的性质,一直没有变化,就是前面所说的地基容许承载力。这可以从这本规范的最早的 1974 版、1989 版、2002 版和直到最新的 2011 版的变迁过程看出其前后变化的渊源。你问的"地基承载标准值 f_{ak}"的这个术语只出现在 89 版规范中,后面的两个版都不用这个术语了。实际上,你没有必要纠缠于这些术语。你只要记住,用载荷试验求得的地基承载力并没有反映基础的实际宽度与埋置深度对地基承载力的影响,因此必须经过深宽修正以后才能使用。

40 年来地基承载力术语与符号的变化　　　　表 2.9-1

规范版本	地基承载力的术语与符号	地基承载力的定义
7—74	地基土的容许承载力 $[R]$	在保证地基稳定的条件下,房屋和构筑物的沉降量不超过容许值的地基承载力
7—89	地基承载力设计值 f	地基承载力标准值经过深宽修正以后为设计值
50007—2002	地基承载力特征值 f_a	由载荷试验测定的地基土压力变形曲线线性变形段内规定的变形所对应的压力值,其最大值为比例界限值
50007—2011	地基承载力特征值 f_a	由载荷试验测定的地基土压力变形曲线线性变形段内规定的变形所对应的压力值,其最大值为比例界限值

　　你说,原位测试应包含了深度的影响,那是另外一个问题。深度对土的原位测试结果的影响反映在两个方面:一方面是测试深度以上的土重,通过测试面积周围的压重作用反映对载荷试验产生的影响;另一方面,深度的影响实际上也同时反映在对土的密实度和强度的影响上。但这两个因素的影响都同时反映在由原位测试得到的数据中了。

　　同时,在这些承载力经验公式中的原位测试数据,一般都是在载荷试验点的附近得到的,也就是在不太深的深度处做的试验结果,因此公式中的原位测试数据并没有包含太深的深度效应。

　　如果你现在用一般浅基础的埋置深度的量级深度处做的测试,可能只差那么几米或者十来米,这种深度差别的效应比较小,而且回归方程本身是存在统计误差的,没有那么精确,就忽略了这些差别。

　　如果原位测试是在几十米深度做的。那么,深度或者说是上覆压力对原位测试结果是存在影响的。但如何考虑这种影响,目前还没有标准化的方法,这是其一;其二是用这样深的原位测试结果代入由平板载荷试验得出的回归方程来估计这样深的土层的"浅基础地基承载力",得到的将是什么样的物理量? 可能谁也讲不清楚,这种做法本身就值得商榷。因此,是否可以这样来理解:对于深层载荷试验的问题,人们的研究和认识还是很不够的。

2.10　对《工程地质手册》中的原位测试手段,该如何排名?

A 网友:

　　在《工程地质手册》中,提供了很多种原位测试手段。请问,对于估计地基土的承载力,该如何排名? 谁的成果最权威?

在地面下 12m 深度处做的扁铲试验,计算出来的 f_0 是什么值? 特征值、基本值、修正值? 基本值,如何换算成特征值? 修正值,宽度修正了吗?

岳建勇答:

天然地基承载力的确定主要有以下几种方法:

比较可靠的、第一性的,同时也是其他各种方法的依据,就是天然地基平板载荷试验的方法。通过载荷试验可以得到天然地基的极限承载力,极限承载力是有明确的物理意义的。其他各种方法都应该以地区性的载荷试验数据进行验证分析。

理论公式计算分析,如各种的极限承载力计算公式、容许承载力计算公式 P_0 或者 $P_{1/4}$ 等,一个理论公式是否适合各地区性的地质条件,应该进行载荷试验校核,必要时采用一定的系数进行修正。也有一种方法可能是长期工程经验的总结。

其他原位试验经验方法。将原位测试数据与载荷试验资料或者理论公式计算结果进行对比分析,也能得到经验性的原位试验公式。如静力触探、标贯、扁铲等。

目前,上海市《地基基础设计规范》(DGJ 08-11)提供的地基承载计算方法是按照以下过程得到的:

(1)做一定数量的天然地基的载荷试验,得到其极限承载力。

(2)用理论的汉森公式进行对比分析,得到无埋深项的极限承载力,已经进行了修正。

(3)考虑超载现场试验,校核理论公式,结合载荷试验资料和工程经验得到了极限承载力计算公式。

(4)采用可靠性分析,得到相应的分项系数,从而得到承载力设计值。

(5)采用大量的工程资料进行校核分析,评价其安全度。

在经典教材中,地基承载力主要有极限承载力和容许承载力。至于现行规范所规定的特征值,在物理意义上其实就是地基容许承载力。

A 网友:

还请对第二段问题进行释疑,多谢!

我们在某场地,完成 12m 深度处的螺旋板载荷试验,极限承载力大于 600kPa,而相同深度的扁铲成果为 187kPa。怎么用?

答 复:

你的这个问题是:"12m 处的扁铲试验,计算出来的 f_0 是什么值? 是特征值、基本值、还是修正值? 基本值,如何换算成特征值? 如果是修正值,那宽度修正了吗?"

由于扁铲试验并不能直接得到地基承载力的数据,因此我不清楚你是根据哪个经验公式可以用扁铲试验的结果来估计地基承载力的？按照国标《岩土工程勘察规范》（GB 50021）的规定，根据扁铲试验的结果，可以判别土类，确定黏性土的状态、静止侧压力系数、水平基床系数等。但没有确定地基承载力的内容。

岳建勇答：

容许承载力计算公式大多来源于实际工程经验，而极限承载力计算公式在一定条件下，可以与平板静载试验结果进行对比，静载试验结果是第一性的、最可靠的试验结果。

B 网友：

螺旋板载荷试验测出来的承载力，因为试验条件中有围压和边载的影响，相当于深度修正后的承载力。而通过静探或其他原位测试手段结果利用换算公式得出的承载力是零埋深的承载力。

不知道我这样理解是否正确？

C 网友：

从国际上看，In-situ Test 运用最广泛的顺序应该是 SPT、CPT、PMT 和 PLT，标贯最主流。

Aiguosun：

原位测试手段不存在排名的问题，只有适用性的问题。

浅层平板荷载试验的局限性是显见的，其影响深度有限，板的尺寸与实际基础不等同，当存在多层土时，各层土的贡献在试验结果中是无法分配的，且试验条件与半无限假设也是有差距的，将试验结果用于各深度也是待讨论的。

静力触探试验虽说是较原位的试验，但其破坏机理一直是个假设，尽管探头的尺寸不是很大，但终归还是挤入试验，对破坏范围内土的应力影响也是不容小视的，对于不同含水率和具有不同渗透性的土，孔隙水压力的影响差异是很大的，这样造成土的有效应力变化是很大的，得到的结果是工程人员无法甄别的。

静探的缺点也是扁铲的缺点。

标准贯入在目前的应用状态下，缺点是显见的，连用什么理论来解析试验结果都未有定论，把它用于工程实践显得过于"任性"了。以前说试验深度大于21m就不适用了，但日本人任性到100m也在用，杆长是否修正也没个正解，只是由于试验的方便而被广泛使用，至于结果的正确性已经不那么重要了，反正符合要求的原位测试数量就行了。

总之，无论采用何种原位测试，首先，应充分考虑测试方法的适用性和有效性，重要的是如何解析试验数据和正确应用试验成果。

答　复：

　　扁铲侧胀试验在我国的应用还不是很普遍，可能不少同行还不太了解。所以，我在这里比较详细地介绍一点有关扁铲的基本概念和方法，以供同行参考。

　　扁铲侧胀试验是用静力把一扁铲形的探头贯入土中，达到试验深度以后，利用气压使扁铲侧面的圆形钢膜向外扩张进行试验。但这种试验方法在我国还没有普及推广应用。刚才这位网友问及如何用扁铲侧胀试验结果确定地基承载力，而在我看到的资料中却没有这方面的应用报道。如果哪位网友知道这方面信息，希望能提供资料，以便大家共享。

　　扁铲形探头的尺寸为长 230~240mm，宽 94~96mm，厚 14~16mm，铲前缘刃角为 12°~16°，在扁铲的一个侧面为直径 60mm 的钢膜。探头可与静力触探的探杆或钻杆连接。

　　试验时，测定钢膜在 3 个不同位置的压力 A、B、C。

　　压力 A 为当膜片中心刚开始向外扩张，向垂直扁铲周围的土体水平位移 0.05（+0.02，-0.00）mm 时，作用在膜片内侧的气压。

　　压力 B 为膜片中心外移达（1.10±0.03）mm 时作用在膜片内侧的气压。

　　压力 C 为在膜片外移 1.10mm 后缓慢降压，使膜片内缩到刚启动前的原来位置时作用在膜片内的气压。

　　由于膜片的刚度，需标定膜片中心外移 0.05mm 和 1.10mm 所许需的压力 ΔA 和 ΔB。标定应重复多次，取 ΔA 和 ΔB 的平均值。

　　根据压力 B 修正为：

$$p_1 = B - z_m - \Delta B$$

式中：z_m——大气压下压力表的零读数。

　　把压力 A 修正为：

$$p_0 = 1.05(A - z_m - \Delta A) - 0.05(B - z_m - \Delta B)$$

　　把压力 C 修正为：

$$p_2 = C - z_m - \Delta A$$

　　扁铲侧胀试验时，膜向外扩张可假设为在半无限弹性介质中，在圆形面积上施加均布荷载 Δp，如弹性介质的弹性模量为 E，泊松比为 μ，膜中心的外移为 s，则有：

$$s = \frac{4R\Delta p}{\pi} \frac{(1-\mu^2)}{E} \tag{2.10-1}$$

式中：R——膜的半径（30mm）。

令扁胀模量 $E_D = E/(1-\mu^2)$，则上式变为：

$$E_D = 34.7\Delta p = 34.7(p_1-p_0) \tag{2.10-2}$$

作用在扁铲上的水平向原位应力为 p_0，则水平有效应力为原位应力减去孔隙水压力，即 $p'_0 = p_0 - u_0$，水平应力指数 K_D 由下式求得：

$$K_D = \frac{p_0 - u_0}{\sigma'_{v0}} \tag{2.10-3}$$

而膜外移1.10mm所需的压力 (p_1-p_0) 与土的类型有关，定义扁胀指数 I_D 为：

$$I_D = \frac{p_1 - p_0}{p_0 - u_0} \tag{2.10-4}$$

可把压力 p_2 当作初始孔压加上由于膜扩张所产生的超孔压之和，可定义扁胀孔压指数 U_D 为：

$$U_D = \frac{p_z - u_0}{p_0 - u_0} \tag{2.10-5}$$

可以根据 K_D、E_D、I_D 和 U_D 确定一系列岩土技术参数，并为路基、浅基和深基等岩土工程问题作出评价。

资料整理如下：

(1)根据 A、B、C 压力及 ΔA 和 ΔB 计算 p_0、p_1 和 p_2，并绘制 p_0、p_1、p_2 与深度的变化曲线。

(2)绘制 K_D、E_D、I_D 和 U_D 与深度的变化曲线。

根据现有的资料，扁胀试验在下面一些方面得到了应用，见表2.10-1～表2.10-3。

用以测定土的静止侧压力系数 表 2.10-1

公　式	条　件	适 用 土 层	作　者
$K_0 = 0.47\left(\dfrac{K_D}{1.5}\right) - 0.6$	$I_D \leqslant 1.2$	意大利黏土	Marchetti
$K_0 = 0.34K_D^{0.54}$	$\dfrac{c_u}{\sigma'_{v0}} \leqslant 0.5$	新近沉积黏性土	Lunne 等
$K_0 = 0.68K_D^{0.54}$	$\dfrac{c_u}{\sigma'_{v0}} > 0.8$	老黏土	Lunne 等
$K_0 = 0.35K_D^m$	$K_D < 4$	高塑性黏土 $m = 0.44$ 递塑性黏土 $m = 0.64$	Lacasse 和 Lunne

用以评定应力历史   表 2.10-2

公　　式	条　　件	适用土类	作　　者
$OCR = 0.5K_D^{1.56}$	$I_D \le 1.2$	无胶结的黏性土	Marchetti
$OCR = 0.3K_D^{1.17}$	$\dfrac{c_u}{\sigma'_{v0}} \le 0.8$	新近沉积黏性土	Lunne 等
$OCR = 2.7K_D^{1.17}$	$\dfrac{c_u}{\sigma'_{v0}} > 0.8$	老黏土	Lunne 等

用以确定不排水强度   表 2.10-3

公　　式	条　　件	适用土类	作　　者
$\dfrac{c_u}{\sigma'_{v0}} = 0.22(0.5K_D)1.25$			Marchetti
$c_u = \dfrac{p_1 - \sigma_{h0}}{N_c}$	原位水平应力：$\sigma_{h0} = K_0\sigma'_{v0} + u_0$	硬黏性土 $N_c = 5$ 中等黏性土 $N_c = 7$ 可塑黏性土 $N_c = 9$	Roque

1．用以确定变形系数

（1）压缩模量。Marchetti 在 1980 年提出 E_s 和 E_D 的关系：

$$E_s = R_m \cdot E_D \tag{2.10-6}$$

式中：R_m——与水平应力指数 K_D 有关的函数。

| $I_D \le 0.6$ | $R_M = 0.14 + 2.36\lg K_D$ |

| $I_D > 3.0$ | $R_M = 0.5 + 2\lg K_D$ |

| $0.6 < I_D < 3.0$ | $R_M = R_{M0} + (2.5 - R_{M0})\lg K_D$ |

$$R_{M0} = 0.14 + 0.15(I_D - 0.6)$$

| $I_D > 10$ | $R_M = 0.32 + 2.18\lg K_D$ |

| 一般 | $R_M \ge 0.85$ |

（2）弹性模量 E（初始切线模量 E_i，50% 极限应力时的割线模量 E_{50}，25% 极限应力时的割线模量 E_{25}）：

$$E = F \cdot E_D \tag{2.10-7}$$

式中：F——经验系数，见表 2.10-4。

经验系数 *F*　　　　　　　　　　　　　　表 2.10-4

土　　类	*E*	*F*	作　　者
黏性土	E_s	10	Rebertson 等（1988）
砂土	E_s	2	Rebertson 等（1988）
砂土	E_{22}	1	Campanella 等（1985）
NC 砂土	E_{22}	0.85	Baldi 等（1980）
OC 砂土	E_{22}	3.5	Baldi 等（1980）
重超固结黏土	E_i	1.4	Davidson（1983）
黏性土	E_i	0.4～1.1	Lutenegger（1988）

2.确定水平固结系数

（1）根据扁胀试验 *C* 压力的读数，绘制 C-$\sqrt{t}$ 曲线，由曲线确定相应消散 50% 时的 t_{50}，则有：

$$C_h = 600 \frac{T_{50}}{t_{50}} \quad (\text{mm}^2/\text{min}) \tag{2.10-8}$$

式中：T_{50}——孔压消散 50% 的时间因数，见表 2.10-5。

孔压消散 **50%** 的时间因数 T_{50}　　　　　　　表 2.10-5

E/c_u	100	200	300	400
T_{50}	1.1	1.5	2.0	2.7

根据扁胀试验的结果由上式确定 C_h 时，由于扁胀探头压入土体相当于再加荷，要确定现场的水平固结系数相当于再加荷，因此对确定现场的水平固结系数 $(C_h)_F$ 还需要进行下面的修正：

$$(C_h)_F = \frac{C_h}{a} \tag{2.10-9}$$

式中：a——修正系数，按表 2.10-6 取用。

a 值（Sohmertmann，1988）　　　　　　　　表 2.10-6

土的固结历史	正常固结	正常超固结	低超固结	重超固结
a	7	5	3	1

（2）Marchetti 和 Totani（1989）建议利用 *A* 压力读数的消散试验，绘制 A-$\lg t$ 曲线，在曲线上找到反弯点的时间 t_f，则有：

$$C_h \cdot t_f = 15～20 \quad (\text{cm}^2) \tag{2.10-10}$$

由 t_f 还可以评定固结速率的快慢，见表 2.10-7。

根据 t_f 评定固结速率 表 2.10-7

t_f(mm)	<10	10~30	30~80	80~200	>200
固结速率	极快	快	中等	慢	极慢

2.11 用螺旋板试验确定地基承载力时如何作深度修正?

A 网友:

关于用螺旋板试验确定地基承载力的深度修正问题,大多认为不需要进行深度修正。但我有点疑问:螺旋板试验时板上方及四周均有土的压力,是在原位上覆土压力的条件下,某一深度土体在附加压力下的变形特征,我觉得使用时应进行深度修正。请教各位老师,这样的观点对吗?

B 网友:

关键是螺旋板试验后,地基承载力如何选取?

一般意义的地基承载力是通过浅层平板载荷试验,作用于半无限体表面上,所得到的能够按需要进行深宽修正的"基本值",就是常规勘察中的特征值。

而对于深层载荷试验,由于试验要求板与土的侧壁紧贴,对于半无限体来说,就相当试验的土层位于半无限体内部,换句话来说,就是在一定深度内的土层做的平板载荷试验,也是存在上覆土的自重,这时曲线的直线段应该不能通过 P-S 坐标原点的,而是在 P 正方向上有截距的,这个截距大致相当于试验深度以上土的自重。因此各大规范都强调了,深层载荷试验所得的地基承载力,不应该进行深度修正。

而螺旋板载荷试验的原理与深层载荷试验原理是一致的,都是在半无限体内部进行试验,即在一定深度范围内所进行的试验。

C 网友:

旁压试验,尽管有一定的试验深度,但由于只对侧向土体进行施压试验,这时就相当于"竖向半无限体表面了",与深度无关,近似按土的承载能力竖向与水平向相等的原则,这时所得的承载力也是"竖向承载力",即承载力特征值,当然就可以进行深宽修正了。

个人认为,螺旋板试验所测求的地基承载力,可信度极差!

因为板径较小,即使按 200cm^2 的试验板,其直径只有 160mm 的直径,如果按 $s/b = 0.02$ 来确定比例限点,那么 s 只有 3.2mm,即试验过程中,只要有 3.2mm 的沉降,就可以认为至少达到了比例界限,由于试验板是靠人工旋转进试验土层的,至少要两个人来操作,在旋转过程中,两个人只要发力稍有不均匀,导杆就有可能倾斜,导致试验土体给扰动了,这时,你能准确判定这个 3.2mm 是因为你试验过程中正常加荷引起的,还是土体受扰动所致呢?

我认为,地基规范之所以没有把它列为测求地基承载力特征值的试验方法之一,可能就是因为类似我说的原因吧。

答　复:

螺旋板载荷试验是在深层平板载荷试验的基础上发展起来的。为了要测定深层土的地基承载力,早期是在钻孔中做深层平板载荷试验,要求在孔底清除虚土以后再下载荷试验板,但是很难清除干净,同时在孔中向下放载荷试验板的时候也很容易掉土,使压板底下也不可避免地有虚土落入,因此试验的结果并不能完全反映原状土的性质,这就影响了试验的可靠性。特别在软土地区的地下水以下,这个现象更为严重。为了克服这个缺点,就发展了螺旋板载荷试验,将螺旋板旋入土中一定深度以后,受荷面以下的土体可以避免钻孔时孔底土所受到的扰动。

螺旋板载荷试验适用于地下水位以下一定深度处的砂土、软黏土和硬黏土层。当然,螺旋板旋入土中时,对土体也会产生一定扰动,但如选择螺旋板合适的参数,则可以减少扰动的程度。

螺旋承压板应有足够的刚度,螺旋加工准确,板头面积为 100cm^2、200cm^2 和 300cm^2(板头直径分别为 113mm、160mm、252mm)。对硬黏土应选用小直径板头。

加荷方式有慢速法、快速法和等沉降速率法(沉降速率可采用 $0.5\sim2\text{mm/min}$)。

同一试验孔在竖直方向的试验点间距一般应大于 1m。结合土层变化均匀布置。一般应在静力触探了解土层剖面后布置试验点。

螺旋板载荷试验的 $p\text{-}s$ 曲线和 $s\text{-}t$ 曲线与试验土层的土性间的理论关系不同于平板载荷试验。

在 $p\text{-}s$ 曲线上的特征值除临塑荷载和极限荷载外,还有初始压力 p_0,这个初始压力在理论上相当于试验深度处存在的上覆自重压力。在压力之前,螺旋承压板没有或只有极小的沉降,这是土体受扰动所致。

对 $p\text{-}s$ 曲线的直线段,可用弹性理论来分析压力和沉降的关系。分析时注意下面的两个问题:

(1)当圆板的埋置深度大于 6 倍板径时,自由边界可忽略不计,可把弹性介质当作无限体。

(2)当圆板的埋置深度小于 1 倍板径时,则与平板载荷试验相当,可把弹性介质当作半无限体。

2.12 对带负摩阻力的桩基如何检测其竖向承载力?

A网友:

一个水闸,闸室两侧堤防有填土,筏板基础,采用D500锤击管桩处理,基础底部自上而下有细砂层、淤泥层,淤泥层下部为密实砂层,淤泥层上部的细砂层有的钻孔有4~5m厚,有的钻孔基本上没有,桩端进入砂层。设计时,考虑了负摩阻力的影响,选择有细砂层的钻孔计算,经计算,上部荷载传至单桩上的$N_k = 700kN$,中性点以上的负摩阻力$Q_{sn} = 1~000kN$,中性点以下的土层可提供承载力2~000kN。现在的问题是图纸上的单桩竖向承载力特征值该写多少? 施工检测荷载该提多少? 找了很多资料,好像对这一内容提得很少,大部分人的观点是检测时要考虑负摩阻力的影响,但是如何考虑? 由于在桩基检测时,负摩阻力一般还未产生,甚至本来会产生负摩阻力的土层,在检测时还会产生正摩阻力抵抗检测荷载,那么,有负摩阻力的桩基设计如何提检测要求?

答 复:

先把工程的问题分析清楚,才能考虑怎么计算和试验:

(1)你们根据什么理由认为有负摩阻力?

(2)负摩阻力是怎么计算出来的? 主要产生于什么条件下?

(3)桩基设计时所考虑的条件与负摩阻力产生的条件完全重合吗?

(4)检测时具备产生负摩阻力的条件吗?

A网友:

(1)水闸建于河道之中,闸室两侧有较高填土(约8m),桩基穿越淤泥层,进入密实砂层,经计算,桩周土沉降大于桩身沉降,故依据桩基规范考虑负摩阻力。

(2)由于桩端阻力大于侧阻力,属于端承型桩基,故按桩基规范5.4.4条的相关公式,计算中性点以上土层的负摩阻力,本工程中性点深度L_n/L_0取0.8。本工程负摩阻力主要在闸室两侧填土后产生,即在工程运行期产生。

(3)对本工程而言,上部结构的荷载与桩周土产生的负摩阻力有完全重合的可能。根据当地已建好的一些水闸的运用情况(管桩基础),一般水闸建成几年后闸室两侧引堤均有不同程度的下沉,且闸室底板与下部泥面有脱空的现象,因此,我们设计一般都预留灌浆通道。

(4)桩基检测时,闸室底板、墩墙以及两侧引堤填土都未实施,故一般不具备产生负摩阻力的条件,反而上部土层还有可能产生正摩阻力。

个人理解,请高老师及各位专家指点!

答　复：

既然规范没有规定，那就不用考虑负摩阻力的检测问题了。

静载试验时的承载力均为正摩阻力，这是因为负摩阻力是由于桩周土的沉降引起的，而沉降的产生需要很长的时间过程，但桩的静载试验时间过程不过一个星期，在这样短的时间内，并不能产生很大的沉降，因此不具备考虑负摩阻力的条件。

在需要考虑负摩阻力的场合，应在认定的中性点位置设置测力装置，测出该位置以上部分的摩阻力，将该段摩阻力作为下拉荷载考虑。

2.13　请问原状土和原位测试均要满足 6 个样吗？

A 网友：

《岩土工程勘察规范》（GB 50021）规定：主要地层的原状土试样及原位测试数量不少于 6 个。

请教：①哪些地层是主要地层？②在实际勘探中，对于单体建筑我们有鉴别孔、取样孔、测试孔，往往满足了取样数量，就不能满足测试数量，怎样解决，总不能为了满足这个规定而增加勘探孔吧？

答　复：

对地基主要持力层，不少于 6 个是指试验或测试的数量，不是勘探孔的数量。

所谓主要地层应该是由《岩土工程勘察规范》（GB 50021）中的第 5.1.18 条的第 1 款确定；对于单体建筑应按规范要求进行勘察，有可能全部都要做取土原位测试工作，但规范也有漏洞；假设有 200 栋楼的勘察，不能每层只有 6 个指标，那还不如初勘。

主要地层，是指持力层、软弱下卧层以及对工程有较大影响的地层。

（1）主要地层，概念明确，也就是对工程有影响的地层。是对于单体而言的，根据具体上部建筑荷载、下部地层等因素共同确定。不能一概而论，都围绕建筑稳定、变形等因素确定。

（2）6 个样只是为了满足统计学样本容量，不然统计结果，不具代表性。具体可看看统计公式说明，至于大面积成片工程，采样及测试数量当然很容易满足 6 个，但总不能野外钻 1 个 20m 钻孔仅在某深度点采一个样或做一次测试吧，是否有投机嫌疑？另外也不能满足测试、采样竖向间距 2m 的限定。

（3）干地质就得踏踏实实，钻研规范的漏洞、仅仅为了满足规范去勘探就失去了勘探的初衷。应该首先满足工程需要，安全、经济，且不违背规范，特别是黑体条款,再考虑经济因素。至于现场、过程怎么操作那是岩土师需认真学习的。

（4）按照欧洲勘察规范,具有丰富类似经验的场地,最少可取一个样。

（5）鉴别孔、测试孔、取样孔都属勘探孔,没必要分开,鉴别孔中也可取样,测试孔也可取样,只是取样的等级不同,一般地可将测试孔与取样孔合二为一,只要土层厚度满足要求就可。

（6）主要受力层的深度不是很大。

2.14 关于《岩土工程勘察规范》第 4.1.20 条 的 "原位测试孔" 的问题

A 网友：

《岩土工程勘察规范》（GB 50021—2001）第 4.1.20 条,详细勘察采取土试样和进行原位测试应满足岩土工程评价要求,并符合下列要求：

1.采取土试样和进行原位测试的勘探孔的数量,应根据地层结构、地基土的均匀性和工程特点确定,且不应少于勘探孔总数的 1/2,钻探取土孔的数量不应少于勘探孔总数的 1/3。

2.每个场地每一主要土层的原状土试样或原位测试数据不应少于 6 件（组）,当采用连续记录的静力触探或动力触探为主要勘察手段时,每个场地不应少于 3 个孔。

对于本条第 1 款提到的"原位测试的勘探孔",那么《岩土工程勘察规范》（GB 50021—2001）第 10 章的原位测试也都包含在内吗？

高老师提到"本款前半句的原位测试,主要指标准贯入试验以及十字板剪切试验、扁铲侧胀试验等,不包括载荷试验,也不包括连续记录的静力触探和动力触探。"是否是针对本条第 2 款？"不包括载荷试验,也不包括连续记录的静力触探和动力触探"只是针对本条第 2 款所说的试验数目,而不是针对本条第 1 款？有人根据高老师的这段话,认为静力触探孔不算原位测试孔,是否正确？

答 复：

第 4.1.20 条的这句话"本款前半句的原位测试,主要指标准贯入试验以及十字板剪切试验、扁铲侧胀试验等,不包括载荷试验,也不包括连续记录的静力触探和动力触探"是非常重要和关键性的,因为它区分了两种不同计数方法的原位测试。标准贯入试验以及十字板剪切试验、扁铲侧胀试验这些原位测试的方法是在不同深度处,一个点、一个点地进行试验和获取数据,因此,与取土样类似,可以计数,对同一个土层的数据可以进行平均值和标准差的统计,可以对数据进行一般的数据处理。但连续记录的静力触探和动力触探就不同了,采用这类方法时,在平面上是一个一个勘探点,但在每个点的深度上,不能再进一步获取离散性的数据,而只有一条沿深度的变化曲线。如果要统计,首先需要处理这些曲线。

所以,在规范里对这两类不同的原位测试方法,采取了分别规定的办法,取土试样和包括标准贯入试验、十字板剪切试验、扁铲侧胀试验等原位测试都是离散性的,不包括连续记录的静力触探孔、连续动力触探孔。

2.15 关于原位测试划分的问题

A 网友:

《岩土工程勘察规范》(GB 50021—2001)第 4.1.20 条,详细勘察采取土试样和进行原位测试应满足岩土工程评价要求,并符合下列要求:

1.采取土试样和进行原位测试的勘探孔的数量,应根据地层结构、地基土的均匀性和工程特点确定,且不应少于勘探孔总数的 1/2,钻探取土孔的数量不应少于勘探孔总数的 1/3。

2.每个场地每一主要土层的原状土试样或原位测试数据不应少于 6 件(组),当采用连续记录的静力触探或动力触探为主要勘察手段时,每个场地不应少于 3 个孔。

3.在地基主要受力层内,对厚度大于 0.5m 的夹层或透镜体,应采取土试样或进行原位测试。

4.当土层性质不均匀时,应增加取土试样或原位测试数量。

第 4.1.20 条的【修订说明】:

本款前半句的原位测试,主要指标准贯入试验以及十字板剪切试验、扁铲侧胀试验等,不包括载荷试验,也不包括连续记录的静力触探和动力触探。载荷试验的数量要求本《规范》另有规定。本次修订增加了后半句,连续记录的静力触探或动力触探,每个场地不应少于 3 个孔。6 组取土试验数据和 3 个触探孔两个条件至少满足其中之一。不同测试方法的数量不能相加,例如取土试样与标准贯入试验不能相加,静力触探与动力触探不能相加。

请问:为什么此处的原位测试不包括载荷试验,也不包括连续记录的静力触探和动力触探?如果没有记错的话,这些也是属于原位测试范围内的,难道对这些有新的划分方式么?

答 复:

是不是有些断章取义?规范条款是"……进行原位测试的勘探孔的数量",这里只是指"勘探孔";条款说明是"本款前半句的原位测试……"这里指"前半句的"。原位测试当然包括很多,但规范在这里为了方便说明问题,才这样说。

为什么这里强调"本款前半句的原位测试,主要指标准贯入试验以及十字板剪切试验、扁铲侧胀试验等,不包括载荷试验,也不包括连续记录的静力触探和动力触探",需要加以区分的原因是这两类试验的计量方法不同。

A网友:

提问补充:可能是我没有表达清楚,经过查询:土的原位测试方法可以归纳为以下两类:①土层剖面测试法:主要包括连续的静力触探、动力触探等;②专门测试法:主要包括载荷试验、旁压试验、标准贯入、抽水、注水试验以及十字板剪切试验等(摘自地质出版社的《土体工程勘察原位测试及其工程应用》)。

答　复:

这倒与这样的划分没有关系,标准贯入试验以及十字板剪切试验、扁铲侧胀试验是可以计算在剖面上做了多少个试验点的,而连续记录的静力触探和动力触探是无法在深度上计算测点数量的,因此,统计的方法不同。

2.16　工民建勘察用铁路规范原位测试算承载力可以吗?

A网友:

在勘察报告编制时,没有查表,对多层建筑也没有计算公式,依据铁路或者冶金行业的原位测试规范提供承载力可行吗?在高规原位测试条文中,列举了可供参考的其他行业标准,是否可以采用呢?

个人觉得可以采用,铁路或者冶金也是总结了多年的经验,只要和原来的经验不是差别很大就可以接受。现在有的审查机构要提供承载力依据,好像只有静载一条路了,规范的其他方法没有计算公式,得不到认可。

答　复:

只要建立铁路规范公式的条件与工程项目相近,就可以参考的。现在很多单位还不是在用原来的经验公式吗?现在又有多少勘察项目做现场静载试验的?

2.17　如何确定钻探取土孔和原位测试孔的数量?

A网友:

《岩土工程勘察规范》(GB 50021—2001)(2009年版)中第4.1.20条规定:采取土试样和原位测试勘探孔的数量,不应少于勘探孔总数的1/2。且在条文说明里表示,连续的动力触探和静力触探孔不算原位测试,只算标准贯入试验和十字板等,这样一来,江浙等软土地区静探孔的数量就不能多于1/2了,勘探费用要高很多,不知这一强条如何理解?

答　复:

请这位网友仔细地看看规范的条文说明,不要误解了规范的规定。

你引的这一段话是针对第二款的,而你想说的问题则是第一款的,是张冠李戴了。

A网友:

提问补充:第一款是说取土孔和原位测试孔(应包括静探和动探孔)的数量应为1/2,且取土孔不少于1/3。第二款是说作为原位测试的数据不少于6个时不包括静探和动探的数据。不过这段条文说明好像是有点误导作用的,据我了解,浙江的很多单位现在都在执行1/2钻探孔的规定。

答　复:

其实,在规范里规定取样数量是我国规范特有的现象,要在一本规范里把最少数量6个定下来,也真是很难的。因为工程规模的差异是非常大的,对一个小的工程项目看来是合理的取样数量控制,但对一个大工程项目的场地,取样的总量有时会达到非常不合理的程度。因为场地有大小,建筑物的单体数量有多少,土层的厚薄有差别,用一个最低的数6怎么能包得住呢?

2.18　是否需要做波速测试?

A网友:

《建筑抗震设计规范》(GB 50011)规定“建筑场地类别的划分,应以土层等效剪切波速和场地覆盖层为准”,也就是说要划分场地类别的时候做波速测试,但具体什么工程强制要求做波速测试呢? 还是根据设计要求来?

答　复:

《建筑抗震设计规范》(GB 50011)第4.1.3条有具体的要求。

场地类别根据附近区域地质资料就能基本判定。至于需不需要做波速测试以及测试孔的数量和深度应遵循抗震规范和勘察规范要求来确定。

波速测试比较便宜,经济问题上是否不要太计较。

若可以不做,为何一定要做呢?

2.19　关于悬挂式波速测试仪的问题

A网友:

悬挂式波速测试仪在孔内激震,测试过程相对简单,但有如下问题:

（1）测试过程中通常没有拔掉套管,套管3~10m深度都有,如何考虑有套管的影响?

（2）无法测得压缩波速,计算动参数时如果用静泊松比计算是否合理?

（3）用波速测试计算卓越周期,30m的计算值若超过0.7,而与实际场地土和等效剪切波速判定结果不一致如何是好?

答　复：

本来就有很大的误差,实际做得也不规范。

2.20　关于波速测试原理的问题

A 网友：

较深的砂性土层做波速试验时易卡掉波速仪器,我们单位也做过类似的波速试验,测试时是下了塑料护管（一次性的）,我想问一下,塑料护管或地下水对波速的传递和接收数据会有什么样的影响（波速是单孔法,地面激震,孔底接收）?

答　复：

下套管的孔用单孔检层法测试数据不准,建议用跨孔（最好是3个孔,1个孔激发,2个孔接收）,这样要用到剪切锤和多通道仪器。

井下探头与井壁之间只要增加了东西,肯定会影响测量结果的,无论是单孔还是跨孔,只是影响程度的问题。

2.21　关于波速测试孔的数量问题

A 网友：

7度抗震地区,场地附近已有资料为Ⅱ类场地,整个小区有18栋18层建筑,根据抗震规范,每个高层最少有一个波速测试孔,就要18个波速测试孔,我觉得太多了,因为区域资料有,做上10个就可以了,可是这样不符合规范,请问这样可以吗?

B 网友：

那样审查过不了。不想测,就按Ⅱ类编够算了。现在这样干的比较多。波速测试属于物探,误差较大,每个人测下来的结果不一样,人为因素很大。

A 网友：

提问补充:我的意思是整个场地没有必要非要按一栋楼一个孔了。我认为整个场地做10个波速孔,没有变化就完全没必要再做了。如果他要盖18栋楼就非要最少做18个孔是不是有点浪费了啊,有必要吗?

答　复：

没必要一栋一个的，只要场地类别明确，做出的结果没有刚好在界线上下的，平均 3~4 栋一个就行，审查也不怎么说。

小区楼房一般建筑密度大，若场地地层分布稳定，没必要一栋楼一个，可 2~3 栋楼控制 1 个。

2.22　铁路工程波速测试孔数量依据什么规范确定？

A 网友：

《建筑抗震设计规范》（GB 50011）中对土层剪切波速的测量在 4.1.3 节做了一些规定，但对于铁路工程，尤其铁路的特大桥，做几个剪切波速测试孔为宜呢？

答　复：

按照我国现在的规范体系，应按铁路规范执行。

2.23　关于详勘阶段剪切波速测试的问题

A 网友：

《建筑抗震设计规范》（GB 50011）第 4.1.3-3 条，应理解为，对抗震设防类别为丁类及层数不超过 10 层、高度不超过 24m 的丙类建筑可以不进行实测波速，可根据岩性进行估算。那么对于抗震设防类别为乙类的建筑是要进行实测波的。可是有些乙类建筑（《建筑工程抗震设防分类标准》（GB 50223—2008）第 6.0.8 条，幼儿园、学校公寓、食堂等）规模很小，按规定也要进行波速测试。实际工作中可行吗？

答　复：

有无必要可以再讨论，可现实工作中是一定要这么做的，规范既有明确要求，审图也会要求这样做的。加油站、危险品仓库也是一样的道理。

2.24　关于中、粗砂的波速测试值

A 网友：

中、粗砂的波速测试值有时达到了 500m/s 之多，原因是什么？

答　复：

能提供更为详细的描述吗？如埋深、密实度、标贯或动探指标、年代等。我猜想，可能是比较老的砂层，呈胶结的半成岩状态，或者是风化岩貌似砂土（如花岗岩

的风化产物），其密实度很高，胶结得很好，所以指标也很高。如果不是这些原因，那就是测得不准，换家单位再测测看。

2.25 在巨厚的第四纪地层中，地铁勘察可以不做压缩波测试吗？

A 网友：

在巨厚的第四纪中修建地铁，剪切波速不可或缺，压缩波的作用是什么呢？只是用来算动剪切模量和动泊松比吗？孔内测的压缩波一般失真较严重，除非把孔水和泥浆全部抽掉。请问在这样的地层，地铁勘察可以不做压缩波测试吗？

答　复：

（1）土体一般不适宜做压缩波，剪切波比较靠谱。

（2）压缩波（纵波）主要用来判断岩石的风化程度，在第四纪地层中做这个好像没什么意义。

2.26 取样测试钻孔数大于1/2的强条如何执行？

A 网友：

根据《岩土工程勘察规范》（GB 50021）第4.1.20条第1款的规定，采取土试样和原位测试钻孔不少于总勘探孔的1/2。例如在大连地区，有很多时候为岩质地基，有的时候只存在少量的填土或碎石，那么如何执行规范的强条规定？

B 网友：

举个例子：我们这里有地区从地表耕土之下一直到55m都是砂土，无法取原状样，所以无法满足勘察规范第4.1.20条的"取土试样孔的数量不应少于勘探孔总数的1/3"。

也有审图的说我们不满足这一条，我给他回复就是本场地无法取原状样，所以只有标贯孔和静探孔。他也没有叫我再改了。

问题补充：不过注意第一小条说的是"土试样"并不是原状土样。

答　复：

填土和碎石不需要取样，而且填土层取样意义不大，碎石无法取得原状土样，而且也无适合的试验项目。

关于《岩土工程勘察规范》（GB 50021）第4.1.20条与《高层建筑岩土工程勘察规程》（JGJ 72）第4.1.7条中取样测试问题的理解和执行是一个值得探讨的话题，应该全面理解、灵活掌握。对于一般场地，特别是地基条件稍微复杂一点的建筑群(或1~3栋高层),就应该严格执行规范规定;否则就不能满足施工图设计的要求。如果遇上确实取不了样或者基岩裸露与浅埋的地基,而建的又是一般多层或小高层,那就不必苛求取样;可能的话,对松散层或基岩风化层可以做些原位测试(当然测试孔也要尽量满足规范要求),从而提供设计参数或经验值就可以。对于高层建筑群(哪怕是甲级),每栋每一土层都要求取样测试不少于6组件,也觉得太多了,似乎必要性也不大。遇到这样的问题,虽然也讲规范要求,但一般情况下似乎都应给予理解。

填土与碎石均需要取样的,但不一定是原状土样。详细内容请看规范相关章节。如果填土厚度较小,要求可适当放宽。

请看第4.1.14条,对岩质地基,应根据地质构造、岩体特性、风化情况等,结合建筑物对地基的要求,按地方标准或当地经验确定;对土质地基,应符合本节第4.1.15~4.1.19条的规定。

每个孔填土做动探,风化岩做标贯,即可满足要求。

2.27 关于地脉动测试的问题

A 网友:

请教高层建筑勘察一定要做地脉动测试吗?

答 复:

不一定要测,除非设计计算需要,在委托时提出了要求。

2.28 用碎石换填0.5m厚的地基是否可不用承载力检测?

A 网友:

现有一栋高11层的建筑,拟采用天然地基筏板基础,楼长宽为50m×15m,在基槽开挖后,局部还有约0.5m厚的杂填土,后来设计方及我勘察方都提出了全部换填0.5m厚,并用碎石换填的方案,在这里我想请教大家,这个时候只换填了0.5m厚,是不是也可以不用作静载荷试验呢,考虑用动探试验作检测的话,是不是太薄了。在这里的0.5m碎石是否可以就当它是层褥垫层呢?还是说必须得检测换填后的承载力呢?

答 复:

(1)当然不需要做载荷试验,按施工的要求控制压实方法和遍数就可以了。

(2)需要做密实度检验,以证明施工达到了设计要求。

(3)不需要检测。对碎石性质了解一下就会懂得,此类问题的处理就是根据工程经验。

2.29　轻型动力触探 N10 能否检测水泥土搅拌桩均匀性？

A 网友：

对于水泥土搅拌桩，《建筑地基处理技术规范》（JGJ 79）上说"成桩后 3d 内，可用轻型动力触探 N_{10} 检查上部桩身的均匀性"，但问题是：

（1）对于如何评价水泥土喷灰搅拌桩是否均匀，规范里面没有提出相应标准？

（2）有没有最低的 N_{10} 击数控制？是不是不管 N_{10} 击数多少，如每次的击数很低（如都为 2 击），那就可以说这根桩搅拌均匀，是合格桩？

（3）因为上述问题，虽然有规范，但没办法用。实际工程中是不是可以不进行此项检测？

答　复：

（1）实际上是不好操作，时间短了强度低，测了没有用；时间长了，打不进去了，也没有用了，还是用抽芯法最好。

（2）也采用过小应变方法测水泥搅拌桩的均匀性，结果比较理想。桩身端反射较明显，至少说明搅拌还算均匀，桩长可以初步确定。

2.30　如何确定复合地基的检测数量？

A 网友：

3 个规范分别给出了复合地基检测数量的规定如下：

（1）《建筑地基基础工程施工质量验收规范》（GB 50202）第 4.1.5 条，对灰土地基、砂和砂石地基、土工合成材料地基、粉煤灰地基、强夯地基、注浆地基、预压地基，其竣工后的结果（地基强度或承载力）必须达到设计要求的标准。检验数量每单位工程不少于 3 点，1 000m² 以上工程每 100m² 至少应有 1 点，3 000m² 以上工程每 300m² 至少应有 1 点。每个独立基础以下至少应有 1 点，基槽每 20 延米至少有 1 点。

（2）《建筑地基处理技术规范》（JGJ 79）第 6.4.3 条及第 6.4.4 条，强夯处理后的地基竣工验收时，承载力检验应采用原位测试和室内土工试验。竣工验收承载力检验的数量，应根据场地复杂程度和建筑物的重要性确定，对于简单场地上的一般建筑物，每个建筑地基的载荷试验检测点不应少于 3 个。

（3）《建筑地基基础设计规范》（GB 50007）第 10.2.2 条及第 10.2.6 条，地基处理后载荷试验的数量，应根据场地复杂程度和建筑物重要性确定。对于简单场地上的一般建筑物,每个单体工程载荷试验点数不宜少于3处;对复杂场地或重要建筑物应增加试验点数。强夯地基的处理效果应采用复合地基载荷试验方法检验。

对于现工程疑问如下:本工程采用强夯地基处理方式,处理区域共33 000m²,共52栋2~3F别墅,共分为2个大区,13个小区。如果每栋建筑物视为一个单体建筑,载荷试验点要156个;如果每个大区视为一个单位工程,每个小区视为一个单体工程,即可按验收规范按面积要求(设计院和建设单位要求按面积来考虑检测点数量)来布置检测点(不拘泥于载荷试验),数量可减少近1/3,两者相差较大。

(1)这几个规范关于检测数量该如何理解呢?

(2)单位工程、每个建筑地基、单体工程能作为一个意思理解吗?

(3)这几个规范是不是有些许不协调呢?

(4)其他如标贯、动触、取样等检测数量需要采用吗,如果采用又该如何分配呢?

答 复:

这3本规范之间基本原则是一致的,但又有一定的差别。单位工程、每个建筑地基、单体工程可以作为一个意思理解。

你的这个工程的单体是别墅,平面比较小,做3组载荷试验可能太密了一点,这要看平面的布置、别墅的间距大小,以及土层的均匀程度,如果地形地貌比较简单,可以考虑分片评价。

如果按加固前后的性质对比为验收依据,用标准贯入试验或静力触探试验可以得到比较好的数据,但如果以达到一定的承载力为验收标准,则应采用载荷试验。

A网友:

追问:小别墅的大小一般为10m×15m,间距为6~13m,填土厚度一般为3~8m,填土土质较均匀,以承载力和压缩模量来作为验收标准。

在考虑设计院及建设方的意见之后,根据本工程的实际情况,别墅平面位置较小,间距也不大,主要考虑根据《建筑地基基础工程施工质量验收规范》(GB 50202),其竣工后的结果(地基强度或承载力)必须达到设计要求的标准。检验数量每单位工程不少于3点,3 000m²以上工程每300m²至少应有1点。

我对本工程做了具体的检测方案,场地共分13个小区,根据各个小区进行评价。52栋小别墅布置122个载荷试验点(按照单栋3个的话应该是156个),标贯和动触点各布置40个,取土52件。原则是小别墅单栋一般载荷试验点不少于两个,对于布置两个载荷试验点的别墅加了标贯试验和动触试验试验点,以检验填土强夯过后的均匀性,对于个别 12m×20m 的单栋别墅布置了 3 个载荷试验点,每栋单体别墅均进行取土,进行室内土工试验,室内检测强夯后的压实填土的压缩模量进行平行数据比较。不知道这样做方案布置工作量会不会有违反规范呢?

答　复:

你这样的考虑是可以的。等检测结果出来后,对每个小区做数据的离散性分析,同时比较各个小区之间的差别如何。如果数据比较均匀,这个方案就没有问题;如果发现局部数据的离散性比较大,再研究补救措施,或者补做一些试验,以满足要求。

2.31　试验的承压板应该放在什么位置?

A 网友:

工程情况:基槽开挖到设计桩间土标高后,在桩间土的上面回填了 900mm 的混合料摊平,目的是方便施工的吊车和铲车行走,防止车辆陷入土中。实际施工的碎石也是 900mm 厚度混合料,材质一样。施工完毕后 900mm 的混合料垫层被压实挤密为 600mm 的垫层,一部分混合料被振冲为桩体,桩体与混合料同一材质,无法区分桩体与垫层,统一变成 600mm 厚密实混合料垫层体。桩基施工单位说碎石振冲桩的桩顶标高是 600mm 混合料垫层上表面的标高,其余的混合料就是桩间土,复合地基压板位置就是 600mm 混合料的上表面。我们认为桩间土是设计计算书中的淤泥质粉质黏土,承载力 70kPa,不是已经压实的 600mm 混合料。(因为设计与施工是一家单位,设计说振冲桩桩顶标高就是位于 600mm 混合料的上表面位置,"桩间土"就是桩体之间的土,所以混合料就是桩间土。)因为如果在 600mm 混合料上面试验的话,根本就不用打桩,我们的试验结果就能达到 400kPa 左右。在垫层上走重车都没有车痕,在施工过程中反复被重车碾压,600mm 厚混合料的强度是很高的。压板 1.68m 直径,内摩擦角大于 40°,传递到桩间土的位置已经严重衰减,不是真正淤泥质粉质黏土与振冲桩复合地基的承载力。本建筑 25 层,3 栋。基础底面一侧是岩石,一侧用复合地基处理,基底岩石倾斜角很大。打桩太短。

我们要求把压板下 600mm 后垫层揭掉 300~400mm,然后试验,桩队不同意,请专家说说我们的要求合不合理。桩队引用辽宁地标《建筑基桩及复合地基检测技术规程》(DB21/T 1450)第 22 页 7.2.4,我们引用《建筑地基处理技术规范》(JGJ 79)第 80 页第 3 段;两处关于压板位置描述有差异。请问试验的承压板应该在什么位置?

答　复:

如果承压板是放在褥垫层上做试验,则建议做多桩复合地基载荷试验,或用足尺载荷板进行载荷试验。

如果在桩顶标高处进行检测,则按照规范执行就行。

如果施工单位说600mm混合料顶面位于桩顶标高处,那么可以请问桩顶上面的褥垫层到哪里去了?

这个工程是25层的高层建筑,采用振冲碎石桩处理会不会有问题?所以检测单位一定要小心了,我建议说服建设单位做足尺载荷试验或进行多桩复合地基载荷试验,使载荷板的影响深度足以影响到桩底。

建议进行单桩载荷试验和桩体及桩间土做动力触探。不知道对你有没有帮助?

2.32　在粗砾砂混碎石土层中是否可做标准贯入测试?

A网友:

请问在粗砾砂混碎石土层中是否可进行标准贯入试验?该层土以粗砾砂为主,混有碎石。

答　复:

若在粗砾砂混碎石土层中做标准贯入试验,一是打不下去,同时会把贯入器给打坏了。因此,标准贯入试验是做不了的。对这种土,需采用重型动力触探试验。

2.33　关于桩基静载方法的问题

A网友:

刘金砺、高文生、邱明兵编著的《建筑桩基技术规范应用手册》中第78页"近年来超高层建筑兴建中,关于单桩静载试验的具体实施过程出现一些颇具争议的问题。由于建筑物基底埋深大,试验时尚未开挖基坑,试验只得在地面进行,埋深部分理应采用双套管隔离。有的为节省费用,采取在基底标高桩身截面内埋设钢筋应力计,将所测得的桩身轴力值从总荷载中扣除作为试验所得单桩极限承载力。这种办法所得桩的荷载传递和 Q-S 曲线与实际不符,桩端阻力和桩侧阻力的发挥性状也与实际不符。按此进行设计偏于不安全"。

这段话如何理解?

岳建勇答:

(1)由于深基坑大面积土体被挖出,使得桩基的工作条件不同于最终的工作状态,比较理想的是在基坑坑底开挖到基坑底部再进行单桩静载试验,这种做法实际工程中操作难度较大。

（2）对超高层承压桩而言,这个问题影响相对不大,一般在地面试桩可以满足工程要求。

（3）对大面积深基坑工程的抗拔桩问题,基坑底部的抗拔桩承载力影响较大,数值模拟分析结果表明这个问题不容忽视,否则可能造成工程隐患。目前上海软土地区正在结合几个实际工程进行地面与深基坑坑底现场试验对比工作,实际工程相关工作尚在进行中。

2.34　为什么试验结果的离散性那么大?

A 网友:

高老师,有栋 33 层住宅,地基为 Q_3 的老黏土,我们的勘察报告提供地基承载力特征值为 380kPa,设计采用筏板基础。开挖后以平板载荷试验核实承载力,1 号楼做了 4 个,其中有 2 个达到 380kPa,在最后一级压力下沉降为 25mm,1 个为 304kPa(第 9 级破坏,取第 8 级为极限值),1 个仅为 266kPa(第 8 级破坏,取第 7 级为极限值)。按勘察资料(如静探、标贯等),地层还是很均匀的。现在非常迷惑,这是什么原因造成的? 是否是老黏土裂隙的影响? 载荷板是用 0.6m 方板,现在我想建议换成稍大一点的板(0.8m 的方板)再在差一点的地方复压,这样可行吗?

B 网友:

（1）凭经验,该承载力特征值偏不安全。

（2）有几层地下室? 深宽修正后,承载力能满足筏板基础吗?

（3）该层土的沉降计算怎样?

答　复：

试验结果的离散性比较大可能有这几个方面原因:一是土的性质不均匀;二是土层的厚度不均匀;三是试验的方法不严格。

但这位网友没有说明土层的情况,就无法判断了。

只有认为可能是土层的不均匀,才需要换大一点的板,再做一套看结果再说了。也没有其他的指标说明这个土层是否均匀性非常好。

试验值最小的这个点的情况如何? 有什么异常的现象吗?

总之,这位网友介绍的情况太少,怎么能分析、判断试验结果异常的原因呢?

2.35　为什么采用螺旋板试验确定的地基承载力不做深度修正?

A 网友:

关于采用螺旋板试验确定地基承载力的深度修正,大多认为不进行深度修正。我有点疑问:螺旋板试验时板上方及四周均有土的压力,是在原位上覆土压力的条件下,某一深度土体在附加压力下的变形特征,我觉得使用时应进行深度修正。这样的观点对吗?

B网友:

关键这个螺旋板试验后,地基承载力如何选取?

答　复:

一般意义的地基承载力,是通过浅层平板载荷试验,作用于半无限体表面上,所得到的能够按需要进行深宽修正的"基本值",就是常规勘察中的特征值。

而对于深层载荷试验,由于试验要求板与土的侧壁紧贴,对于半无限体来说,就相当于试验的土层位于半无限体内部,换句话说,就是在一定深度内的土层做的平板载荷试验,也是存在上覆土的自重,这时曲线的直线段应该不能通过 P-S 坐标原点的,而是在 P 正方向上有截距的,这个截距大致相当于试验深度以上土的自重。因此各大规范都强调了,深层载荷试验所得的地基承载力,不应该进行深度修正了。

而螺旋板载荷试验的原理与深层载荷试验原理是一致的,都是在半无限体内部进行试验,即在一定深度范围内所进行的试验。

2.36　如何根据岩石的载荷试验结果取用承载力?

A网友:

高老师好!在成都东部有个高层建筑,层数29,基坑深度10m,基底主要以强风化泥岩为主,原勘察报告提的强风化泥岩承载力特征值是300kPa,按照《建筑地基基础设计规范》(GB 50007—2011)第5.2.4条修正后的强风化泥岩地基承载力特征值都可以达到540kPa,设计要求的基底荷载约520kPa,用天然筏板基础没有问题,后设计单位要求勘察单位在强风化泥岩层做平板载荷试验,提高强风化泥岩承载力特征值,由于基坑已经开挖,勘察单位按照浅层平板载荷试验规定进行了现场载荷试验,压板面积 $0.5m^2$,载荷试验结果 P-S 曲线图非常好,3个变形阶段非常明显,极限承载力达到了 1 207kPa,比例界限600kPa,可勘察单位考虑到成都地区强风化泥岩承载力特征值从来没有提到过600kPa,而且考虑到强风化泥岩的风化差异性和不均匀性,建议强风化泥岩承载力特征值取480kPa。

问题如下:

(1)原勘察报告提供的强风化泥岩承载力特征值修正后都满足要求,为什么还要做载荷试验?为什么设计单位说承载力不够呢?

(2)载荷试验做出来的地基承载力特征值还需不需要修正呢?如果需要修正,那按照480kPa修正出来的承载力特征值很大,肯定满足要求,是不是设计单位一般采用勘察报告提供的特征值都不修正?

(3)载荷试验做出来的结果承载力特征值达到600kPa,可勘察单位只建议取值480kPa,是不是太保守?勘察单位解释原因是:载荷试验在得出极限承载力时,除以安全系数K,考虑地区经验可以不取2,取2.5,或者安全系数取2与3之间,可规范里没有规定安全系数K这样取值?这不是不符合规范规定吗?请问高教授,这个安全系数K是不是可以取变值呢?

(4)设计单位如果直接取480kPa,说地基承载力不够,采用桩筏基础,但是如果修正后完全可以采用筏板基础,桩完全可以取消,这不是太浪费了。

B网友:

我来说几句,供你参考。

(1)关于岩石地基载荷试验,建筑地基基础设计规范(GB 50007—2011)第132页有明确的规定。如果你的试验达到1 200kPa,则除以3,并与比例界限相比,取小值,可按400kPa作为承载力特征值。

(2)再回到该规范第23页表注1,强风化和全风化岩石,可参照所风化成的相应土类取值进行修正,即可按黏性土进行修正,可以认为孔隙比e及液性指数I_L小于0.85,查表得到宽、深修正系数,以此来作为设计依据。

(3)我认为修正后的承载力完全满足天然地基要求,且没有软弱下卧层,沉降也不会太大,所以我认可筏板基础方案。

(4)载荷试验是需要的,尤其对这样的高层建筑,仅凭勘察单位经验值,风险太大。

A网友:

谢谢回复,我这里想说明一下的是,现场载荷试验是把强风化泥岩当成土来做的,做的不是岩基载荷试验,而是做的浅层平板载荷试验,所以安全系数K按照规范应该取2。

答　复:

你的这个问题正好在边缘地带,介于土与岩石之间,规范对于土与岩石承载力的规定没有衔接好,出现了不连续的答案。

《建筑地基基础设计规范》(GB 50007—2011)表5.2.4的注1规定深宽修正系数:"强风化和全风化的岩石,可参照所风化成的相应土类取值。"按照黏性土的深度修正系数1.6,即使安全系数取3,地基承载力也满足要求了。

如果作为岩石处理,那深度修正系数只能取 1.0,按照同一本规范的规定,深度不能修正,无论怎么计算,承载力都不能满足要求。但是,规范的这个规定存在一定的问题,对岩石地基一概不做深度修正的规定是有问题的,在《实用土力学——岩土工程疑难问题答疑笔记整理之三》一书中有过专门的讨论,你可以查那本书,这里就不重复了。

2.37 检测时压板的沉降量应该减去回弹量后才能计算土体本身的沉降吗?

A 网友:

高老师好!我是深圳地区勘察人员,这几年碰到了几个项目,在基坑底部采用天然地基,独立基础,基坑深度一般大于 10m。根据地基检测规范要求,采用天然地基时需进行每 $500m^2$ 一个的压板试验检测,但检测的时候检测出的地基承载力仅为勘察报告建议值的一半(如强风化花岗岩建议承载力为 600kPa,检测结果只有 280kPa),咨询了一些专家,他们认为在基坑底进行检测应考虑基坑开挖后土体的回弹,检测时压板的沉降量应该减去回弹量后才能算土体本身的沉降,在这个沉降量下算出来的承载力才为土体的真实承载力,但实际操作中很难测出基坑到底后土体的回弹量,不知此种情况如何解决?或者就是直接不考虑回弹而直接采用检测值呢?另有一问是地基承载力深度修正,如有地下室的,深度修正是在原始地面开始呢,还是在设计地坪开始,或是在基坑底面开始算起呢?

我看到有些地方注意到了这个问题,但很多地方对这个问题都没有注意。现在很多建筑物的荷载很大,或者取土的深度非常深,这个勘探深度和试验荷载如何与工程条件相吻合的要求,不被重视。

答 复:

(1)回弹变形的发展过程比较快,在做压板试验时,回弹已经完成得差不多了。如果还有一部分回弹没有完成,那它对测定的压板沉降,究竟是使之增大还是减小?如果要考虑,该是加还是减?你再仔细想一想。

(2)一般只根据载荷试验的荷载—沉降曲线来确定地基承载力,在加载曲线上取值。不需要考虑回弹的影响。

(3)深度修正是考虑侧向超载对承载力的影响,"基坑底面开始算起"肯定是不对的,因为基坑仅是施工中的某个状态,怎么会对承载力产生影响呢?"是在原始地面开始呢?还是在设计地坪开始?"这与施工的顺序有关,如果是在上部建筑施工结束以后再回填,那应该从原始地面算起;如果在场地先回填到设计标高以后再造上部建筑,那才可以从设计地坪算起。

2.38 如何考虑侧阻对端承桩的贡献?

A 网友:

(1)端承桩单桩承载力计算时,是否要考虑侧阻?

(2)做了试验桩(侧阻对端承桩的贡献如何考虑),如果工程桩的桩长比试验桩短,如何判断能否满足承载力要求?

答 复:

(1)根据对"端承桩"的定义,在承载力极限状态下,桩顶竖向荷载由桩端阻力承受,桩侧阻力小到可忽略不计。因此,当然就不考虑侧阻。

(2)如果在试桩时埋设了传感器,就可以实测桩端阻力和桩侧阻力,就可以得到实测的数据了。不做实测,就很难得到确切的数据。

(3)为什么工程桩的桩长比试验桩短? 如果有实测的端阻力和侧阻力数据,那还可以用实测数据来估算。如果没有实测的端阻力和侧阻力数据,那就无法判断是否满足了承载力的要求。

工 程 实 录

案例一 长江三峡库区秭归县城新址建设场地的评价与处理

一、咨询背景

三峡水利工程是跨世纪的宏伟工程,长江三峡水利枢纽库区的移民工程非常浩大,涉及面广。三峡工程的关键是移民,移民工作影响三峡全局,为举世所关注,而移民工程的成败关键则在岩土工程问题。移民工程的高程都在淹没水位以上,所处的高程比较大,山坡陡峻,地质构造复杂,在这种条件下建造村镇甚至城市,即使尽可能减少大填大挖,也会诱发许多工程地质问题,如何处理好这些问题是岩土工程面临的重要任务。

秭归县位于大巴山和秦岭山脉东南麓,是屈原的故乡,已有 3 200 多年的历史。三峡水库建成以后,原县城将被淹没。根据湖北省批准的秭归县新县城总体规划,新县城迁至距原县城 42km 处的剪刀峪,新址距三峡大坝仅 2km 左右。秭归县城新址的花岗岩风化砂回填地基的评价和利用是一个有待解决的岩土工程问题,三峡工程库区地质负责人崔政权在"关于三峡工程库区涉及移民工程的地质、岩土工程问题的报告"中指出,秭归县城新址花岗岩风化砂回填地基,特别是冲沟回填地基,是一项新的课题,经过夯实、碾压后的地基的承载力能达到多少个量级是一个方面,但从根本上来说,渗透变形是风化砂地基的致命因素,必须进行充分的论证。1995年1月13日,"秭归县迁建城镇新址选择暨新城建设会议纪要"又提出,秭归县新县城建设的成功,关键在于高家屋场、剪刀峪、周家湾、柳树坝等4条冲沟回填砂部位的利用问题。根据上述精神,长江水利委员会综合勘测局与同济大学受秭归县政府的委托,制订了对回填砂的研究工作计划,由我和长江水利勘察技术研究所刘特洪总工程师共同负责这项咨询任务。从1995年4月开始进行了花岗岩风化砂回填土的现场与室内的试验研究,对回填砂的工程性状作出了全面的分析评价,对回填砂地基的利用与处理提出了建议,秭归县新县城开发建设管理委员会在新县城建设过程中采用强夯方案进行处理,我们则对实施强夯处理的工程进行处理效果的检测和建筑物的变形观测,以检验咨询报告的正确性。

参加本项目的人员有:同济大学高大钊、况龙川、徐奕、熊启东、安关锋、杨世如、王大通、丁国俊等,长江水利委员会综合勘察局刘特洪、李丛华、马树恒、解晶涛、蒋小娟、朱庆臻、程型荣、杜国义、王功平、王柱军、向欣、陈尚桥、许刚林、蔡加兴、钱展顺、王周等。

二、秭归县城新址回填砂场地工程性状研究

秭归县县城新址包括剪刀峪、高家屋场、周家湾和柳树坝4条冲沟,其中以剪刀峪为最大,在180~230m高程范围以内的面积为0.385km²,其中坡度小于10°的占70%,10°~15°的占30%。新址为宽浅平缓谷地,表层坡积物1~3m,下部为风化的闪云斜长花岗岩,强风化层厚度3~10m,中等风化层厚度2~10m。在选址工程地质勘察报告中指出,新城的建造,即使是非崩滑体,也要避免对原有地形地质条件进行大规模改造,特别在斜坡地区。因为大规模改造必然伴随有各类人工边坡与冲沟的人工填筑体,其结果将孕育出新的、潜在的环境地质问题。对新址的规划有两种思路:一种是不大规模改造;另一种是整平地基,进行大规模改造。报告指出,实施第二种思路要特别谨慎,要严格控制挖填规模。

依据规划进行场地整平以后的花岗岩风化砂回填地基总面积约500 880m²,其中高家屋场137 840m²,剪刀峪155 290m²,周家湾114 990m²,柳树坝92 760m²。根据前期资料分析,按回填砂的厚度划分的面积见例表2.1-1。

按回填砂厚度分区的面积(单位:m²)　　　　　　　　　例表 2.1-1

场地	<5m	5~10m	10~15m	15~20m	20~25m	25~35m	>35m
高家屋场	31 310	25 100	28 400	21 360	13 320	12 470	4 950
剪刀峪	43 920	35 070	32 850	28 500	15 410	1 340	—
周家湾	35 240	26 700	20 500	14 970	13 490	3 650	—
柳树坝	29 120	36 470	15 940	8 000	2 800	—	—

受秭归县政府委托,从 1995 年 4 月开始对上述回填砂的密实度与均匀性、承载力与变形特性、湿陷性和渗透稳定性等工程性状开展了大规模的现场与室内试验研究,主要工作量见例表 2.1-2。

回填砂试验研究主要工作量　　　　　　　　　例表 2.1-2

序号	项目	单位	数量	序号	项目	单位	数量
1	钻孔	m	497	12	密实度	个	124
2	标准贯入	点	135	13	最大、最小孔隙比	个	11
3	取原状样	组	270	14	含水率	个	124
4	竖井	m	15	15	击实试验	组	15
5	密度(灌水法)	个	46	16	压缩试验	个	170
6	密度(核子法)	个	2	17	湿陷试验	个	85
7	静力触探	m	426	18	抗剪强度	组	82
8	旁压试验	点	11	19	休止角	个	8
9	渗透变形	组	10	20	本构模型	组	8
10	化学分析	个	4	21	数值分析断面	条	7
11	粒度分析	个	13				

回填砂作为城市建设工程的地基适宜性评价的主要判据是回填砂的密实度及其均匀性。对砂土密实度的划分可以采用标准贯入试验击数或静力触探比贯入阻力来判定,这两种方法都可以将回填砂划分为松散、稍密、中密和密实四种状态,判定界限见例表 2.1-3。

砂土的密实度划分　　　　　　　　　例表 2.1-3

判定指标 ＼ 密实度	松散	稍密	中密	密实
标准贯入击数 N	10	10~15	15~30	30
比贯入阻力(MPa)	4	4~7	7~14	14

根据对回填砂密实度普查的结果,秭归县城新址场地的回填砂密实度随深度的变化有 4 种不同的类型。

(1)贯入曲线虽有被动,但平均趋势与深度无关,密实度的均匀性是比较好的,但对于平均值小于 4MPa 的回填砂应进行处理。

(2)贯入曲线的平均趋势随深度增加,只要基础底面处的比贯入阻力大于 4MPa,就可以不要处理地基。

(3)贯入曲线沿深度分布不均匀,呈上软下硬型,在剖面上有明显的分界面,属层状地基。如浅层的比贯入阻力大于 4MPa,则可判为良好地基,无软弱下卧层的问题。如浅层的比贯入阻力小于 4MPa,而深层的大于 4MPa,则只要加固浅层松散回填砂,无软弱下卧层的问题。

(4)贯入曲线呈上硬下软的不均匀分布,深层的松散回填砂是否需要处理取决于松散回填砂的埋深和基底压力的大小和影响范围,如软弱下卧层的强度验算不满足要求,则需要对深层松散回填砂进行处理。

秭归县城新址回填砂的粒度成分见例表 2.1-4,按国标《建筑地基基础设计规范》对砂土的分类标准,回填砂定名为砾砂。其不均匀系数均大于 10,为级配良好的砂土。

回填砂的粒度成分　　　　　　　　　　　　　　例表 2.1-4

取样点 ＼ 粒组	5mm	2mm	0.5mm	0.005mm	不均匀系数
高家屋场	12	44	72	3	17.5
高家屋场	8	35	66	3	17.5
剪刀峪	6	35	69	3	15.2
剪刀峪	8	42	73	6	20.0
周家湾	12	42	72	2	15.4
周家湾	10	45	77	3	11.6
柳树坝	10	39	72	2	14.5
柳树坝	18	52	77	4	22.6

在场地上实施了 10 台静载荷试验,不同密实度的回填砂的承载性状见例表 2.1-5。

回填砂载荷试验结果　　　　　　　　　　　　　例表 2.1-5

编号	P_0(kPa)	P_{max}(kPa)	S_{max}(mm)	P_s(MPa)	密实度
P_{1-1}	90	270	36.16	1.49	松散
P_{2-1}	80	225	37.85	1.68	松散

续上表

编号	P_0(kPa)	P_{max}(kPa)	S_{max}(mm)	P_s(MPa)	密实度
P_{2-2}	80	200	38.92	1.68	松散
P_{3-1}	75	300	46.24	2.62	松散
P_{3-2}	263	340	9.36	8.48	中密
P_{4-1}	183	412.5	25.07	5.81	稍密
P_{4-2}	216	360	11.33	8.44	中密
竖 5m	413	412.5	6.54	$N = 15.3$	中密
竖 10m	341	525	12.64	$N = 24.8$	中密
竖 15m	221	360	13.19	$N = 13.3$	稍密

从例表 2.1-5 的实测数据可以看出,松散状态的回填砂,其实测承载力一般小于 100kPa。而稍密以上回填砂的实测承载力都超过 180kPa,满足县城新址建设一般多层建筑设计的要求。此外,4 台浸水载荷试验的结果表明,2 台松散回填砂的试验都具有湿陷性,而另 2 台中密回填砂的试验都没有湿陷性。因此,对于上述"上软下硬"的层状地基,浅层的松散回填砂必须进行加固,以满足地基承载力和水稳定性的要求。对于"上硬下软"层状地基中的深层松散砂,如不满足下卧层强度的要求,也必须进行加固。

在对新址场地勘察过程中发现,在有些地段的回填砂中,包裹着成片的架空块石,块石之间的充填情况无法探明。由于回填砂是在块石堆填以后填筑的,可以推断块石是互相接触的,因而深层的架空块石不会降低地基的承载力,也不会增大地基的变形。但在大范围的浸水以后,对地面沉陷可能会有不利的影响。

三、回填砂地基处理方案研究

1.回填砂处理实施方案

县城新址回填砂地基的主要问题是密实度不符合回填土填筑压实的要求,形成了大范围的松散砂以及在深度上和平面上的严重不均匀性。地基处理的目的是要增大砂层的密实度以满足承载力和变形的要求,并防止回填砂饱水以后可能发生的湿陷性。同时消除地基的不均匀性,使建筑物有一个比较均匀的地基。

根据回填砂的性质以及移民工程的特点,对松散回填砂,强夯方法应当是首选的方案,这是因为强夯最适宜用于砂土,而且强夯法的造价特别便宜,但施工参数应通过现场试验求得。为了研究有效加固深度，同时考虑到浅层松散砂的最大深度在 10m 左右，因此在制定加固方案时建议用 150kN 的重锤，落距分别为 10m、15m 和 20m 三种。但是，常驻现场的施工单位只有 150kN 的吊车，起重能力受到限制，只备有 100kN 的重锤，且最大落距也只有 10m。实际的试验是在 1 000kN·m 的单击能量条件下进行的。有效加固深度受到设备条件的限制，无法进行比较试验。

对于在浅层硬层覆盖下的深层松散砂，考虑用振冲挤密法加固，回填料仍用花岗岩风化砂。材料就地取材比较经济，同时又不致大面积破坏浅层的中密砂层。

对于块石架空区，原方案考虑采用封闭式压力灌浆的方法填充块石之间的空隙，浆液采用黏土水泥浆，灌浆前需要探明架空块石区的埋深和范围。

由于研究项目经费一直未能落实，全面的试验研究工作未能如期开展，但新城的建设又不能等待。后来，秭归县新县城开发建设管理委员会的领导提出结合工程项目进行试验的要求，可以从工程费用中先解决一部分试验费用，有利于及早开展试验工作。但是，结合工程项目进行试验也有一定的局限性。首先，由于试验结果必须满足工程的设计要求，不可能探求最经济的目标，同时也不可能作许多的对比试验，试验结果的推广应用就缺乏普遍意义。

结合工程项目进行试验，工程设计最迫切需要解决的问题是地基承载力的取值。至于深层松散砂的加固，由于下卧层的影响比持力层要小得多，就不可能花很大的代价去进行试验。深层的架空块石可能只会引起长期的区域性沉陷，如果没有政府的投资是很难进行试验的。因此，这次试验仅局限于用低能量的强夯法加固浅层的松散砂，包括浅层的含有块石的砂层。

《长江三峡水利枢纽库区秭归县城新址回填砂工程性状研究报告》的结论与建议指出，回填砂主要为稍密~中密状态，但在较多地段存在松散的回填砂分布于浅层或深层，厚度与埋深不等，分布无规律性，松散回填砂的工程性质差、承载力低，且具有湿陷性。因此不能作为天然地基，需进行加固处理，是本场地工程建设时重点研究与处理的对象，勘察时务必探明其分布范围、厚度与埋深，作为设计与施工的依据。对于浅层松散回填砂，建议用强夯法处理。有效加固深度修正系数、击数和夯击遍数等施工参数建议通过试验确定;对于深层松散回填砂，建议用挤密法加固，控制电流，振冲孔距与孔位布置等施工参数通过试验确定;对于架空块石区，建议用压力灌浆方法加固，浆液采用黏土水泥浆，灌浆压力、灌浆量等施工参数通过试验确定。

2.回填砂强夯处理试验工程

根据建设单位的要求和工程的进度,对下列盐业公司、房产公司等单位的建设项目结合设计和施工的需要进行了强夯的现场试验研究工作。

1)盐业公司

(1)工程概况

秭归县新城盐业公司位于屈原路以东、平湖南路以南的地块,场地东西向长60m左右,南北向长40m左右。场地的西部为3层的办公楼,独立柱基,柱距3.9m至7.8m不等;北部为砖混结构的住宅楼,条形基础,纵墙基础宽度1.6m;东部为单层仓库。

盐业公司所处的场地地基很不均匀,场地西部的回填砂较薄,东部的回填砂很厚,且在10m以下深部有松散砂。在整个场地2m深度范围内为中密砂,2~5m范围内为松散砂,5m以下也是中密砂。需要处理的是在地基持力层上部3m左右的松散砂层。

原设计采用碎石桩处理地基,项目组经过研究提出取消碎石桩的建议,并设计了强夯的处理方案,主要加固5m以上的松散砂。对于10m以下的松散砂,由于有上覆8m左右的中密砂层扩散应力,松散砂层顶部的应力已小于松散砂的承载力,故不必进行深层加固。

(2)处理方案

根据盐业公司的工程地质条件和建筑物的特点,将全部地基处理改为强夯法。其理由是在5m深度范围内的松散砂正是1 000kN·m能量的强夯可能达到的加固深度范围,加固以后的地基承载力可以满足设计要求。同时,强夯法比碎石振冲挤密法经济得多。碎石桩不仅工程费用高,而且将荷载集中传到中密砂层,使深部松散砂所受到的附加应力比强夯法要高得多,对建筑物反而更为不利。

如采用振冲挤密法加固10m深度以下的松散砂,可能将5~10m范围内的中密砂扰动,产生不利的影响。在对浅层松散砂强夯加固以后,基础底面以下将会至少有8~10m的中密砂层作为持力层扩散地基应力,而基础宽度都小于2m,持力层的厚度已大于基础宽度的4倍,下卧层的强度可以满足要求。因此,不必对10m以下的松散砂作任何处理,建筑物也不会产生过大的沉降。

(3)强夯施工参数

①单点夯击能量按设备能力为1 000kN·m。

②采用2遍夯击,夯点布置为:住宅楼和办公楼第1、2遍间距均为4m,方格布置,跳打,仓库则试打5m间距。

③单坑夯击次数由试验确定,满夯5击,落距5m。

④每遍之间不留时间间隔。

⑤夯坑位置见例图 2.1-1。

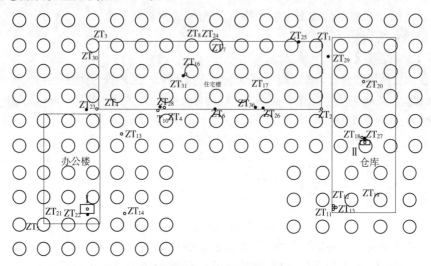

注：○夯坑位置　·强夯前静力触探孔
　　　▣载荷试坑　•强夯后静力触探孔

例图 2.1-1　盐业公司夯坑位置、夯前夯后静力触探点位置及载荷试验位置示意图

（4）强夯效果检测

在强夯以前布置了 20 个静力触探试验孔，强夯以后在住宅楼、办公楼和仓库 3 处各作一台平板静载荷试验以及布置了 11 个静力触探试验孔，载荷试验及静力触探试验点的位置见例图 2.1-1。

根据《建筑地基基础设计规范》的规定进行试验，承压板直径为 0.7m，对砂土取 $s/b=0.01$ 所对应的荷载作为地基承载力的取值。

3 台载荷试验结果见例表 2.1-6。

载荷试验资料汇总　　　　　　　　　　　　　　　例表 2.1-6

试验位置	最大荷载（kPa）	最大沉降（mm）	地基承载力（kPa）
办公楼	400	8.4	320
住宅楼	400	9.2	240
仓库	360	10.5	240

强夯前后静力触探比贯入阻力的典型对比资料见例图 2.1-2。从例图 2.1-2 可以看出，在深度 5m 以下的比贯入阻力没有明显的变化，但在 5m 深度以内的加

固效果则非常明显,比贯入阻力从小于 4MPa 提高到 10~20MPa,花岗岩风化砂的密实度已由原来的松散状态提高到中密~密实状态,使建筑物有了可靠的持力层。

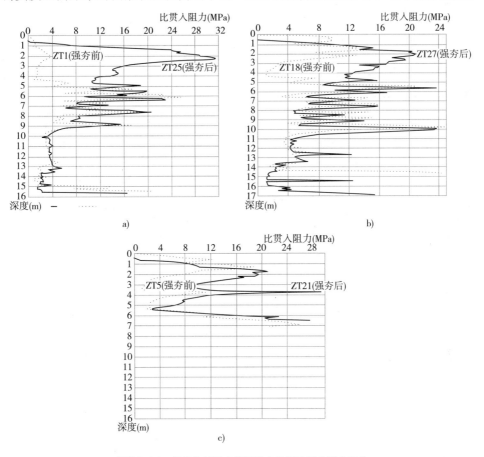

例图 2.1-2 盐业公司强夯前后静力触探比贯入阻力变化

（5）施工情况及建筑物沉降观测资料

盐业公司的强夯施工于 1997 年 1 月 18 日开始至 1997 年 1 月 29 日结束。强夯施工参数见例表 2.1-7。

住宅楼和办公楼上部结构于 1997 年 3 月 18 日开始施工,至 1997 年 7 月 17 日主体结顶。在整个施工过程中进行了沉降观测,当 5 月上旬正值施工第 3 层时于北侧的法院住宅楼地基进行强夯施工,为了了解强夯对工程的影响,加密了沉降观测。

盐业公司强夯施工参数   例表 2.1-7

遍数	夯点数	平均击数	总击数	平均夯击能 （kN·m/m²）	平均夯坑下沉量 （cm）	地面平均下沉量 （cm）
第 1 遍	69	11.4	786	715	76.1	9.2
第 2 遍	67	11.0	736	670	60.6	7.1
第 3 遍	483	4.5	2172	987	16.8	14.2

施工过程情况正常,沉降发展也比较正常,沉降观测的资料见例图 2.1-3。

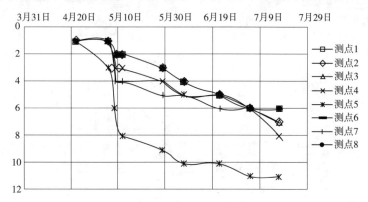

例图 2.1-3 盐业公司沉降观测成果图

沉降观测结果表明,建筑物的沉降量很小而且比较均匀。虽然场地的回填砂厚度分布并不均匀,建筑物东侧的砂层厚度为 16m 左右,西侧的砂层厚度只有 6m 左右,东西两侧砂层厚度相差达 10m 左右,但建筑物东西两侧的沉降差最大仅为 5mm。无论是绝对沉降或者沉降差都满足了规范的要求,而强夯的造价一般只有振冲碎石桩的 1/4 左右,说明了用强夯法加固松散回填砂是既可行又经济的一种方法,值得在新城建设中推广应用。

(6) 结论

①本场地采用强夯法处理地基以后明显地提高了 5m 深度范围内回填砂的密实度,连同 5~10m 范围以内的中密砂,基础底面以下已有足够厚度的稳定砂层作为持力层。

②强夯法加固以后的回填砂具有至少 240kPa 的地基承载力,完全满足地基设计的要求。

③对 10m 深度范围以下的松散砂不必进行加固处理,对承载力和建筑物的变形不会产生有害的影响;建议住宅楼采取每层加一道圈梁的办法以加强上部结构,

使之适应此楼纵跨两种地层构造的条件。

2）房产公司

秭归县房产公司商住楼位于平湖北路以北、楚风路以西，场地面积 5 720m²，共有 4 栋 7 层砖混结构房屋，以及沿街 3 层商业用房，总建筑面积 14 600m²。根据岩土工程勘察报告以及试开挖的现场勘查，场地浅部存在大量的大块石，且其体积比已超过 30%。原地基处理方案要求挖除大块石以后重新回填砂土再进行强夯加固，但挖土工程量非常浩大，如不挖除浅部含有大块石的土层，势必将强夯的能量消耗在浅部，不加大夯击能量，无法加固到需要的深度，但现场没有大型设备，又无法加大夯击能量。由于含大块石的砂层极不均匀，如不作强夯处理，不宜作为建筑物地基。因此，采用部分挖除分层强夯的施工方案。

3.不同条件地基处理方法研究

秭归县新县城回填砂填方地基的利用是新县城建设的主要技术关键，既涉及建筑物的安全又与工程造价密切相关。在移民工程中更加应当注意考虑地基处理方法的经济性，使有限的移民费用发挥更大的作用。同时由于当地施工机具设备条件的限制，使得有些方法虽在技术上可行，但在经济上却无法承受或在当地不具备可行性。

因此，本次地基处理研究工作的重点是，结合当地实际情况，针对对建筑物危害性很大的回填砂地基中的松散砂和大量的浅层架空块石等不利条件，研究提出适宜处理措施。

1）浅层松散回填砂处理

前期研究工作表明，回填砂的矿物成分稳定，粒度成分为砾砂，是良好的回填材料。但主要因为回填时没有按照规范要求分层碾压，以致回填砂的密实度很低且均匀性极差，故不能直接用作天然地基。如通过提高密实度和均匀性的处理，仍可以作为良好的建筑物地基，因此首选方案应当是采取使之密实的方法。在诸多加固方法中，强夯法设备简单、造价低廉，适合在移民区使用。

结合盐业公司住宅楼和办公楼工程施工开展的强夯试验结果表明，用 1 000kN·m 的单击能量可以使 5~6m 深度范围内的回填砂得到有效的加固。加固后载荷板试验的荷载—沉降关系还处在直线阶段，按照规范规定的标准取值，地基承载力可以提高到 240kPa 左右，完全满足多层建筑设计对地基承载力的要求。建筑物沉降观测的结果也证明了采用强夯方法加固以后，回填砂地基的沉降很小，用强夯加固松散回填砂是十分可靠的。

例表 2.1-8 所示在新城回填砂地区采用强夯法加固地基的许多工程实例证明

了强夯法的加固效果。

稀归县新城回填砂采用强夯法加固工程资料汇总   例表 2.1-8

工程项目	强夯面积 （m²）	平均夯击能 （kN·m/m²）	平均下沉量 （cm）	地基承载力 （kPa）	静力触探比贯入 阻力（MPa）
检察院住宅	2 400	2 143	54.0	154	14
防保中心	3 392	2 183			10
有意商贸公司				300	15
人民银行	2 865	1 750 1 620 1 820	33.9 39.0 43.4	200～325	
劳动局住宅	396	1 803			
林业局 4 号	1 110	2 441	27.9		
林业局 3 号	1 709	1 235	35.0		
三溪农贸	2 750		26.7		
建筑总公司	1 170	1 647	12.0		
燃料公司	924	1 073	16.3		
交警大队	605	1 686	41.0		
法院住宅	1 180	1 607	44.0	180	16
建设银行				160	

2）浅层架空块石区处理

浅层架空块石是指在松散回填砂中含有大量的大块石，这种架空块石是在开挖过程中微风化或未风化的花岗岩的岩块弃置堆积而成的，块石尺寸一般在 500～1 000mm，堆积厚度和范围很不规则，在大块石堆积以后又回填了风化砂，将大块石淹没在松散回填砂中。这是一种结构不稳定的回填土层，从地面看非常平整，但在钻探或触探时就发现无法进尺，钻探取砂的植物胶大量流失。这种人工形成的不均匀地基在建筑物荷载的作用下将会产生极不均匀的沉降，必须进行加固处理。

由于块石的体积比较大，块石在堆积时互相接触，形成了大体积的构架，对加固处理带来了困难。原来考虑采用灌浆的方法，但架空块石区的范围难以探明，在块石区内又不能下灌浆管而无法实施。采用强夯的方法则需要采用大的夯击能量才能产生效果，而负责新县城地基处理施工的单位却只备有 15t 的履带吊车，夯锤的质量只有 10t,落距为 10m,最大夯击能量为 1 000kN·m,对于尺寸 1m 左右的石块来说,夯击能量显然太小,由于施工设备条件的限制,放弃了直接强夯的方法。最后不得不采用挖除块石的办法来处理,先将 2~3m 范围内的大块石挖除,对开挖后的坑底进行一次强夯;第一次强夯完成以后再回填风化砂,然后对回填砂进行强夯。由于坑底以下仍然有大块石存在,第一次强夯的效果可能比较差,只能适应下卧层的要求,第二次强夯能有效地加固作为持力层的回填砂,形成一层硬壳以扩散应力。

上述方案在房产公司 4 栋建筑物的地基上已经实施,并已取得一定的效果;同时在文化局的项目中也已采用。根据房产公司的施工表明,开挖回填工期很长,再加雨季坑中积水无法强夯,使工期超过了半年,地基处理的造价为直接强夯的 3 倍。实践证明这种方法是不得已而为之的办法,虽然技术上是可行的,但在工期和造价上却是不可取的。解决的办法应当采用 30t 以上的履带吊车和 15t 的锤,加大夯击能量,直接在地面强夯。

3)关于其他处理方法讨论

上述处理方法是针对浅部松散风化砂而言的,由于回填砂地基的多样性,实际采用的处理方法不仅是强夯。

在新县城回填砂地基处理过程中形成一种错觉,似乎凡是回填砂都需要强夯,其实并不如此,如果浅层有一定厚度的中密回填砂,则可以直接用天然地基设计,不必进行地基处理。例如劳动局综合楼的地基,用静力触探勘察的结果发现,在 1m 以下的回填砂静力触探比贯入阻力平均值大于 8MPa,回填砂的密实度为中密,地基承载力大于 190kPa,可以满足多层建筑地基设计的要求,因而不需进行强夯加固。

有些建筑物的设计单位采用挖孔桩以穿过松散回填砂支承在基岩上,有些建筑物采用片筏基础以减少基础底面平均压力并使沉降均匀化,也有采用振冲碎石桩加固回填砂的方案。

4)不同基础方案比较

从 1995 年开始,在场地平整基本完成以后,秭归县新县城开始了项目的建设,至 1997 年已有 200 余项在建项目,其中多数是建在挖方地段,但也有不少项目建在填方地段。根据 1995 年 4 月至 8 月进行的对秭归县新县城的花岗岩风化砂回填地基研究工作的结论,松散回填砂必须加固以后才能作为建筑物的地基,并根据移民工程的特点提出了采用强夯法加固松散回填砂的建议。这一建议在秭归县政府和新城建设开发管理委员会的领导下得到了实施,并已取得了进展,在回填砂地基上建成了一批住宅和办公楼。采用强夯法加固松散回填砂的效果已在工程实录中进行了总结,表明强夯法加固回填砂在技术上是可靠的,在造价上是经济的。

对新县城填方地段的调查结果表明,在回填砂地基上的基础工程已采用过下面几种形式:在强夯以后采用条形基础;在强夯以后采用片筏基础或地基不作处理采用片筏基础;采用桩基,以挖孔桩为主,少量沉管桩,个别采用碎石桩。

现将上述几种基础工程的技术和经济条件综合分析如下:

(1)在强夯以后采用条形基础

这是一种最经济的方案,松散回填砂经强夯处理以后,地基承载力一般可达200kPa以上,即使是强夯效果最不好的情况也有160kPa左右,可以满足建造7层建筑物的设计要求。

地基承载力设计时,由上述载荷试验确定的承载力为标准值,其对应的荷载也应当取用标准值,而不能采用乘以分项系数后的荷载设计值。因此,对于地基承载力大于160kPa的回填砂地基,建造7层的建筑物是足够安全的。

为了估计建筑物的沉降以分析是否符合规范的要求,根据在强夯以后的回填砂上的载荷试验资料计算变形模量,计算结果见例表2.1-9。

强夯以后回填砂地基的变形模量

例表2.1-9

项 目 名 称	压力范围(kPa)	沉降范围(mm)	变形模量(MPa)
人民银行	80	3	13.7
盐业公司	400,360,240	8.6,10.5,7	23.9,17.6,17.6
人民法院	100	3.7	13.9
建设银行	156	7	11.5
有意商贸公司	300,300,250	7,6,4	22.0,25.7,32.1
检察院	150	7	11.0

强夯后回填砂地基的沉降量是否满足规范要求是人们关心的问题。在新县城回填砂地基上建造的建筑物中,进行沉降观测的项目不多,连盐业公司在内一共只有4栋建筑物有完整的沉降观测资料,观测数据见例表2.1-10。这4栋建筑物中,3栋采用强夯法加固地基,1栋采用碾压方法加固。在例表2.1-9和例表2.1-10所示的几项工程中,盐业公司的资料最为完整,既有载荷试验又有沉降观测资料,可以计算沉降量并将计算值和实测值进行对比,以校核计算方法的可靠性。

秭归新县城部分建筑物沉降观测资料　　　　　　例表 2.1-10

工程名称	建筑物层数	沉降值(mm)	地基处理情况
盐业公司综合楼	6	6,6,7,7,7,7,8,11	强夯
开发公司5号商住楼		17,16,14,19	碾压
房产住宅楼		39,10,18,33,8,21,12	强夯
秭城商住楼	6	14,9,13,14	强夯

　　盐业公司的基础宽度为 1.6m,长宽比大于 10,用载荷试验求得的变形模量计算得到沉降量为 11mm;沉降观测给出住宅楼和办公楼在结构封顶时的实测沉降量为 6~11mm,平均沉降为 8mm。实测沉降小于计算沉降,按平均沉降计算,则沉降修正系数为 0.7。

　　从现有资料可见,强夯以后的回填砂变形模量一般大于 11MPa,对于 6~7 层建筑物的计算沉降量在 10~20mm 之间,而实际可能产生的最大沉降量在 30~40mm 之间,说明用强夯法加固回填砂以后地基的压缩性降低,均匀性提高,在宏观上表现为建筑物的沉降量比较小,而且比较均匀,沉降量和局部倾斜都符合国家标准的规定,从沉降控制角度看,强夯法也是有效的。

　　为了与其他几种基础形式进行比较,对采用条形基础的建筑物造价进行分析,可将按照建筑面积的平均造价作为一个比较的指标,称为单位面积处理费用(元);另一个指标是处理造价和整个建筑造价之比,称为处理造价比(%)。由于整个建筑造价的影响因素很多,计算缺乏统一的标准,前一个指标比后一个指标更能比较确切地反映实际情况。用两种方法计算的结果见例表 2.1-11,从例表 2.1-11 可以看出,在强夯以后如果采用条形基础这种形式,按每平方米建筑面积摊算的费用小于 50 元。

采用条形基础的建筑造价　　　　　　例表 2.1-11

项目名称	建筑面积 (m²)	建筑造价 (万元)	地基处理造价 (万元)	单位面积处理 费用(元)	处理造价比 (%)
盐业公司	3 150	180	9.5	30	5.3
人民法院	3 393	380	9.0	27	2.4
人民银行A座	3 483	144	16.2	47	11.3
人民银行B座	4 476	185	20.6	46	11.1
三溪农贸市场	7 500	450	21	28	4.7

（2）关于片筏基础的使用

新城建设中曾有多个建筑物采用了片筏基础,具体资料见例表 2.1-12 和例表 2.1-13。从表列数据可以看出片筏基础的造价与其厚度有关,基础造价与基础板的厚度大体上呈正比例。当板的厚度超过 50cm,每平方米建筑物的基础造价就有可能超过 100 元,对于移民工程来说基础造价的比例太大。从例表 2.1-13 还可以看出,片筏基础底面的平均压力很小,说明还没有充分发挥回填砂地基的潜力。如果能采用比较高的夯击能量,加固的有效深度能达到 10m 左右的话,回填砂地基在强夯以后的地基承载力即使按最小值 160kPa 考虑,也可以建造 10 层的建筑物,预测计算沉降量在 20mm 左右,预估实际的沉降可能小于 70~80mm。总之,片筏基础的造价占总造价的比例相当高,除了特殊情况以外不宜轻易采用,特别用于 6~7 层建筑物是非常不经济的。

采用片筏基础的建筑物一览表　　　　　例表 2.1-12

项 目 名 称	层数	结构	建筑面积（m²）	基础面积（m²）	总造价（万元）	基础造价（万元）	基础造价比（%）
县第二医院综合楼	6	框架	4 958	1 100	310	70	23
县第二医院住院部	5	砖混	1 600	350	60	16	27
县第二医院门诊部	6	砖混	1 700	380	63	17	27
水电局 A 座	7	砖混	2 703	500	150	22	15
建设银行住宅楼	7	砖混	6 200	1 000	450	50	11 *
检察院住宅楼	7	砖混	6 868	1 200	450	47	11 *

注:这两个项目均为强夯以后再做片筏基础,但基础造价中未计入强夯费用。

片筏基础造价及基底平均压力　　　　　例表 2.1-13

项 目 名 称	单位面积的建筑造价（元）	单位面积的基础造价（元）	片筏厚度（cm）	基底平均压力（kPa）
县第二医院综合楼	625	152	70	67.6
县第二医院住院部	375	100	50	68.6
县第二医院门诊部	371	100	50	67.1
水电局 A 座	555	81	50	81.1
建设银行住宅楼	726	81	45	93.0
检察院住宅楼	655	68	40	85.9

（3）关于桩基础的使用

在新县城回填砂地基上采用桩基的建筑物有 8 栋,其中 6 栋采用人工挖孔灌注桩,2 栋采用沉管灌注桩,具体资料见例表 2.1-14 和例表 2.1-15。

采用桩基础的数据 例表 2.1-14

项 目 名 称	层数	结　　构	桩径(m)	桩长(m)	桩数
地税局住宅楼	6	1 层框架 2~6 砖混	950	6.5	37
水电局 B 座	7	砖混	1 000	13	63
工商银行 1 号	8	砖混	1 000	7	21
工商银行 2 号	8	砖混	1 000	7	32
秭归商城	4~5	框架	800	3~14	81
邮电大楼	10	框架	1 000~1 800		86
烟草住宅楼 A 号	5	砖混	350*	13	180
烟草住宅楼 B 号	5	砖混	350*	13	180

注:*号表示这两个项目采用的是沉管灌注桩。

桩基础的造价 例表 2.1-15

项目名称	建筑面积 (m²)	总造价 (万元)	桩的造价 (万元)	单位面积桩的造价 (元)	桩造价比 (%)
地税局住宅楼	3 973	236	22	58	9.3
水电局 B 座	5 600	320	60	107	18.8
工商银行 1 号	1 300	156	40	154	25.6
工商银行 2 号	1 300				
烟草住宅楼 A 号	2 711		20	74	
烟草住宅楼 B 号	2 711		20	74	

影响桩造价的因素很多,因此单位建筑面积的桩造价出入很大,可比性比较差。从已建造的这几个项目来看,多数采用桩基的必要性不是很大,有些项目桩的长度只有 5m 左右,对于这种薄层的回填砂采用强夯加固是非常合适的。根据挖孔桩的施工适宜性,在松散砂层中,尤其是在地下水位以下采用人工挖孔桩是十分危险的,容易发生流砂现象。此外,人工挖孔桩施工时,劳动条件比较差,容易发生工伤事故,在秭归工地曾发生过工人在孔底因沼气中毒而死亡的事故。

(4)关于振冲碎石桩

在秭归县新县城工地,采用振冲碎石桩的工程已经施工的有一项,原设计采用振冲碎石桩后经修改设计而未施工的一项。

已施工的工程是茅坪财政宾馆,主楼 6 层,附楼 4 层,回填砂厚度为 5.15~19.20m,地基承载力为 103~120kPa,设计采用碎石桩 201 根,桩长 8~18m,桩间距 1.8~1.9m,填料采用粗砂加 30%碎石,平均每米填料 0.6m^3,桩径 0.7m 左右,要求复合地基承载力 220kPa,施工费用 19 万元。振冲碎石桩施工结束以后进行的检测发现,在地表下 3.5m 范围内桩间土仍呈松散状态,不能满足设计要求,为进行补救,对桩间土采用 500kN·m 的满夯加固,加固面积 744m^2,强夯以后对碎石桩和桩间土的检测结果表明符合了设计要求。

未施工的盐业公司,地质条件和财政宾馆相似,设计采用碎石桩 214 根,估计地基处理造价也在 20 万元左右,后改用强夯法处理地基,强夯费用包括仓库在内仅为 8.1 万元,扣除仓库部分后的处理费用为 5.4 万元,与碎石桩的费用相比不到 1/3。

由于振冲器所需功率比较大,需要专门供电,在新县城施工临时供电条件比较差,也给振冲碎石桩的推广应用带来困难。

上述工程实践说明,无论从技术上或者经济上,对浅层松散回填砂一般不适宜采用振冲碎石桩加固。对于深层的松散回填砂,振冲碎石桩的加固可能是有效的,但加固以后还必须用强夯加固浅层的回填砂。

(5)几种基础形式的经济比较

在秭归县新县城移民工程中考虑回填砂地基的处理和利用时,经济性是一个非常重要的指标。在十多项已建的工程中,主要用过 3 种基础形式,不同基础形式的单位建筑面积的处理费用对比详见例表 2.1-16。

每平方米建筑面积的处理费用(单位:元)   例表 2.1-16

项　目	强夯加条形基础	片筏基础	桩基础
费用范围	28~46	68~152	58~154
平均值	35.6	97	93.4

注:桩基础的费用中没有包括桩的承台的费用。

从例表 2.1-16 的资料可以看出,3 种基础形式的处理费用相差比较大,最经济的方案是强夯加条形基础,在不计承台费用时片筏基础与桩基础的造价相近,但在计入承台的造价以后,桩基的造价为最高。

4.一些问题讨论

上面初步总结了秭归县新县城移民工程建设中回填砂地基的利用和处理的经验,所采用的 3 种基础形式,总的来说在技术上都是可行的,虽然有沉降观测的建筑物不多,但从外观上看,还没有发现建筑物产生严重的变形或开裂现象,说明这些技术措施都是有效的;但是在经济上,这 3 种基础形式之间有较大的差别,有些方法还不是最经济的,值得进一步研究以限定各种方法的适用条件和范围,充分发挥各种方法的长处,合理地使用,以确保工程的安全,最大限度地节约建设资金。

本项目实施期间,在建建筑物大部分在回填砂厚度小于 20m 的地段,松散砂主要分布在浅层,建筑物大多是 8 层以下的多层建筑,对这种情况,采用强夯加条形基础的方案基本上可以解决工程问题。但是还有一大片填砂厚度超过 20m 的高填方地段有待建设,建筑物的高度也可能突破多层,建造一些高层建筑,如何处理深厚的松散回填砂(回填砂中还可能含有架空块石)以满足更高建筑物的要求是一个有待解决的问题。

从技术方面考虑,高层建筑的荷载比较大,影响深度比较深,在 10m 以下影响范围内的深层松散回填砂需考虑用什么方法加固既有效又经济。如果采用振冲碎石桩加固,则碰到大量的架空块石时振冲器就无能为力了;能否采用深层爆破挤密,是一个值得研究的课题,需要进行试验。

从城市规划管理方面考虑,如能充分依据地质条件进行建筑物高度的控制,在高填方区避免建造高层建筑是最经济而又合理的一种方法,可以减少基础工程的投资,提高新城建设资金的利用率。这就需要秭归县的领导在项目审批时严格加以控制,避免在高填方地段建造 10 层以上的建筑物。

在建成区建筑物密度越来越高的情况下,强夯法的使用也受到许多条件的限制。例如,强夯对邻近建筑物的影响、强夯对挡土墙的附加水平推力造成挡土墙的损坏等,也都需要进一步研究解决。

案例二 长兴岛凤凰镇新近沉积砂土的地基承载力试验与评价

一、咨询的背景

在上海市北部的长江南岸,以及长江口的一些岛屿,如崇明岛、长兴岛等,都沉积了厚层的砂土层,按沉积的年代划分,都属于新近沉积的砂土层或粉性土层,研究和积累的工程经验不多,在上海市建设工程标准《地基基础设计规范》中,也没有提供这类土层的经验和资料。在工程建设中,这一粉性土层很少被直接利用作为建筑物的持力层,大多采用桩基穿越这层土的方案。

21世纪初,在长兴乡凤凰镇的建设中,需要建设一批4~5层的商品房,在基础方案的比选中,采用天然地基的方案显然是比较经济的,但砂土地基的性状是否满足工程需要,技术上是否可行,在经过试验论证以后,需要进行第一批工程的实体建筑验证。

本文是对砂土地基承载力的试验成果的分析与评价。参加本项目试验工作的有高大钊、朱茳、范福明等。

二、工程及场地概况

长兴乡凤凰镇配套商品房的1号地块的拟建建筑物为4~5层的商品房。场地位于上海市宝山区长兴乡潘园公路以南,场地东西向长约510m,南北向宽140~330m,呈梯形状,整个场地的面积10万余平方米,中间有一条南北向的规划道路,将场地分为东、西两部分,规划道路以西的场地约为整个场地面积的2/3。场地空旷,地势平坦,是一大片沟渠纵横的农田,仅在北侧潘园公路旁有少量的民居,试验场地低洼,地面的耕土软弱,对堆载工作极为不利,但场地不存在影响试验工作的其他障碍物。

根据武汉地质工程勘察院的初勘报告,拟建场地属长江河口、砂嘴、砂岛分布区,自然地面标高2.61~3.00m,场地主要土层的物理力学性质指标见例表2.2-1。

场地主要土层的物理力学性质指标   例表2.2-1

土层编号	土层名称	土层厚度（m）	黏聚力（kPa）	内摩擦角（°）	压缩模量（MPa）	标准贯入击数	比贯入阻力（MPa）
①₁	杂填土	0.6~2.0					
②₁	黏质粉土	0.5~1.0	8	29.5	7.46		0.89
②₃₋₁	砂质粉土	3.0~5.0	3	33.0	9.95	7.9	2.33
②₃₋₂	砂质粉土	10.4~12.5	3	32.0	9.75	9.6	3.03
④	淤泥质黏土	4.8~7.8	15	11.0	2.69		0.65
⑤₁₋₁	黏土	5.2~7.0	17	12.5	3.17		0.77
⑤₁₋₂	粉质黏土	7.2~8.8	18	16.5	4.12		1.09
⑤₂	砂质粉土	未钻穿	7	31.5	7.19		5.53

根据静力触探贯入曲线,在地面下厚度约0.5m的填土层以下,存在第②层粉土层的三个亚层,总厚度为15m左右,淤泥质黏土层位于粉土层之下。第②₁为黏

质粉土、第②$_{3-1}$及第②$_{3-2}$层均为砂质粉土,都具有较好的物理力学性质,而且第②$_{3-1}$和第②$_{3-2}$层砂质粉土的抗剪强度都大于第②$_1$层黏质粉土。当采用条形基础时,在附加应力影响的深度范围内不存在软弱下卧层的问题。

上述分析说明本场地具有很好的工程地质条件,充分利用厚层的浅层粉土层,采用第②$_1$层作为天然地基持力层应是首选方案。

三、地基基础设计与工程勘察的主要问题

由于本场地浅部分布有厚层的砂质粉土层(第②$_{3-1}$层和第②$_{3-2}$层),工程地质条件对工程建设非常有利,但如何合理利用这层土是地基基础设计和工程勘察需要研究的技术关键问题。

根据上海地区的一些工程资料,当利用这种厚层粉土层作天然地基的持力层时,所建的6~7层建筑物沉降一般在10cm以内;过去也曾利用过这层粉土作为小高层的补偿式筏板基础的天然地基。但是,如何确定浅层粉土的地基承载力,用什么方法计算地基承载力比较符合实际情况,都还缺乏工程经验。在上海地区,过去对浅层粉土的工程性质研究得比较少,尤其是对这种厚层的粉土层的承载性能和变形特性的试验研究更少,缺乏必要的技术积累。

根据上海地区已有的一般工程经验,按上海土层的典型层序考虑时,由于浅层粉土层的厚度一般仅为2~3m,而第③层淤泥质粉质黏土层埋藏很浅,又比较软弱,出于考虑软弱下卧层对地基承载力和建筑物沉降的不利影响,即使浅层粉土层本身的地基承载力比较高,但地基承载力的取值不敢用得很高,不敢突破已有的经验值。

在上海地基规范修订时,出于同样的考虑,也对浅层粉土的地基承载力取值作了严格的限制,但作这种限制时没有具体考虑这种厚层粉土层地区的工程地质条件。在出现厚层粉土层的地区设计地基基础时,如果没有充分考虑厚层粉土的有利条件,使粉土持力层的承载能力不能得到合理的发挥,采用了过宽的基础宽度,技术上不尽合理,经济上也是浪费资源的。如果突破规范的这些限制,在技术上虽然是合理的,但在评价厚层粉土的地基承载力时也缺乏足够的试验依据。

鉴于本工程的地质条件特点和上海地区以往的工程经验,为了客观地反映厚层粉土层的地基承载性能,充分发挥地基的潜力,有必要进行一定数量的平板载荷试验。以期在试验的基础上,加以综合分析研究,确定合适的地基承载力,为地基基础设计提供合理的设计思路和设计参数。

四、试验设计

试验按上海市工程建设规范《岩土工程勘察规范》(DGJ 08-37—2002)和《地基基础设计规范》(DGJ 08-11—1999)的有关规定,结合本工程场地的特点和试验的目的要求进行。

1.试验目的

试验的结果将为本项目的详勘提供确定天然地基承载力的主要依据。本项试验的结果还可以为长兴岛地区以后的其他工程建设提供地基承载力取值的地区经验,也为修订上海市的地方工程标准积累技术资料。

2.试验数量

根据场地特性,为使试验的结果有更好的代表性,按 1.5 万 m² 左右布置一台试验计算,建议共做 6 台平板载荷试验。

考虑场地的分布特点,在规划道路以东的地块中布置 2 台,在以西的地块中布置 4 台。

3.压板尺寸

为了使载荷试验接近于实际工程条件,采用大尺寸压板进行静载荷试验,可以减少试验的尺寸效应,试验结果能比较充分地反映粉土层的实际承载性能,故选用 1.50m×1.50m 的方形压板。

4.试坑及试验标高

本工程场地大部分区域内,黏质粉土层的厚度为 1.20m 左右,此层虽然比较薄,对地基承载力的贡献不很大,但为了保护主要持力层砂质粉土层,在基槽开挖时必须将黏质粉土保留一定的厚度,决不能挖除,基础应尽量浅埋。为模拟工程条件,在试验时保留了 1.0m 左右的黏质粉土层,取载荷试验的压板底面标高与实际基础的底面标高一致。

第一组试验共四个(试验编号为 1、2、3、4 号),做常规的平板载荷试验。在开挖试坑时,试坑的平面尺寸不小于 4.5m,挖去填土见老土后再挖 0.20m,加以整平即为试验的标高,铺设 10cm 的中粗砂找平后放置压板。

第二组试验共两个(编号为 5、6 号),在压板四周保留有 1m 厚的土层和砂包作为侧向超载,这种静载荷试验用以研究基础埋置深度对地基承载力的影响。

由于地下水位比较浅,在四周距试坑边各 5m 处挖沟排水,使水位降至开挖面以下,以免扰动地基土。

5.最大试验荷载及加载分级

根据粉土的工程性质,估计可能达到的承载力数值,取用最大试验荷载为340kPa。按压板面积2.25m²计算,试验加荷最大值为765kN,堆载的重物按1.2倍的加荷最大值计算,应至少为920kN。

按照一般的规定,对最大试验荷载分10级等分加载量,最后两级按半级加载;按加载量的两倍进行等量逐级卸载。

具体的加(卸)载量和累计量见例表2.2-2。

天然地基荷载试验加卸载表 例表2.2-2

加载等级	1	2	3	4	5	6	7	8	9	10	11	12
加载量(kPa)	34	34	34	34	34	34	34	34	17	17	17	17
累计加载量(kPa)	34	68	102	136	170	204	238	272	289	306	323	340
卸载量(kPa)	68		68		68		68		68			
累计量(kPa)	0		68		136		204		272			

6.变形测读时间与稳定标准

每级荷载施加的第一小时内按5min、15min、30min、45min、60min进行测读,以后每隔30min测读一次,直至达到稳定标准。

稳定标准为每小时的沉降量不超过0.1mm,并连续出现两次。卸除每级荷载维持30min,回弹测读时间为5min、10min、20min、30min,卸载至零后应测读稳定的残余沉降量。

7.终止试验条件

(1)沉降量急剧增大,土被挤出或压板周围出现明显裂缝。

(2)累计沉降量大于压板宽度的10%。

(3)在某级荷载作用下,压板的沉降量大于前一级荷载的2倍,并经24h尚未稳定,同时累计沉降量达到压板宽度的7%以上。

(4)总加载量达到试验设计的最大加载量。

五、试验结果

试验从2005年1月17日进场,2005年2月2日出场,历时17天。

1.试验数据

6台载荷试验的基本数据见例表2.2-3。

载荷试验的基本数据　　　　　　　　　　　例表 2.2-3

试验编号	最大试验荷载 （kPa）	最大沉降量 （mm）	最大回弹量 （mm）	回弹率 （%）	试验历时 （min）
S1	289	157.79	34.55	21.90	2 220
S2	306	147.39	45.54	30.90	2 790
S3	289	144.31	48.32	33.48	3 360
S4	272	117.09	39.85	34.03	3 240
S5	340	101.48	33.48	32.99	3 105
S6	340	92.68	37.22	40.16	3 300

2.试验曲线

由各台载荷试验的数据绘制成汇总的 $p\text{-}s$ 曲线，见例图 2.2-1。

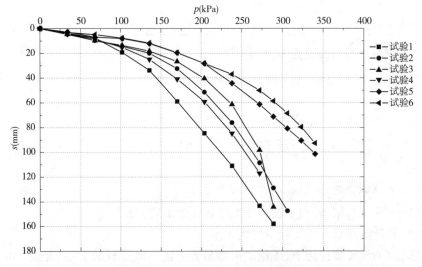

例图 2.2-1　6 台载荷试验的 $p\text{-}s$ 曲线

3.试验结果描述

从例图 2.2-1 的 $p\text{-}s$ 曲线形态可以看出，粉土层的全部试验都呈缓变型曲线，没有出现变形急剧发展的陡降段。在 $s\text{-}\lg t$ 曲线上没有出现斜率变大的荷载级，压板周围也没有发现隆起或开裂的破坏迹象。

因此，对无超载的载荷试验都以变形控制作为终止试验的条件；由于有超载的试验也没有出现任何破坏现象，则以达到最大试验荷载作为终止试验的条件。

六、试验数据分析

1.零点校正

对载荷试验的 $p\text{-}s$ 曲线需进行零点校正,根据直线段回归的原理对试验数据计算零位修正值。

各台载荷试验的零位修正值 s_0 见例表2.2-4。本报告中所有的试验数据以及资料的分析均以校正后的数据为准。

零 位 修 正 值 例表2.2-4

试验编号	1	2	3	4	5	6
s_0	2.50mm	4.00mm	3.00mm	2.50mm	1.60mm	1.00mm

2.地基承载力分析

本项试验报告的地基承载力分析,根据土力学的基本原理,基于地基极限承载力和地基容许承载力两种不同的力学概念进行,并作相互校核。

（1）地基极限承载力

根据有关技术标准的规定,地基极限承载力的试验值可按下列原则之一确定:

①荷载—沉降曲线上取第二拐点所对应的荷载;

②在 $s\text{-}\lg t$ 曲线,取曲线尾部明显向下曲折的前一级所对应的荷载;

③按累计沉降量为7%的压板宽度所对应的荷载。

从试验结果可以看出,在试验过程中没有出现显示极限承载力的①和②两种情况,只能按累计沉降量为7%的压板宽度所对应的荷载取为极限承载力。

本次试验的压板宽度为1.5m时,与7%相应的累计沉降为10.5cm。因此,按累计沉降10.5cm从 $p\text{-}s$ 曲线上可以取对应的荷载为地基极限承载力。

（2）地基容许承载力

由载荷试验结果确定地基容许承载力有两类取值方法,第一类是在得到了地基极限承载力之后,将地基极限承载力除以安全系数求得,安全系数一般取2。

第二类方法取 $p\text{-}s$ 曲线上的拐弯点对应的荷载为容许承载力,对于拐点不明显的试验结果,可以用累计沉降量为1.5%的压板宽度所对应的荷载为容许承载力。

压板宽度为1.5m时,与1.5%相应的累计沉降量为2.25cm,从 $p\text{-}s$ 曲线上可以按这个累计沉降量取对应的荷载为地基容许承载力。

（3）分析的结果

根据载荷试验数据，用上述各种方法计算的地基极限承载力和地基容许承载力分别见例表 2.2-5。

根据载荷试验结果计算的地基承载力　　　　　　　例表 2.2-5

计算方法 ＼ 试验编号	1	2	3	4	5	6
按 $s/b=7\%$ 确定的极限承载力(kPa)	230	268	277	259	340	340
平均值(kPa)	258.5				340	
取安全系数 $k=2$ 的容许承载力(kPa)	115	134	139	130	170	170
平均值(kPa)	129.3				170	
按 $s/b=1.5\%$ 确定的容许承载力(kPa)	109	143	153	128	182.6	181.7
平均值(kPa)	133.3				182.2	
按上海规范方法极限承载力标准值(kPa)	258.5				340	
按上海规范方法地基承载力设计值(kPa)	161.6				212.5	
按全国规范方法地基承载力特征值(kPa)	129.3				170	

基于累计沉降量和基于安全系数是确定地基承载力的两种不同的方法，从不同的概念出发来取用地基容许承载力，其结果一般并不完全一致，可以取其较小值作为地基容许承载力的取值。

从例表 2.2-5 的计算结果可以看出，用两种方法得到的地基容许承载力比较接近，说明试验的结果是比较理想的。

四组常规载荷试验的地基极限承载力的极差小于平均值的30%，说明场地土的承载性能的变异性比较小，根据有关规范的规定，可以用平均值作为代表性数值。

根据上海地基规范的方法和全国地基规范的方法，按载荷试验的分析结果计算的地基极限承载力标准值、地基极限承载力设计值和地基(容许)承载力特征值的代表性数值分别见例表 2.2-5。

例表 2.2-5 同时给出了两组有超载的载荷试验结果，无论是地基极限承载力或地基容许承载力，两组试验的数值都非常接近，这也同样反映了场地的均匀性。

对比常规试验与有超载的试验的结果可以看出，压板四周的超载对地基承载力有比较明显的影响,在压板周围设置了1m的超载(18kPa)就可以使地基极限承载力提高81.5kPa。

3. 变形指标分析

土的变形模量可以根据载荷试验的结果用下式计算:

$$E_0 = \omega \frac{pb(1-\mu^2)}{s} \qquad (例\ 2.2\text{-}1)$$

式中:E_0——变形模量;

ω——沉降影响系数;

μ——地基土的泊松比;

b——承压板的边长或直径;

p、s——与所取定的比例界限 p 相对应的沉降。

变形模量的计算结果见例表 2.2-6。由于现行规范的沉降计算方法采用分层总和法,需要用压缩模量指标。

根据载荷试验结果计算的变形模量 例表 2.2-6

试验编号	1	2	3	4	5	6
p/s	8.88	6.96	7.00	7.91	8.70	8.72
变形模量	11.0	8.6	8.6	9.8	10.8	10.8
平均值	9.5MPa				10.8MPa	

变形模量与压缩模量之间存在着下面理论上的关系:

$$E_s = \frac{E}{\beta} \qquad (例\ 2.2\text{-}2)$$

式中:E_s——压缩模量;

E——变形模量;

β——系数。

$$\beta = 1 - \frac{2\mu^2}{1-\mu} \qquad (例\ 2.2\text{-}3)$$

粉土的 μ 值一般取 0.25,则 $\beta=0.83$,则按上式用变形模量反算的压缩模量应为 11.4MPa。

但根据以往的资料,取土作压缩试验得到的压缩模量通常都小于变形模量。其原因是土样取土产生扰动。因此所得到的压缩模量就偏小很多,使计算的建筑物沉降量偏大。

按本场地初勘报告所提供的取土试验结果,这三层粉土的压缩模量平均值为7.46~9.95MPa,与载荷试验得到的变形模量比较接近,略小于压缩模量的理论反算值,说明勘察时的取土和试验对土样的扰动还是比较小的。

岩土工程勘察的初勘报告仅对第②$_{3\text{-}2}$层砂质粉土,提出了压缩模量建议值10.0MPa。进行详勘时,宜对黏质粉土和两层砂质粉土都能提供压缩模量的建议值,以便地基基础设计时能计算浅基础的最终沉降量。

七、综合分析

1.与地基极限承载力理论公式计算结果的比较

修订上海地基规范时曾经对汉森极限承载力公式进行了研究和校准,最后采用的计算地基承载力设计值的步骤为:

(1)土的抗剪强度指标的标准值采用峰值指标的平均值。

(2)持力层的厚度与基础宽度之比 h_1/b 在 0.25~0.7 的范围内,取双层土的抗剪强度标准值的算术平均值。

(3)在计算抗剪强度指标的分项系数时,除了除以分项系数外,还对平均值折减了30%。

(4)用汉森极限承载力公式计算得到的地基极限承载力再乘以修正系数 γ_d,求得地基承载力的设计值。

上述步骤包含了下面的几个方面的经验处理:

(1)继承了上海地区的经验,将抗剪强度指标平均值作为标准值。

(2)简化了双层地基的抗剪强度指标的处理。

(3)将抗剪强度指标用于计算地基承载力时,继承了对抗剪强度指标折减30%的处理经验。

(4)采用地基承载力修正系数的方法将各种土类作了归一化处理。

采用本试验结果时,如何考虑上海地基规范的上述规定是需要解决的问题。为此将试验结果与理论公式计算的结果进行了比较。

比较时,仍遵守上述第(1)和第(2)两点规定,即也取初勘报告中抗剪强度的峰值指标的平均值为标准值,根据平板载荷试验的压板尺寸与土层厚度的几何关系,采用算术平均值代表双层体系的抗剪强度指标。

对于土的抗剪强度指标,计算时分别采用上海地基规范折减30%的方法和不折减30%的两种处理方法。

汉森极限承载力公式是在平面条件下导出的,同时又可考虑基础形状的修正,计算时分别采用荷载分布为空间和平面两种假定。

对于上述不同计算条件的组合,地基极限承载力和地基承载力的设计值的计算结果分别见例表 2.2-7 和例表 2.2-8。

地基极限承载力的计算结果   例表 2.2-7

抗剪强度指标的 处理	荷载分布的 假定	地基极限承载力 计算值(kPa)	地基极限承载力 试验值(kPa)	试验值与计算值 之比
峰值强度	空间	397	258.5	0.65
峰值强度	平面	309	258.5	0.84
折减 30%强度	空间	146	258.5	1.77
折减 30%强度	平面	89	258.5	2.91

地基承载力设计值的计算结果   例表 2.2-8

抗剪强度指标的 处理	荷载分布的 假定	地基承载力 计算值(kPa)	地基承载力 试验值(kPa)	试验值与计算值 之比
峰值强度	空间	110	161.6	1.47
峰值强度	平面	87	161.6	1.86

在例表 2.2-7 和例表 2.2-8 中分别计算了试验值与计算值的比值,这是为了校核理论计算结果与试验结果的符合程度。根据国外的一些资料报道,对于内摩擦角比较大的粉土和砂土,用理论公式计算的结果比试验值大。例表 2.2-7 中的第一、二两行数据也证明了这一点。

上海地基规范对内摩擦角大于 20°的情况,建议乘以 0.80 的修正系数,这是对计算值偏大的一种处理方法。

对于抗剪强度指标折减 30%的情况,计算值比试验值小得多,说明对于粉土,采用汉森极限承载力公式计算时,不能套用从一般典型层序地段得出的经验,对抗剪强度指标不能折减 30%。

由于例表 2.2-8 是按上海地基规范的规定计算的地基承载力设计值,在计算过程中实际上已经乘了 0.7 的系数,等同于折减 30%处理。

从例表 2.2-7 和例表 2.2-8 的数据比较可以得出下列结论:

(1)粉土层的抗剪强度取值,不适宜采用折减 30%的方法。

(2)例表 2.2-7 中的第 2 行数据表明,试验值与计算值的比值最接近上海地基规范规定的承载力修正系数 $\gamma_d = 0.80$。

（3）鉴于上面的两点结论，对于厚层的粉土层进行地基极限承载力计算时，应采用峰值强度指标，按平面应变条件进行计算，根据上海地基规范的承载力修正系数 $\gamma_d = 0.80$ 进行修正后，预期得到的地基极限承载力标准值和实际最为吻合，误差小于 5%。

（4）例表 2.2-8 的数据说明，对于厚层的粉土层，不适宜按 c、φ 分别采用分项系数计算抗剪强度设计值的方法。当需要计算地基承载力设计值时，宜用抗剪强度指标的标准值直接通过汉森极限承载力公式计算极限承载力标准值，再除以 1.6 的抗力分项系数得到地基承载力设计值。

2.与地基容许承载力理论公式计算结果的比较

全国地基规范的地基承载力公式源于苏联的 $p_{1/4}$ 公式，这个公式是在平面应变条件下导出的，其计算结果是地基容许承载力。根据工程经验，用 $p_{1/4}$ 公式计算的粉土或砂土的地基承载力一般偏小，因此在 20 世纪 70 年代制定全国地基规范时，对内摩擦角大于 24°的土类，用平板载荷试验的资料对 $p_{1/4}$ 公式进行了校核。由于平板载荷试验没有埋深项，黏聚力又很小，因此仅对基础宽度项的承载力系数作了经验修正。用这个公式计算地基承载力时，抗剪强度指标规定用峰值强度，不作折减。同时由于这个公式没有基础形状的修正，故在例表 2.2-9 中只有条形基础的计算结果。

分析比较表明，用抗剪强度的峰值指标，按修正后的 $p_{1/4}$ 公式计算，计算的地基承载力仍比这次粉土的载荷试验得到的容许承载力值小一些，但误差小于 20%，说明当时的修正是有作用的，这个公式可以用于计算粉土的地基容许承载力。

用汉森极限承载力公式计算的地基极限承载力，除以安全系数 2，地基容许承载力计算值见例表 2.2-9。试验值与计算值之比为 0.84，说明如果乘以 0.80 的修正系数，则与试验结果吻合，误差小于 5%。

地基容许承载力的计算结果　　　　　　　　　　　例表 2.2-9

抗剪强度指标的处理	荷载分布的假定	地基承载力计算值	地基承载力试验值	试验值与计算值之比
峰值强度	平面	111	129.3	1.17
峰值强度	平面	154.5	129.3	0.84

为了研究基础埋置深度对于地基承载力的影响，平板载荷试验时在压板四周平铺了 1m 厚度的土，相当于在超载 18kPa 条件下进行试验，从例图 2.2-1 可以看出，超载对 p-s 曲线产生的影响比较明显。

对理论公式的埋深项的承载力系数用下面的公式按平板载荷试验的结果进行校核：

$$\Delta f_q = N_q' \gamma d$$

由平板载荷试验求得埋深项的极限承载力增量为81.5kPa，超载的重度 γ 为 18kN/m³，埋深 $d=1$m，则由试验得出的埋深项的承载力系数 N_q' 经验值应取为4.53。

八、关于地基承载力的建议

（1）本场地厚度为15m左右的浅层粉土层具有良好的承载力性状，可以作为浅基础的天然地基持力层。

（2）平板载荷试验的结果表明，粉土层的承载力性状比较均匀。根据试验数据得出的地基承载力数值为：天然地基的极限承载力为258.5kPa；天然地基的容许承载力为129.5kPa；按上海地基规范，地基承载力的设计值为161.6kPa；按全国地基规范，地基承载力的特征值为129.3kPa。

（3）由平板载荷试验得出的地基承载力的上述计算结果可以作为工程勘察时确定设计参数的主要依据。详勘使用上述数据时应综合考虑详勘阶段探明的土层分布情况、用室内试验和原位测试测定的土的物理力学性质指标，结合设计对建筑物沉降的要求，在综合评价的基础上提出天然地基的地基承载力建议值。

（4）考虑到在长兴岛地区尚缺乏利用浅层粉土层的工程经验，建议对试验结果取小值平均值作为代表性数值，即将平均值和最小值两个数值再取平均值。根据表5的试验结果，地基极限承载力的平均值为258.5kPa，最小值为230kPa，则地基极限承载力的小值平均值为244.25kPa，相应的地基承载力的设计值为153kPa。建议取用地基承载力设计值150kPa，地基承载力特征值120kPa。

（5）建议对建筑物长期沉降进行跟踪观测，以掌握建筑物的沉降量分布及发展的规律，检验第一期工程的地基承载力的取用合理性，为进一步更合理地利用浅层粉土层积累工程数据。

（6）由平板载荷试验得出的粉土层的变形模量值，可以作为详勘时确定地基变形参数的参考。

（7）根据埋深影响的试验所得到的一些结果，可供工程勘察和地基基础设计时参考。

九、建筑物的沉降观测结果分析

根据试验研究报告的建议，大华集团上海长兴岛房地产开发有限公司委托同济大学对商品房抽样进行跟踪沉降观测，选择了11栋有代表性的建筑物进行沉降观测,建筑物的编号、层数、长度以及主要的施工节点时间见例表 2.2-10。

沉降观测建筑物一览表　　　　　　例表 2.2-10

建筑物编号	建筑物层数	建筑物长度	挖土日期	封顶日期
1	6	44m	7.29	12.11
2	5	44m	5.11	10.8
11	6	50m	8.4	12.16
20	5	37m	5.25	11.12
26	5	66m	5.15	10.8
27	5	50m	7.25	11.27
28	5	37m	6.21	11.20
36	5	19m	4.19	7.14
40	5	44m	4.27	12.2
41	5	50m	5.2	9.11
43	5	44m	5.4	9.3

例表 2.2-10 中包括 5 层和 6 层两种不同层数的建筑物,以探讨适宜采用天然地基的建筑物合理层数;被测建筑物中包括本小区长度最长的 26 号建筑物和长度最短的 36 号建筑物在内的各种不同长度的建筑物,以分析建筑物的刚度(长高比)对沉降的影响,为今后设计时选择适宜于类似场地地质条件的建筑物类型提供依据。

1. 建筑物沉降发展趋势

在最后封顶的建筑物 11 号楼封顶后经过半年时间,即 2006 年 5 月 17 日对上述 11 栋建筑物进行沉降测量,数据见例表 2.2-11。除 11 号楼外,其余建筑物封顶以后的经历时间均已超过了半年,所测的沉降量具有一定的代表性,能说明沉降的发展趋势。

至 2006 年 5 月 17 日各建筑物测点的沉降量(单位:mm)　　　例表 2.2-11

测点 编号	1	2	3	4	5	6	7	8	9	10	平均值
1	72.04	57.13	62.75	58.72	55.42	59.12	59.73	63.15	63.53	63.80	61.54
2	103.90	103.96	108.57	97.93	104.96	101.82	108.48	113.98	109.75		105.93

续上表

测点编号	1	2	3	4	5	6	7	8	9	10	平均值
11	24.83	21.17	21.69	19.43	18.36	22.40	18.94	21.02			20.98
20		88.26	95.58	84.22	90.00	98.80	100.98	114.96	90.95		95.47
26	100.96	102.43	116.53	116.70	108.91	105.96		110.68	98.57	72.22	103.75
27	73.50	88.37	83.97	81.64	80.12	79.60	85.48	86.00	93.84	80.49	83.30
28	33.12		33.06	34.96	34.27	31.56					33.39
36	79.41	84.19	87.82	77.77	79.97	85.69					82.48
40	77.26	83.77	86.23	81.44	77.36	75.92	84.19	85.48	83.39	77.07	81.21
41	91.73	93.41	99.82	97.87	91.25	98.44	103.06	109.21	103.40	96.96	98.52
43	103.50		107.60	104.14	114.56	113.97	109.12	104.27	114.56		108.97

从例表 2.2-11 可见,建筑物的沉降量与建筑物的长度有关,建筑物的长度越长,沉降量越大;也与建筑物封顶的时间有关,封顶早的建筑物,同一时间测的沉降量就比较大;有些建筑物的沉降观测点因施工单位没有及时安装以及不具备测量条件,致使起测时间比较晚,测得的沉降量就比较小。例表 2.2-11 数据显示,大部分建筑物的平均沉降量在 80~100mm,测点之间的沉降差比较平缓,说明建筑物的沉降量比较均匀,在纵向和横向的不均匀沉降都在规范允许的范围以内,建筑物整体性状良好。

虽然前期沉降量已经完成,但由于观测的时间不够充分,还有一部分后期沉降量将继续完成,估计到沉降稳定的时间大约再需要两年,最终沉降量可能在 150mm 左右,可以满足规范的要求。

2.沉降发展趋势图分析

取三栋有代表性的建筑物进行沉降发展趋势的分析,分析建筑物的编号为 41、36 和 26 号。沉降时程曲线见例图 2.2-2。从例图 2.2-2 可以看出,最长的 26 号建筑物的长度为 66m,所产生的沉降最大,最大值已接近 130mm,平均沉降 117mm,建筑物中部与端部的沉降差为 0.5‰;最短的建筑物为 36 号,长度 19m,沉降量最大值 95mm,平均值 89mm;41 号楼的长度 50m,最大沉降 106mm,平均值 103mm。

虽然沉降还未稳定,但从发展趋势可以预期,对 5 层建筑物而言,最终沉降量的平均值可以控制在 150mm 的范围以内,实际上,对长度在 50m 以内的绝大多数 5 层住宅,最终沉降量的平均值一般不会超过 120mm,纵向的沉降差不会超过 0.5‰。

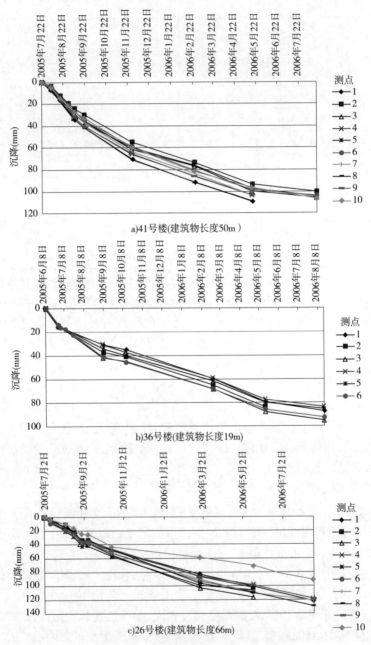

例图 2.2-2　部分建筑物实测沉降时程曲线

第3章 现场试验

现场试验是介于原位测试与原型观测之间的一种试验方法。

原位测试是在尽可能不改变土的原状结构和应力条件下,适当地抽象而设计的一种在原位试验的方法,如平板载荷试验、十字板试验、静力触探试验和标准贯入试验等,用以测定或通过经验关系得到土的物理、力学指标。

原型观测是对实体建筑物及其地基、基础的应力、位移和变形进行实时的观测,得到实体建筑物作用下,地基基础的实时反应,以验证设计、计算的结果,控制建筑物的安全性,如建筑物的沉降观测、位移观测、孔隙水压力观测、构件混凝土或钢筋的应力观测等。

现场试验主要是模拟工程的加载条件研究地基的实时反应,例如,桩在竖向荷载或横向荷载作用下的变形、内力的量测;桩端和桩侧摩阻力的量测;大面积荷载作用下地基强度与变形的(堆堤试验)检测、地基处理的大面积堆载试验等。

本章的内容包括平板载荷试验、桩的载荷试验、大比例的现场模型试验与高土方堆填的方案设计及验证。

网 络 答 疑

3.1 如何看待试桩的结果与勘察报告建议值的差别?

A 网友:

(1)桩静载试验如何扣除非有效桩长部分的侧阻力?

目前有些工程,场地现状地面标高与设计地面标高相比要高出许多,且有多层地下室,为了赶工期,不进行地面整平及地下室开挖,直接在现状地面进行桩基静载试验,这样试验得到的单桩承载力需要减去以后设计的桩顶标高至现状地面这一段的桩侧阻力。目前有一种做法是在试桩时在相应设计桩标高位置设置钢筋应力计,然后以轴力差计算桩侧阻力。下面摘录一个试验报告,其试验时桩顶标高是92.0m,设计桩顶标高是79.7m。这种做法正确吗?除了这种方法外还有其他方法吗？如果为了省钱不设应力计，直接减去根据桩基岩土参数按公式计算设计桩顶标高至现状地面段的桩侧阻力是否可行？

（2）如何根据桩静载试验结果调整勘察报告中的桩基岩土参数？

目前大部分桩基工程是在桩基全部施工完成后才进行静载试验，也有少数是在施工前进行静载试验，这是值得肯定的，但有些工程在施工前进行了静载试验后，设计部门要求勘察部门根据试验结果调整桩基岩土参数，然后以调整后的参数进行桩基设计。这样的做法合理吗？

例如，一工程 0~10m 为硬塑黏土，10~30m 为中密粉砂，30m 以下为中密圆砾。勘察报告根据土性按《建筑桩基技术规范》（JGJ 94）表 5.3.5-1 和表 5.3.5-2 提供了各土层桩侧、桩端阻力极限标准值，设计部门根据该值进行了设计，假设设计采用钻孔桩，桩径 800mm，以中密圆砾作为持力层，桩长 32m，计算单桩竖向承载力特征值为 3 000kN，要求试验加载到破坏，试验结果单桩竖向承载力特征值为 5 000kN，桩侧及桩底未设应力计。设计部门说试验结果远大于计算值，说明勘察报告中的桩基岩土参数偏小，应按试验结果将参数调大，然后再根据调整后的参数进行桩基最终设计。那么问题来了，如何调？是同时把黏土、粉砂桩侧阻力标准值、圆砾端阻力标准值调大，还是只调整其中一个参数？如果同时调整各个参数，分别调多少？同理，如果试验结果远小于计算值，就需要调小桩基岩土参数，如何调？

Aiguosun 答：

（1）规范要求扣除非有效桩长部分侧阻力，这只是个概念，实际工程中难以应用。

试桩时即使设置了应力计，那也只反映了该试验工况下的该段的侧阻力。从各级加载得到的数据可以表明，在不同荷载级别时，不同断面的桩身轴力是变化的，试桩成果在很少情况下才会得到桩的极限承载力。

试桩为单桩，与实际工程的群桩状态下桩的受力情况是完全不同的，尤其是承台的作用，使得桩的工作性状发生了很大的改变。单桩在桩顶桩土相对位移最大，而群桩的桩顶桩土相对位移为 0。

（2）设计要求勘察报告修正参数是无依据的。

规范规定勘察报告的桩的设计参数仅用于初步设计阶段或者小型工程，重要工程应进行试桩。进行了试桩的工程直接按试桩报告提供的成果设计就可以了，没必要劳顿勘察再修改报告了。

B 网友：

（1）我觉得都可行。

(2)试桩结果反映了原勘察报告参数明显偏小,调整是必需的,至于谁来调整,我个人认为勘察单位有义务来做,理由是:

①你提的参数不合理,作为一个企业,你提供质量低劣的产品,就有义务纠正;

②现行建设程序设计不能擅自改动勘察报告结论,按住建部最新精神,不按勘察报告进行设计属严重违规,必须追责;

③修改依据应是该试桩报告,而且必须重新报施工图审查机构审查。

C网友:

目前,试桩一般由设计单位提出,检测单位做好检测方案后报设计部门审核后才进行试桩,试验结果相差太大(一般是试验值远小于设计计算值时)才找到勘察单位,之前流程一般勘察单位不参与。

还有试桩加载一般加载到设计值2倍,到2倍满足要求后一般不会继续加载,仅少量会继续加载到破坏,还有桩基岩土参数偏大较多时,未加载到2倍设计值,桩已破坏。不管那种试验,一般都不会在桩身和桩端设置应力计,也就无法具体知道每层岩土层桩侧阻力、端阻力标准值是多少,因为试验结果是桩侧阻力、端阻力综合作用的结果,所以就出现了前面所说的不知道如何调整各层桩基岩土参数。

D网友:

你说的是验收试桩,选择的是工程桩;你忘记了还有设计阶段试桩(非工程桩),要做到破坏的。

A网友:

大家再说说实际设计是怎么操作的。

答　复:

这个问题的讨论是很有意义的,提出了桩基工程设计与施工中的一些重要问题,值得我们关注。

问题涉及应该怎么做和实际是否可能这么做? 如果根据技术标准应该是这样做,但在实际上可能是很难以做到。这里讨论的这些问题就涉及是应该做到的问题,但实际上往往不容易做到。

勘察报告中提供的单桩承载力是经验预估值,与实际情况可能有出入,也允许有出入,这就引出了在出施工图之前先做破坏性试桩的问题,试验做到极限承载力,然后根据试桩结果提供的单桩承载力进行设计。当然,这根试桩一般是不能作为工程桩用的,而且又需要占工期,所以一般的业主往往不愿意这么做。但是那些高明的、精明的业主肯定会这么做的,尤其对一些工程量比较大的项目,肯定会这么做。因为,这样做可以充分发挥地基的潜力,节省工程造价;或者可以避免产生

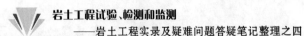

补桩的事故。对于没有事先做试桩的情况,工程桩施工以后的检验性试桩就只能起到检查施工质量的作用了。很多的业主为了省工期,就按照勘察报告提供的单桩承载力设计后就施工了。但如果等到检验性试桩时发现问题就来不及了,发现实际的承载力很高也没有用了;发现承载力太低了就只得补桩了,要知道,有时补桩是非常困难的。

为了更好地发挥在出施工图之前先做的破坏性试桩资料的作用,就提出了分层测定各层土的桩侧摩阻力的问题。还有就是如果工程桩的桩顶标高很低的话,怎么将地面的试桩结果用于工程桩设计,就提出了 A 网友在前面所说的"如何扣除非有效桩长部分侧阻力?"的问题。在测定桩身轴力以后,就可以将各层土的侧摩阻力分开,这样就可以得到不同桩顶标高的单桩承载力。

在做了试桩以后,是否一定要根据试桩的结果来修改勘察报告?我的看法是,改也可以,不改也没有问题。因为试桩报告同样可以作为设计的依据。

A 网友:

感谢高老师及各位专家的回复。

如果整个场地各岩土层空间分布比较稳定,则试桩有代表性,一般设计院会以试桩结果作为设计依据,一般不会要求勘察修改桩基参数。

但如果地层分布不稳定,各地层厚度变化大,甚至在有些地段某些层位尖灭或缺失,试桩数量有限,试桩的代表性不高,这时设计院会要求勘察依据试桩结果修改桩基参数。但试桩时一般不会装应力计,有些试桩加载到破坏,但有些试桩试验只加载到设计单桩承载力的 2 倍,未加载到破坏,针对上述情况如何修改勘察报告中的各岩土层桩侧、桩端阻力标准值?

岳建勇问:

实际工程问题,某工程由勘察报告计算得到的单桩承载力特征值为 1 000kN,而由现场单桩静载试验得到的特征值为 1 500kN,按照相关规范单桩承载力特征值可以取为 1 500kN,而设计单位讲只能取为 1 300kN,如果取为 1 500kN,需要更改勘察报告中每层土的桩侧摩阻力。各位同行是否碰到类似问题?

D 网友:

类似问题我们也碰到过。好的设计人员或单位,显然会根据试验的结果调整设计参数,因为试验的准确性显然要高于勘察报告。勘察报告更多是规范与经验的积累,是要经试验检验与验证的。大型工程一般在初设阶段就应该进行桩基试验,到施工图勘察时应根据试验报告调整桩基设计参数。如果试验是在施工图勘察后进行的,也没有必要非要修改勘察报告。设计单位只认勘察报告的做法,实在是太教条了,造成了不必要的浪费。实在不行,召集相关人员和当地的专家进行评审会,以评审意见作为设计依据。

先看看《建筑桩基技术规范》(JGJ 94)中第5.3.1条的规定,显然,桩基试验的效力是高于经验参数的。

再看看该规范5.3.5条,承载力值是估算的,一般情况下是不能作为设计依据的。

综上所述,我认为设计单位的做法是不合适的。

E网友:

首先:设计院的这种说法是不妥的,但可能仅仅是一个托词。设计人员知道,地勘报告中的侧摩阻力是无法调整的,因此就采取了设计院确定的值。

其次:设计院取1 300kN,可能有他的"难言之隐",可能是他参考了当地的经验。毕竟单桩静载试验得到的具有一定"偶然性",所以设计院采取1 300kN肯定有他的道理。

因此,建议和设计院充分沟通一下,再结合一下当地的经验,尤其重要的是当地实际施工队伍的水平。

F网友:

这个问题我觉得要具体情况具体分析。

试桩和勘察报告估算承载力差别较大时,应分析其原因;如果持力层土质均匀,且试桩数量较多,应按试桩确定,但勘察报告代表了勘察人员的经验判断,承载力提高的风险不应由其承担。设计根据静载试验取值,是符合规范的。在上海有部分咨询项目就是根据静载试验进行桩基优化设计的。

但是有3种常见情况,不能仅仅依据静载而否定勘察单位的经验判断:

(1)场地内区域性的土性差异。上海地区静探做得比较多,静探可以明确显示土层情况的差异,试桩位置至少应有部分在持力层土质相对比较差的位置,才有代表性。如果静载试验正好位于土质较好的区域,按其取值对较差部位的桩就不安全了。

(2)持力层局部有稍软弱夹层。上海中环某大厦,勘察报告出具后,建设单位找某单位出具了咨询报告,对桩基参数进行了较大幅度的调整,并要求勘察单位修改参数,勘察单位拒绝修改,因为设计桩端标高正好位于桩端互层状的部分,该部分软弱夹层多在10~20cm厚,咨询单位认为桩端压密后影响不大。前几根试桩承载力很高,和咨询单位提出的参数接近,中间开协调会时勘察还是认为如果桩端不能避开夹层,桩基参数不能随便调整。最后的几根试桩结果,一根大致是咨询值和估算值的平均,一根和估算值基本一致。在最后一根试桩边做静探,桩端正好在软弱夹层上。

(3)勘察单位有特殊的区域经验。江湾区某两个相邻工地,由两家单位勘察,其中一家按规范的参数表提供,另一家单位提供的参数比上海规范的参数稍低,建设单位要求提高参数。但该区域有较多勘察经验,桩基承载力确实偏低,后期试桩验证了这一点。故勘察单位的地区经验很重要,前一家单位提供的参数是符合规范的,但目前较多项目是事后试桩,承载力不足就很难处理了。

另外还有一些意料不到、目前规范也没有覆盖到的特殊情况。例如,上海奉贤某工地,上部土质很软,进入⑦层很晚且该层上硬下软,试桩出现了500mm管桩承载力比600mm的管桩高不少的现象,且不止一根,如果反算来看,感觉是土塞效应的影响,600mm管桩的承载力基本相当于端阻力,只有环形部分起作用,而500mm管桩桩端阻力正常发挥。由于是工期很紧的项目,勘察单位没有空间也没有余力进行进一步研究,这种较少出现的情况,研究的"工程经济价值"也不高且没有普适性,最终设计更改持力层了事。

补充一下,奉贤该工地试桩时间龄期有一个多月了,如果猜测正确,"土塞效应"的影响并不像上海规范所述,直径600mm以下的管桩可以不用考虑的。

岳建勇答:

感谢网友的讨论,这里讨论的试桩还是具有代表性的,土层也是比较均匀的,变化不大。如果从规范的角度讲,应该是现场第一性的试桩结果作为结构设计的依据。结构设计人员最终采用的数值可根据工程具体情况确定,至少不必修改勘察报告。

3.2 试桩最大荷载能否只压到桩顶的压力设计值,而不用两倍?

A网友:

高老师好!请教一个关于试桩的问题。有一个高层建筑的地下一层为车库,地上分为两个塔楼,均34层。两个塔楼均采用嵌岩桩(甲级),塔楼1有97根桩,塔楼2有96根桩,桩径800mm,桩长9.75m,桩端持力层为凝灰角砾岩(微风化),f_{rk}=97.84MPa,嵌岩深度为0.8m,单桩竖向承载力特征值为19 900kN。因工程桩采用C35混凝土,配筋12ϕ18通长,螺旋箍筋间距100mm,由桩身承载力控制,单桩竖向承载力特征值只能取4 350kN。设计单位每个塔楼各取3根工程桩做试桩,为防止试桩破坏,提高试桩承载力,纵筋改为12ϕ20通长。请问几个问题:

(1)既然是桩身强度控制桩的承载力,提高桩的配筋,试桩又如何能如实反映

270

工程桩的承载力？是否试桩与工程桩应等强度？

（2）因载荷试验至少要压至特征值的两倍，又怕造成试桩的损坏（兼工程桩）。这种情况试桩能否压至桩顶的压力设计值，而不用两倍？

（3）由桩身强度控制的嵌岩桩，承载力远远小于由岩土提供的承载力，是否有必要必须采用单桩静载荷试验，且两个塔楼较近，地层均匀，桩型一样，即使采用单桩静载荷试验，试桩数量能否按一个建筑物考虑共取3根，而不用6根呢？

B 网友：

（1）载荷试验至少要压至特征值的2倍。

（2）端承桩主要控制桩身强度。

C 网友：

（1）工程桩不能作为试验桩，试验桩在没有破坏的情况下可以作为工程桩。

（2）必须2倍。

（3）可以采用3根桩。

D 网友：

（1）这种桩型既然由桩身强度控制，试桩的配筋应该与工程桩一致，试桩才有工程意义，加强了配筋就没有代表性，这样的试桩能说明什么？不是在作假？

（2）试桩的荷载要求为设计采用承载力的两倍，也是为了控制安全度，如果达不到这个要求，检测的结果没有安全度的概念，也是骗人的，桩基是按极限状态设计的。

（3）哪本技术标准说桩身强度控制就不要做试桩了？做3根还是6根？应由设计决定。两个塔楼就是两个高层建筑，怎么可以按一个建筑物考虑呢？

E 网友：

试桩的目的就是求在做工程桩之前心里有数，所以做几根无所谓。做两根也可以，只要能说明问题，但是，实际情况是有很多因素影响试桩结果，比如桩身的质量缺陷、不同温度条件下的差异等。所以试桩最好多做两根，就是不压也可以。但是压到2倍是必需的。

因为是强度控制承载力，所以工程桩必须与试桩同条件，而且达到28d的强度。最好不采用《建筑基桩检测技术规范》（JGJ 106）上的达到设计强度的70%可进行载荷试验的条文，不然承载力不够，可是没有办法说明原因的。

答　复：

讲到单桩承载力时，必须说明存在两个不同条件控制的单桩承载力，一个是由地基土（包括桩周土的摩阻力和桩端阻土）提供的单桩承载力；另一个是由桩身强度所提供的单桩承载力。由于地基土所提供的单桩承载力是根据土层的条件估计的,而由桩身强度所提供的单桩承载力可以由桩身的钢筋混凝土强度计算,比较准确一些。

对于这个项目,可能为了充分发挥桩端岩层的作用,设计采用由桩身强度所提供的单桩承载力控制的方法。

由于一般桩基设计时,由桩身强度控制的单桩承载力大于由土的强度控制的承载力,这位网友所感到疑虑的是设计为什么将桩身的钢筋直径改粗了。我估计就是由于这个原因,设计为了充分发挥桩端岩层的潜力,特意将桩身的强度提高一些,以防把桩身压坏了。这就是对这位网友所提的第 1 个问题的答复。

第 2 个问题是"因载荷试验至少要压至特征值的两倍,又怕造成试桩的损坏(兼工程桩)。这种情况试桩能否压至桩顶的压力设计值,而不用两倍。"你的这个要求是理想化的,实际上是做不到的。因为这个所谓"特征值"并不是试桩曲线上真的具有可鉴别的、具有物理意义的某个特征点,而是由极限承载力除以安全系数得到的。因此,如果不做到极限值,是得不到特征值的。这里需要说明的是单桩承载力的所谓"特征值"并不是真的具有物理意义的特征点,而是极限承载力的一半,就是取安全系数为 2 的容许承载力。我认为还是用"容许承载力"的术语好,有一定的设计概念。而这里的"特征值"是既没有什么"特征"又没有物理概念的说法。

至于试桩的数量,一般对同一个建筑物,应该试验 3 根桩,这是因为如果出现一些意外的情况,导致其中一根桩不能用的时候,还有两根桩的数据可以利用。如果只试验两根桩,一旦发生其中一根桩不能用的时候,就只有一根桩的数据了,那偶然性就太大了。对于这个项目的两个塔楼,我的意思还是应该各做 3 根桩。因为毕竟是两个高层建筑的单体,每幢建筑物至少应该有两根可用试桩的资料。特别是端承桩,基岩的岩性不均匀性对单桩承载力的影响比较明显和直接,可能会出现两根桩的试验结果相差非常大而无法判断应该舍弃哪一个的情况。

3.3 检测复合地基承载力与单桩承载力的目的有什么不同?

A 网友:

高老师,上次我提问《建筑地基处理技术规范》(JGJ 79)中为什么同是复合地基,第 9.4.2 条水泥粉煤灰碎石桩要求承载力检测采用复合地基载荷试验,而第 11.4.3 条水泥土搅拌桩承载力检测采用复合地基载荷试验和单桩载荷试验。水泥土搅拌桩能只做复合地基载荷试验吗?为什么?

您的回复是：

（1）对柔性的竖向加固体，只要测定复合地基的承载力。

（2）对刚性的竖向加固体，需要同时测定桩体和复合地基的承载力。

不过还有点不明白，水泥粉煤灰碎石桩不是比水泥土搅拌桩更刚一些吗？您的解释是不是反了？

另外，复合地基检测单桩承载力有什么目的？是为了检测桩的质量吗？检测出来的单桩承载力数据有用吗？用在哪里？地基处理最后的结果不是还要看复合地基的检测数据吗？

十分困惑，望老师再指教一下。

答　复：

复合地基的承载力由土的天然地基承载力和单桩承载力组成，由置换率控制两者的不同比例，得到不同的复合地基承载力。

天然地基承载力取决于持力层的性质，单桩承载力取决于施工质量，置换率取决于设计的考虑。

检测复合地基承载力的结果可以直接评估是否符合设计的要求，检验设计所采用的置换率是否已经达到。

检测单桩承载力主要目的是为了检查桩体的施工质量，有时也为了检验所用的验算承载力的计算方法。

不同的地基处理方法，所形成的"桩体"性质不同，像 CFG 桩和水泥土搅拌桩，由于掺入胶结材料，所形成的刚度大于纯由土和砂石料构成的"桩体"，通常需要检查桩身的施工质量，即单桩承载力是否满足要求。对于没有胶结材料加固的"桩体"则不需要检测桩身的承载力。

复合地基的试验，其影响的深度有限，无法掌握深层"桩体"是否符合要求，而做单桩试验的结果可以反映整个桩身的质量情况。

如果用复合地基来改善地基的压缩性，更需要了解所加固的深度范围内的"桩体"是否符合设计的要求，能否起到减少沉降的作用。

从发展历史来看，水泥搅拌桩的应用比较早些，有些检测的规定是在 20 世纪 80 年代就已经定型了，而 CFG 桩的发展比较晚，它的一些检测要求是在推广应用这种方法的过程中形成的。所以在具体的规定方面不好直接进行比较，这些方法不是在同时形成的，包括其他方面。同时，这些对不同地基处理方法技术要求的规定，并不出自同一个单位或同一位工程师之手，因此看规范似乎有前后矛盾或者有不统一的感觉。

3.4 载荷试验能不能验证深宽修正以后的地基承载力?

A 网友:

条件:坑深 4.8m,勘察提供该层粉质黏土承载力特征值 130kPa,深宽修正后为 240kPa,要求进行浅层平板载荷试验,载荷试验已做完,3 个点结果分别为 216kPa、192kPa、192kPa。

问题:勘察及设计单位均要求按 240kPa 进行载荷试验,但我感觉应该按 130kPa 进行,当然,无论按哪种方式进行,其最终的极限值还是一样的。问题是加载值的不同,会影响到试验的最终结论的。

麻烦高老师给予解答,并说明原因,非常感谢!

答 复:

这是一个很好的案例,从中可以了解采用不同的方法估计得到的地基承载力值之间的一些关系。

在勘察单位所提供的地基承载力数值基础上用深宽修正方法得到的所用基础的地基承载力值,一般是非常安全的取用值,也是非常保守的数值。

用浅层平板载荷试验测定的数值,平均值为 200kPa,远大于估计的 130kPa,在 200kPa 的基础上再作深宽修正,那肯定大于 240kPa。

如果做深层载荷试验,可以判断,其结果会远大于 240kPa。

做载荷试验要花费代价,必然也应该在工程造价上得到回报,这应该是客观存在的规律。

至于他们为什么要求按 240kPa 做试验。我想目的是为了充分发挥地基的潜力,了解竟试验结果有多大,这种思路是正确的。

但如果基于企图验证在深宽修正以后的地基承载力,则是达不到这个目的的。因为浅层平板载荷试验的压板宽度是一定的,无法反映不同基础宽度的影响,而浅层平板载荷试验的结果也不能反映埋置深度的影响,因为不管试验在什么深度做,由于压板周围都有一倍压板宽度的自由表面,就排除了不同深度的超载影响。

A 网友:

谢谢高老师指教。我又把相关规范、相关条文翻看了一下,把这个问题想明白了。

B 网友:

高老师好,这工程就是我们这边做的勘察,他的前提条件没有说清,做出的结果 200kPa 是在基坑开挖后,在基底进行的载荷试验,应该是不能修正才对,设计要求是大于240kPa,所以认为天然地基不能满足要求。对否,请高老师指教。

C 网友:

浅层载荷试验求得的地基承载力特征值需进行承载力深宽修正,应在200kPa基础上进行修正。

D 网友:

无论是在哪里做载荷试验,修正不修正主要看两个问题:①深度修正:看看你的载荷板是否有围压;②宽度修正:看看你的载荷板是否跟基础尺寸一致。

答 复:

在整理书稿时又看到了后续的几个帖子,发现原来的一些答复可能不一定完全合适,又做进一步的分析如下:

这里前后提出了几个地基承载力的数值,"勘察提供该层粉质黏土承载力特征值130kPa,深宽修正后为240kPa""勘察及设计单位均要求按240kPa进行载荷试验""做出的结果200kPa是在基坑开挖后,在基底进行的载荷试验,应该是不能修正才对"。

载荷试验只能验证尚未作深宽修正的地基承载力,这里提的特征值是130kPa,试验应按极限承载力大于或等于260kPa来验证。载荷试验无法验证深宽修正以后的地基承载力,因此按240kPa做试验是不对的。

3个试验点的结果分别为216kPa、192kPa、192kPa,原帖没有写清楚这是特征值还是极限值。如果是特征值,则试验结果满足设计的要求。如果这3个数值是极限值,则试验的结果并不满足设计提出的特征值为130kPa的要求。

3.5 怎么处理勘察报告提供的单桩承载力和试桩结果的关系?

A 网友:

地质条件为:①杂填土;②粉质黏土;③残积黏性土;④强风化岩。

这种地质条件下,桩基采用静压PHC管桩,持力层为残积黏性土,单桩承载力特征值为2 500kN,桩长10m左右,最大压桩力为5 200kN,静载试验结果单桩竖向极限承载力为4 000kN,再对此桩进行复压,再做静载试验,结果还是无法达到设计要求。这是什么原因? 可以用什么原理来解释? 可否建立模型来计算? (闭口十字桩尖,焊接饱满,不会漏水,应该没有桩端土泡水软化问题。)

B 网友:

一般地质条件下,管桩的承载力都能满足设计要求。而这种地质条件下,短桩的承载力往往达不到设计要求。

C网友：

你所说的单桩承载力特征值为2 500kN是怎么来的？静载试验结果应该是准的。

D网友：

我们按规范估算的桩基承载力为经验值，仅供设计参考，桩基承载力的实际取值要根据静载试验确定。

答　复：

经常听到如这位网友所说的"载荷试验达不到设计要求"。我不明白这个"设计要求"是什么，设计对单桩承载力提出的要求是什么？设计给出的是上部结构的荷载，然后根据地质条件选择桩型、桩径和桩长，并根据经验或规范的参数估计单桩承载力，而这种估计的承载力与实际完全符合的情况不是太多，估计大了或者估计小了都是很正常的事，所以要做载荷试验；如果估计得很准确，那就不要做载荷试验了。

载荷试验的结果与原来估计的承载力不一致怎么办？有的地方就麻烦了，要查责任了，你推我，我推你。其实，有什么好追究的。如果在设计前做了试桩，那就按试桩的结果修改设计；如果已经施工了工程桩才试桩，那叫检验，如果试验结果比设计时用的承载力低了，那是比较麻烦的，需要补桩。那为什么不在工程桩施工前进行试桩呢？规范早就说，用它的经验参数估计的单桩承载力只能用于初步设计，规范也就这么一点本领，谁叫你施工图设计前不做试桩呢？省了试桩钱，却在工程费用上多花钱，还耽搁工期。这实在是划不来，但遗憾的是，我看到的不少业主却始终不愿意在设计前做试桩，也实在没有办法。

试桩结果与所谓"设计要求"不一致是合乎逻辑的，没有什么理论的解释，也是无法计算的。因为，岩土工程的许多问题不在于计算，而在于对岩土条件是否了解得比较清楚一点，在于对估计结果的判断。认为有把握而不在施工前做试桩确定承载力，那就是判断失误与决策失误，很可能失误的不是岩土工程师，而通常是建设方听不进岩土工程师的意见。

E网友：

高老师：我最近也遇到一个这样的问题，勘察单位提供了场地各岩土层的桩基础设计参数，现场试桩做了5根桩［其中3根是同条件（桩长、桩型、桩端持力层等），另外两根是不同桩长］，试桩结果比勘察报告估算的承载力高很多，于是勘察单位把原报告中的参数进行了修改。如果是实事求是根据3根同条件的试桩资料修改相应的岩土层还可以理解，勘察单位竟然把报告中的参数改得面目全非：土层之间的桩端阻力、桩侧阻力大小关系都改动了，不可理解的是他还理直气壮地说我是根据静载资料改的。我就反问两个问题：原来报告中的参数建议依据是什么？

每层土的桩基础设计参数都改动的依据是什么？没有应变片做每层土的应力发挥，你又如何更改到每层土的参数，况且满足 1% 比例的静载试桩桩端是在强风化岩中的钻孔桩，其桩径是否扩径、强风化岩的阻力发挥如何是很难建议准确的，但是你把覆盖层各土层的侧阻和预制桩的参数都修改了，哪来的依据？这就显示我们目前勘察单位的勘察报告深度不一，不尊重自己的劳动。失去了勘察专业的建议主动权，让结构设计行业对勘察行业不信任。

F 网友：

静压桩最大压力是动荷载，静载试验用的是准静载，两者不是一个概念，但同一场地两者存在一定的关系。静压管桩桩端进入残积黏性土深度有限，可采用钻孔引孔后再静压，加大桩端入持力层的深度。

G 网友：

E 网友讲的事情，勘察人做法不适宜，可能是其理论和经验有所欠缺的原因。真理只有一个。做试桩就是为了验证岩土参数，应以此为准。倒是没有必要把原报告参数统统修改一通。试桩是在详勘报告后，而试桩又不是勘察方的职责。设计和勘察协调一下，把桩承载力取值顶一下即可，没有必要争个你长我短的。

H 网友：

也许 A 网友提出的问题是：为什么同样桩径、同样桩长，锤击预应力管桩的承载力却很高？

I 网友：

勘察提供的数据是试验与经验的一个综合参数，据此估算的单桩承载力只用于初步设计，工程桩施工前进行试桩，据试桩资料可以灵活调整设计参数，这主要依据设计人员的水平了，再说现在勘察费用较低，勘察单位怎么会把活做认真呐！市场需要好好调整！

J 网友：

如果勘察能提准，要做试桩干什么？

K 网友：

静压桩力 ≠ 单桩竖向极限承载力（静载），打桩要达到强度破坏，而静载则主要是沉降控制。

如果是根据勘察报告计算得到单桩承载力特征值为 2 500kN，很有可能是残积黏性土参数取得有些大。

在打桩过程中，桩端材料都有不同程度的破坏，一般使用强度都达不到其最大破坏强度。

L 网友：

勘察报告中应当明确，单桩承载力估算值应在正式施工图发出前进行试桩，否则，业主应当承担较大的风险。

M 网友：

各位有没有反算一下，桩径 500mm，设计采用的单桩承载力特征值为 5 000kN，假设端承力为 2 500kN，则端阻力特征值 12 500kPa，残积土参数谁会给这么高？这个承载力一定是设计自己拍脑袋拍出来的。

答　复：

E 网友提出的问题值得我们关注，即怎么处理勘察报告提供的单桩承载力和试桩结果的关系。

我认为这是两个前后工作层次的问题。

在勘察报告中提供的，由估计的分层摩阻力和桩端阻力得到的单桩承载力，应该是经验值。可能是根据规范的有关参数表的数值计算的，或者反映了地区和勘察单位所积累的工程经验，但这些经验值一般是偏于安全的。

如果在建设场地做了载荷试验，所得到的承载力，应该是比上面的经验值更加符合实际工程条件，是比较可靠的。如果两者不一致，当然应该倾向于相信试验的结果，因此采用试验的结果是天经地义的。至于要不要修改勘察报告中的建议值，照我的看法是没有必要，因为试桩报告的结果同样可以作为设计的依据，直接引用试桩报告的数据就可以了，这完全是符合要求的。

如果勘察单位要根据试桩的结果来修改勘察报告，那当然也可以，但怎样引用试验的数据，那要看工程师的知识面和判断能力。当然，是否必须将所有的各土层的参数都改了。就像这个案例中这位工程师所做的那样。这样做可能是不太合适的，因为根据试桩得到的只是总的单桩承载力，怎么可以同时改动分层土的各层的桩侧摩阻力和桩端阻力呢？确实没有这个必要，而且也不满足充分的条件，谁也没有这个本领能够把总的侧摩阻力分配为各层土的侧摩阻力。

3.6　如何评价在人工坡地上建造别墅及高层建筑？

A 网友：

有一个工程，地层如下：0~7m 为淤质土，7~25m 为软可塑、稍密的黏性土及粉土，25~35m 为软塑的粉质黏土，35~45m 为可~硬塑的黏性土，45m 以下为碎石土及基岩。业主拟在地表最高堆土 9m 形成人工坡地，再在人工坡地上建别墅及高层建筑，拟采用桩基础，作为勘察来说怎么评价。

答　复：

在这样厚层软土的地质条件下造山堆高 9m，人工造山的代价是非常大的。

如果甲方不惜代价地要建造，勘察时需要评价堆山的地基稳定性问题、地基变形的范围及沉降持续的时间，特别是后续变形对所建的建筑物地基及桩基的影响。

一般勘察可能解决不了这些特殊问题，因为上述这些评价的依据很难非常充分。因此需要做专门的勘察工作。

在上海，曾经为类似工程做过现场大型堆载试验，堆山对桩基影响的原型试验，根据研究结果将原来的 4.5m 堆高，减少到 3.5m，不然不仅沉降量大，而且影响范围很大，长期不稳定。试验表明，堆山所引起建筑物桩基的负摩擦力的影响与距离的关系十分明显。在这个项目的建造过程中，建筑物的沉降观测需要持续进行，以指导整个工程的进展。

B 网友：

好像在这样的地质条件下，"堆山"要比建一个"土石坝"简单。将来在"堆山"建建筑物只不过又加了点荷载。而"土石坝"还要受侧向水的作用，参考搞水电是如何勘察这样的"土石坝"地基，可能有一定的借鉴作用。

常规压缩试验肯定不满足要求，必须做固结试验。

我们搞工程的，所缺乏的是不具备"设计试验的能力"，对试验数据的分析能力欠佳。

我见到高教授的回帖后，对大型堆高试验很感兴趣，高教授能否给讲讲试验的设计思路，通过试验数据的分析得到什么结果？对这种实例的学习，对我们年轻人提高水平很有意义。

C 网友：

对于这样的堆堤工程，是不是首先要考虑堆土地基（软土）的稳定性问题，如地基不能稳定，是不是要建议对软土进行地基处理？

别墅部分若采用浅基（人工填土地基），如果那么高都按压实填土地基的压实指标要求进行，是否可行。

高层若采用桩基，那么负摩阻力问题怎么考虑？

D 网友：

此项工程我想应该分开了看吧，现状场地就按一般工程勘察进行分析评价应该可以吧。若考虑 9m 人工堆土，在此上再行建造工程，应是麻烦事。按高老师的说法去做，要进行大型堆山的专门勘察。

答　复：

这个堆山造景的工程包括堆山和地基两个方面的问题。因为计划中要在堆山上建造工程，这比一般单纯的造景堆山要麻烦一些。对地基土来说，所堆的山体是荷载，但对建筑物来说，山体也是建筑物地基的一部分。看来，这个堆山是不能随便堆了，要有一定压实度的要求，要达到一定的密实度以提供足够的承载力来支承建筑物。建议对填土需要采取分层压实的办法来达到设计要求的密实度。同时，堆山又给地基增加了荷载，这会产生地基的沉降，并且还要满足稳定性的要求。

至于说到是否"堆山"要比建一个"土石坝"简单，我看也不一定，应该是各有各的难处，土石坝的特点是需要防渗，同时要承受水平荷载，而在堆山上造建筑物，虽然工程没有土石坝大，但建筑物的要求比较精细，对不均匀变形的要求比较高。这是两类不同性质的工程，不能简单对比，两者的勘察要求也是不同的。

3.7　存在负摩阻力的管桩检测时如何取值？

A 网友：

请教高老师及各位，我现在工作中遇到的"存在负摩阻力管桩检测时取值"问题。

某工程地质大致情况为上部为十几米的松散填土，其下为几米的黏土，再下面就是花岗岩强风化。设计采用 400mm 直径管桩，以强风化为持力层，正摩阻力加端承力取值为 170t，考虑十几米的松散填土，负摩阻力取值为 30t，考虑负摩阻力产生的下拉荷载后的桩承载力特征值取为 170t−30t＝140t。现在做桩基检测时，设计单位要求按 170t 的特征值做检测，这样试验时的极限值就要达到 340t。他们的理由是：十几米的松散填土在后期会产生较大沉降从而产生负摩阻力，而在桩基检测的时间点负摩阻力还未产生，所以在检测时的正摩阻力加端承力要达到 170t 才能满足后期产生的负摩阻力的不利影响。现在甲方和施工单位对 400mm 直径的桩，按 170t 的特征值去做检测很是担心，觉得有较大风险。

B 网友：

对于这种存在负摩阻力的管桩，检测时真的要按这种扣除负摩阻力之前的大值来检测吗？

C 网友：

由于静载试验阶段，无法检测负摩阻力，故设计考虑是有道理的。

D 网友：

这个问题在工程中碰到的比较多，争论也比较大，也没有相关规范规定应该怎么做。

E网友：

规范不一定规定得这么细，自认为设计对桩基检测的分析还是有道理的。

F网友：

我的理解是：

(1)依据《建筑桩基技术规范》(JGJ 94—2008)第5.4.3条，负摩阻力是作为外加荷载作用在桩上考虑的，这个工程的单柱荷载+桩基的负摩阻力=总荷载，总荷载除以单桩承载力等于桩数。

(2)单桩承载力是与地基土性质和桩身材料等有关的，在这些条件确定时桩基承载力是确定的，桩基检测也是确定的、明确的，A网友所讲的这种情况是对概念的逻辑关系的误解。

以上仅是个人意见，不正确之处还请大家指正！

岳建勇答：

需要明确业主和施工方所担心的事情：单桩承载力主要由两部分(桩身结构强度和地基土极限支承力)确定，究竟是担心桩身结构无法满足要求还是地基土极限支承力有问题？

建议可以在大规模工程桩施工以前，先进行一定数量的试桩，直接为桩基设计提供依据，同时也可以控制工程风险；根据试桩结果再进行桩基设计。

G网友：

(1)负摩阻力取值为30t，这个负摩阻力按规范计算中采用的是极限摩阻力标准值，还是特征值，因有一个安全系数的关系，而正摩阻力加端承力取值为170t是特征值。

(2)桩正摩阻力加端承力取值为170t也应按这个值验桩，不管你想用140t还是多少。

(3)因桩在不利条件下不考虑上部填土的正摩阻，而在验桩时填土还是有一定正摩阻的贡献的，应有所考虑。就像压桩时在地面，而实际桩顶在地下室底板处，压桩时要考虑地下室到地面这段的土的摩阻一样。当然这段不大时可以略去，而一并打到安全系数里去。

(4)单桩力可不小，400mm的管桩能消受得了吗？还要考虑施工因素，如打桩的损耗。

H网友：

可以参考下《建筑结构》副刊2012年11月的这篇文章——《浅谈桩基正常使用与承载力检测的边界条件差异》的第一部分。

答　复：

看了 H 网友建议的这篇文章,感到很有启发,这里引用两个关于负摩阻力引发事故的工程实例。

例 1:哈尔滨市某小区取暖锅炉房建在厚度为 4~16m 的杂填土地基上。为减少地基的不均匀沉降,决定用桩基础穿过杂填土层,桩尖进入承载力较高的土层 2m;先进行桩基静载试验,试桩结果表明单桩承载力远远大于设计荷载,然后进行桩基施工。建筑完工后投入使用仅 6 个月发现墙体出现大量斜裂缝,地面也出现明显沉陷和裂缝,墙体最大裂缝达 20mm,墙体裂缝出现在对应杂填土层厚度较大处。事故分析认为测桩数据无误,由于地基杂填土填筑时间短、欠固结,锅炉房排灰道漏水加速其固结,对工程桩产生的负摩阻力起到了主要的不利作用,由于填土厚度不均匀,使桩基产生了不均匀沉降。

例 2:20 世纪 80 年代末,广东省江门市某七层房屋采用 450mm 沉管灌注桩基础,单桩承载力特征值 400kN,桩基施工完成后进行静载试验,桩承载力满足设计要求。在结构封顶并完成第一、二层墙体砌筑时,上部结构作用于桩基的荷载也只是每桩 200kN,远小于单桩承载力特征值。但此时在楼梯间出现严重的裂缝,裂缝从一层贯通到顶层,把建筑物分为两块,其中一块沉降达 35cm,另一块达 15cm。事后用水电效应法和 PDA 动力测桩法进行了桩承载力补充检测,结果仍满足设计要求。事故分析反映,整个场地内广泛分布有深厚的软土层(平均厚度 9m),其含水率 $w=60\%$、孔隙比 $e=1.6$,在其上面填土约 4m,造成大面积堆载约 79.2kPa,填土后仅 2 个月即开始打桩;按软土 $E_s=0.55$MPa 估算,其固结沉降约为 130cm,由此对工程桩产生了较大的负摩阻力,使建筑物产生较大的沉降;由于桩尖进入了软硬不同的土层(一部分桩端进入了软塑~可塑的砂质黏性土层,另一部分进入了松散~稍密的细砂层),使建筑物两部分产生较大的沉降差异。

这两个案例非常好,告诉我们重视桩的负摩阻力问题的重要性。负摩阻力是由桩周土的沉降大于桩的沉降而产生的。因此,桩的设计不仅仅是一个力的平衡问题(即荷载要小于桩的承载力),还必须要考虑是否存在产生负摩阻力的条件,如果存在,则会造成什么样的工程问题,以及用什么方法来防范和减少负摩阻力对工程的不利影响。

3.8　下拉荷载是不是存在极限值和特征值之分？

A 网友:

《建筑桩基技术规范》(JGJ 94—2008)第 5.4.4 条给出了负摩阻力的计算方法

和公式,条文说明中也有详细的解释。通过对规范条文的理解,我认为负摩阻力引起的下拉荷载 Q_g^n 是桩侧土沉降大于桩基沉降引起的,这种下拉荷载不存在极限值和特征值之分,这一点从该规范第 5.4.3 条的规定中也可以看出;但是在《湿陷性黄土地区建筑规范》(GB 50025—2004)第 5.7.4 条、5.7.5 条及条文说明中却给出了负摩阻力特征值的概念和经验值,在第 5.7.4 条条文说明中给出了单桩承载力特征值的估算公式,通过该公式求解的桩顶允许最大荷载 N_k 与按《建筑桩基技术规范》(JGJ 94—2008)第 5.4.3 条公式 $N_k+Q_g^n \leqslant R_a$ 求解的桩顶允许最大荷载 N_k 是不一致的。

请问高老师,是不是湿陷性黄土规范在这方面的规定不符合负摩阻力的概念?
B 网友:

对强度和承载力采用特征值的做法是错误的,是几个人强加的,说不出任何理由,因为强度特征值和承载力特征值是错误的概念,对岩土强度只能用极限值(平均值、标准值,标准值包括特征值和公称值),(当采用允许应力法时)对承载力可用允许平均基底压力、允许桩顶荷载、允许拔力、允许拉力等,但相当落后,最好采用极限值(无论是单一安全系数法还是分项系数法)。详见 2007 年第 1 期《工程勘察》中的"重庆市岩土工程标准的编制"、2011 年第 10 期《工程勘察》中的"岩土工程研究中科学精神和科学方法的缺失问题"、2006 年第 2 期《工程建设标准化》中的"特征值、公称值、标准值及其他"。

Aiguosun 答:

桩基规范只有一个概念:标准值,但这个标准值前面戴了个帽子"极限",因此桩基规范中的标准值都是极限值。

负摩阻力在规范中也很明确地规定为极限阻力标准值,该值的上限为正摩阻力。

规范规定的公式实际的意义为桩与桩侧土的剪切强度。但该公式把桩与桩侧土之间的强度简化为有效应力与等效外摩擦角之积也存在一定的合理性,但不符合实际情况。实际上桩土之间的剪切正常情况下由于桩周土的固结(挤土桩)或者桩周土的硬化(灌注桩被水泥浆渗入)会发生在距桩表面一定距离的桩侧土内,显然地,桩周土的抗剪强度是很难达到规范表提供的负摩阻力系数(摩擦角 8°～27°),特别对于软土,饱和状态下的快剪摩擦角就是 0°,而软土的黏聚力量化为等效摩擦角是不可能达到 10°左右的,规范高估了负摩力值,显得过于安全。

负摩阻力要得到充分发挥,与正摩阻力一样,也得有相应的桩土相对位移,正常情况下,在相同的相对变形时产生的正、负摩阻力值应该是相等的。

C 网友：

极限值是破坏或超变形时的值，是不能让它真正达到的。

特征值是极限值加个安全系数，是设计用的指标，属于容许值类的。

平均值、标准值、中位值等属于统计用的专有。标准值是一堆数据里选出的具有一定保证率的那个代表值，代表这堆数据，用它来参与以后的概率分析。其和平均值一样也是个代表值，只是比平均值更有代表性。

那么就可以理解极限值也有平均值、标准值之说，而特征值是在这个极限标准值上加个安全系数。

总的说是两种值、两个系统，别搞混了。

答　复：

这位网友提出了一个很重要的问题，值得大家关注，就是"下拉荷载是不是存在极限值和特征值之分"。

首先，我们需要加以区分的是荷载和抗力两个不同的概念。单桩承载力是抗力，桩侧摩阻力和桩端阻力也是抗力，而作用在桩顶的轴力是荷载。那么，作用在桩侧的负摩阻力究竟是荷载还是抗力？

其实，负摩阻力并不是抗力，而是作用于桩的侧面的一种特殊的荷载，即所谓下拉荷载。既然负摩阻力是荷载，是桩周土作用于桩身的荷载，就没有极限值和特征值之分了。因此，如果谁试图区别负摩阻力是极限值还是特征值，那就说明这位工程师对负摩阻力的基本概念出了点问题。

3.9　能在沉桩当天就做单桩静载荷试验吗？

A 网友：

某工程场地，0～30m 均为饱和、软塑～可塑状黏土，其下 20m 范围内为可塑状黏土夹中密状粉细砂，拟建 11～18 层住宅。考虑场地地基土在 50m 以内均无稳定硬持力层，故建议采用摩擦桩，桩基设计参数均按《建筑桩基技术规范》（JGJ 94—2008）第 5.3.5 条取值。设计采用了 φ500PHC 桩，桩长 35m，估算单桩竖向承载力特征值为 1 600kN。

实施单桩静载试验时，检测单位为节省成本，利用压桩机作为反力装置，均在沉桩后当天即进行了试验，试验得出单桩竖向极限承载力标准值为 2 000kN 的结论，与沉桩时终压压力基本相同。

（1）设计方要求我方降低 q_{sk} 及 q_{pk} 数值，调整桩长桩径，是否妥当？

（2）我方认为，按《建筑地基基础设计规范》（GB 50007—2002）附录 Q 及《建筑基桩检测技术规范》(JGJ 106—2003)第 3.2.6 条,检测单位在未达到休止时间的情况下开始试验,违反了规范要求。因此,是否可认为检测结果是无效的?

(3)按《建筑基桩检测技术规范》(JGJ 106—2003)第 3.2.6 条条文说明,本工程场地桩的承载力时间效应应该是明显的,桩的承载力可增长 40% ~ 400%;可按《建筑桩基技术规范》(JGJ 94—2008)第 7.5.7 条,最大压桩力不宜小于设计的单桩竖向极限承载力标准值;两者之间是否相矛盾?

答 复:

同意你们的意见,沉桩当天就做载荷试验也太离奇了,这种试验的结果没有代表性。应该在达到休止期以后重做试验。

压桩阻力和载荷试验结果之间并没有非常确切的数值关系,而且,压桩数量增加,土层被压密,压桩阻力会逐渐增大。压桩阻力与桩的承载力之间只存在一种趋势,不能用压桩阻力推算预测载荷试验的结果。

3.10 能不能根据超载状态下的试验结果建议进行修正?

A 网友:

在甘肃兰州黄河二级阶地拟建一超高层建筑,主楼 58 层,基础形式拟采用第三系中风化砂岩为持力层的筏板基础。主楼基底埋深-26m,群楼基底埋深-17m,设计要求地基承载力特征值大于 1 300kPa。

根据地勘报告,自然地面-7.0m 以下为巨厚层第三系砂岩层,-12m 为强风化与中风化分界线。目前基坑已开挖至-17m,根据开挖揭露情况,砂岩岩性较均一,节理裂隙不发育,渗透性较大,开挖暴露后软化,自砂岩顶面至目前深度无明显的变化特征,很难区分其风化程度,至目前-17m 仍接近密实状的粉细砂。

在坑底-17.0m 处降水后进行了 6 组浅层平板载荷试验,p-s 曲线形态与破坏特征均接近整体剪切破坏模式,破坏时承压板周围土体隆起约 3cm,出现放射性与环形裂缝。6 组载荷试验结果承载力特征值为 800 ~ 1 000kPa(比例界限约 1 200kPa,极限荷载 1 600 ~ 2 000kPa)。若根据《建筑地基基础设计规范》(GB 50007)和勘察报告定名,中风化岩不能进行深宽修正,因此此场地地基承载力不能满足筏板基础对地基的强度要求。

在-19.0 处同时进行了三组载荷试验,压板直径 0.3m,在压板周围采用千斤顶+环形压板(外径 1.2m,内径 0.35m)维持 200kPa 荷载模拟超载。试验结果表明,极限荷载能到 6 000~6 500kPa,比例界限约 2 800kPa,按相对变形 0.015b 确定承载力特征值约 2 400kPa。

有超载和无超载的试验结果相差很大,但按勘察报告定名中风化岩承载力特征值不能修正,请教高老师,这种情况怎么办,能不能根据超载状态下的试验结果建议进行修正。

答　复:

非常感谢你们认真地工作,提供了这样的一个试验实例,为岩土工程界解决这种疑难问题提供了一个很好的样本。

规范对中风化岩承载力特征值不能修正的规定,当年并没有什么充分的依据,在 40 年前编制地基规范时,由于当时的建筑物不高,认为不修正也已经满足需要了。

但现在工程建设的规模与 40 年前已经不可同日而语了,就像你们现在的项目。但有的地方还荒唐地提出对岩石也要打桩才能满足设计要求,有的地方荒唐地要求勘察将岩石的评价降低,以便可以进行深度修正。

根据你们的试验结果,将 200kPa 的边载折算为相应的埋置深度,就可以反算实测的深度修正系数,再打点折扣后使用,我认为是完全可以的。

如果为了慎重起见,也可以就这个问题专门开一次专家论证会,对这个突破现行规范规定的问题进行讨论和决定。

3.11　有没有必要非得考虑 30m 深度内的负摩阻力?

A 网友:

比如大面积堆载影响深度为 30m,是否桩体在 30m 内都需考虑负摩阻? 我也算了个例子,桩长 28m,不考虑大面积堆载影响,只是将上部吹填土考虑负摩阻,承载力最终结果很大,但是要是按照规范公式考虑 30m 内的负摩阻,承载力是不满足设计要求的,还得加桩长。我现在很迷惑,大面积堆载条件有没有必要非得考虑 30m 深度内的负摩阻呢? 考虑 30m 是否太过安全,而造成浪费呢?

B 网友:

题意不清,如果 30m 甚至 15m 以下为基岩,还用得着考虑么?

什么土层内会有负摩阻要根据桩土之间的相对位移来定,如果桩相对于土是下沉的,则只会有正摩阻力。

答　复:

一个场地是否存在负摩阻力? 会产生多大的负摩阻力? 这与施工程序的安排有关,与工程的条件也有关。

不知道你的这个项目是什么工程? 堆载与打桩又是什么样的关系?

你是从哪个方面介入这个项目的？研究负摩阻主要针对什么工程问题？

影响产生负摩阻力的因素比较多，而且很具体。因此不针对具体的工程问题，泛泛谈负摩阻力是没有意义的。

A 网友：

堆煤场是直径 100m、堆煤高度 30m 的圆形储煤场，位于沿海地区，采用砂石桩+混凝土桩复合地基，之前场地采用高真空击密法处理过。

答　复：

产生负摩阻力的条件是桩周土产生的沉降大于基桩的沉降。

在这个项目中，土体作为桩间土与桩同时承受大面积堆载，储煤场的底部肯定会进行一定的处理使桩土的变形协调，不可能产生土体表面的位移大于桩顶的位移，也就是说这种工程状况不会产生负摩阻力。

A 网友：

谢谢高老师，储煤场底部采用 700mm 厚的加筋砂石垫层来调节变形。

答　复：

这就对了，像这种桩和桩周土协同工作的工程不可能具备产生负摩阻力的条件。

3.12　怎样才能达到提高承载力的要求？

A 网友：

（1）一场地淤泥深为 18m，上覆盖有 0.5m 左右的块石层，现标高为 3.0m，要求处理后交地标高为 4.4m，整个场地地基承载力要求为 40kPa，采用堆载预压法处理。

（2）考虑平均沉降为 2.0m，请问堆载时是否是考虑沉降后 4.4m 标高上再加上 40kPa 的堆载高度，即堆载高度为（3.4m+40kPa 对应的高度）才能满足要求？

（3）由于场地无土，均为开山块石，堆载预压时是否可以考虑不敷设砂垫层及盲沟，让水漫流，且不用考虑抽水排出？

答　复：

要求承载力为 40kPa，不等于就堆载 40kPa 重量的高度；

所说的平均沉降 2m 是指什么？是指堆载引起的下沉量？那在确定抛高量时，需要考虑这个下沉量，如果你这个 3.4m 是指 1.4m（标高的提高）加 2.0m（下沉量）？那是对的。

总要让水流出这个区域，才能有效地排水固结，方法应该服从于这个目的。

A 网友：

谢谢高老师的回复，2m 是计算预估的沉降量。由于考虑使用时的沉降控制，如果只是堆载 3.4m(即沉降完成不用卸载),那么后期使用荷载为40kPa时会进一步产生沉降。个人认为堆载高度应大于或等于(3.4m+40kPa对应的高度),还请高老师给予解释。

答　复:

你这里讲了两个有关系但又是性质不同的问题。

第一个问题是,为了提高地基承载力(就是你提出的需要满足作用40kPa荷载的要求)而需要一定高度的堆载,在这部分荷载作用下地基完成了固结而提高了地基承载力,这需要根据提高承载力的要求来确定堆土的高度。

第二个问题是,在堆载作用下,地基沉降了多少,为了满足项目的设计地坪的标高要求,需要回填多少厚度的填土。

第一个问题是固结产生的强度提高的问题,第二个问题是固结产生的沉降控制的问题。

这两个问题是并联的,即是同时都必须满足的要求,但不是串联的问题,即不是互为条件的问题,因此不能相加。

3.13　是否还有必要设置塑料排水板?

A 网友:

一海边的高速公路项目,存在厚度介于 10~20m 的深层软土,但其上部有 4~5m 厚的细砂层,计算表明路基的工后沉降不满足要求,要进行处理。如果直接采用超载预压能满足工后沉降要求,是否还有必要设置塑料排水板?

塑料排水板一定要和堆载联合起来使用吗? 还是因为工期有限,塑料排水板加速软土固结,所以两者经常一起使用? 因为塑料排水板大面积使用工程造价也比较高,那么直接采用超载(或者说提高超载的高度),是否就可以取消塑料排水板呢?

高速公路路堤采用超载预压,超载高度有特别的限制吗? 我看到深圳市相关指导文件中讲,采用塑料排水板结合超载预压时,超载高度一般为填高的 30%~50%,我不明白规定这个 30%~50% 是否有依据? 超载的高度不能大于原有路堤的高度吗? 因为与塑料排水板比,土方的价格还是要便宜好多的。如果用高一点的堆载来换取不设置塑料排水板不可行吗?

对于深层软土,塑料排水板有必要穿透深层软土吗? 还是设置长度考虑工后沉降满足要求即可?

对于高速公路工程,路基与路面是分开施工的,设置塑料排水板等载预压时,路面铺设的几个月内软土的沉降量比较大,这实际是不允许的,因为路面摊铺期间一般要求软土的月沉降量要小于5mm,那么该如何处理这种情况呢? 采用路堤超载预压吗?

答　复:

你问的这几个问题都是很关键的技术问题,如果你主持这个项目,我希望你好好地阅读《建筑地基处理技术规范》(JGJ 79)的有关内容,并复习一下土力学的固结理论。因为从你提的问题来看,你对预压加固的一些基本概念还不是非常清楚,仅依靠我的网络答疑是很不够的。

对厚度介于 10~20m 的深层软土,仅依靠上面有砂层来排水是不够的,由于软土的竖向渗透系数远小于水平渗透系数,预压主要依靠水平向固结,不设置竖向排水的通道,预压时间就会很长,是无法满足工期的要求的。

你问:"是否还有必要设置塑料排水板?""塑料排水板一定要和堆载联合起来使用吗?""如果用高一点的堆载来换取不设置塑料排水板不可行吗?"说明你对设置塑料排水板的作用和目的非常不清楚。堆载是施加预压荷载,要使施加的荷载转化为有效应力,没有排水通道,水排得很慢,怎么能满足工期要求呢? 正是因为工期有限,才需要设置排水板。堆载与排水两个作用不能相互替代。

超载是为了减少工后沉降,但不能替代排水板的作用,超高太多是不必要的浪费,性价比就低了。

你问:"路面铺设的几个月内软土的沉降量比较大,这实际是不允许的,因为路面摊铺期间一般要求软土的月沉降量要小于5mm,那么该如何处理这种情况呢?"这就要求在路面摊铺以前,沉降大部分已经完成,如何控制? 需要进行固结度的计算,如果最终沉降量是 100cm,工后沉降要求是 10cm,那就是说在开始路面摊铺时,必须采取措施实现已经完成了固结度 90%,只留 10% 允许在路面摊铺期间产生。

3.14　大面积堆载时,土中超孔隙水压力如何分布?

A 网友:

高老师好,2005 年岩土考试专业案例上午第 5 题:

我是这样理解的,大面积堆载,按简化为侧限应力状态,此时如果是完全饱和土,则侧限条件下的孔压系数为1,初始时各层的超孔隙水压力应该都等于附加荷载。但是此题给的条件是各层土的起始超孔隙水压力不相等,该地基土的含水程度是什么样的? 又该如何确定附加荷载的大小?

答　复：

一般的沉降计算题是已知应力分布和压缩模量计算沉降。但这道题是已知这土层的压缩变形量和应力分布，反求模量。

已知每层层顶的实测沉降，即可计算每层土的压缩变形量。

如果已知每层中部的起始孔隙水压力，在沉降过程中这个孔隙水压力就转化为有效应力从而引起土层的压缩变形。每层土层中部的孔隙水压力乘以土层的厚度就等于引起压缩变形的应力面积。

3.15　如何处理需整体回填 6~8m 的场地？

A 网友：

拟建一所中学，场地地势平坦，覆盖层厚度约 15m，以可塑黏土为主，地基承载力约 170kPa，下伏基岩为中风化石灰岩，地下水埋藏较深。拟建建筑物为 5~6 层的框架和砖混建筑，最大荷载 2 800kN/柱，250kN/m。占地面积 30 亩，总建筑面积 3 万 m^2。

由于场地四周规划道路标高过高，拟建中学场地需整体回填，填方高度 6~8m。目前有两种地基基础方案对比：

方案一，以可塑黏土作持力层。框架结构采用柱下钢筋混凝土独立基础或柱下条形基础，加长柱，中部增设连系梁，基础施工完毕后回填至设计标高。砖混结构采用钢筋混凝土条形基础，回填部分采用毛石混凝土浇筑至设计标高，基础施工完毕后回填。

方案二，采用块石夹碎石分层压实回填至设计标高，以压实填土作持力层，承载力取 170~200kPa，采用条形基础或筏板基础。

考虑到方案一的造价较高，而且填方高度 8m，堆载约 180kPa，已经达到甚至超过了可塑黏土的承载力，如果再加上建筑物的集中或条形荷载，是否会造成地基破坏？而方案二造价相对低，拟建物荷载通过压实填土扩散到黏土顶面应该呈均布荷载，相对方案一是否安全一些？

答　复：

因为对情况了解不够，提一点不成熟的意见：

建议的几种方案要做比较，可行性和造价的比较，选优采用；

我以前在德国看到一个大学采用全部高架以解决与外接的标高问题，可能造价比较高。

用你的第一方案，但采用轻质材料回填（现在应该比较成熟了），减少回填的荷载,建筑物荷载由老土承担。

第二方案对回填的要求很高,不然回填的地基不稳定,可以采用分层压实或者强夯处理的方法。过去对三峡库区的移民新址,做过强夯的处理,造 5~6 层建筑物没有问题。

A 网友:

非常感谢高老师的指教。我对土力学原理领悟不是很清晰,所以遇到这种高填方情况感到很迷惑。

如果采用方案一,以高架和外部道路相连接是不现实的,轻质填料是不是矿渣之类的? 当地也没有类似工程经验,多半还是采用常规的块石、碎石做填料。基础落到老土上,在进行地基承载力计算时是不是需要把堆载加在拟建物荷载上? 那么基底面积就需要很大,可能要筏板基础才能满足。再考虑柱子要加长、增设连系梁等因素,造价就相当高,可能和大直径桩差不多了(桩长约 15m)。

如果采用方案二,假设分层碾压的质量控制不错,检测或原位测试能跟上,回填的过程相当于对老土进行预压,采用条形浅基础,承载力验算应该容易满足,造价明显低。

通过以上对比,是不是可以认为方案二要好一些呢? 还希望能得到高老师的指教,也希望论坛里的各位老师、专家、同行能给予宝贵意见。

编后注:

在编辑成书的时候看到了这一条,不知当年你们的这个项目最后是怎么处理的? 建造以后的情况如何? 很是挂念。如果这位网友看到了这本书,希望给我捎个信,告诉我这个项目最后的结果如何。

3.16 为何要按照规范规定的加载步骤做载荷试验?

A 网友:

最近看到高老师准备写第四本答疑的书,是关于岩土原位测试方面的,正好请教几个问题。

(1)现行规范上的载荷试验(浅层、深层),桩基静载试验,锚杆的承载力试验,都是采用慢速、多级循环加载,荷载一级一级地加上去,然后退回来,请问这样做有什么依据? 为何要这么做? 不能一次加大点,或者一次加到破坏荷载吗? 为何要按照规范规定的加载步骤做呢?

(2)如何由静力触探曲线进行土层的分层以及判别土层的工程性质,希望高老师能讲一讲这方面的知识。高老师主编的岩土工程手册对这个讲得好像不多。

答　复：

（1）为什么要按照规范规定的加载步骤做载荷试验呢？

土的抗剪强度与其含水率有关，如果在剪切时能够排水，强度的提高就与加荷速率有关。如果剪切时加荷速率快，排水量少，强度的提高就会比较少，反之则强度的提高就比较多。因此，必须对加载的数值和加载速度要加以规定，不能随心所欲地加载，这样的试验结果才能相互比较。这就是为什么必须要按照规范规定的加载步骤做试验。也就是必须实行试验的标准化，以便试验的结果可以互相比较。

（2）如何由静力触探曲线进行土层的分层以及判别土层的工程性质？

静力触探曲线反映了探头贯入时的阻力，贯入阻力综合反映了土的密实度的大小，也间接反映了土的力学性质。例如，软土的贯入阻力比较小，而且贯入阻力的变化也不大；砂土的贯入阻力不仅比较大，而且变化比较大，反映在贯入曲线上的起伏比较大。根据贯入曲线的形态和峰值的大小，可以判断其土类和密实度。

3.17　控制沉降量用的是不是增量？

A 网友：

在平板载荷试验的规范规定中，规定本级荷载沉降量大于上一级荷载沉降量的 5 倍时，上一级荷载定为极限承载力。

这个沉降量如何理解？是 p-s 曲线上各级荷载对应的沉降量吗？

岳建勇答：

指的是本级荷载增量大于上级荷载增量的 5 倍，不是 p-s 上对应的荷载总沉降量，是增量。

A 网友：

本级荷载作用下的沉降增量大于上级荷载作用下的沉降增量的 5 倍，这样就好理解了，谢谢岳老师。

如果用符号语言那就是：$\Delta s_i > 5\Delta s_{i-1}$，则 $p_u = p_{i-1}$。

岳建勇答：

是这样的。

3.18　怎样分析载荷试验结果的差别？

A 网友：

高老师,有一个33层的住宅,地基为 Q_3 的老黏土,我们的勘察报告提供地基承载力特征值为380kPa,设计采用筏板基础。开挖后以平板载荷试验核实承载力,1号楼做了4个,其中有2个达到380kPa,在最后一级压力下沉降为25mm,1个为304kPa(第9级破坏,取第8级为极限值),1个仅为266kPa(第8级破坏,取第7级为极限值)。按勘察资料(静探、标贯等),地层还是很均匀的。现在非常迷惑,这是什么原因造成的?是否是老黏土的裂隙的影响?载荷板是用0.6m方板,现在我想建议换成稍大一点的板(0.8m的方板)再在差一点的地方复压,这样可行吗?

B 网友:

(1)凭经验,该承载力特征值偏不安全。

(2)有几层地下室?深宽修正后,承载能力满足筏板基础吗?

(3)该层土的沉降计算怎样?

答　复:

只好换大一点的板,再做一套看结果再说了。其他的指标能否说明这个土层是否均匀性非常好?

试验结果最小的这个点的情况如何?有什么特殊的原因吗?

C 网友:

可能是试验过程中哪个环节操作不规范导致结果出现较大偏差,A 网友可将试验曲线和现场照片及试坑照片发上来看看,也许能看出些端倪。

D 网友:

我们国家的平板载荷试验的加载方式有快速法和慢速法,每一级的加载时间都很长,即使是快速法,一级加载时间也不小于2h。但是,美国 ASTM 标准中,要求加载时间不小于15min 即可。

E 网友:

按照美国的做法,得到的荷载—沉降曲线是什么曲线?和我们国家的结论是否有区别?如何判定极限承载力?

D 网友:

ASTM1194 这个规范目前已经取消。但是,我们在国外做的项目,很多当地公司还是用这个规范在做试验,而且好多国外经典土力学、地基基础教材在介绍浅层平板载荷试验的时候,也引用了这个规范。

其实在4.7节里有一个注4,讲了可按需要将试验时间延长到下沉停止或达到均匀的速度,就是所谓的慢速试验。

3.19　怎样根据载荷试验的结果取值？

A 网友：

在《建筑地基基础设计规范》(GB 50007—2011)中,对于地基承载力特征值的定义为"由载荷试验测定的地基土压力变形曲线线性变形段内规定的变形所对应的压力值,其最大值为比例界限值";但是定义中所提到的载荷试验是指浅层平板载荷试验还是深层平板载荷试验,规范中没有明说。

在规范的附录 C"浅层平板载荷试验要点"中指出,该试验基坑宽度不应小于承压板宽度或直径的三倍,取三个点试验结果平均值作为试验土层地基承载力特征值 f_{ak}。

在规范的附录 D"深层平板载荷试验要点"中指出,该试验采用直径为 0.8m 的刚性板,紧靠承压板周围外侧的土层高度应不少于 80cm,取三个点试验结果平均值作为试验土层地基承载力特征值 f_{ak}。

从字面上来看,无论浅层或深层平板载荷试验得到的值都叫地基承载力值 f_{ak}。

但是浅层平板载荷试验得到的 f_{ak} 在承载力计算时需要进行深宽修正,才能得到修正后的地基承载力值 f_a;深层平板载荷试验得到的 f_{ak} 已隐含了深度的影响,在承载力计算时只需要进行宽度修正,就能得到 f_a,不需要进行深度修正。这两个值的含义是不同,都叫地基承载力特征值 f_{ak},是否合适?

再换一个提法,是否必须深度与宽度都进行了修正的地基承载力才能叫 f_a,上面深层平板载荷试验得到的 f_{ak} 已隐含了深度的影响,类似于已进行了深度修正,但由于没进行宽度修正,所以不能叫 f_a,只能叫 f_{ak}。

同时在该规范第 5.2.6 条中对于完整~较破碎岩石地基承载力特征值的取值规定是由岩石单轴饱和抗压强度标准值乘以一个与岩体完整程度有关的折减系数得到,并且对于公式中 f_a 的注解是岩石地基承载力特征值,而在承载力计算单节中对 f_a 定义为修正后的地基承载力特征值,显得很混乱,但后来好像高老师解释说岩石是一种特殊性材料,不用进行深宽修正。这样看来用岩石单轴饱和抗压强度标准值乘以折减系数得到的值"算是"修正后的地基承载力特征值,用 f_a 表示正合其义,这样看来第 5.2.6 条公式中对 f_a 的注解应加上"修正后的完整~较破碎"几个字。对于破碎~极破碎岩石地基承载力特征值一般参照相应土类来提承载力,不算岩石了,就用 f_{ak} 表示,使用时要进行深宽修正。

想请教高老师,对于完整~较破碎岩石地基不用进行深宽修正,其原理是什么?

294

同时对于地基承载力特征值 f_{ak} 与桩极限端阻力值 q_{pk}，高老师讲过二者机理不同，不存在直接关系。从《建筑桩基技术规范》（JGJ 94—2008）桩的极限端阻力标准值表可以看出，土的桩极限端阻力标准值 q_{pk} 与桩长有关，但是岩石（表中只有全、强风化岩，一般应属破碎或极破碎）的桩极限端阻力标准值 q_{pk} 与桩长无关，结合前述所讲岩石是一种特殊性材料，不用进行深宽修正，是否可以得出这样的结论："修正后的完整~较破碎岩石地基承载力特征值 f_a"乘以 2 等于该层岩石桩的极限端阻力值 q_{pk}，好像《公路桥涵地基与基础设计规范》（JTG D63—2007）中有这样的表述，但不包括全、强风化岩。（因为虽然全、强风化岩其桩端阻力与深度无关，但全、强风化岩地基承载力是参照土类来提，不是用岩石单轴饱和抗压强度标准值乘以折减系数得到）。

答　复：

这位网友对承载力的问题进行了术语的比较研究，发现了一些不太好理解的问题，出现一些矛盾的现象，这种学习的态度是值得肯定的，只有发现了问题才能进而深入探讨，才能不断地提高自己。

但是，有些编制规范的工程师却缺乏这种精神，对术语缺乏认真琢磨的精神，于是，在一本规范里的术语前后矛盾或者重叠的时有发生，更不用说不同规范之间了。

自从提出了承载力"特征值"的术语以后，本来具有比较明确力学界限概念的极限值和容许值的术语就用得少了，安全度的概念也用得少了。特别是比较年轻的工程师，可能只知特征值而不知还有其他。

你在这个帖子里，讲到了几个重要的概念。

你问："对于完整~较破碎岩石地基不用进行深宽修正，其原理是什么？"

我们看，规范第 25 页，对公式（5.2.6）的适用条件必须能取到岩样，关于折减系数的规定表明，适用于完整、较完整和较破碎岩体。

在表 5.2.4（承载力修正系数）的注 1 中规定，强风化和全风化的岩石，可参照所风化成的相应土类取值，其他状态下的岩石不修正。

这里忽略了"完整性"和"风化"两种分类之间的差别，也就是说，规范规定对于"完整"~"较破碎"岩石地基不进行深宽修正，规范也不给出修正系数。

在书面资料里查不到当年有关岩石地基不需要修正的理由记载。但凭我的记忆，在编制 74 规范的时候，当时的建筑物不高，对承载力的要求不高，因此认为对岩石地基不进行深宽修正也够用了，就不需要修正了。记得这是当年采取不修正的主要理由。当然，这仅是对当年讨论的记忆。这也可以请当年参加规范编制的其他专家来回忆,是否是这样? 但最近 20 年,我国工程情况已经有了很大的变化,例如,在岩石地基上造高层建筑,好几层的地下室,就可能出现岩石地基承载力不修正就不够用的情况。也有提出需要打桩的荒唐建议。关于这个问题,在《实用土力学——岩土工程疑难问题答疑笔记整理之三》中已有专题的讨论。

关于地基承载力的符号问题:

在《建筑地基基础设计规范》(GB 50007)中,在符号一章中:

f_a——修正后的地基承载力特征值;

f_{ak}——地基承载力特征值。

如果按照这个规定,你所引用的"在规范的附录 D'深层平板载荷试验要点'中指出,该试验采用直径为 0.8m 的刚性板,紧靠承压板周围外侧的土层高度应不少于 80cm,取三个点试验结果平均值作为试验土层地基承载力特征值 f_{ak}"就有问题了,深层平板载荷试验得到的承载力包含了深度的影响,但不包括基础宽度的影响,因此,严格地说,这里用 f_a 或 f_{ak} 都不合适,符号不够用了。

如果再联系到规范公式(5.2.5),f_a 又多了一种定义。

其实,所谓修正,只是确定地基承载力的一种方法,这种术语最好从物理意义上来理解,不要从方法上去区别。同一个物理量可以用不同方法去估计,其实其物理概念应该不会变化的。不管是查表得到的,还是用指标计算的,用原位测试方法得到的,都是地基承载力,符号不应该随方法而变化。

至于,极限承载力和特征值(即容许承载力)关系,如果你通过试验得到了极限承载力,除以安全系数就得到特征值。但反过来就不一定是正确的,因为不知道特征值是怎么得到的,特征值乘以安全系数就不一定是极限承载力了。

3.20　试桩结果比经验值大了 60% 左右怎么办?

A 网友:

我们单位前一段时间做了一个勘察项目,甲方进行了破坏性设计试桩,最后得到的值比我们提供的经验值大了 60% 左右,最后设计就是根据试桩的成果进行设计的,最后拿到审图中心进行审图的时候,审图中心的人怀疑试桩有问题,建议甲方进行两种以上的检测方法进行对试桩的数值进行验证,甲方不愿意做,审图中心的人不同意放行,现在僵在这里,不知道怎么办才好?

B 网友:

既然进行了试桩,按照试桩结果进行设计是没问题的。经验值一般都是偏保守,审图中心对试桩结果的怀疑有什么依据?

C网友：

谁做的事谁负责，试桩单位应当对自己的成果负责的，如果试桩单位是有资质的，审图没有任何理由不放行。

规范规定得很清楚，重要的工程就是以试桩数据作为设计依据的，经验数据只作为初步设计阶段承载力估算。规范鼓励所有桩基都试桩。

D网友：

没说清楚关系。你的勘察报告提供的是经验值吗？试桩是施工图通过后的试桩，拿来设计修改吗？现在的审图是修改设计的审图吗？

岳建勇答：

按照试桩结果确定单桩承载力是符合规范要求的，也是应该提倡的。审图的理由不充分，也只能是仅仅怀疑。

E网友：

我觉得这个问题应该从两个方面分析：

(1)试桩的位置是否有代表性，试桩数量是否满足规范要求，如果审图人员核对勘察报告后，认为试桩位置不具代表性，可以建议对试桩数据进行进一步验证，毕竟工程质量安全是重点。

(2)如果勘察单位提供的经验数据和当地勘察水平相当，审图人员横向比对后认为勘察经验数据符合当地工程经验，也可以怀疑试桩数据，这也是本着负责的态度吧。

F网友：

勘察、试桩、设计、审图都应该横向对比一下，有没有相似地层、相似桩基。

G网友：

试桩结果，当达到一定数量，且对地层等有代表性时，可以用来设计，而抛开勘察参数。你只差了60%，很准确了。

试桩结果，一般设计也不直接使用，因为，还得考虑到好多影响因素，一般再打折。

答 复：

这个案例具有一定的代表性，一方面是甲方进行了破坏性设计试桩，得到的值比地方的经验值大了60%左右，设计根据试桩的成果进行设计；另一方面是审图中心的人怀疑试桩有问题，建议甲方进行两种以上的检测方法对试桩的数值进行验证，甲方不愿意做，审图中心的人不同意放行，现在大家都僵持在这里。

照道理说，如果做了几种检测的结果有矛盾，最后的办法是做试桩来裁决。除非有确切的依据说明试桩有问题,试桩一般具有比较大的权威性。但这个案例是倒了过来,做了试桩不相信,要求做其他的检测来判断试桩是否有问题。这种倒过来的方法,是比较少见的,不知道审图是否有充分的依据,如果有依据,可以提出依据来讨论;如果仅是主观上有怀疑,作为讨论当然未尝不可,但作为审图,是否不够慎重?

再说经验值,我不知道你们提供的经验值是否也是根据试桩总结出来的,还是并没有充分的试验依据? 如果你们的经验值也是根据试桩的数据统计出来的,那么在裁决中经验值的权数比较大些;如果并没有试桩的依据,那么这次试桩的结果应该具有更大的权数。

当然,超过经验值的数值比较多了,这次是否用足那是可以讨论的,但这并不是审图的内容,审图人员可以提建议,但如果设计人员坚持,审图也应该尊重设计,因为这并不是强制性条文的审查。如果是强制性条文的审查。一是要有规范的依据,二是要有怎么做的规定。没有规矩,不能成方圆。不能凭审图人员的感觉来审查。

我还是认为审图应该有仲裁机构,像这类问题,僵在那里,怎么办? 没有仲裁,如何处理这类不同意见的争议?

3.21 为何静载结果两根桩的承载力相差如此之大?

A 网友:

有一个困惑的问题:福建有个学校工程,均为 3~4 多层建筑,场地地质条件为:上部为 3~4m 素填土或填砂,4~8m 为可塑粉质黏土(局部薄层淤泥),8~13m 为粗砂(中密~密实),13~18m 为残积土,18~23m 为全风化花岗岩,23m 以下为强风化岩花岗岩。因拟建物单柱设计荷载较小,基础选择单节 12~15m 的 PHC 管桩(地下水对钢结构具中等腐蚀性,不宜接桩),以粗砂或残积土作为桩端持力层,设计特征值约为 1 000kN。工艺试桩中砂层无法贯穿,3 根桩有效桩长均为 9~10m,压桩力达 4 800kN,复压三次沉降均较小,后选择 2 根桩进行静载试验,静载吨位为 2 400kN,结果其中一根桩满足要求,沉降量约 18mm;另外一根桩在 1 200kN 时检测单位说沉降量过大无法加压。困惑在于本场地地质条件相对均匀,试压桩工艺基本一致,为何检测静载两根桩相差如此之大?请高老师和各位同行给分析下。(补充一点是:试桩前施工单位已经按 15m 采购了 PHC 桩,若以砂层为持力层,砍桩严重会给施工单位造成损失,施工方一度提出对砂层引孔处理且要求增加引孔造价约 100 万,勘察、设计、业主均未采纳。)

答　复：

要判断其原因,需要仔细比较压桩曲线与试桩曲线。

或者请将这3根压桩曲线和2根试桩的曲线都传到网上来,请大家帮助分析一下,不然没有资料无法判断分析,情况不清楚就提不出意见来。

A网友：

谢谢高老师! 等检测报告出来时,我再上传。据检测单位反馈:加载到1 200kN时沉降一直不稳定,无法继续加载。

检测单位仅出简报,我把数值抄下来了:该桩静载曲线呈陡降型,共计压5级,第一级240kN,沉降2.3mm;第二级480kN,沉降1.6mm;第三级720kN,沉降1.9mm;第四级960kN,沉降5.3mm;第五级1 200kN,沉降12.8mm。因第五级沉降量大于第四级沉降量两倍,检测单位终止试验,按检测规范取第四级960kN为该桩极限值。请您给分析下。

现在有个说法是:该桩压到第四级时侧阻力发挥完了(其实按理论计算尚未发挥完),端阻开始发挥作用,而砂层因孔隙水消散后有应力释放作用,虽然原压桩力为4 800kN,经一段时间的静置,导致静载时桩端沉降量较大。个人感觉这种说法较为牵强,虽然砂层因孔隙水消散后有应力释放作用是客观存在,但不会那么明显,理由是:该砂层为上更新统冲洪积粗砂,含泥量较大(10%~20%),有一定的黏塑性(不同于纯的海积砂),压桩挤土过程产生的土体变形应为缓变型(更趋近于黏性土)。

B网友：

第五级1 200kN,沉降12.8mm,虽然第五级沉降量大于第四级沉降量两倍,但不清楚经过24h是达到相对稳定标准还是不稳定,若不稳定,还要分析原因,才可以确定该值为桩的承载力极限值,若稳定的话,总沉降还远远小于40mm,不能就简单地取前一级荷载为极限值。

岳建勇答：

(1)施工情况没有论述清楚,包括休止期、平面位置、压桩力的变化过程、复压的过程、有无施工扰动、试桩过程、施工记录等。

(2)压桩力仅为参考,不能作为承载力评定依据。

(3)三根桩都进行了复压,难道所有的工程桩将来都要复压,否则试桩代表性就有问题?

(4)两根试桩桩端进入砂层的差异是什么? 建议扩大静载比例,为确定承载力提供依据。

C 网友：

(1)应该是粗砂密实度不均造成的,静载曲线呈陡降型应该是端阻力不足引起的。

(2)桩端持力层的软硬也影响桩侧阻力的发挥。

(3)预制桩很难穿过 5m 厚的密实粗砂,所以这样的设计值得商榷。

D 网友：

粗砂(中密~密实)上面的淤泥为不透水层,压桩时密砂中的孔隙水压力快速上升甚至导致悬脚桩,即使压桩力很大桩也无法下压,试桩时孔隙水压力消散,侧阻力发挥后,端阻力还未发挥,应继续压桩使桩端与持力层接触,可能会出现另一直线段的试桩曲线。

A 网友：

这样的试桩结果合格吗?

单根试桩兼工程桩,直径 1 000mm,属于端承摩擦桩,在试验过程中加载到设计要求特征值的 2 倍后,测得沉降为 58mm,达到规范要求稳定标准,终止试验,这样的桩能按规范要求的沉降大于 0.05D 判断其不合格么?

试验过程中沉降测定平面直接在桩顶混凝土测定,而未严格按照桩基检测规范中所提到的"4.2.5 沉降测定平面宜设置在桩顶以下 200mm 位置,"(这点在现实工程中也确实很少有按这个操作的),同时基准梁采用的脚手架管子,6m 长,想问问这样测出来的数据能否作为判断依据?

p-s 曲线是缓变型。就是按 0.05D 沉降值来取值的话也不满足要求。

现在是检测单位就以这个为标准,对特征值取前一级荷载,这个又是工程桩兼试桩,这样的话现在只能改设计? 有没其他处理办法?

答　复：

又是一个试桩结果相差很大的案例,采用的是 PHC 桩,选择 2 根桩进行静载试验,结果出现了如这位网友所说的这种情况,差别那么大。

"3 根桩有效桩长均为 9~10m,压桩力达 4 800kN,复压三次沉降均较小。"说明施工的情况比较正常,但从中抽了 2 根桩做载荷试验时却出现了异常情况:"选择 2 根桩进行静载试验,静载吨位为 2 400kN,结果其中一根桩满足要求,沉降量约 18mm;另外一根桩在 1 200kN 时检测单位说沉降量过大无法加压。"具体情况是:"该桩静载曲线呈陡降型,共计压 5 级,第一级 240kN,沉降 2.3mm;第二级 480kN,沉降 1.6mm;第三级 720kN,沉降 1.9mm;第四级 960kN,沉降 5.3mm;第五级 1 200kN,沉降 12.8mm。因第五级沉降量大于第四级沉降量两倍,检测单位终止试验,按检测规范取第四级 960kN 为该桩极限值。"

我们对这个案例继续作一些分析,但由于没有给出第 1 根桩的全部数据,无法进行每级荷载下这 2 根桩的沉降量的比较。同时由于没有桩径,也无法计算沉降和桩径之比。只能就绝对值做一些分析。

第 1 根桩达到极限值的时候,沉降的绝对值是 18mm,而第 2 根桩是根据沉降的增量来判为已经到达极限,就停止了继续试验。其实如果继续做下去,可能又会出现比较正常的情况。因为此时沉降的绝对值是 12.8mm,比 18mm 还小了很多,同时还因为这 3 根桩都是复压过的。这值得进行一些探索和比较,以丰富对单桩承载性能的认识,即当第一次出现沉降比较大的情况,可以再继续求证是否真正达到了破坏。

通过这个案例我们还可以看到,为了节省费用只做 2 根试桩,结果相差很大,那就没有办法判断如何取值了。如果做了 3 根试桩,那就可以取用数据比较接近两根桩的试验结果,就可以避免这种事情的发生。

3.22 《建筑地基基础设计规范》中,岩基和土基的载荷原位测试在安全度方面有何差异?

A 网友:

请问《建筑地基基础设计规范》(GB 50007)中对岩基和土基的载荷原位测试在安全度方面有何差异? 附录 H 中岩基载荷试验不需深宽修正,综合比较附录 C 和附录 D,好像安全度不一致?

答　复:

在讨论安全度问题以前,我们需要弄清楚什么是安全度? 安全度是指工程结构物的工作状态距极限状态的安全储备有多大。

在极限状态条件下的抗力减去工作状态的作用即为安全储备。

极限状态条件下的抗力除以工作状态的作用即为安全系数。

如果说,按载荷试验的结果,取用的承载力等于极限承载力的一半,则安全系数为 2。

岩基的载荷试验一般做不出极限状态的抗力,取用的承载力远小于可能存在的极限承载力,安全系数肯定远大于 2,因此,其安全度高于土基的试验结果是肯定的。

3.23 桩基检测中的"自平衡测试法"是否可行?

A 网友:

"自平衡测试法"检测桩基的受力机理与工程实际不一样,如同用勾股定理算圆的面积。不知道运用该法进行检测得到的数据是否有说服力?

答　复:

你的感觉是有一定道理的,这个方法确实存在某些值得探讨的地方。

但在许多条件下,例如,单桩承载力非常高、在水上、在山上等这些极端困难的条件下很难做采用堆载或锚桩方法的载荷试验时,这种方法是一种可行的方法,也是不得已而为之的方法。

从工程要求出发,试验的误差与能否取得数据相比是次要的,而且这些误差也为工程所允许,曾经做过一些对比的试验,证明是可以的。

从研究的角度,从机理的分析,确实还有许多的地方需要进一步研究。

3.24　地基土的变形刚度是如何测定的,其物理意义是什么?

A 网友:

高教授及各位专家:地基土的变形刚度是如何测定的,其物理意义是什么?

原文是:岩土工程常用的原位测试手段"块体基础振动试验",适用于人工地基、残积土、膨胀土、黄土、软黏土上的机器基础,确定其地基刚度系数、阻尼比和参振质量等动力参数,为动力基础设计提供依据。

请问:这里的"地基刚度系数"是如何进行试验确定的? 其物理意义是什么?

答　复:

刚度是柔度的倒数,刚度表示产生单位变形所需要的力,柔度表示单位力作用下产生的变形。

为机器基础设计用的地基土刚度分为抗压刚度、抗弯刚度、抗剪切刚度和抗扭刚度等四种,都是由刚度系数与相应的基底截面性质参数(如面积、惯性矩)的乘积求得。

例如其中的抗压刚度等于抗压刚度系数与基础面积的乘积。刚度系数由基础块体现场振动试验的资料分析计算求得。具体的试验方法与资料整理的方法可参见国家标准《地基动力特性测试规范》(GB/T 50269)。

3.25　桩的轴向反力系数的概念及如何求得?

A 网友:

我们在做桩的静荷载试验时业主要求计算桩的轴向反力系数,请问高教授,桩的轴向反力系数的概念及如何去计算?

答　复:

不知道你们的业主要这个反力系数有什么用途,应该是设计有特殊要求时可以提出来测定。

所谓轴向反力系数是指将单桩看成一个弹簧,取单位变形的力就是反力系数。

这个反力系数可以根据单桩载荷试验的结果求得。在单桩载荷试验的 Q-s 曲线的直线段,取其斜率即为桩的轴向反力系数。

3.26 这样布置压力盒能测定水平力在水平方向的传递及衰减变化规律吗?

A 网友:

高老师好,现在我们准备在斜坡上作桩基的水平静载试验,其中有一项想达到这样的目的:当施工水平力时,通过试验做出受水平荷载的桩,其应力在水平方向的传递及衰减变化情况。具体做法是,在桩侧受力方向上 1m、2m、3m、4m、5m 等处埋设压力盒,埋深暂定为 1m,通过压力盒的数据变化来反映水平力在水平方向的传递及衰减变化规律,这样可以知道桩侧水平力变化情况,及水平力能传递多远(主要针对碎石土及破碎基岩),不知我们这样做能否成功,以及试验在设计上有什么缺陷及不足,试验中要注意的主要问题是什么?

答　复:

这个帖子在当年没有看到。因此没有及时地回复。在整理资料时看到了,心里感到非常抱歉,似乎欠了你们一笔债。不知你们做了这个测定没有?效果如何?

在水平方向上的土中埋设压力盒是无法真实反映水平力在水平方向的传递及衰减变化规律的。这是因为压力盒的刚度比土的刚度大得多,这种埋设方法改变了天然土体的整体弹性特征,即使能够测到一些数据,也不能反映真实的土中应力的传递情况。你们所遇到的这种情况,反映了岩土工程土体原位监测的最基本的困难,即传感器的刚度改变了土体原位的刚度特征,也改变了土体的原位应力状态,使测得的数据失去了意义。

现在,时间已经过去很久了,不知道你们的试验结果如何? 很想听到你们的消息,念念!

3.27 载荷试验确定的承载力与规范按抗剪强度指标计算的承载力怎么对比?

A网友:

《建筑地基基础设计规范》(GB 50007—2011)第5.2.5条规定的计算公式是按地基中允许塑性开展区的深度为b/4理论推导而来的,那么可以理解为是允许地基中发生小部分剪切破坏的。

载荷试验确定地基承载力时,有比例极限的情况下,按比例极限确定,且不小于极限荷载的一半。比例极限以内地基的破坏的阶段为压密阶段(直线变形阶段),并没有进入剪切阶段,即认为没有发生剪切破坏,没有形成塑性开展区。

那么假设不考虑载荷试验确定的地基承载力深宽修正引起的差别,那么是不是由载荷试验确定的承载力会大于规范按抗剪强度指标计算的承载力?

Aiguosun答:

如果平板载荷试验的破坏形式符合太沙基理论,那么试验结果应小于规范强度理论计算结果,因为平板试验结果为直线段荷载,而理论公式为塑性区开展深度达到1/4基础宽度。

事实上太沙基理论不一定符合实际破坏结果或者不一定适用于所有土类的破坏情况,否则也不会出现其他的多种承载力理论。

答 复:

这位网友所提的问题在于最后的一句话:"那么是不是由载荷试验确定的承载力会大于规范按抗剪强度指标计算的承载力?"

怎么来分析这两种方法确定的承载力的大小关系? 究竟是哪个大? 怎么来比较呢?

从总体上说,这两种方法的结果之间具有宏观的可比性,正是基于这种认识,20世纪70年代初,在编制《建筑地基基础设计规范》时,收集了全国许多载荷试验的资料,分土类进行地基承载力与土的物理性质指标之间关系的统计,并给出了各种主要土类的地基承载力表。同时,在规范中又给出了用土的抗剪强度指标计算地基承载力的公式。这就说明了这两种方法在总体上是可以比较的。

但对一个具体的土层来说,用抗剪强度指标计算得到的地基承载力是不是就和载荷试验的结果完全一样呢? 那可不一定,不可能完全一致的,肯定有出入,有时可能相差也不小。这两者之间只存在统计上的关系,但并不是在数值上会完全一致。也不能肯定是哪个大,哪个小。

如果再深入一步比较这两种方法的理论依据有什么差别,分析载荷试验资料的方法是依据半无限体理论空间问题的解,即假定在半无限体表面作用着均布方形荷载条件下的解答。而《建筑地基基础设计规范》的地基承载力计算公式是假定在半无限体表面作用着条形荷载条件下土中塑性区有限开展的一种解答。从理论上说,条形荷载忽略了末端效应,其承载力必然小于空间问题的结果。

3.28　在基础沉降计算时,是否都要将变形模量转化成压缩模量进行计算?

A 网友:

我是一名设计人员,看过很多勘察报告,对于砂土,有的报告提供压缩模量,有的提供变形模量,请问对于提供的变形模量,都是现场载荷试验得出的吗? 在基础沉降计算时,是否都要将变形模量转化成压缩模量进行计算?

B 网友:

这个问题真的很困惑,感觉沉降计算可信度很差,软件计算分析对于砂土好像也是用压缩模量,一些勘察报告,对于砂土就提供变形模量,我们这地区,对于压缩模量只提供 E_{s1-2},这样的沉降计算分析太失真了,还不如定性分析得了。

C 网友:

《土工试验方法标准》(GB/T 50123—1999)中没有提供砂土压缩模量试验(压缩试验的准确性依赖于取得土试样的原状性,砂土很容易被扰动)。

《岩土工程勘察规范》(GB 50021)要求提供土层的变形参数,于是勘察人员多是根据原位测试结果(包括载荷试验)按照公式或地区经验或《工程地质手册》提供的国内经验给出的。由于不是通过压缩试验获得,而是通过原位测试成果获得,该值一般称为变形模量值。

以上是我个人的理解,还请指点。

在沉降计算中,砂土层是否可以用变形模量呢?

Aiguosun 答:

砂土的沉降计算采用弹性理论而不采用规范推荐采用压缩模量的公式计算。砂土不可能取到原状土的,有厂家称可取原状砂的取砂环刀,那是不可能的。按规范规定,取土器的面积比要小于规定的值,而取原状砂的环刀面积比远高于规范值,并且由于砂土的特性,内摩擦角较高,在取样过程中由于砂土与环刀的摩擦,砂土在取样过程中即被压实了,经过之后的一系列的扰动再到试验室做试验,结果显然是不可能真实反映砂土的真实强度。

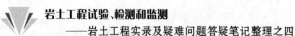
砂土提供压缩模量是伪命题。

D 网友：

建议参考《高层建筑岩土工程勘察规程》(JGJ 72) 附录 B"用变形模量 E_0 估算天然地基平均沉降量"。

E 网友：

对于工程实际,软件沉降计算分析对于砂土是怎么计算的,是否一律用压缩模量。

答　复：

国内习惯用分层总和法,所以勘察报告对于粗粒土和巨粒土给出 E_s 很正常,当然就只能是所谓的经验值,现在大部分报告也能分压力段来提供,沉降计算终究是经验性极强的东西,个人觉得这种做法可以接受。国内工程实践中弹性理论公式采用得并不多,对花岗岩残积土和风化岩,深圳规范有给一个利用 E_0 进行沉降计算的公式,据称和实测值很接近。

欧美国家利用变形参数来计算沉降,大致有 3 种计算方法(还存在很多直接利用原位测试计算沉降的经验方法,这里不讨论)：

(1)弹性理论公式(除饱和黏性土外,用弹性模量计算)。

(2)考虑应力历史的公式(饱和黏性土,用压缩指数计算)。

(3)与中国的分层总和法很类似的公式(只在某些行业或地区采用,同样是 $E = 1/m_v$)。

前两种应用广泛,也是大部分经典教科书和手册里推荐的方法。

一方面,理论公式计算值与实际观测值存在差异,另一方面,场地地层大部分情况下由很多层土组成,所以沉降计算更多还是要靠岩土工程师的经验。

沉降计算的方法,原来只有两类,第一类是用分层总和法计算,指标用压缩模量,《建筑地基基础设计规范》(GB 50007)用的就是这种方法。适用于分层土,但指标是压缩模量,只能用于细粒土。如果场地土是砂土、碎石土,由于无法钻取不扰动土样,没有压缩模量的指标,无法使用分层总和法计算沉降。第二类是用半无限体理论公式计算,指标根据载荷试验得到的变形模量。但这类公式无法计算分层土的沉降。因此,如果是多层的粗粒土,则上述两种方法都不能用。后来,就有了第三类的方法,这种方法是采用变形模量指标的分层总和法,可用于多层的粗粒土的沉降计算,这种方法见《高层建筑岩土工程勘察规程》(JGJ 72)。

3.29　在路基两侧设置反压护道,是否可以提高抗滑稳定性?

A 网友:

内蒙古黄土地区高速公路,Ⅰ级非自重湿陷性黄土,30~50m 的高路堤,都是 V 字形黄土冲沟,地下水位基本在 50m 以下,项目投资有限,做桥造价高,要求做路堤。路堤边坡采用 1∶2 的坡率,每隔 8m 设置 2m 宽的台阶,地基采用强夯处理,路堤每隔 3m 铺设一层土工格栅。

(1)该项目弃方较多,是否可以考虑在路基两侧设置反压护道,以提高抗滑稳定性。

(2)V 字形沟,填土高度变化较大,是否容易形成不均匀沉降;控制填土速率,提高路堤压实标准是否可以减小工后沉降。

请高老师指教。

答　复:

设置反压护道是一种好的措施,可以通过计算估计安全度的提高量。

V 字形沟使填土高度变化很大,肯定会造成不均匀沉降。原因有两个方面,首先是由于对地基的荷载不同,引起地基不同的沉降量;其次是路堤的高度不同,路堤本身的压缩量也就不一样。

提高压实标准,可以提高路堤填土的压缩模量,从而可以减小路堤的压缩量;控制填土速率,也可以减小地基土的塑性变形。因此,这些对于减小工后沉降都是有效的措施。

3.30　高填方路堤的柔性土工结构是否有地基承载力的问题?

A 网友:

有人说高填方路堤这样的柔性土工结构没有地基承载力的问题,只有稳定性和变形的问题。这个说法对吗?

殷宗泽教授的《几个易误解的土力学问题》也说了路堤规范、土石坝规范仅要求,地基作变形和边坡稳定验算,不要求作地基承载力验算。

然而,在高速铁路路基施工时,为什么要花相当一部分钱去让检测单位做复合地基承载力试验呢?本人读书期间在武广客运专线上做了一年的 CFG 桩承载力试验,设计单位对这个很重视,而且不同填高的路堤下的 CFG 桩的承载力要求也不一样,范围在 180~350kPa 之间。请问,这个承载力要求是怎么算出来的? 应该不是土的重度乘以路基高度,怎么计算呢?

现在在西部一公路设计单位上班,由于要考虑土石方平衡,尤其在隧道出口,做出了很多中心填高40m以上的高填方,这与殷宗泽教授的地基作变形和边坡稳定验算,不要求作地基承载力验算思想是一致的。请问高速公路与高速铁路为什么要求不一样?

如果大家说到高速公路与高速铁路的沉降要求不一样,若是铁路尤其是无缝线路沉降了,维修起来相当困难,他是把整个路基当作刚性结构物来设计的,而高速公路若沉降起来上面加一层便是,这似乎可以解答我的疑问,那请各位高人告诉我,高铁地基这个承载力要求是怎么算出来的?

答　复:

对于填土的稳定性有两种情况,一种是填土和地基一起发生滑动,另一种是地基是稳定的,仅填土的边坡太陡而发生边坡失稳。

就前一种失稳而言,就是填土的极限高度问题,达到极限高度,地基发生滑动,牵动了填土一起下滑,根本原因在地基。

地基滑动的验算结果与地基承载力的计算结果是相通的,对均质地基而言,两者的结果是一致的。

A 网友:

还有一个问题是:填筑是有过程的,填土不是一下子加上去的,在这个过程中,地基压实了,地基的承载力应该提高,这个提高如何考虑呢?

这个提高能有多高? 可以计算吗?

B 网友:

我个人对地基承载力的理解是:上部产生荷载的物体相对下部地基为相对刚性体,下部地基才有承载力问题。比如,在强风化岩石地基上按坡度 $5° \sim 10°$ 堆填100m 高的填土也是可能的,只是需要水平长度长些而已,而100m 高填土产生的竖向荷载已将近 2 000kPa!

答　复:

你说的这个问题是利用加载过程中地基排水固结以提高地基承载力的一种方法。例如,在软土地区的油罐建设中,利用罐体分级充水预压地基,将原来地基承载力只有80kPa 左右的软土地基,通过分级加载预压将地基承载力提高到200kPa 以上,这就可以建造20 多米高的油罐。这种预压加固的思路,对高路堤工程当然也可以适用,但这需要花比较长的工期,速度比较慢,需要经过技术经济比较才能采用。

工 程 实 录

案例一 软土地基上大面积堆载试验

——京郊别墅堆山造景的可行性研究

一、项目概况

1.项目背景

京郊别墅工程位于上海市青浦区,用地总面积141 573m²,拟用于开发建设134幢2~3层别墅,规划的地上与地下总建筑面积为63 383.63m²。据原规划方案,拟在场地内进行大面积景观堆土造山,堆土高度逐步从0m增加到4.5m,堆山的底部宽度约80m,平面曲折婉延长数百米。在人造山的顶部、山坡及山脚各处都布置了许多单体别墅。

上述造山工程是在软土地基上的大面积地面堆载。由于地面负荷面积大、应力扩散范围广、地基压缩层厚度大,大面积堆载引起场地内及周边环境的显著沉降和不均匀沉降,进而影响建筑物安全及其正常使用,成为软土地区一个普遍而重要的岩土工程问题。根据文献[1]的记载,受大面积堆载影响,采用天然地基和桩基的建筑物沉降量分别为不受地面堆载影响时的2倍和1.3倍;在天然地基上的柱基由于大面积堆载引起的地面沉降量约占总沉降量的80%以上;建筑物中间沉降多,地面呈碟状;基础沉降的稳定时间较长,个别实例3年内柱基平均沉降速率始终波动于0.3~0.4mm/d范围内,10年时间为0.05mm/d,沉降量仅为估算最终沉降量的60%。

由于软土地基变形过大,对建筑物和环境都有非常不利的影响,定量地估计堆山造成的沉降以及影响的范围,对于项目决策和工程设计十分重要。此前京郊别墅项目开发商上海大华(集团)有限公司曾委托同济大学针对上述问题进行了数值计算研究,用数值模拟的方法,提出了一些重要的工程控制界限和措施建议,对于项目的开展是很有价值的资料。针对这一成果的评审专家认为,为了验证数值模拟得到的控制界限,估计其分析成果在工程中应用的价值以及数据的可靠性,进行现场物理模拟试验是十分必要的。

大华(集团)有限公司与同济大学、上海市建工设计研究院有限公司合作开展了本项目的研究,参加人员有:应祚志、高大钊、钟海中、肖伟昌、陈恩道、龚一兰、韦小犁、刘陈、李韬、李家平、姜安龙、张理。

2.研究目标与内容

大华(集团)有限公司与同济大学合作开展了本项目的研究,旨在通过现场原型试验,对大面积堆山造景可能出现的问题进行试验模拟和监测,为拟建项目提供必要的技术支撑。根据项目组拟定的工作计划,主要实施两个大型原型试验:大型堆载试验和桩基足尺试验,主要研究内容包括:

(1)大型堆载试验:研究大面积地面荷载作用下,试验区地基土中超静孔隙水压力的积累与消散规律、各土层压缩量与水平位移的分布规律以及地面变形的分布规律。经过综合分析,选择拟建C120号建筑邻近场地作为大型堆载试验区域。

(2)桩基足尺试验:研究大面积地面荷载与建筑物荷载的共同作用下,桩侧负摩阻力的分布、承台底面压力的分布、建筑物桩基的变形规律,以及不均匀大面积堆载对建筑物和桩基的影响。经过综合分析后选择拟建C125号建筑邻近场地作为大型堆载试验区域。

为了进行上述试验并为今后的分析做好充分准备,在试验开始前又进行了试验场地补充勘察工作,并进行了室内固结不排水三轴试验,提出试验区各层土体的本构参数。

本案例内容为大型堆载试验研究成果总结报告。

二、试验场地地质条件分析

1.拟建场地地质条件概况

根据拟建工程的岩土工程勘察报告[2],拟建场地内地基土属于第四纪晚更新世和全新世松散沉积物,以黏性土为主,整体较均匀,局部有夹层,地层分布情况如例表3.1-1所示。

试验场地土层条件　　　　　　　　　　　　　　　　　例表3.1-1

层序	土　名	层厚(m)	静力触探 P_s(MPa)
①₁₋₁	杂填土	0.30~2.80	
①₁₋₂	素填土	0.30~1.90	
①₂	淤泥	0.50~1.90	
②₁	粉质黏土	0.10~3.10	1.07
②₂	黏土	0.20~9.50	0.62
②ₜ	粉砂	0.40~1.30	1.21
③	粉质黏土	0.30~10.0	0.53

层序	土　　名	层厚(m)	静力触探 P_s(MPa)
③$_j$	砂质粉土与淤泥质粉质黏土互层	0.50~3.30	1.19
④	淤泥质黏土	4.00~6.50	0.63
⑤$_{1-1}$	黏土	3.30~4.90	0.75
⑤$_{1-2}$	粉质黏土	2.30~5.60	0.98
⑤$_3$	粉质黏土夹黏质粉土	1.40~8.40	1.35
⑤$_4$	粉质黏土	1.10~3.20	2.68
⑥	砂质粉土夹薄层粉质黏土	0.70~5.30	2.37
⑦$_1$	粉砂	0.80~4.80	4.75
⑦$_2$		未钻穿	6.89

2.试验场地补充勘察

为了对试验场地的地质条件有具体清晰的把握,并便于今后进行理论分析,在大型堆载和桩基足尺两个试验场地均进行补充勘察。补充勘察的主要工作内容为针对除填土层外的原生土层钻孔取土并进行室内土工试验,试验场地周边做静力触探,并用小螺钻摸清浅层土体分布情况,各勘探孔在试验场地的分布如例图 3.1-1 所示。

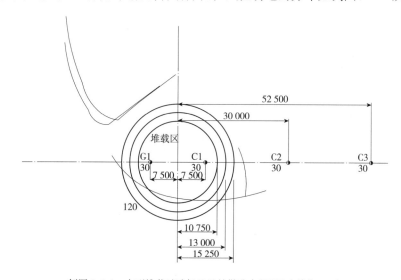

例图 3.1-1　大型堆载试验场地及补勘孔布局(尺寸单位:mm)

补充勘察表明，堆载试验区地面标高 4.21~4.25m，静力触探孔编号 C1~C3，取土孔编号 G1。经过补勘获得的土层资料如例表 3.1-2 所示。

堆载试验区地层分布　　　　　　　　　　　　　　　　例表 3.1-2

层序	土　名	层底标高(m)	层厚(m)
①$_{1-1}$	素填土	2.35~2.51	1.8
②$_1$	褐黄—灰黄色粉质黏土	0.91~1.05	1.5
②$_j$	粉砂	0.22	0.7
③$_j$	粉土与粉质黏土互层	−2.88	3.1
③	淤泥质粉质黏土	−8.78	5.9
④	淤泥质黏土	−14.78	6.0
⑤$_{1-1}$	灰色黏土	−19.78	5.0
⑤$_{1-2}$	粉质黏土	C1、C2 和 G1 孔至 30m 均未见层底	
⑥	暗绿色粉质黏土	C3 孔在标高 23.59m 处见层面	
⑦	灰绿色粉砂	C3 孔在标高 24.59m 处见层面	

3.试验场地岩土工程参数

为了便于开展今后的计算分析工作，本次补充勘察在现场采集土样进行了三轴固结不排水剪切试验，主要目的是获得计算参数，如弹性模量和泊松比等。共完成 60 个试样的三轴剪切试验。

通过室内三轴固结不排水试验可获得土体弹性模量和泊松比。Domaschuk 等人提出在进行弹性增量分析时采用弹性体积模量 K 和剪切模量 G 代替弹性模量 E 和泊松比 ν[3]。国家标准[4]中也给出了各项参数的分析方法。本报告中参考了该规范的方法整理相关计算参数。

1)剪切模量 G 与泊松比 ν

(1)采用室内三轴排水剪切试验，按式(例 3.1-1)、式(例 3.1-2)确定广义剪应力和广义剪应变。

$$q = \sigma_1 - \sigma_2 \qquad (例 3.1\text{-}1)$$

$$\varepsilon = \varepsilon_1 - \frac{\varepsilon_v}{3} \qquad (例 3.1\text{-}2)$$

广义剪应力和广义剪应变之间近似为双曲线关系：

$$\frac{q}{2} = \frac{\varepsilon}{\dfrac{1}{G_i} + \dfrac{2}{q_u}\varepsilon} \qquad (例 3.1\text{-}3)$$

根据试验结果按上述双曲线进行回归即可得到 $1/G_i$、$2/q_u$，进而得到每个土样在一定围压下的初始剪切模量 G_i。试验中剪切速率为 0.012mm/min，回归结果见例表 3.1-3。

各土样试验剪切模量统计   例表 3.1-3

土层	试样编号	周围压力（kPa）	轴向应变（%）	剪切峰值（kPa）	$1/G_i$	$2/q_u$	初始剪切模量 G_i（MPa）
②₁	g1-1cd	50	11.35	182.8	3.35×10^{-4}	0.007 83	2.99
	g1-1cd	200	8.54	541.78	5.26×10^{-5}	0.003 02	19.00
	g1-1cd	500	10.19	1 236.2	4.43×10^{-5}	0.001 09	22.57
	g1-2cd	50	10.87	193.74	2.51×10^{-4}	0.007 83	3.99
	g1-2cd	200	9.34	515.21	9.47×10^{-5}	0.002 67	10.56
	g1-2cd	500	11.62	1 253.6	4.25×10^{-5}	0.001 15	23.52
③ⱼ	g1-3cd	50	14.89	158.2	1.73×10^{-4}	0.011 14	5.77
	g1-3cd	200	9.85	665.89	6.48×10^{-5}	0.002 25	15.44
	g1-3cd	500	9.71	1 386.4	3.79×10^{-5}	9.43×10^{-4}	26.42
③	g1-6cd	50	14.81	96.88	0.001 27	0.011 8	0.79
	g1-6cd	200	15.83	355.29	2.55×10^{-4}	0.004 06	3.92
	g1-6cd	500	15.15	865.16	1.14×10^{-4}	0.001 44	8.79
	g1-8cd	50	15.14	96.74	5.31×10^{-4}	0.018 17	1.88
	g1-8cd	200	15.03	319.1	2.17×10^{-4}	0.005 09	4.61
	g1-8cd	500	15.35	725.76	8.86×10^{-5}	0.043 99	11.29
④	g1-10cd	50	3.06	174.38	3.32×10^{-4}	0.025 03	3.01
	g1-10cd	200	1.94	417.33	2.48×10^{-4}	0.014 35	4.02
	g1-10cd	500	1.71	1 032.1	3.78×10^{-5}	0.003 59	26.42
⑤₁₋₁	g1-12cd	50	16.14	108.36	7.42×10^{-4}	0.013 02	1.35
	g1-12cd	200	14.58	323.31	1.48×10^{-4}	0.005 27	6.76
	g1-12cd	500	15.13	706.26	9.86×10^{-5}	0.002 17	10.14
⑤₁₋₂	g1-14cd	50	14.98	135.84	7.23×10^{-4}	0.010 36	1.38
	g1-14cd	200	14.07	430.4	1.78×10^{-4}	0.003 21	5.62
	g1-14cd	500	14.89	961.98	8.98×10^{-5}	0.001 35	11.13

续上表

土层	试样编号	周围压力 (kPa)	轴向应变 (%)	剪切峰值 (kPa)	$1/G_i$	$2/q_u$	初始剪切模量 G_i (MPa)
⑤$_3$	g1-15cd	50	14.39	208.6	5.19×10^{-4}	0.005 91	1.93
	g1-15cd	200	6.25	665.26	7.43×10^{-5}	0.003 01	13.46
	g1-15cd	500	14.84	1 599.8	5.98×10^{-5}	7.45×10^{-4}	16.72
⑥	g2-12cd	50	9.39	218.8	1.75×10^{-4}	0.006 56	5.72
	g2-12cd	200	9.04	354.82	9.08×10^{-5}	0.004 38	11.01
	g2-12cd	500	11.01	755.67	6.18×10^{-5}	0.002 3	16.17
⑦$_1$	g2-14cd	50	3.61	270.73	6.24×10^{-5}	0.005 67	16.01
	g2-14cd	200	3.76	705.74	5.38×10^{-5}	0.001 3	18.57
	g2-14cd	500	2.87	2009	2.91×10^{-5}	3.52×10^{-4}	34.40

（2）实际上初始剪切模量和三轴排水剪切试验的围压有关，从试验结果统计分析，初始剪切模量和围压呈线性关系。回归参数见例表 3.1-4。

$$G_i = G_0 + A\sigma_3 \qquad （例 3.1-4）$$

剪切模量和围压统计回归参数　　　　　　　　例表 3.1-4

土层 指标	②$_1$	③$_j$	③	④	⑤$_{1-1}$	⑤$_{1-2}$	⑤$_3$	⑥	⑦$_1$
G_0(MPa)	3.48	4.74	0.38	2.67	1.50	0.74	3.27	5.38	12.35
A	0.041 18	0.044 56	0.019 33	0.006 73	0.018 35	0.021 2	0.029 72	0.022 36	0.042 57

（3）应力水平为 R_t 时的剪切模量 G_t：

$$G_t = G_i(1-R_t)^2 = (G_0 + A\sigma_3)(1-R_t)^2 \qquad （例 3.1-5）$$

2）固结阶段体积变形模量

（1）在室内三轴等向压力 σ_3 下固结，测定固结完成后土样的体积变化 ΔV，然后按公式（例 3.1-6）确定每个土样在一定围压下的体积变形模量 K_i；

$$K_i = \frac{\sigma_3}{\varepsilon_v} = \frac{\sigma_3 V_0}{\Delta V} \qquad （例 3.1-6）$$

（2）同一土层土样的体积变形模量根据固结时围压进行线性回归分析，得到各土层体积变形模量和围压的回归关系。

$$K = a + b\sigma_3 \qquad\qquad (\text{例 } 3.1\text{-}7)$$

试验采用的试样高度 8cm、试样直径 3.91cm,统计分析结果见例表 3.1-5、例表 3.1-6 和例图 3.1-2~例图 3.1-10。

各土样试验体积变形模量统计 　　　　　例表 3.1-5

土层	试样编号	剪切速率(mm/min)	围压(kPa)	初始孔压(kPa)	固结排水(mL)	高度变化(cm)	轴向应变(%)	剪切峰值(kPa)	体积压缩模量(MPa)
②₁	g1-1cd	0.012	50	47	3.34	0.094	11.35	182.8	1.44
	g1-1cd	0.012	200	191	5.42	0.153	8.54	541.78	3.54
	g1-1cd	0.012	500	489	8.01	0.229	10.19	1 236.2	6.00
	g1-2cd	0.012	50	46	3.89	0.109	10.87	193.74	1.23
	g1-2cd	0.012	200	196	6.16	0.175	9.34	515.21	3.12
	g1-2cd	0.012	500	464	4.83	0.136	11.62	1 253.6	9.94
	g2-1	0.08	100	92	6.04	0.171	15.43	265.83	1.59
	g2-1	0.08	200	182	6.9	0.196	15.28	411.67	2.78
	g2-1	0.08	300	286	6.54	0.186	15.42	596.27	4.41
	g2-2	0.08	100	93	4.78	0.135	11.92	181.63	2.01
	g2-2	0.08	200	196	6.58	0.187	7.8	273.94	2.92
	g2-2	0.08	300	283	8	0.229	10.19	385.6	3.60
③ⱼ	g1-3cd	0.012	50	46	3.41	0.096	14.89	158.2	1.41
	g1-3cd	0.012	200	194	5.81	0.165	9.85	665.89	3.31
	g1-3cd	0.012	500	491	9.02	0.259	9.71	1 386.4	5.32
③	g1-6cd	0.012	50	47	6.59	0.187	14.81	96.88	0.73
	g1-6cd	0.012	200	199	18.84	0.561	15.83	355.29	1.02
	g1-6cd	0.012	500	475	16.75	0.495	15.15	865.16	2.87
	g1-8cd	0.012	50	50	6.46	0.183	15.14	96.74	0.74
	g1-8cd	0.012	200	195	14.79	0.434	15.03	319.1	1.30
	g1-8cd	0.012	500	492	19.82	0.593	15.35	725.76	2.42
	g2-5	0.08	100	97	6.6	0.188	14.51	118.55	1.46
	g2-5	0.08	200	195	8.5	0.243	12.16	207.75	2.26
	g2-5	0.08	300	287	10.3	0.297	14.6	331.62	2.80

续上表

土层	试样 编号	剪切 速率 （mm/min）	围压 （kPa）	初始 孔压 （kPa）	固结 排水 （mL）	高度 变化 （cm）	轴向 应变 （%）	剪切 峰值 （kPa）	体积压缩 模量 （MPa）
④	g1-10cd	0.012	50	44	4.12	0.116	3.06	174.38	1.17
	g1-10cd	0.012	200	190	10.64	0.307	1.94	417.33	1.81
	g1-10cd	0.012	500	476	13.26	0.387	1.71	1 032.1	3.62
	g2-7	0.08	200	198	9.3	0.267	8.79	131.06	2.07
	g2-7	0.08	300	276	12.2	0.354	13.35	180.64	2.36
	g2-7	0.08	400	378	13.4	0.391	8.4	240.22	2.87
⑤$_{1-1}$	g1-12cd	0.012	50	46	3.24	0.091	16.14	108.36	1.48
	g1-12cd	0.012	200	194	7.03	0.2	14.58	323.31	2.73
	g1-12cd	0.012	500	477	16.42	0.485	15.13	706.26	2.93
⑤$_{1-2}$	g1-14cd	0.012	50	52	5.06	0.143	14.98	135.84	0.95
	g1-14cd	0.012	200	196	7.31	0.208	14.07	430.4	2.63
	g1-14cd	0.012	500	494	12.42	0.361	14.89	961.98	3.87
	g2-9	0.08	200	197	9.8	0.282	14.17	202.44	1.96
⑤$_{1-2}$	g2-9	0.08	300	286	9.8	0.282	12.74	279.87	2.94
	g2-9	0.08	400	365	11.4	0.33	0.76	346.79	3.37
	g2-10	0.08	200	185	8	0.258	12.91	218.31	2.40
	g2-10	0.08	300	275	11.4	0.33	15.66	294.71	2.53
	g2-10	0.08	400	388	16.8	0.497	7.99	373.04	2.29
⑤$_3$	g1-15cd	0.012	50	44	3.52	0.099	14.39	208.6	1.36
	g1-15cd	0.012	200	197	7.09	0.202	6.25	665.26	2.71
	g1-15cd	0.012	500	484	11.59	0.336	14.84	1 599.8	4.14
	g1-15	0.08	300	277	7.3	0.208	15.31	668.16	3.95
	g1-15	0.08	400	361	8.2	0.234	14.73	925.28	4.69
	g1-15	0.08	500	450	8.9	0.255	15.04	1 065.8	5.40

续上表

土层	试样编号	剪切速率（mm/min）	围压（kPa）	初始孔压（kPa）	固结排水（mL）	高度变化（cm）	轴向应变（%）	剪切峰值（kPa）	体积压缩模量（MPa）
⑥	g2-12	0.08	300	287	3.1	0.087	14.58	383.25	9.30
	g2-12	0.08	400	371	4.6	0.13	9.69	475.07	8.35
	g2-12	0.08	500	471	4.7	0.133	9.96	523.23	10.22
	g2-12cd	0.012	50	46	2.57	0.072	9.39	218.8	1.87
	g2-12cd	0.012	200	198	3.12	0.088	9.04	354.82	6.16
	g2-12cd	0.012	500	468	5.39	0.153	11.01	755.67	8.91
⑦₁	g2-14	0.08	300	289	4.8	0.136	10.17	930.24	6.00
	g2-14	0.08	400	352	4.6	0.13	9.41	1 339.2	8.35
	g2-14	0.08	500	445	4.6	0.13	8.63	1 542.2	10.44
	g2-14cd	0.012	50	46	2.24	0.063	3.61	270.73	2.14
	g2-14cd	0.012	200	194	2.73	0.076	3.76	705.74	7.04
	g2-14cd	0.012	500	447	4.66	0.131	2.87	2009	10.31

各土层体积变形模量回归系数　　　　　　　　　　　　　　例表 3.1-6

土层 指标	②₁	③ⱼ	③	④	⑤₁₋₁	⑤₁₋₂	⑤₃	⑥	⑦₁
a（MPa）	0.266	1.241	0.759	0.863	1.307	1.609	1.234	2.435	1.980
b	0.014 59	0.008 42	0.004 17	0.005 28	0.004 49	0.003 24	0.007 61	0.015 48	0.016 62

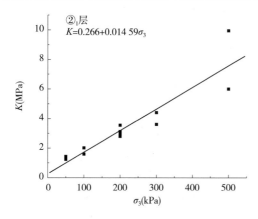

例图 3.1-2　②₁ 层体积变形模量与围压关系

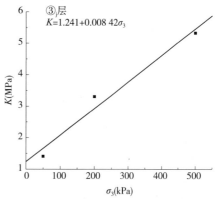

例图 3.1-3　③ⱼ 层体积变形模量与围压关系

317

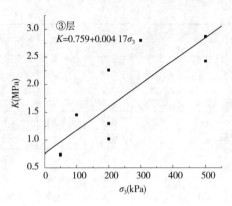

例图 3.1-4 ③层体积变形模量与围压关系

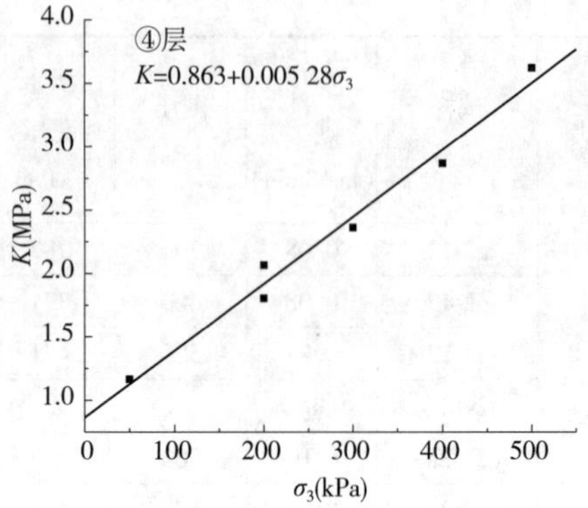

例图 3.1-5 ④层体积变形模量与围压关系

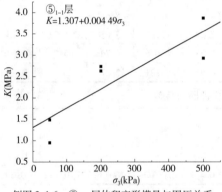

例图 3.1-6 ⑤₁₋₁层体积变形模量与围压关系

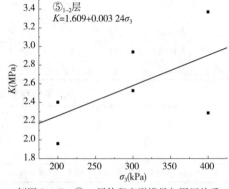

例图 3.1-7 ⑤₁₋₂层体积变形模量与围压关系

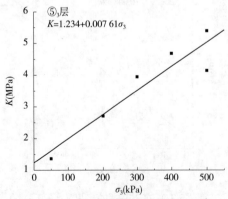

例图 3.1-8 ⑤₃层体积变形模量与围压关系

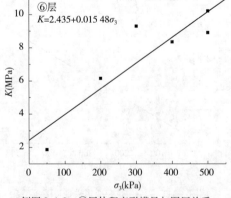

例图 3.1-9 ⑥层体积变形模量与围压关系

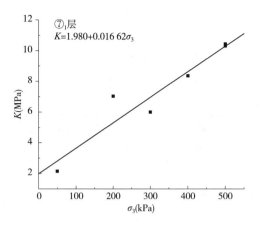

例图 3.1-10 ⑦₁ 层体积变形模量与围压关系

3) 剪切阶段体积变形模量 K

同样可以获得剪切阶段各土层体积变形模量和围压的回归关系, 如下式和例表 3.1-7 所示。

$$K = a + b\sigma_3 \qquad\qquad (例 3.1-8)$$

各土样试验体积变形模量统计 例表 3.1-7

土层编号	试样编号	周围压力（kPa）	体积变形模量（MPa）		和围压回归系数（全量法）	
			增量方法	全量方法	a	b
②₁	g1-1cd	50	4.44	3.67	4.74	0.026 72
	g1-1cd	200	9.91	12.58		
	g1-1cd	500	18.01	20.75		
	g1-2cd	50	7.26	7.07		
	g1-2cd	200	11.7	9.72		
	g1-2cd	500	12.48	14.75		
③ⱼ	g1-3cd	50	7.1	3.55	2.82	0.024 41
	g1-3cd	200	17.51	8.44		
	g1-3cd	500	19.31	14.78		
③	g1-6cd	50	1.37	2.14	1.28	0.012 99
	g1-6cd	200	2.24	3.14		
	g1-6cd	500	5.34	5.97		

续上表

土层编号	试样编号	周围压力（kPa）	体积变形模量（MPa）		和围压回归系数（全量法）	
			增量方法	全量方法	a	b
③	g1-8cd	50	0.74	1.86	1.28	0.012 99
	g1-8cd	200	2.65	4.41		
	g1-8cd	500	2.82	9.65		
④	g1-10cd	50	2.96	1.82	1.8	0.000 4
	g1-10cd	200	3.13	1.88		
	g1-10cd	500	21	—		
⑤$_{1-1}$	g1-12cd	50	2.31	3.38	2.48	0.004 17
	g1-12cd	200	1.73	5.80		
	g1-12cd	500	3.69	6.62		
⑤$_{1-2}$	g1-14cd	50	1.55	1.89	1.74	0.008 08
	g1-14cd	200	3.45	3.73		
	g1-14cd	500	4.37	5.65		
⑤$_3$	g1-15cd	50	3.34	3.18	2.36	0.021 46
	g1-15cd	200	5.35	7.02		
	g1-15cd	500	7.19	12.96		
⑥	g2-12cd	50	7.31	3.51	1.19	0.033 28
	g2-12cd	200	8.23	6.87		
	g2-12cd	500	10.61	18.16		
⑦$_1$	g2-14cd	50	20.23	17.82	16.80	0.060 74
	g2-14cd	200	32.25	31.97		
	g2-14cd	500	27.68	46.16		

4）根据弹性理论计算体积变形模量

（1）根据各土层土的内摩擦角，按公式（例3.1-9）计算静止土压力系数 K_0。

$$\begin{cases} K_0 = 1 - \sin\varphi' & \text{砂土} \\ K_0 = 0.95 - \sin\varphi' & \text{黏性土} \end{cases}$$

（例3.1-9）

（2）根据公式（例 3.1-10）确定各土层的泊松比。

$$\nu = \frac{K_0}{1+K_0} \qquad\qquad （例 3.1-10）$$

（3）根据公式（例 3.1-10）得到的泊松比和试验得到的剪切模量 G，按公式（例 3.1-11）计算剪切阶段体积变形模量 K。

$$K = \frac{2G(1+\nu)}{3(1-2\nu)} \qquad\qquad （例 3.1-11）$$

式中，剪切模量 G 按式（例 3.1-12）计算

$$G = G_0 + A\sigma_3 \qquad\qquad （例 3.1-12）$$

计算最终结果见例表 3.1-8。

例表 3.1-8 中堆载前平均有效围压按式（例 3.1-13）近似计算：

$$\overline{\sigma}' = \frac{1}{3}(1+2K_0)\sum \gamma_i' h_i \qquad\qquad （例 3.1-13）$$

堆载后平均有效围压按式（例 3.1-14）近似计算：

$$\overline{\sigma}' = \frac{1}{3}(1+2K_0)(\sum \gamma_i' h_i + \sigma_z) \qquad\qquad （例 3.1-14）$$

式中：$\overline{\sigma}_1'$——堆载前平均有效围压，kPa；

γ_i'——上覆各土层有效重度，kN/m^3；

h_i——上覆各土层厚度，m；

K_0——计算点所在土层静止侧压力系数；

σ_z——地面堆载在计算点处引起的附加应力，kPa。

从例表 3.1-8 所示分析结果来看，根据上海地区经验，按照试验分析得到的剪切模量计算体积变形模量结果更符合实际情况，故建议在计算中采用该方法得到的参数。另据式（例 3.1-15），弹性模量 E 为：

$$E = 2(1+\nu)G \qquad\qquad （例 3.1-15）$$

综合上述成果，试验场地各土层模量及泊松比如例表 3.1-9 所示。

例表 3.1-8

不同方法得到的体积变形模量和剪切模量

土层	深度 m	内摩擦角 °	静止土压力系数	泊松比	平均有效围压 堆载前 kPa	平均有效围压 堆载后 kPa	体积变形模量 固结阶段 a MPa	固结阶段 b	固结阶段 堆载前 MPa	固结阶段 堆载后 MPa	剪切阶段 a MPa	剪切阶段 b	剪切阶段 堆载前 MPa	剪切阶段 堆载后 MPa	根据剪切模量计算 堆载前 MPa	根据剪切模量计算 堆载后 MPa	剪切模量 a MPa	剪切模量 b	剪切模量 堆载前 MPa	剪切模量 堆载后 MPa
②$_1$	2.9	32.7	0.41	0.29	17.10	60.29	0.266	0.014 59	0.52	1.15	4.74	0.026 72	5.20	6.35	8.72	12.67	3.48	0.044 56	4.24	6.17
③$_j$	5.55	35	0.43	0.30	30.51	72.22	1.241	0.008 42	1.50	1.85	2.82	0.024 41	3.56	4.58	13.14	17.14	4.74	0.044 56	6.10	7.96
③	10.05	27.4	0.49	0.33	56.35	93.13	0.759	0.004 17	0.99	1.15	1.28	0.012 99	2.01	2.49	3.80	5.64	0.38	0.019 33	1.47	2.18
④	16.0	26.5	0.50	0.34	89.00	114.69	0.863	0.005 28	1.33	1.47	1.8	4.00×10^{-4}	1.84	1.85	8.82	9.28	2.67	6.73×10^{-3}	3.27	3.44
⑤$_{1-1}$	21.5	30	0.45	0.31	112.10	129.20	1.307	0.004 49	1.81	1.89	2.48	0.004 17	2.95	3.02	8.19	8.91	1.5	0.018 35	3.56	3.87
⑤$_{1-2}$	26.9	28.2	0.48	0.32	143.49	156.16	1.609	0.003 24	2.07	2.11	1.74	0.008 08	2.90	3.00	9.43	10.10	0.74	0.021 2	3.78	4.05
⑤$_3$	28.0	37.4	0.39	0.28	136.27	147.20	1.234	0.007 61	2.27	2.35	2.36	0.021 46	5.28	5.52	14.34	14.98	3.27	0.029 72	7.32	7.64
⑥	28.3	22.2	0.57	0.36	165.40	178.26	2.435	0.015 48	5.00	5.19	1.19	0.033 28	6.69	7.12	31.34	32.30	5.68	0.022 36	9.38	9.67
⑦$_1$	30.0	46.6	0.27	0.21	126.33	134.75	1.98	0.016 62	4.08	4.22	16.8	0.060 74	24.47	24.98	25.16	25.67	12.35	0.042 57	17.73	18.09

试验场地各土层计算参数 例表 3.1-9

层序	泊松比	体积变形模量（MPa）		剪切模量（MPa）		弹性模量（MPa）	
		堆载前	堆载后	堆载前	堆载后	堆载前	堆载后
②₁	0.29	8.7	12.7	4.2	6.2	22.5	32.7
③ⱼ	0.30	13.1	17.1	6.1	8.0	34.2	44.6
③	0.33	3.8	5.6	1.5	2.2	10.1	15.0
④	0.34	8.8	9.3	3.3	3.4	23.6	24.9
⑤₁₋₁	0.31	8.2	8.9	3.6	3.9	21.5	23.3
⑤₁₋₂	0.32	9.4	10.1	3.8	4.1	24.9	26.7
⑤₃	0.28	14.3	15.0	7.3	7.6	36.7	38.3
⑥	0.36	31.3	32.3	9.4	9.7	85.2	87.9
⑦₁	0.21	25.2	25.7	17.7	18.1	60.9	62.1

三、试验方案

根据本案例第一节所示研究背景和拟开展的研究内容，制定了大型堆载试验研究方案。

1. 堆载方案

1）堆载体尺寸参数

为了便于研究分析，本次试验采用圆形堆载。因第⑥层暗绿色粉质黏土层面在地面下 25m 左右，根据上海地区天然地基的一般压缩层厚度的经验，堆载的直径不宜小于第⑥层暗绿色粉质黏土层的埋藏深度。根据拟建场地的岩土工程勘察报告，本次试验前的补勘工作取堆载的平均直径为 26m，堆载的高度为 4.5m，边坡坡度 1∶1，则堆载的底面直径 30.5m，顶面直径 21.5m，如例图 3.1-11 所示。

2）堆载施工要求

堆载前对试验区域场地进行平整，并采用 12t 振动压路机压实 3 遍，保证施工机械操作。

本次试验堆载土体宜选用均匀粉质黏土，控制堆载时土体尽量接近最佳含水率，每次堆虚土厚度 40cm，采用 12t 振动压路机碾压 3 遍，压实后厚度在 25cm 左右，要求压实度达到 90% 以上并满足土体重度达 18.0kN/m³ 以上。堆载时分四级加载，第 1 和第 2 级堆土压实后厚度 1.25m，第 3 和第 4 级堆土压实后厚度 1m。

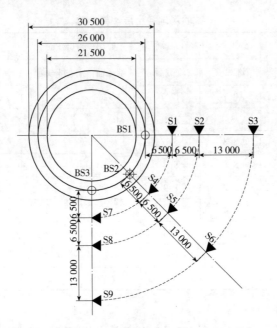

例图 3.1-11　堆载试验地面沉降标布局示意图(尺寸单位:mm)

注:1.S×表示堆载区域外地面沉降标。

2.BS×表示边坡中点处原地面沉降标。

2.试验监测内容与点位布设方案

1)试验监测内容

为实现前述试验研究目标,需要借助岩土工程监测手段采集试验数据。本次试验拟开展以下监测工作:

(1)堆载区中心、边坡中点和距边缘一倍宽度处不同深度的分层沉降;

(2)堆载区中心、边坡中点和距边缘外一倍宽度处不同深度孔隙水压力;

(3)边坡中点和距边缘外一倍宽度处不同深度水平位移;

(4)堆载中心点、边坡中点和堆载区以外原始地面沉降。

2)监测点布置

在堆载范围的中心、边坡的中点和距边缘一倍宽度处分别设三组分层沉降观测组。在堆载范围的中心处,设深层沉降和孔隙水压力的观测组,在边坡中点和距边缘外一倍宽度处,各设深层沉降、孔隙水压力和水平位移的观测组。堆载范围内的地面,在中心点设置地面沉降观测标,边坡中点设置地面沉降观测标 3 个;在堆载范围以外,沿径向设 9 个地面沉降观测标,如例图 3.1-11、例图 3.1-12 所示。

324

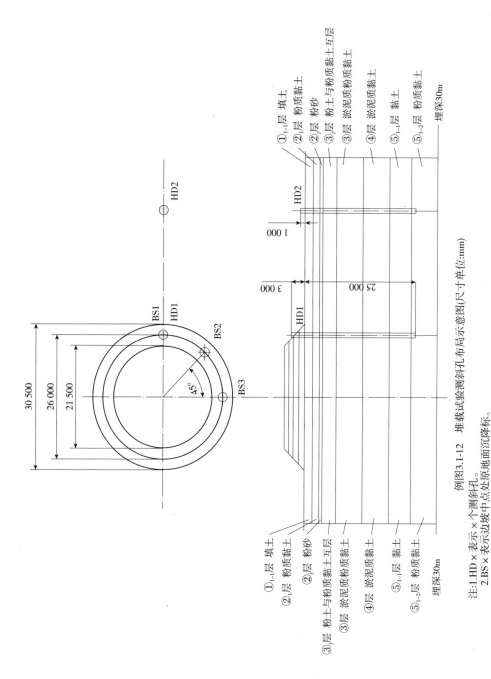

例图 3.1-12 堆载试验测斜孔布局示意图(尺寸单位:mm)

注:1.HD×表示×个测斜孔。
2.BS×表示边坡中点处原地面沉降标。

分层沉降环:设置在原地面、第②₁层、第③ⱼ层、第③层、第④层、第⑤₁₋₁层和第⑤₁₋₂层顶面处,及埋深 27m 处(进入第⑥层顶部),共计 24 个,如例图 3.1-13 所示。

孔隙水压力传感器布置在各主要土层第②₁层、第③ⱼ层、第③层、第④层、第⑤₁₋₁层中部和埋深 27m 处,即深度分别为 2.9m、5.6m、10.0m、16.0m 和 21.5m 和 27.0m 处,共计 18 个,如例图 3.1-14 所示。

监测点统计如例表 3.1-10 ~ 例表 3.1-12 所示。

大型堆载试验仪器设备统计　　　　　　　　　例表 3.1-10

序号	项　　目	数量	序号	项　　目	数量
1	孔隙水压力观测组	3	4	地面沉降标	9
2	深层沉降观测孔	3	5	边桩	3
3	测斜孔	2			

深层沉降环参数表　　　　　　　　　例表 3.1-11

仪器编号	观测孔所在平面位置	所在土层	埋深(m)
MS11	堆载中心点	地表	0
MS12	堆载中心点	第②₁层顶面	1.8
MS13	堆载中心点	第③ⱼ层顶面	4.0
MS14	堆载中心点	第③层顶面	7.1
MS15	堆载中心点	第④层顶面	13.0
MS16	堆载中心点	第⑤₁₋₁层顶面	19.0
MS17	堆载中心点	第⑤₁₋₂层顶面	24.0
MS18	堆载中心点	埋深 27m 处	27.0
MS21	边坡中点	地表	0
MS22	边坡中点	第②₁层顶面	1.8
MS23	边坡中点	第③ⱼ层顶面	4.0
MS24	边坡中点	第③层顶面	7.1
MS25	边坡中点	第④层顶面	13.0
MS26	边坡中点	第⑤₁₋₁层顶面	19.0
MS27	边坡中点	第⑤₁₋₂层顶面	24.0
MS28	边坡中点	埋深 27m 处	27.0
MS31	距堆载中心 1.5 倍直径	地表	0

续上表

仪器编号	观测孔所在平面位置	所 在 土 层	埋深（m）
MS32	距堆载边缘1.5倍直径	第②₁层顶面	1.8
MS33	距堆载中心1.5倍直径	第③ⱼ层顶面	4.0
MS34	距堆载边缘1.5倍直径	第③层顶面	7.1
MS35	距堆载中心1.5倍直径	第④层顶面	13.0
MS36	距堆载边缘1.5倍直径	第⑤₁₋₁层顶面	19.0
MS37	距堆载边缘1.5倍直径	第⑤₁₋₂层顶面	24.0
MS38	距堆载中心1.5倍直径	埋深27m处	27.0

各孔隙水压力计相关参数   例表3.1-12

仪器编号	平 面 位 置	所 在 土 层	埋深（m）
PW11	中心处	第②₁层中部	2.9
PW12	中心处	第③ⱼ层中部	5.6
PW13	中心处	第③层中部	10.0
PW14	中心处	第④层中部	16.0
PW15	中心处	第⑤₁₋₁层中部	21.5
PW16	中心处	埋深27m处	27.0
PW21	边坡中点	第②₁层中部	2.9
PW22	边坡中点	第③ⱼ层中部	5.6
PW23	边坡中点	第③层中部	10.0
PW24	边坡中点	第④层中部	16.0
PW25	边坡中点	第⑤₁₋₁层中部	21.5
PW26	边坡中点	埋深27m处	27.0
PW31	距堆载中心1.5倍直径	第②₁层中部	2.9
PW32	距堆载边缘1.5倍直径	第③ⱼ层中部	5.6
PW33	距堆载中心1.5倍直径	第③层中部	10.0
PW34	距堆载边缘1.5倍直径	第④层中部	16.0
PW35	距堆载中心1.5倍直径	第⑤₁₋₁层中部	21.5
PW36	距堆载边缘1.5倍直径	埋深27m处	27.0

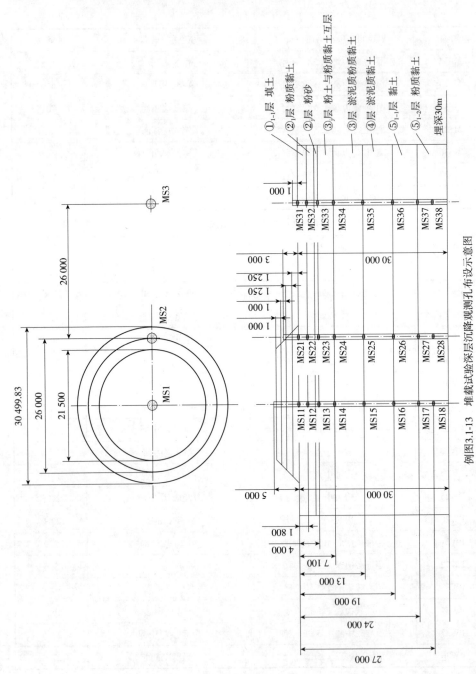

例图3.1-13　堆载试验深层沉降观测孔布设示意图

注：MS*mn*表示第*m*个深层沉降观测孔的第*n*个磁环位置。

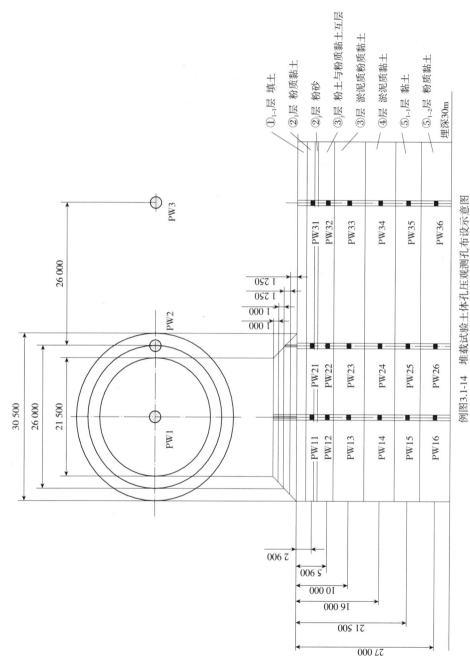

例图 3.1-14 堆载试验土体孔压观测孔布设示意图

注：PW*mn*表示第*m*个孔压观测孔的第*n*个孔隙水压力计。

329

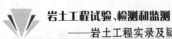
3.试验完成的工作量小结

堆载试验于2005年6月20日正式开始,到2005年8月4日已经完成第四级堆载施工工作并进入最后休止阶段。试验实施过程中主要完成的内容见例表3.1-13。

试验实施工作内容小结　　　　　　例表3.1-13

时　　间	完成的工作内容
4月12日	确定试验场地
4月16日	补充勘察
4月下旬~6月中旬	确定试验方案、平整场地
6月20日~23日	现场仪器埋设
6月24日~7月1日	仪器安装埋设完成后稳定监测
7月2日	第一级堆载施工,堆高至1.25m
7月3日~7日	第一级堆载完成后休止监测
7月8日~7月16日	因连日阴雨暂时停工
7月17日~19日	第二级堆载施工,因土体含水率高进展缓慢,堆高至2.5m
7月20日~24日	第二级堆载完成后休止监测
7月25日	完成第三级堆载施工,堆高至3.5m
7月26日~30日	第三级堆载施工完成后休止监测
7月31日~8月2日	因阴雨暂停施工
8月3日~4日	完成第四级堆载施工,堆高至4.5m
8月5日至今	进行堆载施工完成后的休止监测

四、试验数据分析

1.堆载引起的超静孔隙水压力监测结果

1)超静孔压沿深度的分布

例图3.1-15~例图3.1-17所示为各级荷载完成初期的实测各点超静孔隙水压力深度分布。图中第 x 级荷载初是指该级堆载施工完成后的第一次监测结果。其中:

（1）第一级荷载初对应时间为7月3日。

（2）第二级荷载初对应时间为7月20日。

（3）第三级荷载初对应时间为7月26日。

（4）第四级荷载初对应时间为 8 月 5 日。

2）不同位置各监测点超静孔隙水压力的变化

例图 3.1-18~例图 3.1-20 所示为各土层超静孔隙水压力变化的时间曲线。

例图 3.1-21~例图 3.1-26 所示为不同时间节点上各土层超静孔隙水压力的分布。

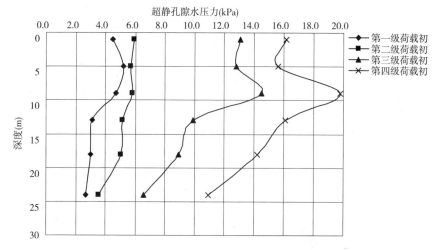

例图 3.1-15　中心点超静孔隙水压力分布图

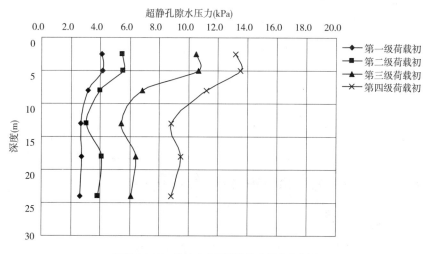

例图 3.1-16　边坡中点超静孔隙水压力分布图

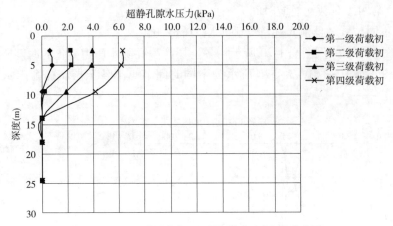

例图 3.1-17　距边坡中点 26m 处超静孔隙水压力分布图

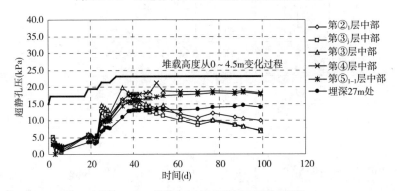

例图 3.1-18　堆载中心处不同深度超静孔压变化

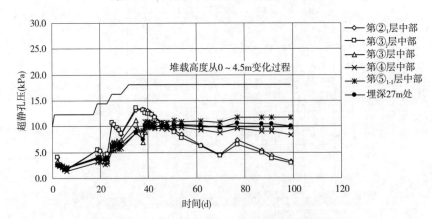

例图 3.1-19　堆载边缘坡面中点处不同深度超静孔压变化

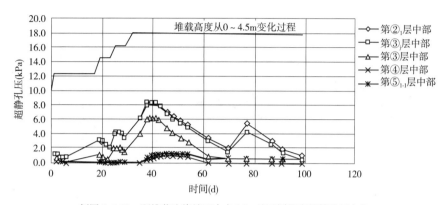

例图 3.1-20 距堆载边缘坡面中点 26m 处不同深度超静孔压变化

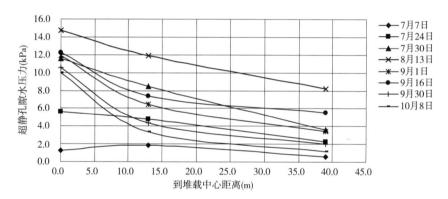

例图 3.1-21 第②₁ 层中部超静孔隙水压力

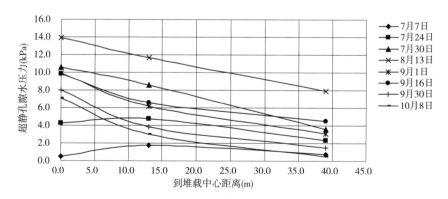

例图 3.1-22 第③ⱼ 层中部超静孔隙水压力

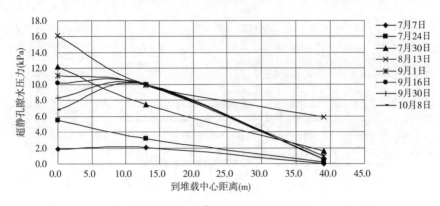

例图 3.1-23　第③层中部超静孔隙水压力

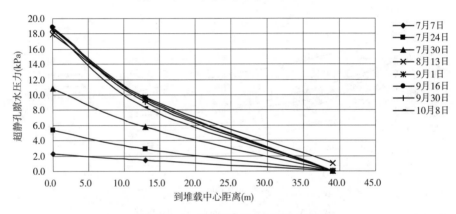

例图 3.1-24　第④层中部超静孔隙水压力

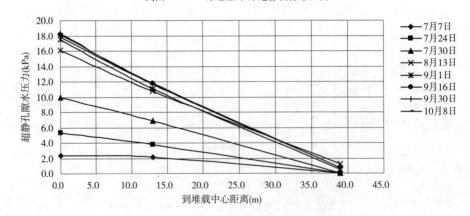

例图 3.1-25　第⑤$_{1\text{-}1}$层中部超静孔隙水压力

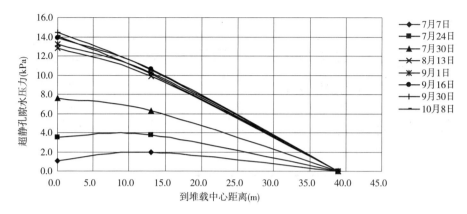

例图 3.1-26 第⑤$_{2-2}$层埋深 27m 处超静孔隙水压力

2.地面沉降监测成果

本次试验在场地内主要布设堆载区域外沉降标 9 处、堆载区域边坡中点处边桩 3 处、土体分层沉降观测孔三处,每个分层沉降观测孔设不同深度测点 8 个。根据对现场地面沉降监测成果的整理分析,主要得到以下各图所示的成果。

1)地面沉降水平分布

例图 3.1-27~例图 3.1-30 所示为各时间节点上实测沉降沿水平面内的分布。

2)主要地面沉降监测点的位移随时间变化

例图 3.1-31~例图 3.1-47 所示为各沉降监测点沉降发展时间曲线,以及相同距离位置的平均沉降时间发展曲线。

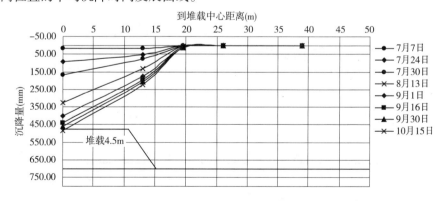

例图 3.1-27 剖面一沉降分布曲线

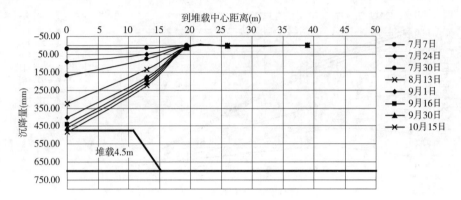

例图 3.1-28　剖面二沉降分布曲线

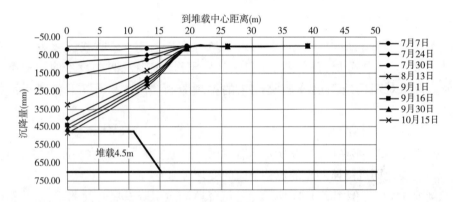

例图 3.1-29　剖面三沉降分布曲线

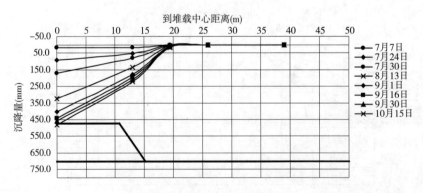

例图 3.1-30　剖面平均沉降分布曲线

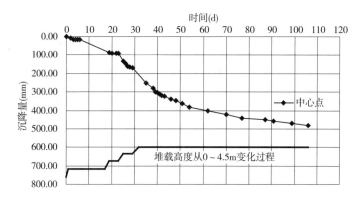

例图 3.1-31　堆载中心点沉降发展曲线

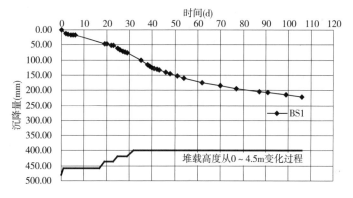

例图 3.1-32　边桩 BS1 点沉降发展曲线

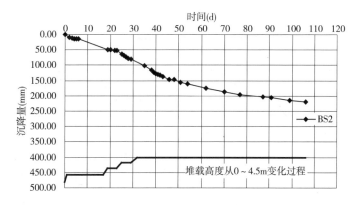

例图 3.1-33　边桩 BS2 点沉降发展曲线

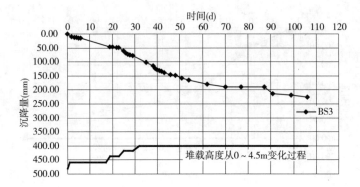

例图 3.1-34　边桩 BS3 点沉降发展曲线

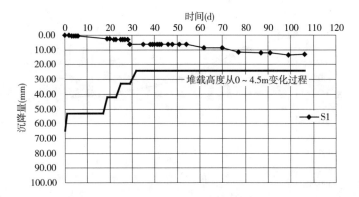

例图 3.1-35　S1 点沉降发展曲线

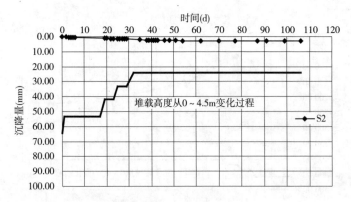

例图 3.1-36　S2 点沉降发展曲线

338

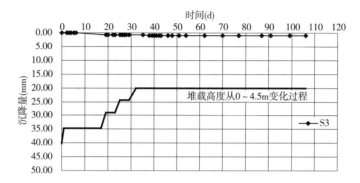

例图 3.1-37 S3 点沉降发展曲线

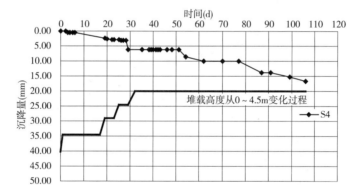

例图 3.1-38 S4 点沉降发展曲线

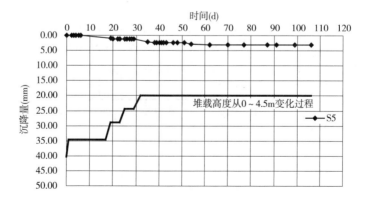

例图 3.1-39 S5 点沉降发展曲线

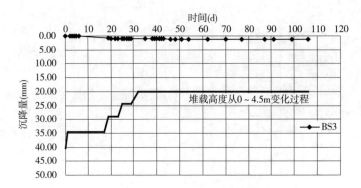

例图 3.1-40　S6 点沉降发展曲线

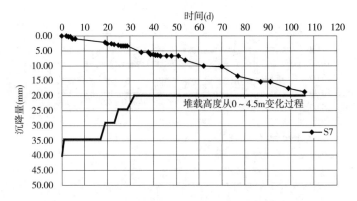

例图 3.1-41　S7 点沉降发展曲线

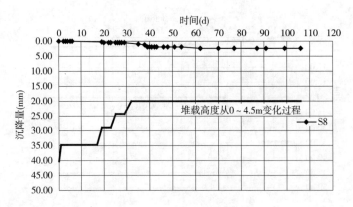

例图 3.1-42　S8 点沉降发展曲线

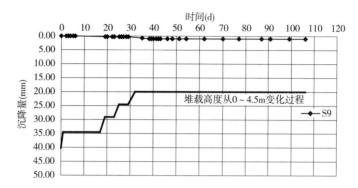

例图 3.1-43　S9 点沉降发展曲线

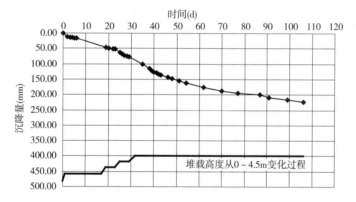

例图 3.1-44　边桩平均沉降发展曲线

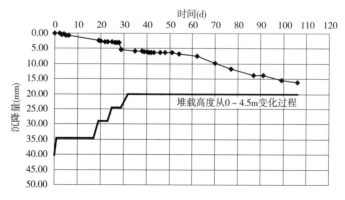

例图 3.1-45　距离 6.5m 处平均沉降发展曲线

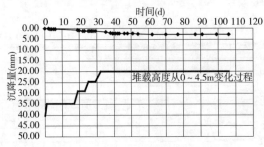

例图 3.1-46　距离 13m 处平均沉降发展曲线

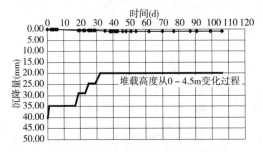

例图 3.1-47　距离 26m 处平均沉降发展曲线

3.分层沉降监测成果

1) 土体分层沉降沿深度分布

例图 3.1-48~例图 3.1-50 所示为不同时间节点各深层沉降孔监测到的各土层层顶沉降沿深度的分布曲线。

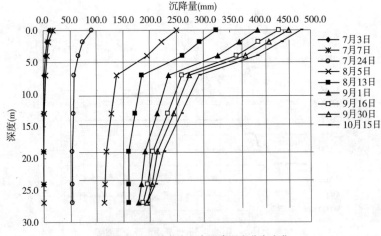

例图 3.1-48　堆载中心点沉降深度分布变化

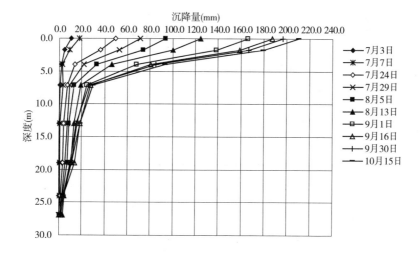

例图 3.1-49　堆载边缘坡面中点沉降深度分布变化

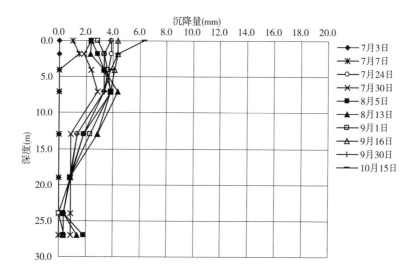

例图 3.1-50　距堆载边缘坡面中点 26m 沉降深度分布变化

2）不同深度土体沉降平面分布

例图 3.1-51 ~ 例图 3.1-58 所示为不同时间节点各土层层顶沉降的水平分布曲线。

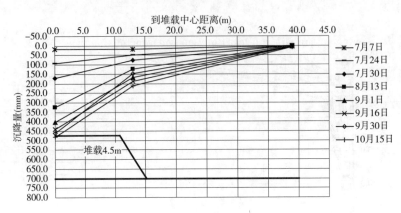

例图 3.1-51　天然地面

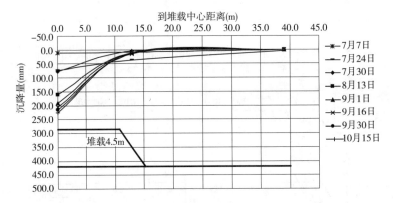

例图 3.1-52　埋深 1.8m

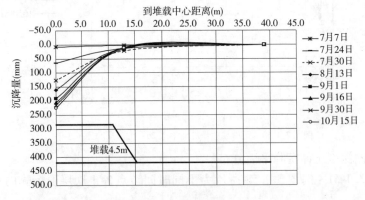

例图 3.1-53　埋深 4m

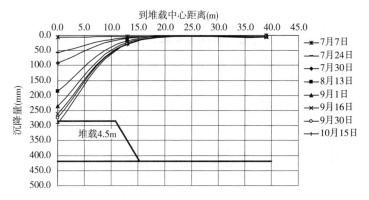

例图 3.1-54　埋深 7.1m

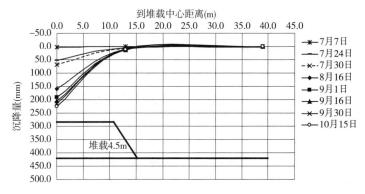

例图 3.1-55　埋深 13m

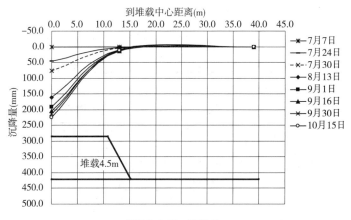

例图 3.1-56　埋深 19m

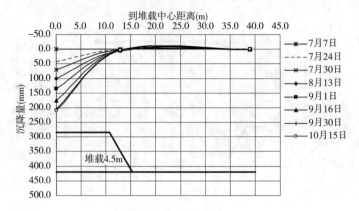

例图 3.1-57　埋深 24m

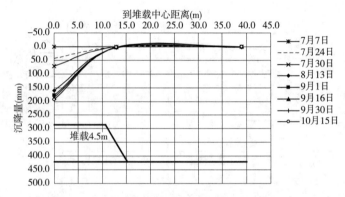

例图 3.1-58　埋深 27m

3）同一深度不同位置处沉降发展过程对比

例图 3.1-59~例图 3.1-66 所示为不同位置处各土层层顶沉降时间曲线的对比。

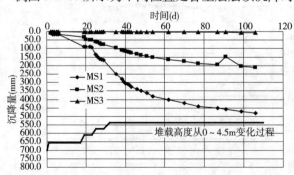

例图 3.1-59　天然地面沉降分布曲线

4.不同土层压缩量变化分析

各分层土体沉降成果如例图 3.1-67~例图 3.1-69 所示。

例图 3.1-70 所示为堆载中心处各主要土层的压缩量沿深度的变化。

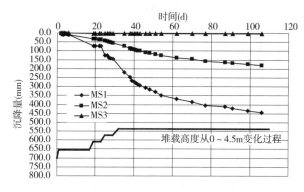

例图 3.1-60 埋深 1.8m 处沉降分布曲线

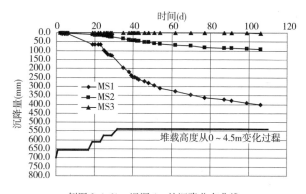

例图 3.1-61 埋深 4m 处沉降分布曲线

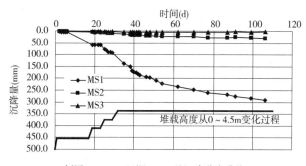

例图 3.1-62 埋深 7.1m 处沉降分布曲线

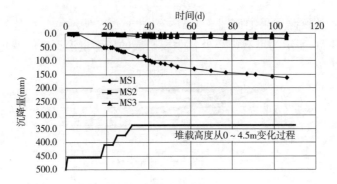

例图 3.1-63　埋深 13m 处沉降分布曲线

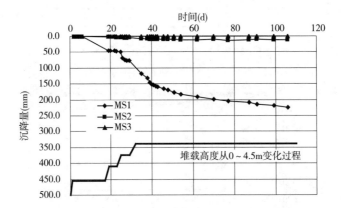

例图 3.1-64　埋深 19m 处沉降分布曲线

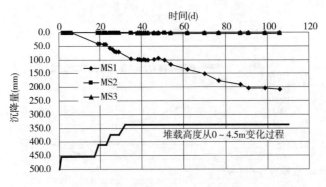

例图 3.1-65　埋深 24m 处沉降分布曲线

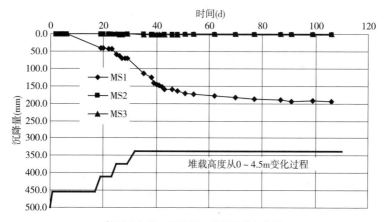

例图 3.1-66　埋深 27m 处沉降分布曲线

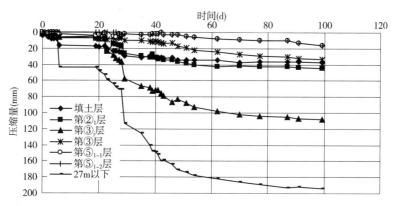

例图 3.1-67　堆载中心处各分层压缩量变化曲线

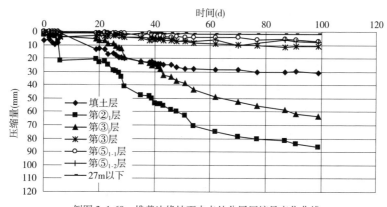

例图 3.1-68　堆载边缘坡面中点处分层压缩量变化曲线

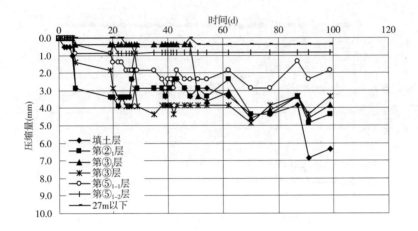

例图 3.1-69　距堆载边缘坡面中点 26m 处分层压缩量变化曲线

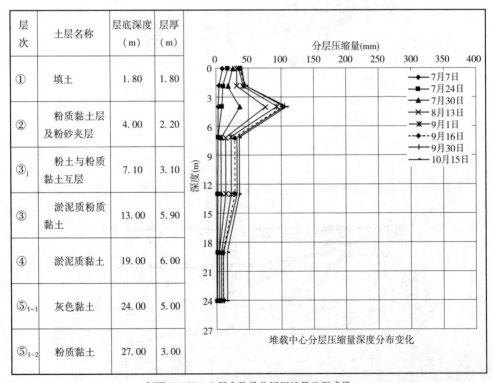

层次	土层名称	层底深度（m）	层厚（m）
①	填土	1.80	1.80
②	粉质黏土层及粉砂夹层	4.00	2.20
③$_j$	粉土与粉质黏土互层	7.10	3.10
③	淤泥质粉质黏土	13.00	5.90
④	淤泥质黏土	19.00	6.00
⑤$_{1-1}$	灰色黏土	24.00	5.00
⑤$_{1-2}$	粉质黏土	27.00	3.00

例图 3.1-70　土层参数及分层压缩量监测成果

5.水平位移监测成果

1)堆载边坡中点水平位移

例图 3.1-71~例图 3.1-77 所示为堆载边坡中点处测斜孔主要监测深度上点的水平位移时间曲线。例图 3.1-78 所示为堆载边坡中点处测斜孔在不同时间节点的水平位移深度分布变化。

2)距离堆载边坡中点 26m 处水平位移

例图 3.1-79~例图 3.1-85 所示为堆载边坡中点处测斜孔主要监测深度上点的水平位移时间曲线。例图 3.1-86 所示为堆载边坡中点处测斜孔在不同时间节点的水平位移深度分布变化。

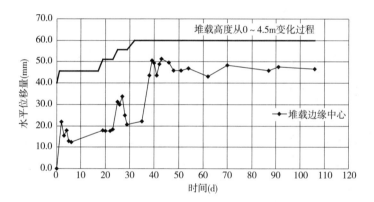

例图 3.1-71 堆载边缘坡面中点水平位移 $z=0$

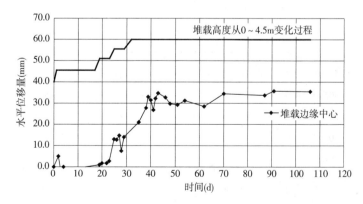

例图 3.1-72 堆载边缘坡面中点水平位移 $z=2$

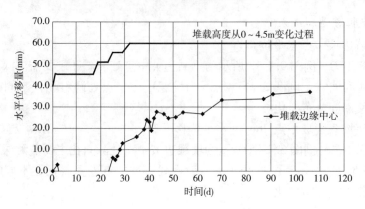

例图 3.1-73　堆载边缘坡面中点水平位移 $z=4$

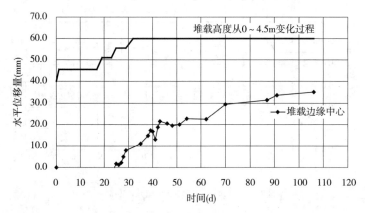

例图 3.1-74　堆载边缘坡面中点水平位移 $z=7$

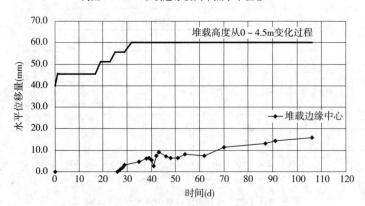

例图 3.1-75　堆载边缘坡面中点水平位移 $z=13$

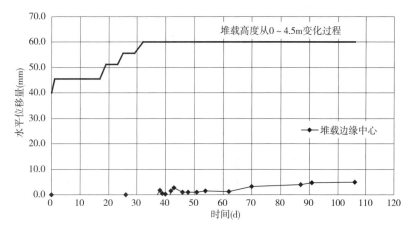

例图 3.1-76　堆载边缘坡面中点水平位移 $z = 19$

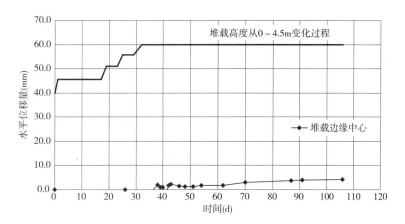

例图 3.1-77　堆载边缘坡面中点水平位移 $z = 21$

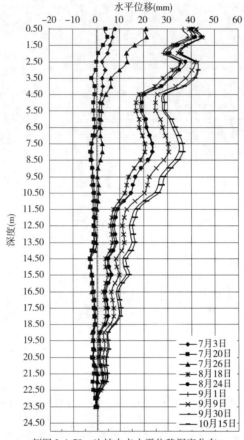

例图 3.1-78　边坡中点水平位移深度分布

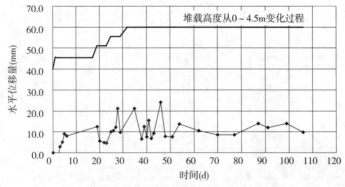

例图 3.1-79　距离堆载边缘坡面中点 26m 处 $z=0$

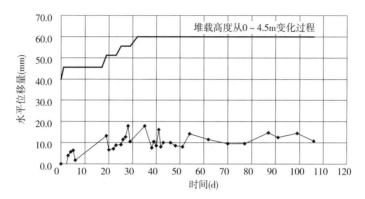

例图 3.1-80　距离堆载边缘坡面中点 26m 处 $z = 2m$

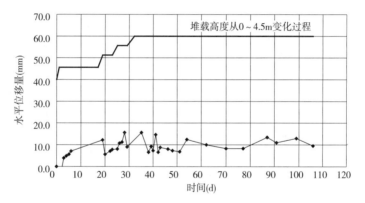

例图 3.1-81　距离堆载边缘坡面中点 26m 处 $z = 4m$

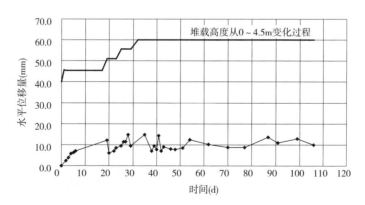

例图 3.1-82　距离堆载边缘坡面中点 26m 处 $z = 7m$

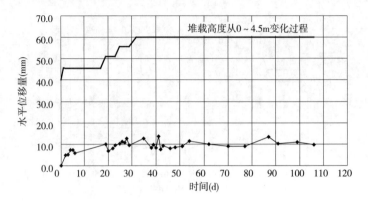

例图 3.1-83　距离堆载边缘坡面中点 26m 处 $z = 13$m

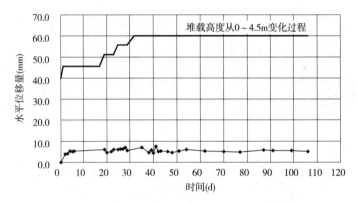

例图 3.1-84　距离堆载边缘坡面中点 26m 处 $z = 19$m

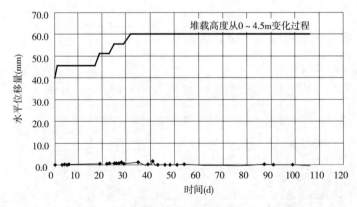

例图 3.1-85　距离堆载边缘坡面中点 26m 处 $z = 21$m

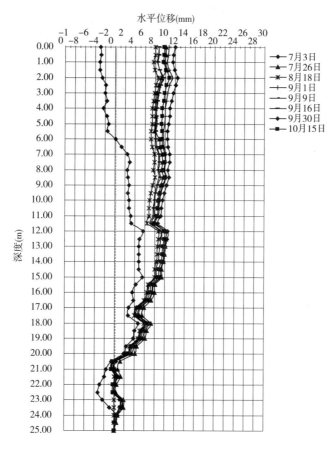

例图 3.1-86 距堆载边坡中点 26m 处水平位移深度分布

五、沉降变化规律分析

1.实测沉降平面分布分析

上海地区大面积堆载的实例很多,如例表 3.1-14 所示,地基土受到的压力比一般建筑物或构筑物的荷载大得多,虽然荷载远远超过规范浅基础地基的容许承载力,但由于堆载历时长达一年以上,堆载过程中土体能充分固结,故仅一般表现为很大的沉降和不均匀沉降,而并未发生强度破坏或失稳现象。

这些大面积堆载的实例证明:在软土地基上,如控制加荷或堆方速率,土体中的孔隙水得以逐步消散,土层逐步经受预压,随着沉降量和不均匀沉降量的增加,地基的承载能力可以适当提高[5]。

上海地区大面积堆载实例[5] 例表3.1-14

大面积堆载实例	堆载范围（m）	堆载最大高度（m）	荷载（t/m²）	堆料历时	最大沉降（m）	圆弧法安全系数（采用未完全固结快剪指标）	附注
某钢厂钢渣堆场	170×200	40	80	2~3年	5~6	0.92	坡脚离黄浦江仅1 000m
某土方堆场		16	30	数月		0.95	
某公园堆土	80×120	25	40	2年	2		
某重型机械厂露天跨钢锭堆场	24×162		16	1年半	1		
某厂油罐充水预压			25	1年	2		

例图 3.1-87~例图 3.1-99 所示为本次试验不同时间节点堆载区域及周边土体沉降发展变化的三维效果图及沉降等值线图。其中各时间节点对应的工况如例表3.1-15所示。

大型堆载试验主要时间节点及工况 例表3.1-15

时间	累计时间(d)	工况	时间	累计时间(d)	工况
7月3日	2	第一级堆载完成	8月10日	40	休止5d
7月7日	6	休止5d	8月16日	46	休止11d
7月20日	19	第二级堆载完成	9月1日	62	休止27d
7月24日	23	休止5d	9月16日	77	休止42d
7月26日	25	第三级堆载完成	9月30日	91	休止56d
7月30日	29	休止5d	10月15日	106	休止71d
8月5日	35	第四级堆载完成			

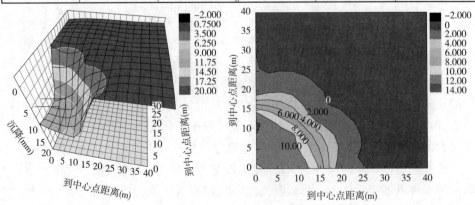

例图 3.1-87 7月3日沉降分布

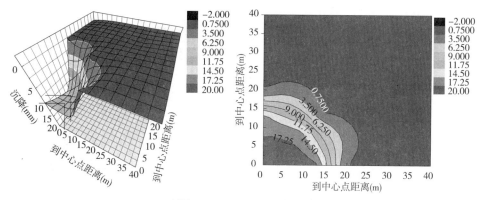

例图 3.1-88　7 月 7 日沉降分布

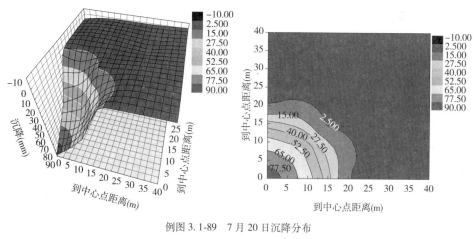

例图 3.1-89　7 月 20 日沉降分布

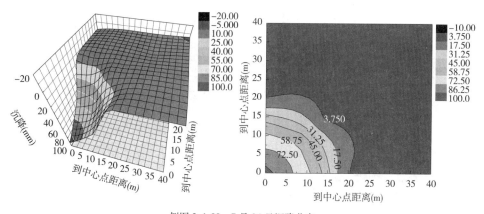

例图 3.1-90　7 月 24 日沉降分布

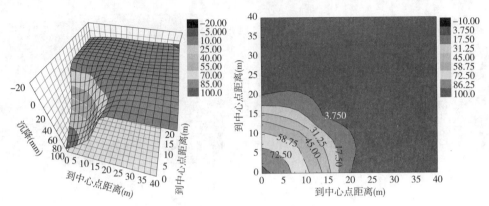

例图 3.1-91　7 月 26 日沉降分布

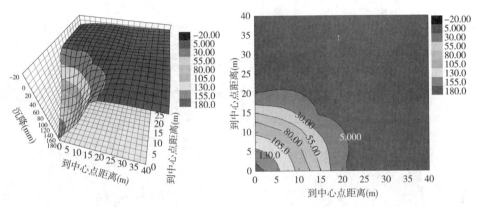

例图 3.1-92　7 月 30 日沉降分布

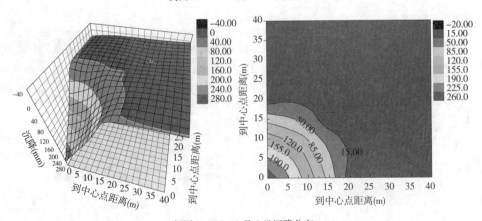

例图 3.1-93　8 月 5 日沉降分布

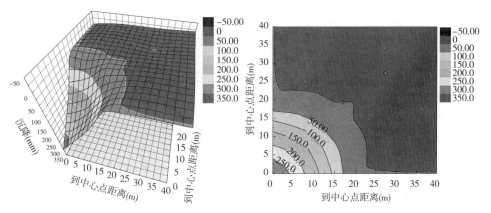

例图 3.1-94 8月10日沉降分布

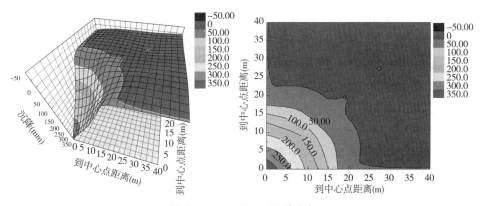

例图 3.1-95 8月16日沉降分布

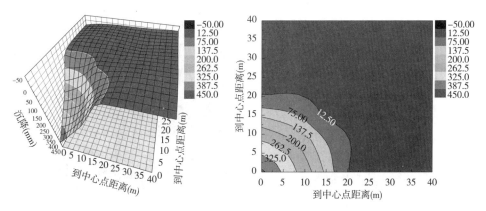

例图 3.1-96 9月1日沉降分布

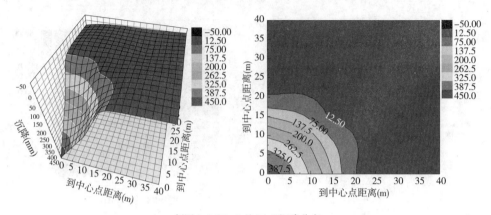

例图 3.1-97　9 月 16 日沉降分布

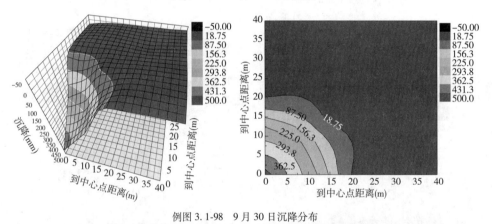

例图 3.1-98　9 月 30 日沉降分布

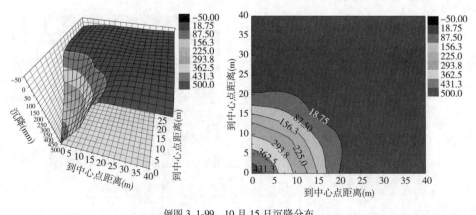

例图 3.1-99　10 月 15 日沉降分布

2. 关于堆载对地基沉降的影响分析

从例图 3.1-27～例图 3.1-30 所示沉降水平分布曲线及例图 3.1-87～例图 3.1-99 所示的沉降平面分布三维效果图、渲染图和等值线图可见：

（1）堆载中心沉降量为堆载边坡中心沉降的 2～3 倍。

（2）随着荷载的增加，沉降盆范围逐渐扩大至堆载边坡中点外 0.5D（D 为加载区的直径）左右，而后的休止期内尽管土体发生进一步的沉降，但沉降盆半径不再增大；在堆载边坡中点外 0.5D 以外的点，堆载引起的地面沉降已经不显著。据第三、1.1）节，D 与按经验预估的压缩层厚度大体相当，这意味着，堆载的主要影响范围约为 0.5 倍预估压缩层厚度。

从例图 3.1-31～例图 3.1-47 所示的地面沉降监测点沉降量随时间变化曲线可见：

（1）加载期间每级加载引起的施工沉降量有明显增大，累积堆载量越大，土体沉降增量越显著。

（2）在堆载完成两个月后，土体沉降速率减小，趋于收敛，已可根据实测沉降成果推算堆载 4.5m 引起的最终沉降量。

3. 土体分层沉降监测成果分析

从例图 3.1-48～例图 3.1-50 所示的土体内部各点沉降沿深度分布曲线可见：

（1）堆载区域中心土体在埋深 27m 以下仍有较可观的沉降变形，试验结束时累积量达到 170mm 以上，这表明在第⑥层较硬的粉质黏土层下仍会发生较大沉降变形，本试验场地内堆载 4.5m 附加荷载所影响的压缩层厚度可达到第⑥层以下。

（2）堆载边坡中点处主要压缩层厚度则可达到埋深 15m 左右；显示堆载作用下区域中心和边缘等不同位置压缩层厚度有显著差异。

（3）在堆载区域外 1 倍 D 处，土体分层沉降量较小，堆载的影响较小。

例图 3.1-51～例图 3.1-58 所示各土层中部的沉降分布变化趋势基本一致。

从例图 3.1-59～例图 3.1-66 所示同一土层中不同水平位置点的沉降监测曲线可见，在浅层土体中，堆载中心、堆载边坡中点和距离边缘中心 1 倍 D 处的沉降差异显著，中心处沉降量为堆载边坡中点的 2～3 倍。堆载区域外的测点沉降量很小，说明受堆载附加荷载影响很小；在深层土体中，堆载中心处的沉降量仍很可观，而其他另外两点的沉降量比较小，而且很接近。

六、水平位移监测成果分析

在以往的大面积堆载研究工作中，叙述测斜成果及堆载引起的水平位移变化规律的文献较少,除了对水平位移监测的成果较少外,还因为水平位移监测存在比较大的难度,难以获得准确数据。本次试验过程中,对水平位移的监测也遇到了一些困难。施工过程中,需要随着堆载高度变化不断调整观测管管顶位置,管顶水平位移较难获得可靠数据,若以管顶水平位移量为基准计算水平位移容易造成较大偏差,而在软土地区一般要将测斜管管底埋深设置得较深才能使管底作为不动点计算水平位移。施工本身的影响容易使观测管发生意外位移,给观测结果带来显著影响。

为了较好地分析堆载引起的水平位移变化规律,对获得的大量数据做了对比分析,从中选取了几组较可靠的数据,分别对应于例表 3.1-16 所示时间节点和工况。

水平位移监测主要时间节点及工况　　　　　　例表 3.1-16

时间	累计时间(d)	工况	时间	累计时间(d)	工况
7 月 20 日	19	第二级堆载完成	9 月 1 日	62	休止 27d
7 月 26 日	23	第二级堆载完成	9 月 9 日	77	休止 35d
8 月 16	46	休止 11d	9 月 30 日	91	休止 56d
8 月 24 日	44	休止 19d	10 月 15 日	106	休止 71d

1.不同时刻水平位移剖面分布分析

例图 3.1-100～例图 3.1-107 给出了各时间节点水平位移沿主要观测剖面的分布。其中横坐标为到堆载中心的距离,纵坐标为土体埋深。横坐标 13m 处为堆载边坡中点,39m 处为堆载边坡中点外 1 倍 D 位置。

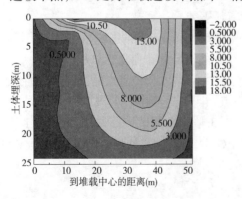

例图 3.1-100　7 月 20 日水平位移分布

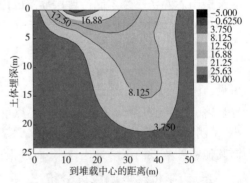

例图 3.1-101　7 月 26 日水平位移分布

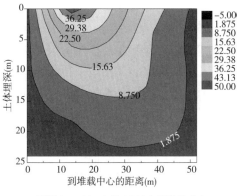

例图 3.1-102　8 月 16 日水平位移分布

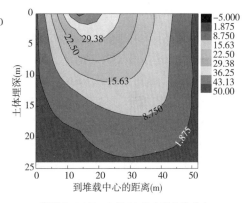

例图 3.1-103　8 月 24 日水平位移分布

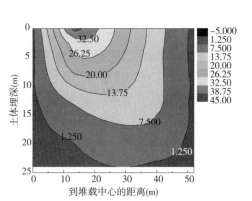

例图 3.1-104　9 月 1 日水平位移分布

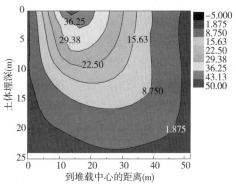

例图 3.1-105　9 月 9 日水平位移分布

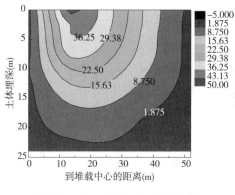

例图 3.1-106　9 月 30 日水平位移分布

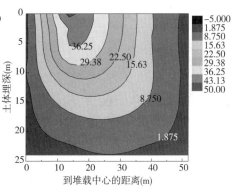

例图 3.1-107　10 月 15 日水平位移分布

2.对水平位移监测成果的分析

从例图 3.1-71~例图 3.1-86 可以观察到以下几点规律：

（1）堆载边坡中点的水平位移可达到 4cm 左右，堆载边缘中心外 1 倍 D 距离处水平位移可达到 1cm 左右。

（2）堆载边坡中点处的水平位移随时间增长明显，距离边坡中点 1 倍 D 处的水平位移随时间的变化较小。

（3）在堆载中心点处，受堆载影响显著的土体可达埋深 23m 处；在堆载边坡中点处，受堆载影响显著的土体可达埋深 20m 处；二者均小于并接近于堆载区域直径。

从例图 3.1-100~例图 3.1-107 所示的水平位移等值线渲染图可以看到以下规律：

（1）随着堆载量的增加，水平位移发生量值和范围都在逐渐增大。

（2）在堆载边坡处产生最大水平位移量。

（3）从等值线渲染图可以发现，随着时间的增加，土体内部侧向位移如同扇形向外发展。这说明在加载初期的变形中，水平位移变化显著且发生得比较快，而在后期主要是竖向变形显著。各时间节点对应的不同深度最大水平位移点连线与垂直面夹角变化如例表 3.1-17 和例图 3.1-108 所示。

不同深度最大水平位移点连线与垂直面夹角变化　　　　例表 3.1-17

时　　间	角度(°)	时　　间	角度(°)
7 月 20 日	9.5	9 月 1 日	59.0
7 月 26 日	36.9	9 月 9 日	59.7
8 月 16 日	53.1	9 月 30 日	60.3
8 月 24 日	59.0	10 月 15 日	60.3

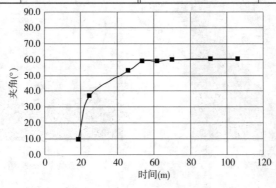

例图 3.1-108　最大水平位移点连线与垂直面夹角变化

（4）从上述各图所示的等值线可见,水平位移影响范围可达堆载边坡中点外 1 倍 D 以上。

七、位移矢量分析

大面积堆载将引起土体沉降和水平位移,因此土体内部各点的位移是一个带有方向的矢量。位移矢量的方向反映了该点土体实际发生的流动方向和趋势。通过考察给定土体剖面上各点的位移方向,便可发现土体内部受大面积荷载作用的影响范围和影响程度。而在以往有关文献中,并未看到类似的对实测资料的分析和报道。本项目尝试基于实测资料对土体的位移和流动方向进行初步考察。

为了便于表示,本次采用土体内部各点位移矢量与水平面的夹角作为考察变量,其定义如下:

$$\theta = \arctan \frac{u_y}{u_x} \quad （例 3.1\text{-}16）$$

式中:u_x——计算点处水平位移;

u_y——计算点处竖向位移,即沉降。

选择深层沉降监测孔 MS1、MS2 和 MS3,测斜孔 HD1 和 HD2 所在的同一剖面作为主要考察的剖面,则该剖面在各不同时间节点时位移矢量方向角的分布等值线渲染图如例图 3.1-109～例图 3.1-117 所示。主要时间节点同例表 3.1-16所示。

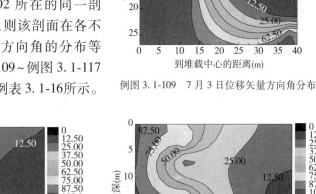

例图 3.1-109　7 月 3 日位移矢量方向角分布

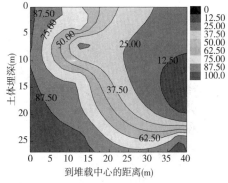

例图 3.1-110　7 月 20 日位移矢量方向角分布

例图 3.1-111　7 月 26 日位移矢量方向角分布

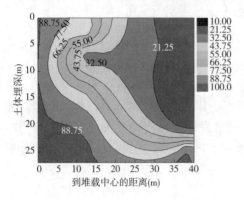

例图 3.1-112 8 月 16 日位移矢量方向角分布

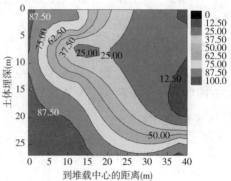

例图 3.1-113 8 月 24 日位移矢量方向角分布

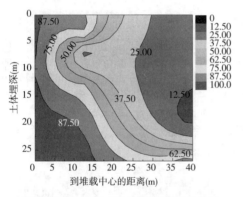

例图 3.1-114 9 月 1 日位移矢量方向角分布

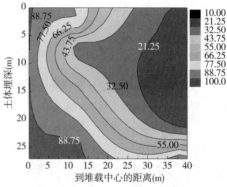

例图 3.1-115 9 月 1 日位移矢量方向角分布

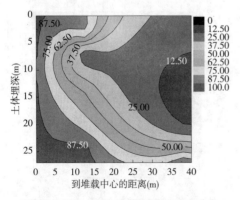

例图 3.1-116 9 月 9 日位移矢量方向角分布

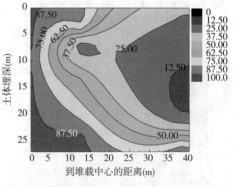

例图 3.1-117 10 月 15 日位移矢量方向角分布

从例图 3.1-109～例图 3.1-117 可以发现：

（1）在堆载区域内，埋深为 4～5m 范围内，土体位移方向主要朝向垂直方向，向水平方向有少量倾斜，表明浅层土体的位移方向主要受沉降控制；在埋深 5～13m 的范围内，土体向水平方向的位移趋势显著，而在此范围内主要土层为第③层和第③₁ 层的砂质粉土与粉质黏土，从实测沉降来看该层固结较快，但该层水平位移较显著，使得该范围内土层位移方向较浅层相对更趋向水平方向；埋深在 13m 以下的土体的位移方向则主要受沉降控制。

（2）比较堆载区域内与堆载区域外土体的位移方向可见，到堆载边坡中点距离大于 0.5D 的土体内主要表现为水平向位移趋势，受沉降影响程度较小，而堆载边坡中点以内的位置则主要表现为竖向位移方向。

（3）深层土体内受到上覆土体应力扩散作用的影响，在较大水平距离范围内表现出显著的竖向位移趋势。

（4）在从堆载中心到边坡中点的范围内，为土体沉降的主要影响范围，而堆载边坡以外随着距离的增大越来越呈现土体向外挤出。

八、荷载沉降关系分析

荷载的加荷速率，更准确地讲是荷载的加载历程对于软土地基的沉降有着重要的意义，这是软土的特性尤其是它的蠕变特性相关的。如沪宁高速公路等软土地区的公路、堤坝建设中大量实测资料表明，加载的速率对沉降的发展规律有着直接的影响，不同填土形式加荷过程对应的沉降变化规律有较大差异，最终沉降量也有所不同[1,5]。

在沪宁高速公路的软土地基沉降课题研究的实测资料还表明，地基浅层的硬壳层有一定的抵抗变形能力，即当填土高度较小时，有硬壳层的区域其沉降速率平缓，沉降量很小；当填土超过一定高度后，出现沉降的拐点，沉降速率迅速增大，沉降量明显增大。在无硬壳层的区域，也存在类似拐点，当对应的填土高度明显小于有硬壳层区域，浅层硬壳层的存在对于填土初期的横向差异沉降也是有利的；但随着荷载的增加，硬壳层的作用逐步减弱，差异沉降率逐步接近。在建筑物的天然地基沉降观测中，尚无类似的沉降实测资料。

可以认为软土层存在一定结构强度，当覆土荷载引起的附加压力超过其结构强度后，地基土体将产生显著沉降增大。在本次试验现场土体内浅层存在第②₁ 层粉质黏土层，是上海地区浅层土体的代表性硬壳层。通过对堆载下原地面的沉降变化幅度和速率分析，可以估计出软土层的结构强度。

1.沉降速率分析

试验过程中,不同阶段的土体沉降速率是不断变化的。施工初期,土体处于弹性变形阶段,位移总量小,速率基本稳定。当堆载较快时,土体产生较显著的沉降。若上覆荷载使得土体处于非线性受力变形状态,则土体的沉降速率也会显著增加。而休止期内土体固结,逐渐趋向变形稳定。

1)堆载中心处地面沉降速率

例图 3.1-118 所示为堆载中心地面的沉降速率时间曲线。

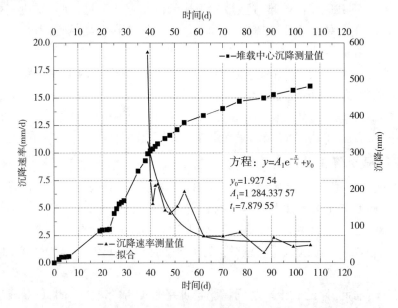

例图 3.1-118　堆载中心沉降速率变化曲线

从例图 3.1-118 可见,堆载中心处的沉降速率在最后一级荷载施加后达到最大值,最大值可达 19mm/d,随后的休止期内沉降速率呈非线性减小,通过数学拟合,这种减小的趋势呈指数曲线型。9 月和 10 月的几次监测成果表明,沉降速率已趋于减缓,约 2mm/d。

2)堆载边坡中心沉降速率

例图 3.1-119 所示为堆载边坡中心的沉降速率时间曲线。

从例图 3.1-119 所示堆载边坡中点处的沉降速率变化曲线可见,边坡中点处地面沉降速率也在最后一级堆载完成后达到最大值,随后也呈指数型减小,最近的几次监测也接近定值,约 1mm/d。

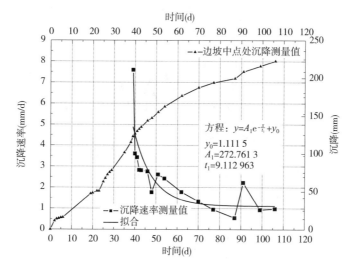

例图 3.1-119　堆载边坡中点处沉降速率变化曲线

3）其余各点沉降速率分析

其余各点沉降速率规律不明显。例图 3.1-120 为距堆载中心 $D/4$ 处地面沉降速率。

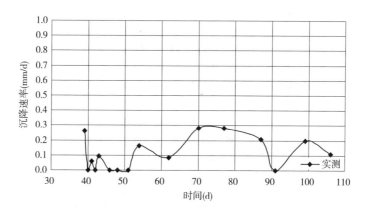

例图 3.1-120　距堆载边坡中心 $D/4$ 处沉降速率变化曲线

4）不同点沉降速率及沉降量变化规律对比

例图 3.1-121 中给出的两条曲线分别代表中心地面与边坡中点地面沉降量比值和沉降速率比值随时间的变化。例图 3.1-122 中对沉降速率比值变化做了曲线拟合，例图 3.1-123 中对沉降量比值变化做了曲线拟合。

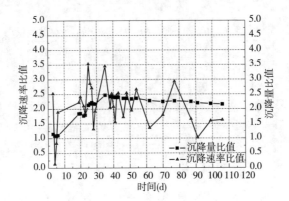

例图 3.1-121　堆载中心与边坡中点沉降量比值和沉降速率比值变化

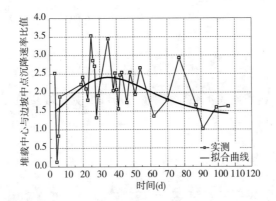

例图 3.1-122　堆载中心与边坡中点沉降速率比值变化拟合

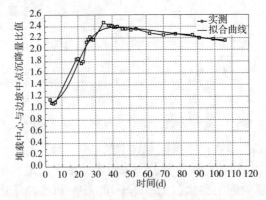

例图 3.1-123　堆载中心与边坡中点沉降量比值变化拟合

例图 3.1-121~例图 3.1-123 表明：

（1）堆载中心与边坡中点处沉降量之比在堆载施工期内不断快速增大，从 1.0 增大到约 2.5，随后的休止期内沉降量之比缓慢减小，从 2.5 倍减少到约 2.2 倍，并趋于稳定。可以预测最终沉降量稳定后，堆载中心处沉降量可达到边缘沉降量的 2 倍左右。

（2）对堆载中心处和边坡中点处沉降速率的比较可见，在主要的堆载施工期和休止期内，二者比值在 1.5~3.5 倍之间，并在施工结束后的一个月内在 1.5~2.5 倍之间变化，随后逐渐减小，到最近几次监测时已经接近 1.5 倍，从实测比值分析，其平均值接近于 2 倍。

（3）实测中心点和边坡中点沉降速率的变化呈现锯齿状波动现象，这表明二者沉降速率的变化存在一个时间上的延迟，这说明了不同位置处的超静孔隙水压力的传递存在一个时间差，中心处先发生固结沉降而后孔隙水的渗透将超静孔隙水压力传递给周边土体，引起周边土体的固结滞后发生。

2. 堆载中心地面荷载沉降关系

例图 3.1-124 所示为地面各点荷载沉降关系。例图 3.1-125 所示为各级堆载施加后 5d 内的沉降增量与累计荷载关系。例图 3.1-126 所示为每级堆载施加后 5d 内沉降增量占当时累计沉降量比重的变化。

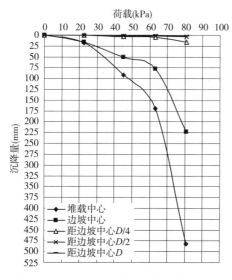

例图 3.1-124　地面累计沉降量随堆载荷载变化

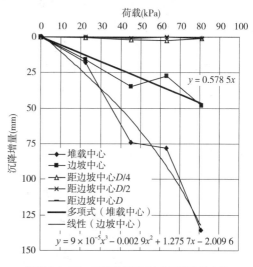

例图 3.1-125　每级堆载后 5d 内沉降增量变化

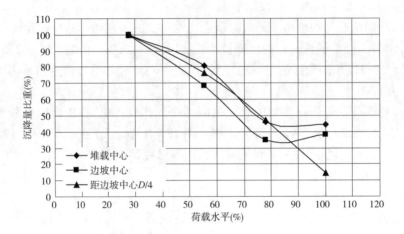

例图 3.1-126　每级堆载 5d 内压缩量占总沉降量比重变化

图中所示中心点荷载沉降关系可见:

(1)当第三级堆载完成后,地面堆载量达 63kPa 左右,对应于荷载沉降曲线上的拐点,而后第四级荷载施加后地面沉降大幅度增加,出现类似于天然地基载荷试验曲线所示的非线性变化阶段,这表明,试验所在场地软土层的表观强度在 60kPa 左右,这与上海地区长期的工程经验基本一致。继续增加荷载将使土体出现非线性大幅度沉降变形,可以认为在本场地进行大面积堆载,不宜超过 60kPa,即地面堆载高度不宜超过 3.5m。

(2)对每级堆载施加后 5d 内的沉降增量变化可见,在地面堆载 2.5m 后,即堆载量 45kPa 左右,等量时间内的沉降增量已经呈现非线性变化趋势,并在随后继续增加荷载后荷载增量继续增大,其变化呈现指数型趋势。

从边坡中点处荷载沉降关系可见:

(1)第三级荷载完成后,荷载沉降曲线也出现拐点,但每级荷载完成后 5d 内的沉降增量呈现线性变化。这说明堆载边坡处附加压力也达到了软土层的结构强度,但土体沉降增加速率要小于堆载中心点。

(2)其余各点的荷载沉降曲线呈现线性变化,每级堆载完成后 5d 内沉降增量基本持平,表明堆载区域外各点的荷载沉降性状处于线弹性状态。

3.各土层层顶沉降随荷载的变化

例图 3.1-127~例图 3.1-133 所示为各土层顶面沉降量随荷载的变化。

例图 3.1-134~例图 3.1-140 所示为每级堆载施加后 5d 内各层顶面沉降增量

与荷载关系。例图 3.1-141~例图 3.1-147 所示为每级堆载完成后 5d 内各层顶面沉降增量与当时总沉降量变化的比值。

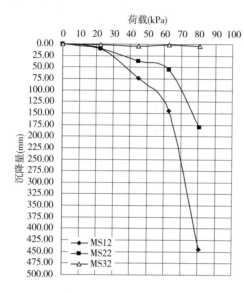

例图 3.1-127　②₁层顶面累计沉降量随堆载荷载变化

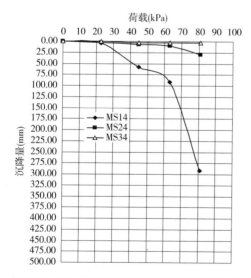

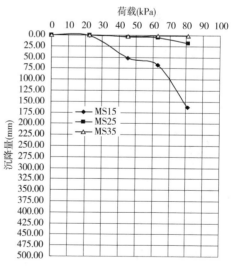

例图 3.1-129　③层顶面累计沉降量随堆载荷载变化　例图 3.1-130　④层顶面累计沉降量随堆载荷载变化

例图 3.1-128　③ⱼ层累计沉降量随堆载荷载变化

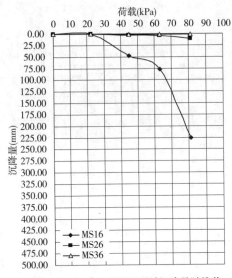

例图 3.1-131　⑤$_{1-1}$层顶面累计沉降量随堆载
荷载变化

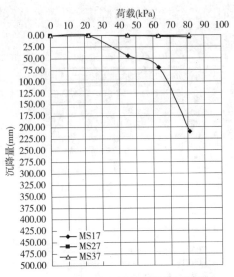

例图 3.1-132　⑤$_{1-2}$层顶面累计沉降量随
堆载荷载变化

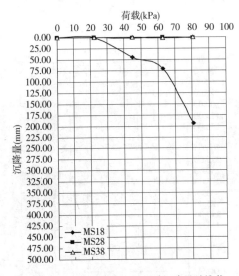

例图 3.1-133　埋深 27m 处累计沉降量随堆载
荷载变化

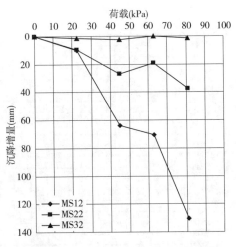

例图 3.1-134　②$_1$层每级堆载后 5d 内沉降
增量变化

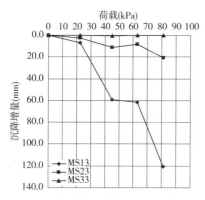

例图3.1-135 ③ⱼ层每级堆载后5d内沉降增量变化

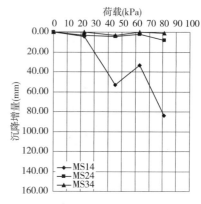

例图3.1-136 ③层每级堆载后5d内沉降增量变化

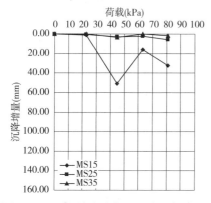

例图3.1-137 ④层每级堆载后5d内沉降增量变化

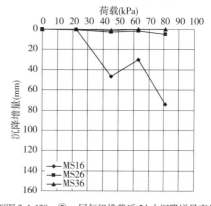

例图3.1-138 ⑤ₗ₋₁层每级堆载后5d内沉降增量变化

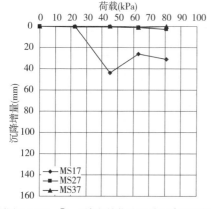

例图3.1-139 ⑤ₗ₋₂层每级堆载后5d内沉降增量变化

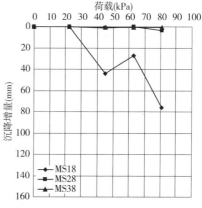

例图3.1-140 埋深27m处每级堆载后5d内沉降增量变化

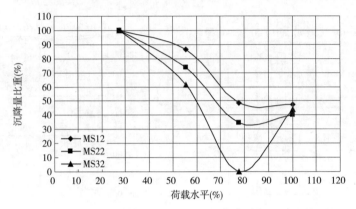

例图 3.1-141　第②₁层顶面每级堆载 5d 内压缩量占总沉降量比重变化

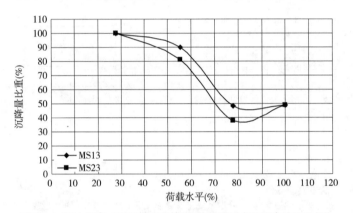

例图 3.1-142　第③ⱼ层顶面每级堆载 5d 内压缩量占总沉降量比重变化

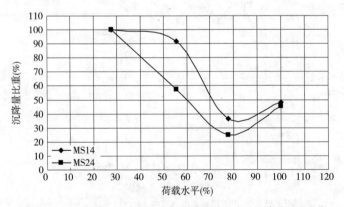

例图 3.1-143　第③层顶面每级堆载 5d 内压缩量占总沉降量比重变化

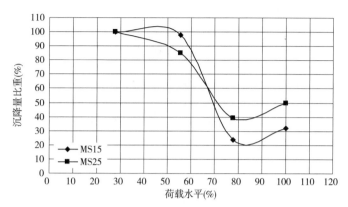

例图 3.1-144　第④层顶面每级堆载 5d 内压缩量占总沉降量比重变化

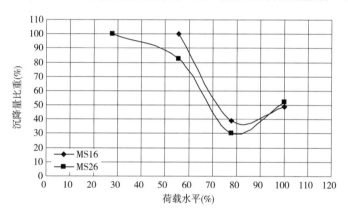

例图 3.1-145　第⑤₁₋₁层顶面每级堆载 5d 内压缩量占总沉降量比重变化

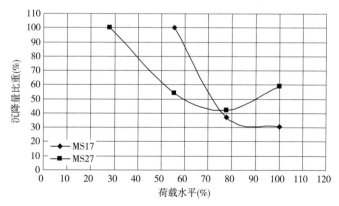

例图 3.1-146　第⑤₁₋₂层顶面每级堆载 5d 内压缩量占总沉降量比重变化

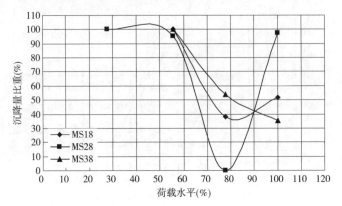

例图 3.1-147　埋深 27m 处每级堆载 5d 内压缩量占总沉降量比重变化

从上面各图可见：

（1）堆载完成后堆载中心处地面下各层土顶面沉降均处于非线性状态，对于地面荷载所能承受的界限值是比较一致的，超过结构强度以后的荷载在各层土中的反应是比较接近的，压缩层厚度在第⑤$_{2-1}$层以下。

（2）堆载边坡中点处除第②$_1$层、第③$_j$层顶面沉降为非线性状态外，其余各土层顶面荷载沉降性状均为线弹性状态，这表明堆载边坡中点处浅层土体为主要压缩层范围。

（3）其余各位置的各土层顶面荷载沉降性状均处于线弹性状态。

4.各土层压缩量随荷载变化

例图 3.1-148~图 3.1-155 所示分别为填土层、第②$_1$层、第③$_j$层、第③层、第④层、第⑤$_{1-1}$层、第⑤$_{1-2}$层和埋深 27m 以下土层的压缩量随堆载量的变化曲线。

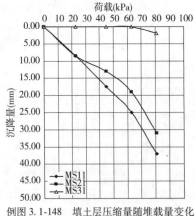

例图 3.1-148　填土层压缩量随堆载量变化

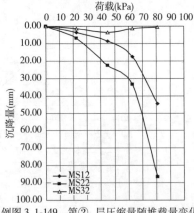

例图 3.1-149　第②$_1$层压缩量随堆载量变化

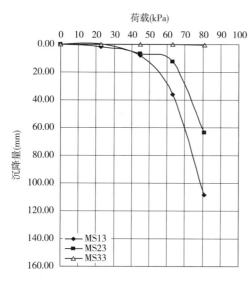

例图 3.1-150 第③ⱼ层压缩量随堆载量变化

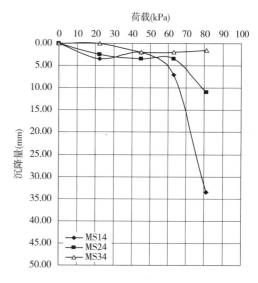

例图 3.1-151 第③层压缩量随堆载量变化

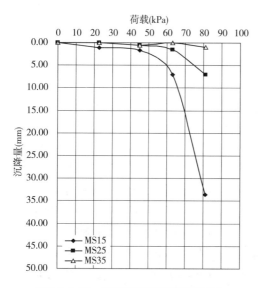

例图 3.1-152 第④层压缩量随堆载量变化

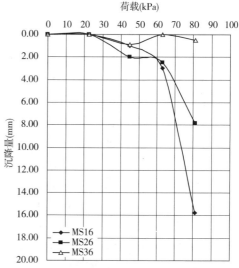

例图 3.1-153 第⑤₁₋₁层压缩量随堆载量变化

381

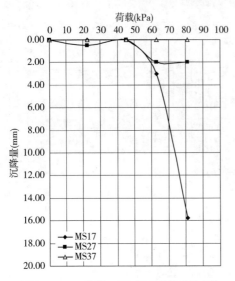

例图 3.1-154　第⑤$_{1-2}$层压缩量随堆载量变化

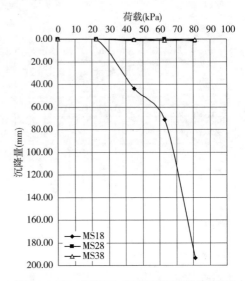

例图 3.1-155　埋深 27m 以下压缩量随堆载量变化

从例图 3.1-148~例图 3.1-155 可见：

堆载区域范围内填土层基本呈现线性压缩，而第②$_1$ 层以下土体则呈现不同程度的非线性变化；堆载区域以外各土层则基本呈现线弹性性状。

九、最终沉降量分析

大面积堆载将引起地面土体的大量沉降，但仅通过短时间的试验期无法获得土体最终沉降量。因此需要利用实测的沉降资料预测最终可能发生的沉降量。根据有关文献，常用的根据实测沉降曲线预测最终沉降量的方法主要双曲线法、指数曲线法、Asaoka 法和泊松曲线拟合法等几种[1,5,7]。

文献[7]指出，双曲线法简化了固结度 U 与时间因数 T 之间的指数关系，且采用图解法简单易行，适合工程人员使用，但此方法只能推算地基的最终沉降量，难以反映地基的固结参数。指数曲线法符合太沙基一维固结理论，参数 β 有明确的物理意义，但求解的三点法受人为的因素影响较大，容易影响推算结果的精确性。对于绝大多数沉降观测资料，急剧拐弯发生在 90% 主固结附近，而采用太沙基法解时，除非观测时间足够长，否则就得不到关于 C_v 的结论。而采用 Asaoka 法时，只要固结度达到 60% 以后，就往往能得到较好的预计结果。另外，Asaoka 法的一个重要特点是，它可以分别确定垂直排水系统的固结系数及最终沉降量。泊松法能很好地反映全过程的沉降量与时间的"S"形关系。对于沉降时间呈 S 形的曲线，拟合效果很好，但对于其他类型的曲线有待于进一步研究。文献[7]对不同方法在 4 个工程中的应用做了对比分析,这 4 个工程分别为杭甬高速公路某试验段、宁波机场跑道、温州华侨饭店和上海贸海大厦的实测沉降及拟合结果,如例图 3.1-156~例图 3.1-159 所示。

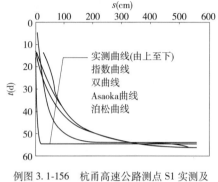

例图 3.1-156　杭甬高速公路测点 S1 实测及
拟合沉降曲线

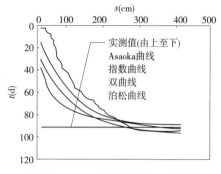

例图 3.1-157　宁波机场测点 x8 实测及
拟合沉降曲线

　　例图 3.1-156 为杭甬高速公路某试验段沉降实测和拟合曲线,由拟合曲线核减,泊松法的效果差,但预测的最终沉降量尚接近,其他 3 种方法中,双曲线法的拟合效果最好,指数曲线较好,Asaoka 法稍差。例图 3.1-157 为宁波机场某测点的实测和拟合曲线,图中可见,泊松法的拟合效果差,几乎是一条直线,其他 3 种方法前期拟合效果都不太好,后期比较好,总体来看是 Asaoka 法最好。例图 3.1-158 所示为温州华侨饭店某点的实测沉降和拟合曲线,从图中可见,泊松法拟合效果差,其他 3 种方法拟合效果尚可。例图 3.1-159 所示上海贸海大厦的沉降—时间曲线是典型的 S 形曲线,泊松法的拟合效果最好,而指数法和 Asaoka 法的拟合效果很差。

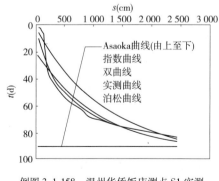

例图 3.1-158　温州华侨饭店测点 S1 实测
沉降曲线图

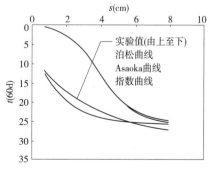

例图 3.1-159　上海贸海宾馆实测及拟合
沉降曲线图

故根据初期实测变形资料拟合曲线法预估最终沉降,要根据实际的沉降—时间曲线的性状,来决定属于哪一种类型的曲线,从而决定采用什么曲线来拟合可以达到最佳的预测效果。指数曲线法因为能够得到反映地基固结参数的物理量,且对不同曲线性状的适应性较好,所以具有一定的优势。在通常情况下,指数曲线法和 Asaoka 法变形过程拟合效果较好。而泊松法对 S 形沉降曲线拟合效果较好,此时其他方法拟合效果不理想。

本项目中主要采用了例表 3.1-18 所示的几种分析方法。

按实测沉降曲线预测最终沉降量的方法 例表 3.1-18

方法类型	常用方法
双曲线法	双曲线经验公式法
	双曲线图解法——截距法
	双曲线图解法——斜率法
指数曲线法	指数曲线图解法
Asaoka 法	—

为了能够对最终沉降量作出合理的预测,在采用这些不同方法的基础上,又按照分层总和法做了计算,其中压缩层厚度分别采用按应变比和应力比两种形式进行计算。最后对上述各种方法的结果做了综合对比分析。

1.双曲线经验公式法

经验公式的表达式为:

$$s = \frac{t}{a+bt}$$ （例 3.1-16）

式中:b——倒数为最终的沉降量;

a——与沉降速率有关的系数。

通常在 s-t 曲线上拐点以后选取等时间间隔 Δt 的三点:(s_1, t_1)、(s_2, t_2)、(s_3, t_3),可以求得最终沉降量:

$$\eta = \frac{s_3 - s_2}{s_2 - s_1}$$ （例 3.1-17）

$$s_\infty = s_1 + (s_2 - s_1)\frac{1+\eta}{1-\eta}$$ （例 3.1-18）

例表 3.1-19 给出了采用双曲线经验公式法预测堆载中心地面最终沉降量的计算过程。

双曲线经验公式法预测最终沉降量

例表 3. 1-19

计算序列	t_1 （d）	s_1 （mm）	t_2 （d）	s_2 （mm）	t_3 （d）	s_3 （mm）	Δt	η	α	s_∞ （mm）
1	40	305	50	358	60	397	10	0.736	55.7	653.3
2	50	358	60	397	70	421.2	10	0.621	32.7	524.5
3	60	397	70	421.2	80	442	10	0.860	122.4	717.3
4	70	421.2	80	442	90	458	10	0.769	66.7	580.7
5	80	442	90	458	100	472.2	10	0.887	157.8	710.4
6	90	458	100	472.2	110	485	10	0.901	182.9	731.9
7	100	472.2	110	485	120	500	10	0.859	122.2	641.4
8	30	172	50	358	70	421.2	20	0.340	20.6	549.5
9	50	358	70	421.2	90	458	20	0.582	55.8	597.4
10	70	421.2	90	458	110	486	20	0.761	127.3	692.2
11	40	305	60	397	80	442	20	0.489	38.3	573.2
12	60	397	80	442	100	472.2	20	0.671	81.6	625.6
13	80	442	100	472.2	120	500	20	0.788	148.8	696.8
14	30	172	60	397	90	458	30	0.271	22.3	564.4
15	60	397	90	458	120	500	30	0.623	99.1	659.6
16	40	305	70	421.2	100	472	30	0.437	46.6	601.7

从例表 3. 1-19 中所示结果可见,推算堆载中心处最终沉降量在 52~71cm 之间,对其取平均值则推算最终沉降量平均值为 63.3cm,此值可作为采用双曲线法推算最终沉降量的参考值。

2.双曲线图解法

1)截距法

根据实测沉降曲线,沉降量趋于稳定段的沉降—时间关系可近似为双曲线关系,其数学表达式为:

$$\frac{1}{s} = a\frac{1}{t} + b \qquad (例3.1\text{-}19)$$

这样可取实测沉降曲线稳定段,计算各点的 $\left(\dfrac{1}{t}, \dfrac{1}{s}\right)$,并采用线性拟合,获得参

数 a、b。

根据上述方法得到的拟合成果如例图 3.1-160~例图 3.1-162 所示。

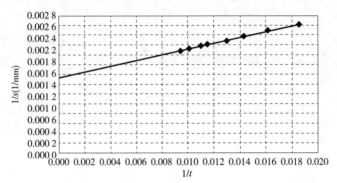

例图 3.1-160　堆载中心原地表 1/t-1/s 曲线

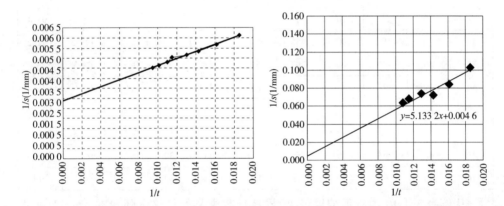

例图 3.1-161　堆载边坡中点 1/t-1/s 曲线　　　例图 3.1-162　距堆载边坡中点 $D/4$ 处 1/t-1/s 曲线

根据上述各图,在堆载 4.5m 条件下,可预测各点的最终沉降量,见例表 3.1-20。

双曲线截距法预测各点最终沉降量　　　　　　　　例表 3.1-20

位置	堆载中心	边坡中点	距边坡中点 $D/4$
最终沉降量(cm)	66.7	34.5	21.7

2)斜率法

截距法公式可改写为:

$$\frac{1}{s_t} = \frac{\alpha}{s_\infty} + \frac{t}{s_\infty}$$
（例 3.1-20）

386

在 $\dfrac{t}{s_t}$-t 坐标系中,根据实测资料绘制 $\dfrac{t}{s_t}$ 与 t 关系曲线近似为一直线,直线的斜率为 $\dfrac{1}{s_\infty}$。经过整理得到监测点 $\dfrac{t}{s_t}$-t 曲线,如例图 3.1-163 和例图 3.1-164 所示。

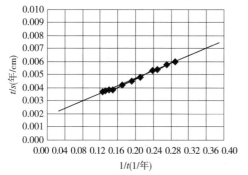

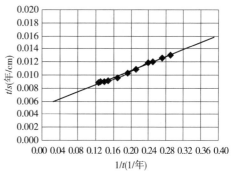

例图 3.1-163　堆载中心原地表 t/s_t-t 曲线　　　例图 3.1-164　堆载边坡中点原地表 t/s_t-t 曲线

另外,对距离堆载边坡中点 $D/4$ 处采用斜率法无法观察到显著的变化规律。

根据上述各图,在堆载 4.5m 条件下,可预测各点的最终沉降量,见例表 3.1-21。

按双曲线斜率法预测最终沉降量　　　　　　　　　　　例表 3.1-21

位置	堆载中心	边坡中点
最终沉降量(cm)	69.4	37

3.指数曲线经验公式法

若在 s-t 曲线上拐点以后选取等时间间隔 Δt 的三点:(s_1,t_1)、(s_2,t_2)、(s_3,t_3),可以求得最终沉降量:

$$s_\infty = \frac{10^{AB}}{\gamma} + s_1 \qquad\qquad (\text{例 } 3.1\text{-}21)$$

$$\gamma = \frac{\lg\left(\dfrac{\Delta s_t}{\Delta t}\right)_3 - \lg\left(\dfrac{\Delta s_t}{\Delta t}\right)_3}{0.434(t_{m3}-t_{m2})} \qquad\qquad (\text{例 } 3.1\text{-}22)$$

其中,AB 为在 $\lg\left(\dfrac{\Delta s_t}{\Delta t}\right)$-$t$ 坐标系中,根据实测回归曲线得到的直线在 $t_m = t_1$ 轴上的截距 $AB = \lg(s_\infty - s_1)\,\gamma$。

据此可以根据实测沉降曲线预测最终沉降量,如例图 3.1-165 及例表 3.1-22 所示。

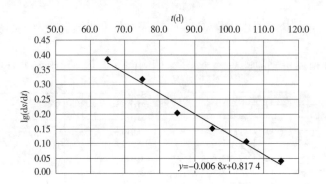

例图 3.1-165　堆载中心地表 t-$\lg(\mathrm{d}s/\mathrm{d}t)$ 曲线

指数曲线经验公式法推测堆载中心最终沉降量　　　　例表 3.1-22

$s_1(\mathrm{mm})$	$t_1(\mathrm{d})$	$t_2(\mathrm{d})$	$t_3(\mathrm{d})$	AB	γ	$S_\infty(\mathrm{mm})$
397	60.0	70.0	80.0	0.409 4	0.015 2	566.4
397	60.0	80.0	100.0	0.409 4	0.019 1	531.4
397	60.0	90.0	120.0	0.409 4	0.012 8	597.9
421.2	70.0	90.0	110.0	0.341 4	0.011 2	617.8
442	80.0	90.0	100.0	0.273 4	0.011 9	599.1
442	80.0	100.0	120.0	0.273 4	0.012 8	588.9
458	90.0	100.0	110.0	0.205 4	0.010 4	612.5
472.2	100.0	110.0	120.0	0.137 4	0.015 2	562.7

将例表 3.1-20~例表 3.1-22 中图解法推算的最终沉降量取平均,得到堆载中心地面推算最终沉降量 58.5cm。

4.Asaoka 法

Asaoka 法的一般过程为:

(1)将时间划分为相等的时间段 Δt,在实测 s-t 曲线上读出对应于 t_1、t_2、t_3… 的沉降值 s_1、s_2、s_3…;

(2)在以 s_i、s_{i-1} 为坐标轴的平面上,点出 (s_1,s_2)、(s_2,s_3) 等各点;

(3)根据 (s_i,s_{i-1}) 的点回归的直线与直线 $s_i=s_{i-1}$ 的交点即为最终沉降 s_∞。

根据上述思路得到堆载中心和边坡中点处的 (s_i,s_{i-1}) 曲线,如例图 3.1-166 和例图 3.1-167 所示。

根据例图 3.1-166、例图 3.1-167 推算出,堆载中心地面最终沉降量 s_∞ = 64.2cm,堆载边坡中心地面最终沉降量 s_∞ = 26.8cm。

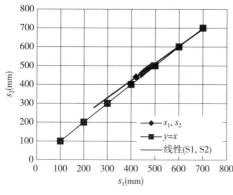

例图 3.1-166　堆载中心点 Asaoka 法

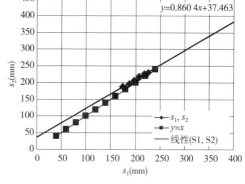

例图 3.1-167　边坡中点 Asaoka 法

5.分层总和法预测最终沉降量

上海市工程建设规范《地基基础设计规范》(DGJ 08-11—1999)采用不考虑侧向变形的一维分层总和法,并采用长期工程实践总结出的经验系数,如例表 3.1-23 所示。

上海地基沉降计算经验系数 　　　　　　　　　　　　　　　例表 3.1-23

附加应力水平 p_0 (kPa)	沉降计算经验系数 ψ_s *	附加应力水平 p_0 (kPa)	沉降计算经验系数 ψ_s *
$p_0 \geq 40$	0.7	$p_0 \geq 80$	1.2
$p_0 \geq 60$	1.0	$p_0 \geq 100$	1.3

压缩层范围内各土层的压缩模量是采用分层总和法计算土体最终沉降量的基本参数。可结合室内压缩试验成果和静力触探成果综合给出各土层压缩模量 E_s 建议值,见例表 3.1-24。

各土层的压缩模量 E_s 建议值 　　　　　　　　　　　　例表 3.1-24

层号	土　　名	压缩模量 E_s(MPa)			
		由室内压缩 试验确定	由静力触探成果确定		建议值 (MPa)
			P_s(MPa)	E_s(MPa)	
①	素填土				5
②₁	褐黄—灰黄色粉质黏土	6			6

续上表

层号	土　名	压缩模量 E_s (MPa)			
		由室内压缩试验确定	由静力触探成果确定		建议值（MPa）
			P_s (MPa)	E_s (MPa)	
③$_j$	粉土与粉质黏土互层		1.19	7	5
③	淤泥质粉质黏土	4			4
④	淤泥质黏土	3			3
⑤$_{1-1}$	灰色黏土	3	0.75	5	4
⑤$_{1-2}$	粉质黏土	3	0.98	6	5
⑥	暗绿色粉质黏土	7	2.37	11	9

将堆载区域简化为直径 26m 的圆形荷载区域，均布荷载值约 80kPa，地下水位按 0.5m 考虑，采用分层总和法估算最终沉降量。根据上海市《地基基础设计规范》（DGJ 08-11—1999）第 4.3.1 条[8]，天然地基最终沉降量计算公式为：

$$s = \psi_s b p_0 \sum_{i=1}^{n} \frac{\delta_i - \delta_{i-1}}{E_{s, 0.1 \sim 0.2}}$$　　　　（例 3.1-23）

根据上海市《地基基础设计规范》（DGJ 08-11—1999），考虑到场地软黏土层较厚，故沉降经验系数取 1.25。计算表明，按应力比计算压缩层厚度（计算至附加压力不小于 10% 有效自重应力的土层深度），则最终沉降量 45cm，压缩层厚度 28m；按应变比计算压缩层厚度（计算至分层压缩量不小于上面土体累计沉降量的 0.025），则最终沉降量 40cm，压缩层厚度 22m。

6.综合分析

为了合理地预测土体最终沉降量，有必要将上述各种方法推算得到的堆载中心地面最终沉降量综合比较，并给出较为准确的最终沉降量预测结果。不同方法预测得到的最终沉降量如例表 3.1-25 所示。

不同方法推算最终沉降量对比　　　　例表 3.1-25

方　　法	堆载中心地面推算最终沉降量（cm）	堆载边坡中点地面推算最终沉降量（cm）
双曲线经验公式法	平均 63.3，最大 71.2	平均 27.6，最大 32.6
双曲线图解法——截距法	66.7	34.5

续上表

方　　法	堆载中心地面推算最终 沉降量(cm)	堆载边坡中点地面推算最终 沉降量(cm)
双曲线图解法——斜率法	69.4	37
指数曲线图解法	平均58.5,最大61.8	
Asaoka法	64.2	26.8
分层总和法	沉降经验系数取1.25,按应力比计算45mm,压缩层厚度28m;按应变比计算40mm,压缩层厚度22m	

天然地基荷载试验得到的荷载变形曲线通常如例图3.1-168所示。其中有三个荷载—变形阶段,A区沉降较小,几乎没有变形,B区的沉降与荷载基本是线性关系,而C区的沉降与荷载之间的关系是非线性的,是大变形阶段。

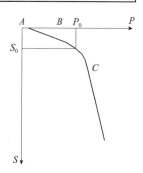

例图3.1-168　天然地基典型荷载沉降曲线

实践经验表明,例图3.1-168所示的荷载—沉降曲线上,当作用在地基上的附加荷载水平属于B区时,采用目前的分层总和法总体上是接近的;而当附加荷载水平属于C区时,采用分层总和法计算的结果往往比实际发生的沉降小很多[1]。

而本工程实测荷载沉降曲线表明,在所监测的压缩层厚度范围内,堆载中心处荷载沉降性状处于例图3.1-168中的C区。故若对堆载引起的最终沉降量采用分层总和法预测,将比实际发生的沉降偏小很多,例表3.1-25中预测的结果与实测结果的对比已经说明了这一点。

上海地区工程经验表明,采用双曲线经验公式和指数曲线经验公式法推算的最终沉降量均方差接近,都能满足沉降计算的精度要求。但从推算的最终沉降量比较,双曲线经验公式推算值较大,为指数曲线经验公式推算值的$1.1 \sim 1.3$倍。指数曲线的推算值很接近实测值,但鉴于软土的次固结时间延伸很长,而利用推算的沉降曲线历时一般不会很长,故为留有余地推荐采用双曲线经验公式[5]。本次采用两种方法预测的最终沉降量差异基本符合上述经验。

此外,根据文献[7],一般情况下的软土地基采用双曲线法较好。从例表3.1-25中所示结果来看,双曲线截距法的计算结果似更符合实际情况。因此,对本工程的实测沉降推算最终沉降,较宜采用双曲线截距法。

7.土层最终压缩量预测

通过上述分析,较好地预测最终沉降量的方法是双曲线截距法,因此对各土层的最终压缩量也宜采用该方法。

由于实测数据中第③层、第④层和第⑤$_{1-2}$层的实测结果不是很理想,但可以将第③层、第④层联合考虑,并对第⑤$_{1-1}$层以下土体联合考虑,进而可以预测各土层最终压缩量。本报告中给出了各土层采用该方法预测的最终压缩量和相关计算参数,如例表 3.1-26、例表 3.1-27、例图 3.1-169 ~ 例图 3.1-172所示。

堆载中心处土体分层压缩量及相关计算参数预测结果 例表 3.1-26

堆载中心	a	b	s_∞
填土层	0.28	0.024 5	40.8
第②$_1$层	0.278 9	0.020 2	49.5
第③$_j$层	0.195 2	0.007 4	135.1
第③、④层	0.982	0.005 6	178.6
第⑤$_{1-1}$层以下	0.113 4	0.003 5	285.7
第⑤$_{1-2}$层以下	0.094 9	0.003 9	34.2
27m 以下	0.071 6	0.004 5	222.2

堆载边坡中点处分层压缩量及相关计算参数预测结果 例表 3.1-27

堆载边坡中点	a	b	s_∞
填土层	0.359 5	0.029 4	34.0
第②$_1$层	0.328 3	0.008 6	116.3
第③$_j$层	0.966	0.006 6	151.5
第③层	4.117 6	0.048 6	20.6
第④层	11.511	0.050 7	19.7
第⑤$_{1-1}$层	0.057 3	0.134 7	7.4
第⑤$_{1-2}$层	0	0.5	2.0
27m 以下	0	0.595 2	1.7

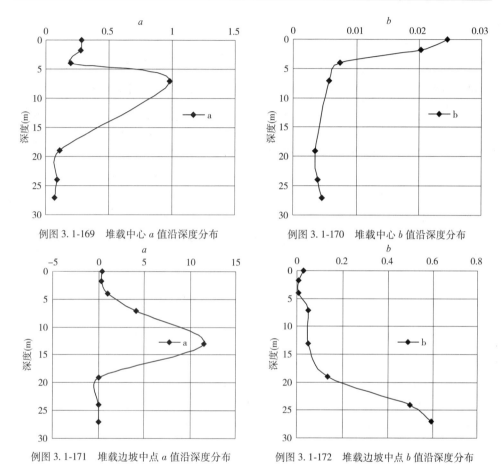

例图 3.1-169　堆载中心 *a* 值沿深度分布　　　例图 3.1-170　堆载中心 *b* 值沿深度分布

例图 3.1-171　堆载边坡中点 *a* 值沿深度分布　　例图 3.1-172　堆载边坡中点 *b* 值沿深度分布

　　从 *a* 和 *b* 沿深度的变化可以看出, *a* 是表征变形速率的系数,堆载中心处和堆载边坡中点处显示相同的规律。而 *b* 是各土层压缩量的倒数,堆载中心和堆载边坡中点的规律正好相反。在堆载中心处,浅部土层的压缩性低而土层厚度薄,因此从浅到深部压缩量由小变大,堆载中心点的各土层压缩量比较显著的为第③$_j$层、第④层和27m以下的土体。而在堆载边坡中点处,由于边缘应力随深度急剧减小,压缩量随深度也急剧减小,主要压缩层为第②$_1$层和第③$_j$层,其余各土层压缩量较小。这充分表明,堆载中心处的压缩层厚度要远大于27m,堆载边坡中点处的压缩层厚度则主要在15m以内。另外应当注意到,堆载边坡中点处预测的第②$_1$层和第③$_j$层最终压缩量要比堆载中心处大很多,这主要是由于堆载边坡中点处土体内承受的剪切应力要比堆载中心处大很多,产生较大的剪切变形继而引起塑性流动所致。

8.土层平均压缩模量分析

前述分析已经表明,在大面积荷载作用下,土体的沉降量将远大于按照分层总和法得到的结果,尤其在上部荷载超过软土层的结构强度后,土体的沉降增加时是非常显著的。

计算地基变形时,荷载和土层性状的估计都是影响地基变形计算结果准确性的主要因素,这方面的难度和地基承载力控制基本相似。在上海地区,有许多采用天然地基的建筑物,在大面积的上部结构荷载作用下,尽管设计时地基的承载力满足,但地基沉降量非常大,按照最终沉降量反算的土体综合压缩模量如例表 3.1-28 所示。

根据实测资料反算的综合压缩模量[1]

例表 3.1-28

建筑物名称	平面尺寸 (m)	基底附加压力 (kPa)	实测沉降 (mm)	反算综合压缩模量 (MPa)
上海展览馆	46.4×46.5	124	1 600	2.24
胸科大楼	45.9×18.44	57	350	2.01
华盛大楼	57.6×14.3	59	240	2.16
四平大楼	50×9.8	94	140	5.06
康乐大楼	64.96×14.1	85	160	5.44

从例表 3.1-28 中所示数据可见,上海地区天然地基主要压缩层范围内土体的平均综合压缩模量在 2~5MPa 之间。其中四平大楼和康乐大楼的浅层土都是厚层的粉土层,故其反算综合模量比较大,而其余三栋建筑物均为厚层的软土,其反算综合模量都非常小。

为了更好地考察本试验 4.5m 堆载作用下土体的压缩性,本报告中按照预测的分层最终压缩量和各土层理论计算的平均附加应力,对各土层的平均压缩模量做了计算分析,分层平均压缩模量计算公式如下:

$$E_s = p \frac{z_i \alpha_i - z_{i-1} \alpha_{i-1}}{\delta s} \qquad (例 3.1\text{-}24)$$

式中:E_s——土层平均压缩模量,MPa;

p——上覆荷载,kPa;

z_{i-1}、z_i——计算土层层顶和层底埋深,m;

α_{i-1}、α_i——计算土层的层顶和层底平均附加压力系数;

δs——分层最终压缩量,m;

土层的平均压缩模量计算结果如例表 3.1-29、例表 3.1-30 和例图 3.1-173、例图 3.1-174 所示。

堆载中心处各主要压缩层平均压缩模量　　　　　　　　　　　　例表 3.1-29

堆载中心	层底深度 （m）	厚度 （m）	z/r	平均附加 应力系数	预测最终 压缩量（mm）	压缩模量 （MPa）
填土层	1.8	1.8	0.1	0.999	40.8	3.6
第②₁层	4	2.2	0.3	0.997	49.5	3.6
第③ⱼ层	7.1	3.1	0.5	0.968	135.1	1.7
第③层	13	11.9	1.0	0.878	178.6	2.1
第④层	19	6	1.5	0.770		
第⑤₁₋₁层	24	5	1.8	0.688	29.3	5.2
第⑤₁₋₂层	27	3	2.1	0.644	34.2	2.1
堆载 4.5m,埋深 27m 以上土层综合压缩模量 = 2.9MPa							

堆载边坡中点处各主要压缩层平均压缩模量　　　　　　　　　　例表 3.1-30

堆载中心	层底深度 （m）	厚度 （m）	z/r	平均附加 应力系数	预测最终 压缩量（mm）	压缩模量 （MPa）
填土层	1.8	1.8	0.1385	0.244	34.0	1.1
第②₁层	4	2.2	0.3077	0.241	116.3	0.4
第③ⱼ层	7.1	3.1	0.5462	0.226	151.5	0.3
第③层	13	5.9	1.0000	0.207	20.6	4.3
第④层	19	6	1.4615	0.188	19.7	3.7
第⑤₁₋₁层	24	5	1.8462	0.173	7.4	6.5
堆载 4.5m,埋深 27m 以上土层平均综合压缩模量 = 4.5MPa							

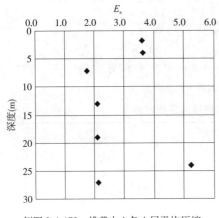

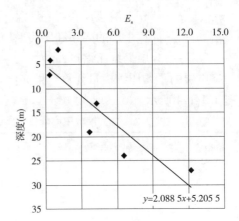

例图 3.1-173　堆载中心各土层平均压缩模量随深度的变化

例图 3.1-174　边坡中心各土层平均压缩模量随深度的变化

　　从表中计算结果对比可见,计算的主要压缩层综合压缩模量符合上海地区一般规律。在堆载边坡中点处的第②₁层和第③ⱼ层压缩模量分别为 0.4MPa 和 0.3MPa,这充分表明在堆载边坡处,这两层土体内部发生了显著的塑性流动变形。

　　从例图 3.1-173、例图 3.1-174 中所示的平均压缩模量随深度的变化曲线可见,在堆载中心处的各土层平均压缩模量沿深度并无显著规律,在堆载边坡中点则基本沿深度呈线性增大。

　　对比例表 3.1-29 和例表 3.1-30 可以发现:

　　(1)在浅层土体中,由于堆载中心处主要以竖向压缩变形为主,而边坡中点处出现显著塑性挤出变形导致出现较大竖向位移,故呈现堆载边坡中点处浅层土体平均压缩模量小于堆载中心处,对边坡中点采用实测沉降计算压缩模量不能真实反映实际情况。

　　(2)在深层土体内,堆载边坡中点处受堆载荷载的影响深度和影响程度均较小,使得深层土体内堆载中心处平均压缩模量要小于边坡中点处。

　　需要指出,在计算平均综合压缩模量时,对堆载中心处,由于压缩层埋深大于 27m,故采用 27m 的压缩层厚度显然是不够的,而在堆载边坡中点处,第⑤₁₋₁层以下土体变形量已经很小。

十、土体固结度分析

　　由于本次试验没有获取深层土体的渗透系数和各层土的固结系数,另外实测的最大超静孔隙水压力在绝对量值上远较理论计算结果小,故无法结合超静孔隙水压力实测成果对土体进行固结度分析。但本次试验获取的地面沉降和分层沉降成果相对比较完整,可以利用预测的最大沉降量进行土体及各土层平均固结度变化分析。

1. 土体瞬时沉降分析

地基土体的总沉降量 s_∞ 可以写成:

$$s_\infty = s_d + s_c + s_a \qquad (例 3.1\text{-}25)$$

式中:s_d——瞬时沉降或施工期沉降;

$\quad s_c$——固结沉降

$\quad s_a$——次固结沉降。

沉降发展曲线可如例图 3.1-175 所示。

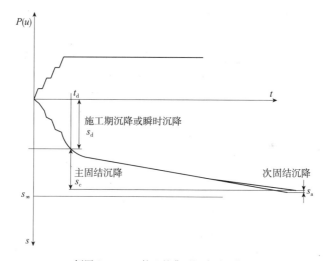

例图 3.1-175 软土的典型沉降时间曲线

瞬时沉降或初始沉降是指加荷后瞬时发生的沉降,可按弹性理论公式来估计,若泊松比取 0.5,则瞬时沉降可以表示为:

$$s_d = 0.75 \frac{pBw}{E} \qquad (例 3.1\text{-}26)$$

式中:E——弹性模量,可采用三轴固结不排水成果;

$\quad B$——基础宽度或直径;

$\quad w$——荷载面积的性状和沉降计算点的位置系数。

瞬时变形认为是在无体积变形情况下发生的,故泊松比取为 0.5 对计算结果无显著影响。

在实际工程中,施工期的荷载是逐渐增加的,因此,从理论上来讲,施工期的沉降要比计算的瞬时沉降大一些,它们都可以在实测沉降曲线上得到,瞬时沉降为施工沉降的一部分。根据我国所积累的经验,可得到一个大致概念[6],如例表3.1-31所示。

瞬 时 沉 降 s_d 例表 3.1-31

工 程 名 称	瞬时沉降 s_d(cm)	最终沉降 s_∞(cm)	s_d/s_∞
宁波铁路试验路堤砂井地基	59	209.2	0.28
舟山冷藏库砂井地基	27.2	132	0.21
广东某铁路试验段	15.5	113	0.14

从上述结果看,s_d/s_∞ 一般为 0.1~0.3 之间,而通过理论公式计算瞬时沉降往往不够理想,一般可通过对实测沉降时间曲线进行修正,获得瞬时沉降。

根据前文描述,本次试验获得的各土层弹性模量如例表3.1-32所示。

试验场地土体压缩模量 例表 3.1-32

层 序	厚 度	堆载前弹性模量 (MPa)	堆载后弹性模量 (MPa)	平均值 (MPa)
填土层	1.8	15	15	15.0
②₁	2.2	22.5	32.7	27.6
③ₜ	3.1	34.2	44.6	39.4
③	5.9	10.1	15.0	12.6
④	6	23.6	24.9	24.3
⑤₁₋₁	5	21.5	23.3	22.4
⑤₁₋₂	3	24.9	26.7	25.8

根据上述结果计算,按堆载前弹性模量计算 27m 范围内平均弹性模量为 21MPa,按堆载后弹性模量计算平均弹性模量为 25.8MPa,按堆载前后取平均计算平均弹性模量为 23MPa。故可认为场地平均不排水弹性模量随着堆载的变化在 21~26MPa 之间,平均值为 23MPa。为便于估算施工沉降,可取土体平均弹性模量为 23MPa。则按弹性理论计算的沉降为:

$$s_d = 0.75 \frac{pBw}{E} = 6.8\text{mm}$$

2.双曲线法预测土体平均固结度

若按照实测荷载沉降曲线计算固结度,主要有双曲线法和指数法[6]。

双曲线方程法主要计算公式如下：

$$\eta = \frac{s_3 - s_2}{s_2 - s_1}$$

$$\alpha = \frac{2\eta}{1-\eta} \Delta t \qquad (例\ 3.1\text{-}27)$$

$$U = \frac{s_t - s_1}{s_\infty - s_1} = f(t) = \frac{t - t_1}{a + (t - t_1)}$$

取 $t_1 = 30\mathrm{d}$，$t_2 = 60\mathrm{d}$，$t_3 = 90\mathrm{d}$，在堆载中心点处 $\eta = 0.271\,1$，$\alpha = 22.3$。堆载边坡中点处 $\eta = 0.606\,1$，$\alpha = 22.3$。固结度时间变化曲线如例图 3.1-176、例表 3.1-33 所示。

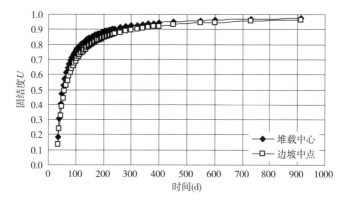

例图 3.1-176 双曲线法预测固结度变化

双曲线法平均固结度预测 例表 3.1-33

时间	2 个月	3 个月	6 个月	1 年	1.5 年	2 年	2.5 年
堆载中心	0.573	0.729	0.843	0.937	0.959	0.969	0.975
边坡中点	0.488	0.656	0.827	0.913	0.943	0.957	0.966

3.指数法一预测土体平均固结度

指数法一主要的计算公式如下：

$$\eta = \frac{s_3 - s_2}{s_2 - s_1}$$

$$\gamma = \frac{2.3 \lg \eta}{\Delta t} \qquad (例\ 3.1\text{-}28)$$

$$U=\frac{s_t-s_1}{s_\infty-s_1}=f(t)=1-e^{-\gamma(t-t_1)}$$

取 $t_1=30\mathrm{d}, t_2=60\mathrm{d}, t_3=90\mathrm{d}$，在堆载中心点处 $\eta=0.271, \gamma=0.0435$，堆载边坡中点处 $\eta=0.6061, \gamma=0.0167$。计算结果见例图 3.1-177、例表 3.1-34。

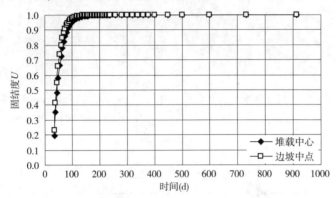

例图 3.1-177　指数曲线法—预测固结度变化

指数法—平均固结度预测　　　　　　　　　　　　例表 3.1-34

时间	2个月	3个月	6个月	1年	1.5年	2年	2.5年
堆载中心	0.728 5	0.926 3	0.998 5	1.000 0	1.000 0	1.000 0	1.000 0
边坡中点	0.797 8	0.959 1	0.999 7	1.000 0	1.000 0	1.000 0	1.000 0

4.指数法二预测土体平均固结度

指数法二的主要计算公式如下：

$$\beta=-\frac{2.3\lg\left(\frac{s_4-s_3}{s_3-s_2}\right)}{\Delta t}$$

$$\alpha=\frac{s_3-s_2^2}{s_2-s_1 s_4-s_3}-\frac{1}{\frac{s_3-s_1}{s_2-s_1}-\frac{s_4-s_3}{s_3-s_2}} \qquad (例 3.1\text{-}29)$$

$$U=\frac{s_t-s_1}{s_\infty-s_1}=f(t)=1-\alpha e^{-\beta(t-t_1)}$$

取 $t_1=30\mathrm{d}, t_2=60\mathrm{d}, t_3=90\mathrm{d}, t_4=120\mathrm{d}$，在堆载中心点处 $\alpha=0.6714, \beta=0.0158$，堆载边坡中点处 $\alpha=0.7722, \beta=0.0096$。计算结果见例图 3.1-178 和例表 3.1-35。

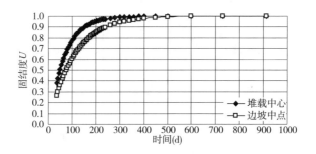

例图 3.1-178 指数曲线法二预测固结度变化

指数法二平均固结度预测　　　　　　　　　　　　例表 3.1-35

时间	2 个月	3 个月	6 个月	1 年	1.5 年	2 年	2.5 年
堆载中心	0.581 5	0.739 2	0.936 8	0.996 6	0.999 8	1.000 0	1.000 0
边坡中点	0.420 6	0.565 3	0.816 4	0.968 8	0.994 7	0.999 1	0.999 8

5.不同方法得到的固结度时程曲线对比

为了考察不同方法获得的土体平均固结度的差异,本报告将上述各方法的成果做了对比分析,如例图 3.1-179、例图 3.1-180 所示。

从图中不同计算方法的结果可知,采用双曲线法得到的平均固结度介于两种指数曲线法之间,指数曲线法一得到的固结度发展较快,在堆载中心处和边坡中点处,从施工开始三个月内就可以达到 90%左右的平均固结度,这显然与实际不符,因此指数曲线法一的计算结果不适合本试验的情况。双曲线法与指数曲线法一的差别主要在于:固结过程的后期,双曲线法得到的平均固结度在两年半后达到 96% 左右,而指数曲线法一的计算结果已经完成固结。

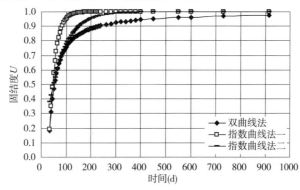

例图 3.1-179 堆载中心不同方法平均固结度比较

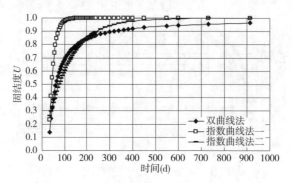

例图 3.1-180 堆载边坡中心不同方法平均固结度比较

在前文分析中,双曲线法预测的最终沉降量结果被认为较适合,为了便于分析工作的统一,本报告建议在今后的分析中,仍采用双曲线法。

6.各土层固结度分析

为了考察各土层固结度变化情况,本报告采用双曲线法对各土层做了计算分析,如例图 3.1-181～例图 3.1-184 所示。

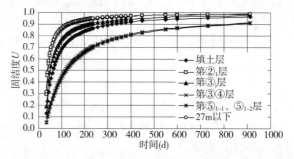

例图 3.1-181 堆载中心双曲线法分层平均固结度时间变化曲线

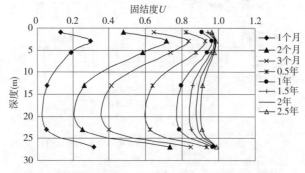

例图 3.1-182 堆载中心各土层双曲线法平均固结度的深度分布

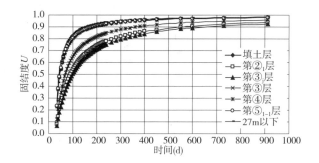

例图 3.1-183 堆载边坡中心双曲线法分层平均固结度时间变化曲线

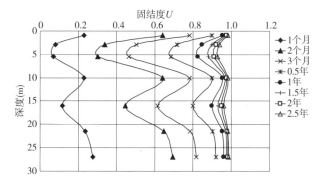

例图 3.1-184 堆载边坡中心各土层双曲线法平均固结度的深度分布

例图 3.1-185~例图 3.1-190 给出了不同位置压缩层内主要土层的预测平均固结度的比较,计算采用了双曲线法。

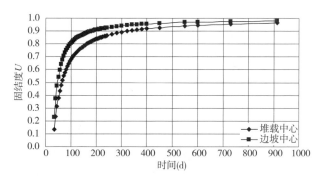

例图 3.1-185 填土层双曲线法平均固结度时间变化曲线

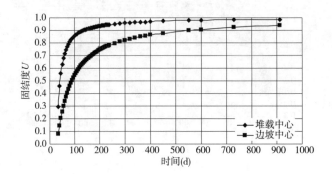

例图 3.1-186　第②₁层双曲线法平均固结度时间变化曲线

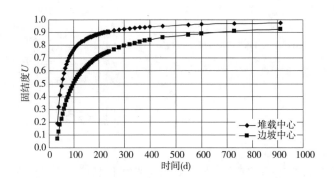

例图 3.1-187　第③ⱼ层双曲线法平均固结度时间变化曲线

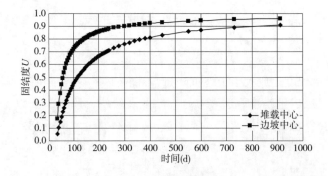

例图 3.1-188　第③、④层双曲线法平均固结度时间变化曲线

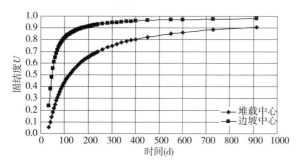

例图 3.1-189　第⑤$_{1-1}$层双曲线法平均固结度时间变化曲线

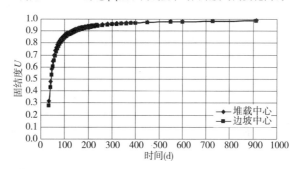

例图 3.1-190　27m 以下双曲线法平均固结度时间变化曲线

从图中结果可见,在堆载中心处,埋深浅的第②$_1$层和第③$_j$层固结发展较快,另外 27m 以下的土体固结发展较快,这表明中间埋深在 13～27m 之间黏性土层的土体排水条件较差,孔隙水压力消散固结过程缓慢。而在堆载边坡中点处,填土层固结发展较快,第②$_1$层和第③$_j$层固结发展相对来说比较缓慢,这也表明该范围内的土体层发生的剪切位移相对其他土层占显著比例。

比较不同位置的固结发展情况可以发现,在填土层内,堆载中心和边坡中点处平均固结度差异较小,但在竖向变形成分差异较大的第②$_1$层和第③$_j$层内,堆载中心处固结发展较快。分析原因,主要在于堆载边坡中点处由于塑性流动而产生的竖向位移在一定程度上放大了最终沉降量,不能反映实际压缩沉降,导致出现上述现象。在第⑤$_1$层内则是堆载边坡中心固结发展较快。埋深 27m 以下土体内固结发展则基本一致。

十一、孔隙水压力监测成果分析

1.实测超静孔隙水压力变化的一般规律

从例图 3.1-15～例图 3.1-17 可见:

（1）堆载中心处最大超静孔隙水压力可达到20kPa左右，出现在第③层淤泥质粉质黏土层内；堆载边坡中点处的最大超静孔隙水压力可达14kPa左右，出现于第③$_j$层粉土与粉质黏土互层内；距离堆载边缘中26m处的最大超静孔隙水压力可达6.0kPa左右，出现在浅层的第②$_1$层粉质黏土层内。

（2）从监测成果看，堆载中心的超静孔隙水压力影响深度可达到25m以下，堆载边坡中点的超静孔隙水压力影响深度也可达到25m以下，距堆载边坡中心26m处的超静孔隙水压力影响深度在15m左右。

从例图3.1-18~例图3.1-20中可见：

（3）土体内部超静孔压的变化基本与加载量变化趋势一致，由于试验数据的获取一般是在堆载施工完成一天后进行，因此各图中所显示的最大超静孔隙水压力仅代表观测值，并非实际发生过的最大值。

（4）第③层和第④层土中，堆载区域中心和边坡中点处的超静孔隙水压力随着时间的消散较慢，其中堆载中心处甚至在土体堆载完全施加70d后仍未见明显消散。

从例图3.1-21~例图3.1-26中可见：

（5）堆载引起的超静孔隙水压力的变化呈非线性，中心处超静孔压变化较其他位置快。

（6）在距离堆载区域边界中心一倍直径的地方，超静孔隙水压力影响已经很小，堆载引起的超静孔隙水压力影响范围应在边坡中点外1倍D内。

2.超静孔隙水压力剖面分布变化过程分析

根据本次试验获得的超静孔隙水压力测试成果，可以绘制出试验过程中超静孔隙水压力在主要测试剖面内的等值线渲染图，如例图3.1-191~例图3.1-200所示。

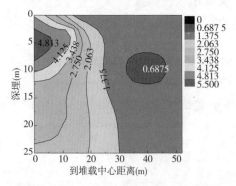
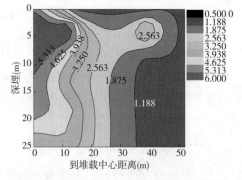

例图3.1-191 7月5日超静孔隙水压力等值线   例图3.1-192 7月20日超静孔隙水压力等值线

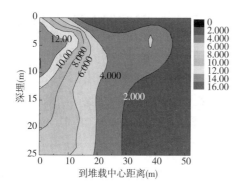

例图 3.1-193　7 月 26 日超静孔隙水压力等值线

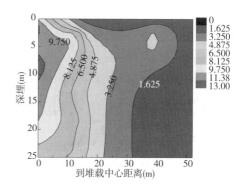

例图 3.1-194　7 月 30 日超静孔隙水压力等值线

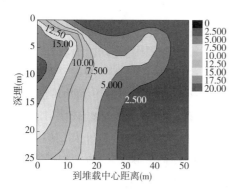

例图 3.1-195　8 月 5 日超静孔隙水压力等值线

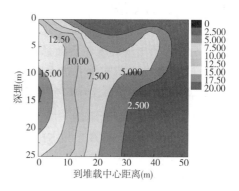

例图 3.1-196　8 月 16 日超静孔隙水压力等值线

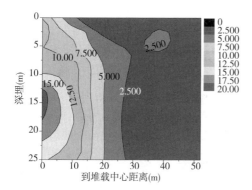

例图 3.1-197　9 月 1 日超静孔隙水压力等值线

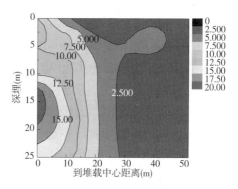

例图 3.1-198　9 月 16 日超静孔隙水压力等值线

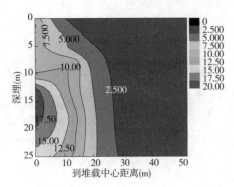

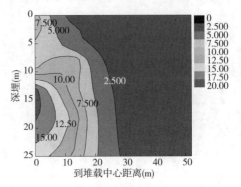

例图 3.1-199　9 月 30 日超静孔隙水压力等值线　　　　例图 3.1-200　10 月 8 日超静孔隙水压力等值线

从上述各图可见：

（1）最大超静孔隙水压力区域在整个过程中逐渐下移，最大值逐渐增大，在试验后期最大值出现的区域逐渐稳定在埋深 13～19m 的范围内，并开始消散。

（2）堆载中心下超静孔隙水压力最大，随着到堆载中心距离的增加，超静孔隙水压力逐渐减小，从各图中可见，堆载引起的超静孔隙水压力有效范围为堆载边坡中点外 1 倍 D 以内，在试验后期由于浅层渗透性较好，超静孔压消散较快，而深层土体排水条件较差，超静孔隙水压力有效影响范围在堆载边坡中点外 $D/2$ 以内。

（3）从各图可见，在本场地的地质条件下，浅层超静孔隙水压力消散较快，而埋深在 13～19m 之间的第④层土体内超静孔隙水压力最为显著，这与上海地区的一般规律一致，但该层超静孔隙水压力在休止期内出现一定程度的上升，这种现象较少在有关文献中提及。

3.超静孔隙水压力变化规律讨论

Tavenus 和 Leroueil 等通过对大量实测资料的统计发现，现有理论方法预测的超静孔隙水压力通常比实测值大 20kPa 以上[10]。同时文献[10]还指出，通常加载稳定后，超静孔隙水压力达到最大值，其后超静孔隙水压力消散，沉降有显著增加；或在固结条件下，沉降无显著增加，但超静孔隙水压力也明显消散。

从文献[10]所示沪宁高速公路超静孔隙水压力消散的监测成果可见，虽然上部荷载增大到 144kPa，但土体内部反映出的最大超静孔隙水压力也只有 24kPa，这表明该工程中土体的渗透性很好。

而本次试验监测的成果表明，在深层土体内，如第④层淤泥质黏土层内，即使堆载已经完成将近一个月的时间内，超静孔隙水压力仍大于堆载完成时的量值，且有不断上升的趋势,在最近的几次监测中也反映了较堆载完成时高的超静孔隙水压力,这一现象与文献[10]中所提到的两种情况都有不同。

由于本工程浅层土体渗透性较好,实测的土层最大平均超静孔隙水压力值也仅在堆载中心出现,最大值约16kPa,也无法完全反映出上覆堆载80kPa的荷载量。

堆载中心处第④层以下的土体内,平均超静孔隙水压力在堆载完成后随着时间逐渐增大,增大幅度为20%~30%,且在休止两个月后仍未见明显消散,如例图3.1-201~例图3.1-206所示。这表明场地土体深层渗透性低,排水条件较差,深层土体内超静孔隙水压力的增长存在滞后现象。

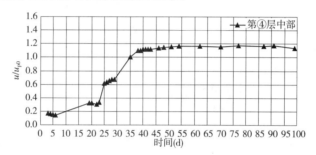

例图3.1-201 ④层堆载中心处不同深度超静孔压变化

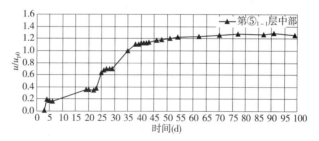

例图3.1-202 ⑤$_{1-1}$层堆载中心处不同深度超静孔压变化

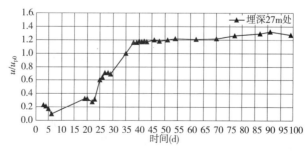

例图3.1-203 埋深27m堆载中心处不同深度超静孔压变化

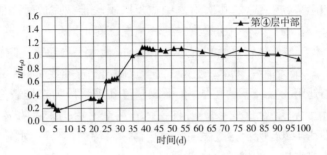

例图 3.1-204　④层边坡中心处不同深度超静孔压变化

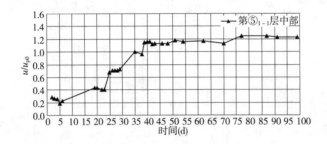

例图 3.1-205　⑤$_{1-1}$层边坡中心处不同深度超静孔压变化

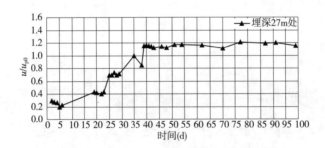

例图 3.1-206　埋深 27m 边坡中心处不同深度超静孔压变化

　　如上所述,本次实测的深层土体内超静孔隙水压力在休止期内不降反升,有别于文献[10]所提到的两种情况。初步分析认为这是由于软黏性土层本身的结构性和流变性状所致,同时,剪切变形也可能引起孔隙水压力的增长。在休止初期,由于土体具有一定结构强度,在结构未破坏前,超静孔隙水压力的增大低于附加应力的增大[10]。但随着时间的增加,出现一定程度的应力松弛,结构强度降低,同时由于渗透性低、排水条件差,上覆土体传递下来的附加应力引起的超静孔隙水压力有一定程度的增大。综合几个因素的影响,表现出实测超静孔隙水压力在休止期内的增大。从实测资料来看,最近几次测得的超静孔隙水压力已经出现缓慢的消散。

例图 3.1-207 和例图 3.1-208 所示为超静孔隙水压力水平在堆载完成时和休止期内最近一次监测时沿深度的分布。从实测结果来看,在堆载完成时,堆载中心处浅层土体内超静孔隙水压力的增大显著,以第③层最为显著,休止两个月后在第④层和第⑤₁₋₁层内最大,其最大值与堆载完成时的浅层土体内最大值相当,浅层土体内则有明显消散。

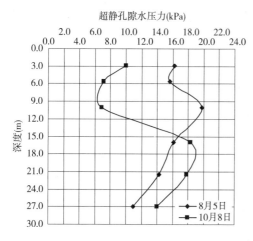

例图 3.1-207　堆载中心超静孔隙水压力深度分布

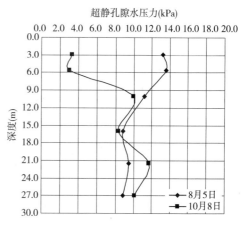

例图 3.1-208　边坡中点超静孔隙水压力深度分布

堆载边坡处超静孔隙水压力在堆载完成时最大,沿深度基本呈线性减小,休止两个月后浅层土体内有明显消散,而深层土体内则出现少量增大。

对比堆载中心和边坡中心处的超静孔隙水压力变化可见,堆载中心处的浅层土体排水条件比边坡中点处差,这是由于中心处上覆土体存在阻隔孔压消散的作用,而边坡中点处接近半自由排水界面条件。

计算第④层的附加压力为 36~49.85kPa,平均 42.9kPa,当附加荷载引起的土体固结全部发生后,土体内竖向有效应力将等量增加。但孔隙水压力的峰值并不等于该值,因为荷载分级施加过程中超静孔隙水压力在堆载过程中已经有部分消散。堆载引起的超静孔隙水压力的累积和消散过程如例图 3.1-209 所示。

结合例图 3.1-181~例图 3.1-184 所示的各土层固结度变化曲线不难发现,埋深在 13~27m 内的土层固结缓慢,这与上述各图所示的超静孔隙水压力消散很小甚至有一定增长基本一致。

而实测的第④层超静孔隙水压力如例图 3.1-210 所示。

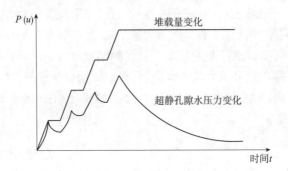

例图 3.1-209　堆载引起的超静孔隙水压力累积与消散过程示意图

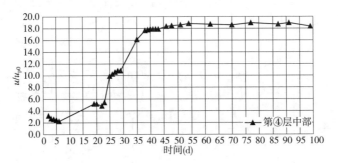

例图 3.1-210　堆载中心处不同深度超静孔压变化

实测超静孔隙水压力与理论计算得到的第④层历史附加应力之比变化如例图 3.1-211所示。

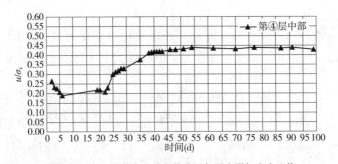

例图 3.1-211　堆载中心处超静孔压与历史附加应力比值

从例图 3.1-211 所示的该比值变化曲线可见,实测得到的最大超静孔隙水压力水平可达到接近 45% 的附加应力。超静孔隙水压力较低的原因可以认为主要有以下几点:一是堆载与观测存在时间差,本次试验中每级堆载完成时间要比超静孔压监测时间早一点;二是土体本身的结构性影响,有关文献研究表明,由于土体的结构性,土体内超静孔压的变化要小于附加压力的变化[9];三是施工过程中土体内部超静孔压存在少量的消散。

十二、结论与建议

从 2005 年 7 月 1 日开始至 2005 年 10 月 15 日,项目组在试验场地的大型堆载试验持续了三个半月,获得大量的宝贵数据,同时对堆山造景对环境的影响有了一个较为深入的认识。根据本次试验资料的分析,主要可以得到以下几点结论:

(1)大面积堆载对周边环境造成的附加沉降,其"显著影响范围"可以达到距堆载边缘 0.5 倍左右的堆载范围直径 D 处(D 的大小相当于预估的压缩层厚度),这个显著影响范围随着荷载水平和时间的增加都基本保持稳定。

(2)根据实测沉降—时间曲线的分析,预测堆载中心区域最终沉降量可以达到 60cm 以上,远大于常用的分层总和法计算的结果,堆载边缘区域沉降可以达到中心沉降的一半。

(3)堆载引起的土体压缩不仅发生于常规认识的压缩层范围内,在堆载中心埋深大于 1 倍 D 的土体内仍有可观的压缩量发生,而在边坡处压缩层深度仅为15m,故在大面积堆山造景环境影响的相关分析中需要考虑较深的压缩层边界及不同区域的差异化压缩层深度。

(4)堆载区地面的沉降与堆载量的关系曲线明显地显示出非线性,分层压缩量也有相同的规律,转折点在 60kPa 左右,当所堆的荷载超过这个数值后,沉降和分层压缩量都急剧地增大。

(5)浅层土体固结较快,固结沉降较早完成,但埋深较深的第③层以下(埋深大于 7m)的土体内固结变形发展缓慢。根据土体固结度分析,预计最终沉降量的完全发生需要 2 年以上的时间。堆载中心处浅层土体受堆载影响变形较为均匀,而堆载边坡处浅层土体承受较大的剪应力,在一定深度范围内其塑性流动变形显著,不利于周边环境。

(6)实测表明,在堆载边坡处发生的最大水平位移为 4.5cm 以上,在距离堆载边坡中点 1 倍 D 处还有 1cm 以上的水平位移,这表明堆载引起"水平位移的显著影响范围"要比"沉降的显著影响范围"大,在设计与施工时需要特别加以注意。

(7)本次试验获得的超静孔隙水压力最大值变化规律显著,浅层土体内渗透性较好,随着施工进展已经有大量的消散,故测试得到的超静孔隙水压力最大值远小于理论值。埋深在 13m 以下的土层内超静孔隙水压力在休止期反而有一定程度的增长,增长的最大幅度可以达到20%左右。分析其原因主要有:深层渗透性低、排水条件较差,软黏性土土体本身存在结构性和流变性,软土剪切变形的发展,这些都导致深层土体内超静孔隙水压力的增长存在滞后现象。

根据上述现场试验的成果,针对堆山造景工程,课题组提出以下几点建议:

(1)4.5m的堆山高度将对堆载边界以外相当于1倍压缩层厚度的范围内的周边环境造成显著影响,大量的沉降和侧向位移将不利于邻近建筑物和地下设施的安全,在小区场地设计时务必充分注意。

(2)堆山高度为4.5m时,地表上覆荷载将达到80kPa以上,而实测表明本场地软土层土体的结构强度约为60kPa,超过这个界限将会发生过大的沉降。由于大面积附加荷载的叠加作用引起的土体内的附加应力是可观的,故若需要保证在地基承载力满足的前提下堆山造景不发生过大沉降而引发一系列环境问题,则控制堆土高度小于3.5m,亦即控制地表上覆荷载小于软土层土体的结构强度是十分必要的。

(2)堆载引起的土体压缩变形的稳定需要很长的时间,根据实测资料的分析,这个过程可达到两年以上,其中沉降速率较快的时间段也可达到一年,这将造成先期竣工的建筑物可能发生较大沉降,影响其正常使用的功能。

(3)试验表明,通过常规变形计算的方法难以准确估算大面积堆载下地基变形量,而若采用数值分析方法,可靠的计算参数又非常关键。正如本次试验所发现的,堆载中心实际发生压缩变形土层的厚度要比用常规方法计算的压缩层厚度大许多,不同位置的压缩层厚度又有显著差异。因此采用数值分析时,选取的边界条件将对分析结果造成显著影响。

(4)通过试验论证,课题组建议减少堆山的高度至3.5m,按一倍堆载区直径的显著影响范围,根据实际堆山的宽度,推算堆山可能产生的显著影响范围,在这个范围内,建筑物和管线的变形需要加以密切关注,并合理安排施工流程。

本案例参考文献

[1] 黄绍铭,高大钊.软土地基与地下工程[M].2版.北京:中国建筑工业出版社,2005.

[2] 武汉地质勘察院上海分院.徐泾京郊别墅工程岩土工程勘察报告(工程编号:2004-W04-099).

[3] 黄文熙.土的工程性质[M].北京:中国水利水电出版社,1980.

［4］中华人民共和国国家标准.GB/T 50123—1999　土工试验方法标准［S］.北京：中国建筑工业出版社,1999.

［5］郑大同,孙更生.软土地基与地下工程［M］.北京：中国建筑工业出版社,1984.

［6］胡中雄.土力学与环境土工学［M］.上海：同济大学出版社,1997.

［7］潘林有,罗昕.饱和软黏土沉降拟合研究［J］.武汉理工大学学报,2003,9(25)：53-55.

［8］上海市工程建设规范.DGJ 08-11—1999　地基基础设计规范［S］.上海：上海市建筑建材业市场管理总站,1999.

［9］中华人民共和国国家标准.JGJ 94—1994　建筑桩基技术规范［S］.北京：中国建筑工业出版社,1994.

［10］沈珠江.软土工程特性和软土地基设计［J］.岩土工程学报,1998,1(20)：100-110.

案例二　单桩承载力随时间增长的规律性研究

本文的初稿写于 2004 年 3 月。当年,这是为研究大华集团江桥 3 号地块的桩基工程作准备而写的一篇综述,但未成稿。其中有对上海地区 22 根试桩资料的统计分析,是很宝贵的数据,对于处理这类工程问题具有一定的参考价值,于是整理成文,写入本书。整理时又引用了俞调梅教授关于单桩承载力随时间增长规律性的有关论述和资料。

一、问题的提出

在上海的西部地区以及其他一些地区,由于特殊的沉积环境,软黏土的渗透性比较差,在预制桩沉桩过程中所积累的超静孔隙水压力的消散需要很长的时间,在挤土扰动以后土的强度恢复也非常慢。因此,在工程实践中常发现:预制桩按 28d 休止期进行的静载荷试验所得的单桩承载力数值与估计的经验数值相比较偏小很多。既然是由于沉桩时土中积累的超静孔隙水压力来不及消散,土的强度在扰动下降以后没有来得及恢复,因此这种情况发生时,一般的处理方法是延长休止期后再次进行静载荷试验。通常,延长休止期以后由于孔隙水压力的消散,便能得到与估计的承载力比较接近的结果。同时由于建筑物的施工都有一定的工期,到建筑物结构封顶的时候,单桩承载力也已得到了同步的增长。因此,这部分承载力的增量在设计时是可以利用的,可以将延长休止期的试验数据作为设计的依据。但过长的休止期将会使施工期延长太多,对于有些工程来说可能是不能承受的。因此,研究单桩承载力随孔隙水压力消散而增长的规律,提出预估休止期以后的单桩承载力的增长规律性,就显得非常有意义,并有重要的学术价值和经济价值。

十多年前,大华集团开发的江桥 3 号地块平价房的工程也发生过类似这种情况。当时,为小高层建设而实施的 3 根 35m 长的 PHC 桩的试验结果见例表 3.2-1。按经验估计的单桩承载力应为 1440kN,而第一次试验得到的承载力平均仅为 1248kN,显然没有满足要求。但休止了约 3 个月之后,再次试验得到的单桩承载力平均值为 1425kN,与预估值非常接近,比第一次试验的单桩承载力提高了 10%~17%,平均提高了 14.2%,说明江桥地区延长休止期可以有效地提高桩的承载能力。

江桥 3 号地块 PHC 桩的试验结果   例表 3.2-1

试桩号	Z_1	Z_2	Z_3
沉桩时间	2003.10.6	2003.10.8	2003.10.10
第一次试验时间	2003.11.15	2003.11.8	2003.11.12
休止期(d)	40	31	33
极限承载力(kN)	1 296	1 152	1 296
第二次试验时间	2004.1.28	2004.2.4	2004.2.1
休止期(d) (沉桩起算/试验起算)	114/74	119/88	114/81
极限承载力(kN)	1 500	1 350	1 425
承载力的增量	204	198	129
提高的百分比(%)	15.7	17.1	9.9
平均值(%)		14.2	

将上述对比试验的结果用于高层建筑设计的主要问题是:施工工期不允许等待几个月后再进行单桩承载力的检测。解决的办法可以是根据对比试验数据,提出设计采用的数值与 28d 休止期的试验值之间的经验关系,根据这一经验关系控制设计和检测的标准。

但这一途径的实施已经超出现行规范的规定,需要进行专门的研究。

二、俞调梅先生对于单桩承载力随时间增长问题的论述

俞调梅先生在"学习与写稿的回忆——答客问"一文中,有关于单桩承载力随时间增长的论述,引述如下。

软黏土中打入桩的承载力是随着间歇时间而增加的。早在 20 世纪 30 年代,

前浚浦局的工程师曾指出,上海的桩的承载力一年后将增长约 10%。苏联有如下的报道:一些木桩(直径 25～26cm,长 6m)在 1827 年打入土中时的极限承载力为 96kN;106 年以后,在 1933 年增加到 217kN,即增加了 125%。这些是古老的记录,近代的一些试验结果示于例表 3.2-2 中。

上海的打入桩承载力随时间增长的试验资料   例表 3.2-2

次序	说　明	资 料 来 源
1	钢筋混凝土桩,(50×50)cm²,入土深度 $L=27.5$m	筑港工程局,1963 年
2	6 支钢筋混凝土桩,(50×50)cm²,$L=23.5$～24.5m	同上
3	2 支钢筋混凝土 H 形桩,(50×50)cm²,挖去两个直径的半圆,$L=23.5$m	同上
4	钢筋混凝土桩加翼桩,(50×50)cm²,$L=27.5$m,桩端加翼[截面(50×100)cm²]	同上
5	4 支木桩,平均直径 46cm,$L=10$m,打桩后 40 年进行载荷试验	同上,1961 年
6	2 支木桩,(35×35)cm²,$L=16$～16.8m,打桩后 11.5 年进行载荷试验	同上,1963 年
7	钢筋混凝土桩,(50×50)cm²,$L=37.5$m,打桩后 11 年进行载荷试验	民用院,1976 年

黏性土中打入桩的承载力随间歇时间增长,在工程实践中具有重要意义。试提出如下的认识:打入桩的承载力随间歇时间的增长主要是由于摩阻力的增长,后者是由于打桩时形成的超静孔隙水压力的消散和有效应力的增长。相信在低塑性土以及超灵敏黏性土中,承载力增长可能不很显著;对于低排挤土和不排挤土的桩(如 H 形钢桩、在预钻孔内打桩、钻孔灌注混凝土桩等),承载力增长可能是较小的,但在较短时间内达到最大值。桩的载荷试验是在打桩后三、四个星期进行的,试桩得出的承载力通常认为是最可靠的;但承载力随着时间增长。因此,在设计计算中存在着固有的保守因素。

三、上海地区单桩承载力随时间增长的历史资料

俞先生的上述论述表明,在上海地区,早在 50 年前就已经有数据说明桩的承载力随时间而增长。20 世纪 60 年代初,第三航务工程管理局顾百乘工程师在张华浜码头所进行的几组对比试验,就已经揭示了预制桩的承载力随休止期的增长规

律。分析结果表明,在半对数坐标系中,侧摩阻力随时间呈线性的关系。

随着上海城区的扩大和建设周期的缩短,上述问题显得更加突出,延长休止期的对比试验资料有更多的积累,为进一步分析预制桩的承载力随休止期增长的规律提供了依据。

在这些对比试验中,一般进行了 2 次试验,也有一些资料表明曾进行过 3~4 次的试验,则数据更为充分,见例表 3.2-3。

预制桩的承载力随休止时间增长的部分资料分析　　　例表 3.2-3

项目	t_1	t_2	Δt	Q_1	Q_2	t_m	Q'	k	$\lg t_m$	$\lg k$
张 1	14	137	123	1 400	1 760	75.5	2.92	2.08	1.878	1.218
	137	291	154	1 760	1 860	215.5	0.649	0.369	2.333	0.567
	291	409	118	1 860	1 930	350	0.59	0.319	2.544	0.504
张 4	121	232	111	1 700	1 960	176.5	2.34	1.38	2.247	1.140
	232	416	184	1 960	2 060	324	0.54	0.277	2.511	0.442
张 7	12	34	22	1 220	1 860	23	29.1	23.8	1.362	2.377
	34	90	56	1 860	1 960	62	1.79	0.960	1.792	0.982
张 H	47	141	94	1 350	1 600	94	2.66	1.97	1.973	1.294
	141	231	90	1 600	1 690	186	1.00	0.625	2.270	0.796
张 H	19	155	136	1 100	1 600	87	3.68	3.34	1.940	1.524
	155	239	84	1 600	1 760	197	1.90	1.19	2.294	1.076
资 1	14	50	36	784	1 120	32	9.33	11.9	1.505	2.076
资 2	15	83	68	672	784	49	1.65	2.45	1.690	1.389
资 3	21	91	70	896	1 120	56	3.2	3.57	1.748	1.553
资 4	14	44	30	672	1 008	29	11.2	16.7	1.462	2.223
资 5	18	50	32	896	1 120	34	7.0	7.81	1.531	1.893
资 6	17	45	28	672	1 120	31	16	23.8	1.491	2.377
资 7	15	80	65	784	1 120	47.5	5.17	6.59	1.677	1.819

续上表

项目	t_1	t_2	Δt	Q_1	Q_2	t_m	Q'	k	$\lg t_m$	$\lg k$
资 8	15	49	34	784	1 120	32	9.88	12.6	1.505	2.100
资 9	40	114	74	1 296	1 500	77	2.76	2.13	1.886	1.328
资 10	31	119	88	1 152	1 350	75	2.25	1.95	1.875	1.290
资 11	33	114	81	1 296	1 425	73.5	1.59	1.23	1.866	1.090

注：表中 t_1 和 t_2 表示两次休止期，Δt 为两次休止期之差，t_m 为平均休止期，单位均为天；Q_1 和 Q_2 为两次休止期测得的单桩极限承载力，单位为 kN；Q' 为承载力增长率。

四、统计分析

设以沉桩结束时为休止期的起点，第一次试验的时刻为休止期 t_1，得到的单桩极限承载力为 Q_1，经过一段时间 Δt 以后，到达休止期 t_2，再次试验的结果为 Q_2。

根据对比试验数据，可以计算平均休止期 t_m 时的单桩极限承载力的增长率 Q'：

$$Q' = \frac{Q_2 - Q_1}{t_2 - t_1} \tag{例 3.2-1}$$

$$t_m = \frac{t_1 + t_2}{2} \tag{例 3.2-2}$$

为了比较不同地质条件和不同桩形的数据，必须将增长率进行归一化处理，即令归一化的增长率 k 等于 Q' 除以 Q_1。

$$k = \frac{Q'}{Q_1} \times 10^4 \tag{例 3.2-3}$$

根据对比试验的资料，统计归一化的增长率 k 与平均休止期 t_m 的散点群在双对数坐标纸上呈线性关系。

得到的经验回归方程如下：

$$\lg k = 4.31 - 1.54 \lg t_m \tag{例 3.2-4}$$

样本容量 $n = 22$，相关系数 $r = -0.924\,8$。

这个线性方程可用以定量地描述预制桩单桩极限承载力随休止期增长的平均趋势，散点分布在回归线的两侧，将回归方程进行误差处理以后，可以得到在保证率为 90% 的条件下，预制桩单桩极限承载力的归一化的增长率 k 的估值 $\hat{k}$ 的估算

公式：

$$\hat{k} = t_m^{-1.5} \qquad\qquad （例3.2-5）$$

如已知第一次试桩的时间 t_1 和单桩极限承载力 Q_1，则时间为 t_2 时的单桩极限承载力 Q_2 可由下式估计：

$$\hat{Q}_2 = \lambda Q_1 \qquad\qquad （例3.2-6）$$
$$\lambda = 1 + k \cdot \Delta t \qquad\qquad （例3.2-7）$$

例如，在沉桩后第28d试桩得到单桩极限承载力为 1 000kN，休止期90d 的单桩极限承载力预估如下：

$$平均时间\ t_m = 59d$$

归一化的增长率的估值：

$$\hat{k} = 2.2×10^{-3}$$
$$\lambda = 1 + 2.2×10^{-3}×(90-28) = 1.136\ 4$$
$$\hat{Q}_2 = \lambda Q_1 = 1.136\ 4×1000 = 1\ 136.4kN$$

用上述江桥地区的 3 根 PHC 桩的试验结果，对本文提出的预估方法进行检验。根据例表 3.2-1 中的数据，代入上述公式，计算的结果见例表 3.2-4。

江桥地区单桩承载力随时间增长的预估　　　　　　　　　　例表 3.2-4

指　标	Z_1	Z_2	Z_3	平　均　值
t_1(d)	40	31	33	
t_2(d)	114	119	114	
Δt(d)	74	88	81	
Q_1(kN)	1 296	1 152	1 296	1 248
Q_2(kN)	1 500	1 350	1 425	1 425
t_m(d)	77	75	73.5	
$\hat{k}×10^{-3}$	1.48	1.54	1.59	
λ	1.109	1.136	1.129	
$\hat{Q}_2$(kN)	1 437	1 309	1 463	1 403
Δ(kN)	−63	−41	+38	−22
ε(%)	−4.3	−3.1	+2.6	−1.6

五、验证试验方案

在小区内选择比较开阔而不受施工影响的小块场地,作为现场试验的场地。在这个场地上设置 3 根截面 0.25m×0.25m、长度为 24m 的预制方桩,呈等边三角形布置,桩中心间距为 10m。

在每根试验桩的周围布置孔隙水压力观测孔与静力触探孔,在不同的休止期分别测定孔隙水压力的消散与静力触探比贯入阻力的增长,用以估计与检验单桩承载力的增长规律。

对这 3 根试验桩各进行 3 次静载荷试验,试验时间分别为沉桩结束后 30d、90d 和 150d。用相同的方法测定单桩承载力随时间的增长。

孔隙水压力观测孔分别布置在距桩中心 0.5m、1.0m 和 2.0m 处,在深度上分别埋设在地面下 5.0m、15m 和 25m 处。观测的时间为沉桩时的当天观测 3 次、沉桩后第 2 天观测 2 次、第 3 天观测 1 次,以后每周观测 1 次,1 个月以后,每两星期观测 1 次。在每次载荷试验时,当荷载加到预定最大荷载的 80% 时,各观测 1 次孔隙水压力。

静力触探试验深度为 26m,试验时间分别为沉桩后 1d、30d、90d 和 150d。

六、资料分析

根据土体中的孔扩张理论和固结理论可以得到孔隙水压力在空间的分布以及随时间而消散的过程,但理论上的规律尚需要实测验证。因此研究的方法是在土力学理论的指导下进行现场实测,通过实测数据的反演求得土层的参数,再通过分析计算,预估超静孔隙水压力的消散和单桩承载力的增长规律。

因此将重点开展以下内容的分析:

(1)沉桩过程中超静孔隙水压力的分布规律的实测与计算。

(2)沉桩以后超静孔隙水压力随时间的消散规律的实测与计算。

(3)沉桩前后不同时间静力触探比贯入阻力的变化规律。

(4)沉桩后不同休止期的单桩承载力的预估与验证。

七、研究计划

(1)选择适宜的试验场地,提出试验桩及观测点的平面布置图及施工的要求。

(2)购置 27 个钢弦式孔隙水压力计,委托勘察单位进行钻孔埋设孔隙水压力计,并将电缆通过保护槽引出至观测设施内。

(3)委托勘察单位按要求进行静力触探试验。

(4)施工单位提出试验桩沉桩的施工计划,机具移动、吊桩等均不能损坏观测

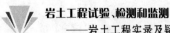
点及观测设施。

（5）沉桩时的观测工作。

（6）沉桩以后的观测。

（7）资料分析及研究报告的编写。

注：这是当年为大华集团江桥地区所用桩的承载力随时间增长规律研究的一份计划，但后来没有实施，作为技术研究的文件还是有一定的价值，故在这篇文章的最后特别说明。